炼焦技术问答

潘立慧　魏松波　主编

北　京
冶　金　工　业　出　版　社
2013

内 容 简 介

本书以炼焦生产工艺为主线，以问答的形式，对炼焦用煤、煤焦检验和焦炭质量、配煤技术、炼焦生产操作、焦炉热工、焦炉维护、焦炉自动化技术、焦炉环保和焦炉生产安全管理等方面的问题作了简明扼要的回答。在编写过程中注重理论与实践的统一，提问力求有针对性，答案力求实用性。内容上侧重于对炼焦新技术的介绍，比如配型煤炼焦技术、煤调湿技术、配煤专家系统、捣固炼焦技术、热回收焦炉、7.63m^3 大容积焦炉、焦炉加热专家系统、干熄焦技术等，这些都是炼焦从业人员希望掌握的知识。

本书适合焦化行业工程技术人员使用，可作为焦化工人的培训教材，也可作为冶金中等专业学校学生的培训教材。

图书在版编目(CIP)数据

炼焦技术问答/潘立慧等编著．—北京：冶金工业出版社，2007.1（2013.2 重印）

ISBN 978-7-5024-4158-6

Ⅰ．炼…　Ⅱ．潘…　Ⅲ．炼焦—工艺—问答
Ⅳ．TQ520.6-44

中国版本图书馆 CIP 数据核字(2006)第 153441 号

出 版 人　谭学余
地　　址　北京北河沿大街嵩祝院北巷 39 号，邮编 100009
电　　话　(010)64027926　电子信箱　yjcbs@cnmip.com.cn
责任编辑　曾　媛　美术编辑　李　新　版式设计　张　青
责任校对　白　迅　责任印制　李玉山
ISBN 978-7-5024-4158-6
冶金工业出版社出版发行；各地新华书店经销；北京百善印刷厂印刷
2007 年 1 月第 1 版，2013 年 2 月第 4 次印刷
850mm×1168mm　1/32；14.25 印张；381 千字；427 页
38.00 元

冶金工业出版社投稿电话：(010)64027932　投稿信箱：tougao@cnmip.com.cn
冶金工业出版社发行部　电话：(010) 64044283　传真：(010)64027893
冶金书店　地址：北京东四西大街 46 号(100010)　电话：(010)65289081(兼传真)

前　言

伴随中国钢铁产业的快速发展，炼焦行业的产能规模和装备水平发生了历史性变化，截止到2005年底，我国炼焦企业已有1300多家，“十五”期间，我国焦炭产量以每年21.7%的速度增长，总产量已达到2.5亿t，产能规模约3亿t以上，约占世界焦炭产能规模的50%，焦炭出口量达1276万t，占世界焦炭贸易额的47%，成为名副其实的焦炭生产和出口大国。但我国各炼焦企业的发展并不平衡，总体装备水平并不高。近几年来，随着国家产业政策的不断调整、环保法规的不断完善以及对炼焦行业准入标准的提高，加速了各炼焦企业对新技术的引进和应用，4.3m焦炉已成为炼焦行业的准入炉型，一些有实力的炼焦企业，正逐步淘汰4.3m以下焦炉，6m焦炉成为主导炉型，5m以上的捣固焦炉和年产50万t以上的清洁化热回收焦炉也相继建成。近年来武钢、太钢、马钢、兖矿等企业的7.63m大容积焦炉建成投产，中国部分大型炼焦企业的硬件装备水平已达到了世界一流水平。

为了促进我国炼焦行业的健康发展，合理利用煤炭资源，保护环境，提高广大炼焦企业一线生产人员和工程技术人员的专业素质，尽快地掌握炼焦生产知识，我们组织多年从事炼焦生产的工程技术人员，编写了这本《炼焦技术问答》。

本书以炼焦生产工艺为主线，以问答的形式，对炼焦用煤、煤焦检验和焦炭质量、配煤技术、炼焦生产操作、焦炉维护、焦炉自动化技术、焦炉环保和焦炉生产安全管理等方面的问题作了简明扼要的回答。在编写过程中注重理论与实践的有机统一，问题力求有针对性，答案力求实用性。该书在内容上侧重于对炼焦新技术的介绍，比如配型煤炼焦技术、煤调湿技术、配煤专家系统、捣固炼焦技术、热回收焦炉、7.63m大容积焦炉、焦炉加热专家系统、干熄焦技术等，这些都是炼焦从业人员渴望掌握的知识。本书在编写过程中得到了中冶焦耐工程技术有限公司教授级高工蔡承佑、中国炼焦行业协会顾问教授级高工王太炎、中国炼焦行业协会秘书长杨文彪高工的指导，武汉科技大学的李清田教授对此书进行了审核，在此一并致谢。

由于编者水平有限，书中如有不妥之处，敬请读者批评指正。

编　者
2006年6月

目　录

第一章　炼焦用煤

第三章 备 煤

第四章 焦 炉 生 产

第六章 焦炉的烘炉与开工

第七章 焦 炉 维 护

第八章 熄　焦

第九章　炼　焦　环　保

第十章　焦炉自动控制

第一章 炼焦用煤

1. 世界煤资源状况如何？

答： 据相关资料报道，截至 2004 年底，全世界已探明的煤炭总储量约有 4.3 万多亿吨，其中前苏联、中国、美国、澳大利亚、加拿大、德国、南非、英国、波兰、印度等世界前 10 位主要产煤国的储量约占世界煤炭资源总量的 95%。

世界煤炭资源分布的主要特点如下：

（1）世界煤炭资源的地区分布很不均匀。世界煤炭资源的大部分集中在亚洲大陆的北部，约占世界煤炭储量的 1/2 以上；其次为美洲的北部，约占 30%；欧洲北部约占 10%；其他地区如澳大利亚和非洲东南部的煤炭储量不到世界的 10%。

1）在主要产煤区的国家中，其资源量的分布很不均衡。美国的煤炭资源也有 80%左右分布在东、西部的 8 个州内，其余 42 个州只占 20%左右。澳大利亚有 90%以上的煤炭资源集中分布在东部沿海地区。印度的煤炭则主要产于半岛的东北部。

2）在世界煤资源中，各类煤的分布不均匀。

在世界煤炭资源中，褐煤约占 1/3 以上。

在硬煤（烟煤加无烟煤）资源中，炼焦煤还不到资源量的 1/10，其中，肥煤、焦煤和瘦煤约占 1/2。低灰、低硫的优质炼焦煤资源大约仅有 600 亿 t。在世界的炼焦煤资源中，约有 1/2 分布在亚洲地区，1/4 分布在北美洲地区，其余的 1/4 则分散在世界其他地区。

世界无烟煤的资源量不多，优质无烟煤的可采储量很少。其中著名的有中国太西无烟煤（在宁夏平罗县汝箕沟矿区）、内蒙古拉本无烟煤和越南的鸿基无烟煤。

在世界动力煤资源中，以硬煤为主，褐煤次之。其中低灰、低硫的优质动力煤资源大约只占20%以下。

（2）主要产煤国的煤炭探明可采储量。在世界各大洲的煤炭探明可采储量中，以北美洲最多，占世界的26%左右，其中年轻的次烟煤和褐煤占55%左右，硬煤（无烟煤和烟煤）占45%左右。其次为亚洲，欧洲居第三位。

各国的煤炭探明可采储量具有以下特点：

1）美国居世界首位，占世界煤炭总量的1/4，其中以次烟煤和褐煤的比例较大，占全国已探明储量的55%，硬煤占45%。

2）俄罗斯居世界第二位，占世界的16%，其中年轻的次烟煤和褐煤约占2/3，硬煤占1/3。

3）中国居世界第三位，占世界的12%，其中硬煤的比例略多于次烟煤和褐煤，分别占全国探明储量的54%和46%。

4）澳大利亚、印度和南非分别居世界的第四至六位，他们的探明储量各占世界探明储量的9%、8%和6%。

5）乌克兰和哈萨克斯坦分别居世界的第七八位，均占世界的4%。

2. 中国煤资源状况如何?

答:（1）中国煤资源的基本情况。中国的煤炭探明可采储量仅次于美、俄罗斯而居世界第三位。我国的煤炭资源主要分布于华北和西北地区，各占全国的50%和30%左右。其余四大区之和也只占全国的20%。

在我国1万多亿吨的“查明资源储量”中，动力煤和炼焦煤分别占72%和26%，另有2%为分类不明。在炼焦煤中，以气煤（包括1/3焦煤）的“查明资源储量”最多，占总资源量的12%；焦煤占6%；瘦煤、贫瘦煤和肥煤、气肥煤各占4%和3%；在动力煤资源中，以不黏煤、长焰煤和褐煤最多，各占全国总资源量的16%、15%和13%，无烟煤也占11%，资源量最少的是贫煤，只占全国的6%。

炼焦煤中气煤和1/3焦煤占炼焦煤“查明资源储量”的比例最大，达46%，肥煤和气肥煤比例最少，只占13%。焦煤和“瘦煤、贫瘦煤”分别占第二、第三位。

非炼焦用煤中以不黏煤和长焰煤占动力煤“查明资源储量”比例最多，均在20%以上，褐煤和无烟煤也各占18%和15%强，弱黏煤最少，只占2%强。另有不足0.2%的天然焦。此外，尚有未分类的动力煤占13%以上。

(2) 中国炼焦煤资源分布。中国的炼焦煤资源以山西省最多，“查明资源量”达1000多亿吨，占全国炼焦煤“查明资源量”的56%强，“查明资源量”居第二、第三位的分别是安徽省和山东省，在200亿t左右。其余各省的炼焦煤“查明资源量”均不到100亿t。其中“查明资源量”居全国第四、五、六、七位的是贵州、黑龙江、河北和河南省。其他各省（市、区）的炼焦煤“查明资源量”除新疆接近80亿t外，其余各省、区均在55亿t以下。

3. 什么是成煤过程，成煤植物主要包括哪些?

答: 成煤过程是指成煤植物在泥炭沼泽中持续地生长和死亡，其残骸不断堆积，在漫长的过程中经过复杂的生物化学、地球化学、物理化学作用和地质作用逐渐演化成泥炭、褐煤、烟煤、无烟煤的过程。煤的这一转化的全过程也可称为成煤作用。

成煤植物包括低等植物和高等植物。低等植物形成腐泥煤，如藻煤等。高等植物形成腐植煤，如褐煤、烟煤和无烟煤。由高等植物和低等植物共同形成的煤为腐植腐泥煤。

4. 成煤过程主要分成哪几个阶段?

答: 成煤过程大致可分为泥炭化作用阶段和煤化作用阶段。

（1）泥炭化作用阶段。高等植物残骸在泥炭沼泽中，经过生物化学和地球化学作用演变成泥炭的过程。在这个过程中，植物所有的有机组分和泥炭沼泽中的微生物都参加了成煤作用。泥炭沼泽的聚积环境，如沼泽水体的含盐度、氧化还原电位和酸碱度，对泥炭的成分和性质有很大影响，甚至影响煤的黏结性、含硫量和煤焦油产率等。

（2）煤化作用阶段。在地下深部的温度和压力的长时间作用下，泥炭向褐煤、烟煤、无烟煤演化的过程。在这一过程中，煤的分子结构，元素组成，化学、物理和工艺性质不断发生变化，煤化作用逐步加深。根据化学作用类型和主要影响因素，煤化作用阶段包括成岩作用和变质作用两个连续的过程。

1）成岩作用。煤的成岩作用使泥炭转变为褐煤。当泥炭被其他沉积物覆盖后或处在泥炭层深部时，生物化学作用逐渐减弱以至停止。泥炭在上覆沉积物的压力下，发生了压紧、失水、胶体老化和固结等一系列变化，疏松的泥炭转变为结构致密的褐煤。压力和时间是在这个阶段起主导作用的因素。泥炭转变成褐煤后，碳含量增加，氧和氢含量逐渐降低。

2）变质作用。煤的变质作用使褐煤向烟煤、无烟煤演化，也可能进一步变质，形成石墨。褐煤在不断增加的温度和压力的长时间作用下，煤化度加深，碳含量增加，氢含量、氧含量和挥发分减少，煤的反射率增高，逐步转变成烟煤，其中的腐殖酸全部转化为中性的腐殖质，煤开始出现黏结性，光泽增强。影响变质作用的重要因素是温度，其次是时间和压力。

按照导致煤变质的热源及其作用方式和变质特征，煤的变质作用有四种类型，即深层变质、接触变质、区域岩浆热变质和动力变质。

深层变质作用。煤在地下较深处，受地热与上覆岩层静压力长时间作用引起的变质作用。这是煤变质作用中影响范围最广的一种类型，又称区域变质作用。

接触变质作用。指岩浆接触煤层时，岩浆带来的高温、挥发性气体和压力使煤发生变质的作用。

区域岩浆热变质作用。指与煤层或煤系有一定距离的岩浆带来的热气和热液的巨大热能，使煤层发生区域性变质的作用。

动力变质作用。指由于地壳构造运动产生的应力和热能使煤发生变质的作用。

5. 什么是煤化度?

答: 煤化度用来表示煤化作用深浅的等级，又称煤级。泥炭向褐煤、烟煤和无烟煤转化过程中，煤化度逐步提高。煤化度也反映煤变质作用的范围和强度。煤化度通常是用煤的碳含量、氢含量、氢碳比、发热量、挥发分、镜质组反射率和 X 射线衍射曲线等表示。

在历史上，较早采用碳含量作为煤化度指标。当代各国实用煤分类中，则普遍采用干燥无灰基挥发分作煤化度指标，有时还辅以发热量这个指标。煤化度不仅是煤炭分类中必不可少的指标，而且也是配煤和焦炭强度预测中的一项重要指标。

6. 什么是煤岩学?

答: 煤岩学是用研究岩石的方法来研究煤的学科。它是与煤地质学、古生物学、煤化学和煤工艺学等学科相关的一门边缘科学。它以显微镜为主要工具，兼用肉眼和其他技术手段，研究自然状态下煤的岩相组成、成因、结构、性质、变质程度及其加工利用特性。它是研究和应用炼焦用煤的理论基础。

7. 什么是宏观煤岩成分和宏观煤岩类型?

答: 宏观煤岩成分是煤中宏观可见的基本单位。根据颜色、光泽、断口、裂隙、硬度等性质的不同，用肉眼可将煤层中的煤分为镜煤、亮煤、暗煤和丝炭四种宏观煤岩成分。其中镜煤和丝炭是简单的宏观煤岩成分，亮煤和暗煤是复杂的宏观煤岩成分。

宏观煤岩成分在煤层中的自然共生组合称为宏观煤岩类型。

按照宏观煤岩成分在煤层中的总体相对光泽强度划分为四种宏观煤岩类型，即光亮煤、半亮煤、半暗煤和暗淡煤。在煤层中，各种宏观煤岩类型的分层，往往多次交替出现。逐层进行观察、描述和记录，并分层取样，是研究煤层的基础工作。

8. 什么是煤的显微组分？

答：煤的显微组分，是指煤在显微镜下能够区分和辨识的基本组成成分。按其成分和性质又可分为有机显微组分和无机显微组分。

9. 什么是煤的有机显微组分，它主要分成哪几类？

答：煤的有机显微组分是指在显微镜下能观察到的煤中由植物有机质转变而成的组分。腐植煤的显微组分基本上可分为四类，即凝胶化组分（镜质组）、丝炭化组分（丝质组或惰质组）、稳定组分（壳质组）、过渡组分（半镜质组、半丝质组等）。各类显微组分按其镜下特征，还可以进一步分为若干组分或亚组分。

（1）凝胶化组分（镜质组）。凝胶化组分是煤中最主要的显微组分，我国多数煤田的镜质组含量约为60%～80%，其基本成分来源于植物的茎、叶等木质纤维组织，它们在泥炭化阶段经凝胶化作用后，形成了各种凝胶体，因此称为凝胶化组分。在分类方案中则称为镜质组。按其凝胶化作用程度不同，镜下可分为结构镜质体1、结构镜质体2、均质镜质体、胶质镜质体、基质镜质体、团块镜质体、碎屑镜质体等显微亚组分。

（2）丝炭化组分（丝质组或惰质组）。丝炭化组分是煤中常见的一种显微组分，但在煤中的含量比镜质组少，我国多数煤田的丝质组含量约为10%～20%。它也是由植物的木质纤维组织转化而来。在泥炭化阶段，植物残体经过丝炭化作用后便形成了此种显微组分；丝炭化作用也可以作用于已经受到不同程度凝胶化作用的显微组分，形成与凝胶化产物相应的不同显微结构系列。通常在煤岩分类中称为丝质组或惰质组。根据细胞结构保存的完好程度和形态特征，可分为丝质体、菌类体、粗粒体、微粒体等显微组分。

(3) 稳定组分（壳质组）。稳定组分来源于植物的皮壳组织和分泌物，以及与这些物质相关的次生物质，即孢子、角质、树皮、树脂及渗出沥青等。此类组分在分类中称壳质组或稳定组。该组组分均具有可辨认的特定形态特征。在煤中按其组分来源及形态特征可分为孢粉体、角质体、树皮体、树脂体、沥青质体等组分。

(4) 过渡组分。过渡组分系指介于凝胶化组分与丝炭化组分之间的组分，在分类方案中称为半镜质组、半丝质组等。它们均来源于植物体的木质纤维组织，只是在泥炭化作用过程中，经历了凝胶化和丝炭化两种作用过程，而丝炭化作用程度比丝质组浅。其中只受到轻度丝炭化作用组分，通常称半镜质组；受到丝炭化作用程度较深的称半丝质组。

10. 什么是煤的无机显微组分，主要分成哪几类?

答: 煤的无机显微组分是指在显微镜下能观察到的煤中矿物质。它的来源为：成煤植物体内的矿物质，成煤过程中混入的矿物质，后者是煤中矿物质的主要来源。常见的矿物质主要有黏土矿物、硫化物、碳酸盐类及氧化物等四类。

(1) 黏土类矿物，包括高岭土、水云母等矿物，是矿物质的主要成分。

(2) 硫化物类矿物，包括黄铁矿、白铁矿等矿物。

(3) 碳酸盐类矿物，包括方解石及菱铁矿等矿物。

(4) 氧化物类矿物，包括石英、玉髓、蛋白石等矿物。

11. 活性组分和惰性组分是如何划分的?

答: 活性组分是指煤在炭化过程中能熔融、生成活性键而成为黏结成分的煤岩显微组分。活性组分主要包括镜质组和稳定组。半镜质组中部分是活性的，部分是惰性的。惰性组分是指在加热过程中不熔融、无黏结性的煤岩显微组分。包括惰质组、矿物质，此外半镜质组中部分是惰性的。炭化时，惰性组分保持原有形态不变，并吸附活性组分而形成焦炭骨架，起降低焦炭收缩应力等作用。

经典的活性组分、惰性组分的计算公式为：

活性组分＝镜质组＋稳定组＋1/3 半镜质组

惰性组分＝惰质组＋2/3 半镜质组＋矿物质

12. 为什么说镜质组反射率是反映烟煤煤化度的理想指标？

答：镜质组反射率是反映烟煤煤化度的理想指标。主要原因有：

（1）生产中常用挥发分 V_{daf}、碳含量 C_{daf} 来表示煤化度。但是这两个指标属于化学分析指标，它们同时受煤化度和岩相组成两个因素影响，而且具有加和性，对于混煤无法区分，用它们反映煤化度有一定的局限性。

（2）镜质组反射率在烟煤阶段，随着煤化度增高煤分子的缩聚程度增大，平面碳网格的排列也趋于规律化，在光学特征上表现为反射率呈线性增高、变化幅度大、规律明显。

（3）与丝质组和稳定组相比，镜质组是煤中最主要的成分，在煤层中普遍存在，在显微镜下镜相均匀，便于测定。

因此，在国际煤分类中，镜质组反射率作为首选指标来反映烟煤的煤化度。

13. 什么是煤的元素组成？

答：煤的组成以有机质为主体。煤中的有机质主要由碳、氢、氧、氮和硫等元素组成，其中，碳、氢、氧元素之和占煤中有机质的 95％以上。这五种元素在煤有机质中的含量与煤的成因类型、煤的岩相组成和变质程度密切相关。此外，煤中还含有微量的磷、氯和某些金属元素。各类煤的元素组成见表 1-1。

表 1-1 各类煤的元素组成

煤的类别	C_{daf}/%	H_{daf}/%	O_{daf}/%	N_{daf}/%
年轻褐煤	60～70	5.5～6.6	20～30	1.5～2.5
年老褐煤	70～77	4.5～6.0	15～23	1.0～2.5
烟 煤	77～93	4.0～6.8	2～15	0.7～2.2
无烟煤	89～98	0.8～4.0	1～3	0.3～1.5

14. 煤中矿物质包括哪些，它们的来源？

答： 煤中矿物质是除水分外所有无机质的总称。主要成分一般有黏土、高岭石、黄铁矿和方解石等。矿物类型属硅酸盐、碳酸盐、硫酸盐、金属硫化物和硫酸亚铁等。在采出的煤中，矿物质一般有三个来源：

(1) 原生矿物质。原生矿物质指存在于成煤植物中的矿物质。主要是碱金属和碱土金属的盐类，如钾、钠、钙、镁等。此外还有铁、硫、磷以及少量的钛、钒、氯等元素。原生矿物质参与煤的分子结构，与有机质紧密地结合在一起，在煤中呈细分散分布，很难用机械方法洗选出。这类矿物质含量较少，一般仅为1%～2%。

(2) 次生矿物质。次生矿物质指成煤过程中，由外界混入煤层中的矿物质。如煤中的高岭土、方解石、黄铁矿等，在沼泽中由胶体溶液沉淀形成；而石英、长石、云母等，则是被风和流水带入沼泽中与泥炭同时沉积形成；煤层形成后，由于地下水的淋滤作用，使方解石、石膏等矿物质沉淀下来，填充在煤的裂隙中。

次生矿物质以多种形态嵌布于煤中。次生矿物质选除的难易程度与其分布形态有关，若在煤中分散均匀，且颗粒较小，就很难与煤分离；若颗粒较大，在煤中较为聚集，则将煤破碎后利用密度差可将其选除。

(3) 外来矿物质。外来矿物质是指在采煤过程中混入煤中的顶、底板岩石和夹矸层中的矸石。随开采条件的不同，其数量在很大范围内波动。外来矿物质的主要成分是 SiO_2、Al_2O_3、$CaCO_3$、$CaSO_4$ 和 FeS_2 等。外来矿物质的密度越大，块度越大，越易与煤分离，用一般选煤方法即可除去。

15. 炼焦煤中的灰分对焦炭质量有哪些不利的影响?

答: 煤的灰分是指煤中所有可燃物质完全燃烧时，煤中矿物质在一定温度下经过一系列分解、化合等复杂反应后剩下的残渣。煤的灰分与煤中矿物质有密切的关系。炼焦煤中的灰分对生产有不利的影响。

(1) 影响焦炭质量。灰分在炼焦生产中是一种无用的杂质，不仅不易破碎，造成炼焦煤料的细度不好，而且在炼焦时不熔融，不黏结也不收缩，较大的颗粒在焦炭内形成裂纹中心，降低焦炭的机械强度。某些灰成分还使焦炭的热反应性增强，焦炭的反应后强度降低。

(2) 影响焦炉生产。如果煤中灰分的成分是熔点低的化合物，则对焦炉的操作有害处。例如，在炭化室负压操作时，它很容易在炉墙表面熔融结疤，损害炉体。灰分太高时，还会影响正常推焦。

(3) 影响炼铁生产。煤中绝大部分灰分转入焦炭中。一般认为，焦炭灰分增加1%，炼铁焦比增加2%～2.5%，石灰石增加4%，高炉产量下降3%。所以，一般要求炼焦用煤的灰分不应大于10%。

16. 煤中的硫有哪几种形态?

答: 煤中的硫通常以有机硫和无机硫的状态存在。

(1) 煤中的有机硫。有机硫是指与煤有机结构相结合的硫，其组成结构非常复杂，主要存在形式有硫醇、硫醚、双硫醚以及呈杂环状态的硫醌和噻吩等。有机硫主要来自成煤植物中的蛋白质和微生物的蛋白质。蛋白质中含硫量为0.3%～2.4%，而植物的总含硫量一般都小于 0.5%。所以，硫分在 0.5%以下的大多数煤，一般都以有机硫为主。有机硫与煤中有机质共生，结为一体，分布均匀，不易清除。

(2) 煤中的无机硫。无机硫主要来自矿物质中各种含硫化合物。主要有硫化物硫和少量硫酸盐硫，偶尔也有元素硫存在。

1) 硫化物硫以黄铁矿为主，其次为白铁矿、磁铁矿（Fe_7S_8）、闪锌矿（ZnS）、方铅矿（PbS）等。

硫化物硫清除的难易程度与硫化物的颗粒大小及分布状态有关，粒度大者可用洗选法除去，粒度极小且均匀分布在煤中者，就难以选除。高硫煤的硫含量中，硫化物硫所占比例较大。它们部分是由成煤植物转化而来，另外就是由硫酸铁等盐类在停滞缺氧的水中，进行还原反应而生成的。

2) 硫酸盐硫以石膏为主，也有少量硫酸亚铁等。我国煤中硫酸盐硫含量大多小于 0.1%，部分煤为 0.1%～0.3%，有些风化或氧化过的含黄铁矿高的煤可达 0.1%～0.5%。煤中石膏矿物用洗选法可以除去；硫酸亚铁水溶性好，也易于水洗除去。

煤中的硫按可燃性可以分为可燃硫和不可燃硫（或称固定硫），硫酸盐硫属不可燃硫。按挥发性又可分为挥发硫和固定硫。煤中各种形态硫的总和称为全硫。

17. 炼焦煤中的硫有哪些不利的影响?

答: 煤中的硫对于炼焦、炼铁、气化、燃烧和储运都十分有害，因此硫含量是评价煤质的重要指标之一。

(1) 煤在炼焦时，约 60%的硫进入焦炭。而带入高炉内的硫分，有 80%以上是由焦炭带入的。硫的存在使生铁具有热脆性，用这些生铁炼钢不能轧制成材。为了除去硫，在高炉生产中需要增加石灰石和焦炭用量，因而导致高炉生产能力降低，焦比升高。经验表明，焦炭中硫含量每增加 0.1%，炼铁时焦炭和石灰石将分别增加 2%，高炉生产能力下降 2%～2.5%。因此炼焦配合煤要求硫分小于 1%。

（2）煤中的硫，特别是硫铁矿，能加速煤的风化和自燃，破坏煤的黏结性，由此而降低焦炭的机械强度。

（3）对炼焦化学产品的精制带来困难，腐蚀设备，影响化学产品的质量；煤气中含硫分高，直接影响钢铁加工的产品质量。

18. 煤中的水分以哪几种状态存在？

答：煤中的水分，按其在煤中存在的状态，可以分为外在水分、内在水分和化合水三种。

（1）外在水分。煤的外在水分是指煤在开采、运输、储存和洗选过程中，附着在煤的颗粒表面以及直径大于10^{-5}cm的毛细孔中的水分。外在水分以机械的方式与煤相结合，蒸汽压与纯水的蒸汽压相等，较易蒸发。当煤在室温下的空气中放置时，外在水分不断蒸发，直至与空气的相对湿度达到平衡时为止，此时失去的水分就是外在水分。

（2）内在水分。煤的内在水分是指煤在一定条件下达到空气干燥状态时所保持的水分。内在水分以物理化学方式与煤相结合，即以吸附或凝聚方式存在于煤粒内部直径小于10^{-5}cm的小毛细孔中，蒸汽压小于纯水的蒸汽压，较难蒸发，加热至105～110℃时才能蒸发。因此，将空气干燥煤样加热至105～110℃时所失去的水分即为内在水分。

（3）化合水。煤中的化合水是指以化学方式与矿物质结合的，在全水分测定后仍保留下来的水分，即通常所说的结晶水和结合水。化合水含量不大，而且必须在更高的温度下才能失去。因此，在煤的工业分析中，一般不考虑化合水。

19. 煤中的水分对煤利用有哪些不利影响？

答：一般说来，水分是煤中无利有害的无机物质。这是因为：

（1）在运输时，煤的水分增加了运输负荷，在寒冷地带水分易冻结，使煤的装卸发生困难，解冻则需增加额外的能耗。

(2) 储存时，煤中的水分随空气湿度而变化，使煤易破裂，加速了氧化。

(3) 对煤进行机械加工时，煤中水分过多将造成粉碎、筛分困难，降低生产效率，损坏设备。

(4) 炼焦时，煤中水分的蒸发需消耗热量，增加焦炉能耗，延长了结焦时间，降低了焦炉生产能力和升温速度，对焦炭质量也有影响。水分过大时，还会损坏焦炉，使焦炉使用年限缩短。此外，炼焦煤中的各种水分，包括热解水全部转入焦化剩余氨水，增大了焦化废水处理的负荷。

20. 煤的性质分成哪几类，煤的各类性质包括哪些内容?

答: 煤的性质通常指煤的物理性质、化学性质和工艺性质。煤的性质与成煤植物、聚积环境和煤化程度等有关。煤的性质直接影响煤的储存、运输和加工利用。因此，研究煤的性质具有重要意义。

(1) 煤的物理性质。包括煤的光泽、颜色、煤的密度、煤的表面性质（润湿性、比表面积和孔隙度等)、煤的光学性质（折射率、反射率）以及煤的电学和磁学性质。煤的热性质包括煤的比热容、煤的热导率和煤的热稳定性。煤的机械性质包括硬度、脆度和煤的可磨性。

(2) 煤的化学性质。是指煤与各种化学试剂在一定条件下产生不同化学反应的性质，包括氧化、加氢、卤化、水解和烷基化以及煤与 CO_2 的反应性等。

(3) 煤的工艺性质。指煤在一定加工条件下或转化过程中所呈现的特性，如煤的塑性、煤的可选性、煤的黏结性、煤的结焦性、煤的发热量、煤灰熔融性和煤的结渣性等。

21. 什么是煤的密度、真相对密度、视相对密度、孔隙率和散密度?

答: (1) 煤的密度。单位体积煤的质量，单位是 g/cm^3 或

kg/m^3。学术上多使用密度，而工业上习惯用相对密度。

（2）煤的真相对密度（俗称真密度）。在20℃时，煤（不包括煤中孔隙的体积）的质量与同体积水的质量之比，代表符号是TRD，它是计算煤层平均质量与煤质研究的一项重要指标。

（3）煤的视相对密度（俗称视密度）。在20℃时，煤（包括煤中孔隙的体积）的质量与同体积水的质量之比，代表符号是ARD，在计算煤的埋藏量及煤的运输、粉碎、燃烧等过程都需要用此数据。

（4）煤的孔隙率。根据煤的真密度和视密度可计算出煤的孔隙率，计算公式如下：

$$孔隙率 = \frac{真密度 - 视密度}{真密度} \times 100\%$$

（5）煤的散密度。是指用自由堆积方法装满容器的煤粒的总质量与容器容积之比，又称堆积密度，单位为 t/m^3 或 kg/m^3。散密度的测定，可在一定容积的容器中用自由堆积方法装满煤，然后称出煤的质量，再换算成单位体积的质量（t/m^3）。在设计煤仓，估计煤堆质量、计算炼焦炉装煤量及计算商品煤的装车质量时，都需用煤的散密度数据。

对同一煤样，煤的真密度数值最大、视密度其次，散密度的数值最小。

22. 煤化度与煤的真密度有何关系？

答：一般而言，随着煤化度的提高，煤的结构愈趋紧密化，因而煤的密度也应不断增加。然而，实际上，在煤化度较低时，即烟煤阶段，煤的密度反而随煤化度增高而降低，原因是此阶段氧的迅速减少，且氧的相对原子质量又较碳的相对原子质量大，因而碳的相对增长率低于氧的减少速度，这使煤的密度相对地降低了。碳含量在85%左右的烟煤真密度达到最低，为1.27～1.30g/m^3，然后随煤化度加深而真密度逐渐增大，至无烟煤阶段，真密度随煤化度加深而急剧增大。褐煤的真密度为1.28～1.42g/cm^3，烟煤为 1.27～1.33g/cm³，无烟煤为 1.40～1.80g/cm³。

23. 什么是煤的硬度，煤化度对煤的硬度有何影响?

答：煤的硬度是反映煤抵抗外来机械作用的能力，它决定煤破碎、成型加工的难易程度。常用刻画硬度和维氏显微硬度来表征煤的硬度。

图 1-1 中的曲线表示了煤化度与显微硬度的关系。整个曲线像一个靠背椅，“椅背”是无烟煤，“椅面”是烟煤，“椅脚”是褐煤。

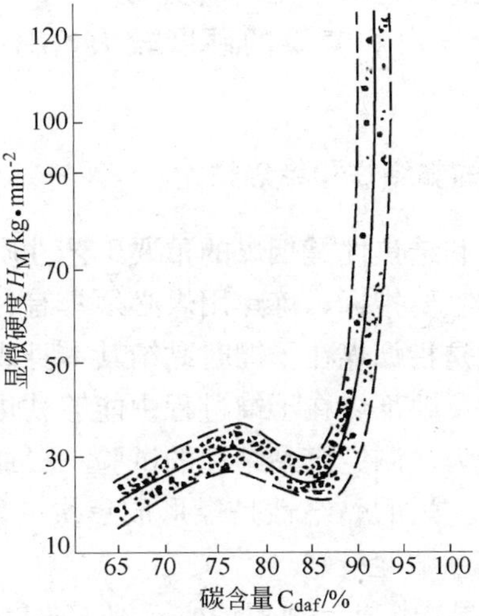

图 1-1 煤的显微硬度与碳含量关系

(1)“椅脚”的褐煤阶段，由于具有约 50%高塑性的腐殖酸及沥青质，这些成分的硬度值很小。因此褐煤的显微硬度最低。随着煤化度的增加，C_{daf}从 65%逐渐上升，煤中的腐殖酸不断转变为结构紧密和强度较高的腐殖质，沥青质含量也渐次减少，因此其显微硬度逐渐提高。当 C_{daf} 达到 78%刚刚转入烟煤阶段时，显微硬度出现极大值。

（2）在C_{daf}>78%的烟煤阶段，其显微硬度逐渐变小与其中氧含量有关。煤中氧的存在形式及多寡常使煤的性质发生巨大的改变，随着氧原子的减少、氧桥（—O—）的减少，使分子间的结合力降低。反映在硬度上就出现了自不黏煤转为黏结煤时硬度的渐次降低，当C_{daf}为87%接近无烟煤阶段时，显微硬度出现极小值。

（3）从C_{daf}>87%达到无烟煤阶段（相当于图中的“椅背”），此时由于无烟煤具有高度芳香缩合结构，其机械性质由组成高聚物空间结构的键的数量及坚固性所决定。随着相邻碳网的结合、增大及碳网序理性的加强，硬度必随之增大。因而C_{daf}>87%后显微硬度急剧升高，变化幅度很大。

炼焦煤中，气煤和瘦煤的硬度较大，肥煤和焦煤的硬度较小。

24. 什么是烟煤的黏结性和结焦性?

答：黏结性和结焦性是烟煤的重要工艺性质，煤的黏结性是评价炼焦用煤的主要指标，炼焦用煤必须具有一定的黏结性。

煤的黏结性是指烟煤在干馏时黏结其本身或外加惰性物的能力。煤的黏结性反映烟煤在干馏过程中能够软化熔融形成胶质体并固化黏结的能力。测定煤黏结性的试验一般加热速度较快，到形成半焦即停止。煤的黏结性是煤形成焦炭的前提和必要条件，炼焦煤中肥煤的黏结性最好。

煤的结焦性是指煤在工业焦炉或模拟工业焦炉的炼焦条件下，结成具有一定块度和强度焦炭的能力。煤的结焦性反映烟煤在干馏过程中软化熔融黏结成半焦，以及半焦进一步热解、收缩最终形成焦炭全过程的能力。测定煤结焦性的试验一般加热速度较慢。可见，结焦性好的煤除具备足够而适宜的黏结性外，还应在半焦到焦炭阶段具有较好的结焦能力。在炼焦煤中焦煤的结焦性最好。

25. 影响煤的黏结性和结焦性的因素有哪些?

答：烟煤的黏结性在很大程度上取决于热软化时胶质体的数

量和质量。当胶质体具有较好流动性和膨胀性，而且又有较宽的软化区间时，煤的黏结性好。流动性好，说明在胶质体中液体的数量比较多，能充分浸润煤粒的表面，使之相互滑动接触，有利于黏结和缩聚反应；膨胀性好，说明胶质体的黏度比较大，在析出的气态产物的作用下，胶质体内部具有一定的压力，使液态物质容易填充煤粒之间的空隙，促使其相互紧靠、黏结和聚缩反应加快；较宽的软化区间，说明胶质体中液相物质的热稳定性好，在胶质体中停留时间长，使煤粒能充分接触、相互黏结和发生缩聚反应。

影响结焦性的因素除了烟煤的黏结性外，还有煤的岩相组分、煤料粒度、加热速度、堆密度、煤料混合好坏和炼焦操作制度等因素。

26. 如何评价烟煤的黏结性和结焦性？

答：评价煤黏结性和结焦性的实验室方法很多，常用的方法有：坩埚膨胀序数、罗加指数、黏结指数、基氏流动度、胶质层指数、奥亚膨胀度和葛金焦型等七种。这七种测定方法中大部分是在一定条件下测定煤黏结性或塑性的指标，而在硬煤国际分类中，将慢速加热条件下测定的奥亚膨胀度和葛金焦型作为煤的结焦性指标。目前，国内比较常用的评价指标包括：黏结指数、胶质层指数、奥亚膨胀度。基氏流动度这一指标也正受到越来越多的关注。这些方法的具体测定都制定出了相应的国家标准。

此外，焦化行业普遍采用试验焦炉对烟煤的结焦性进行评价，国内比较常见的包括：20kg、40kg、200kg 试验焦炉，国外还有 350kg 试验焦炉。

27. 为什么快速加热能改善烟煤的黏结性？

答：提高加热速度，会使煤料的黏结性增强。这是因为：

（1）降低了软化温度。在快速加热时，烟煤中基本结构单位周围的侧链和低分子化合物，由于很快地获得足够的热能，很快离开了煤大分子的骨架结构，而且由于快速加热的结果，使煤大分子的骨架结构的振动能很快增加，骨架结构产生变形，因而软化温度降低，使煤的塑性区间增大。

（2）液态产物增加。上述离开煤大分子结构的物质具有比较活泼的性质，而且处于比较高的能级状态，因此，它们之间的碰撞机会增多，呈气相物质的分子来不及克服阻力而离开热软化状态的煤，便结合成相对分子质量更大的液态化合物，使得液态产物增加。

由于增加了液态产物，改善了流动性，提高了膨胀度和固化温度，使煤的塑性区间增大，改善了煤的黏结性。

28. 煤中的含氧官能团有哪些，它们与煤化度的关系如何？

答：煤中有两种类型的含氧官能团。第一类是与化学试剂能发生特征反应的活性官能团，主要有甲氧基（—OCH_3）、羧基（—COOH）、羟基（—OH）和羰基（—CO）。第二类是对试剂作用比较稳定（即不易起化学反应、不易热分解）的非活性官能团，主要有醚基（—C—O—C—，链状或环状的）或在芳香环中的含氧杂环。

各种含氧官能团的氧含量均随煤化度呈规律性变化：

（1）甲氧基只存在于泥炭和褐煤中，并且数量很少，烟煤中已完全消失。

（2）羧基也存在于泥炭和褐煤中，它是褐煤的特征，在碳含量大于78%的烟煤中，羧基已基本消失。

（3）羟基则存在于各种煤化度的煤中，随煤化度加深逐渐减少。在烟煤中羟基含量相当多，它是烟煤的特征基团，且大部分为酚羟基。在碳含量高于80%时，羟基急剧下降。

（4）煤中羰基含量较少，但随煤化度加深而减少的幅度也较小，故高煤化度煤中仍有残存。

（5）非活性氧存在于各种煤化度的煤中，高煤化度煤中的氧主要是非活性氧。

煤中含氧官能团的量与煤的性质之间有密切关系。极性氧原子使煤结构刚性化，因此含活性氧官能团多的煤（如长焰煤）缺乏黏结性。黏结性煤经轻度氧化，就可降低或失去黏结性，而轻度加氢可以降低煤中氧含量，从而增加煤的黏结性。

29. 什么是煤的化学结构?

答: 关于煤的化学结构曾有过各种假说：低分子结构说、胶体化学结构说和高分子结构说等。近代为较多人所接受的煤的化学结构的假说认为，煤的化学结构是高度交联的非晶质大分子网络，是一种高分子聚合物。

（1）煤的每个大分子由许多结构相似而又不完全相同的基本结构单元聚合而成，但它们的聚合程度不同，也即相对分子质量不同。

（2）基本结构单元的核心部分主要是缩合芳香环，它们的缩合程度不同，也有少量的氢化芳香环和杂环。缩合芳香环的周围连接有烷基侧链和各种官能团，烷基侧链主要有—CH_2—、—CH_2—CH_2—，官能团以含氧官能团为主，还有少量含硫、氮的官能团。缩合芳香环之间通过各种桥键联结，从而形成三维空间网络型的大分子结构。桥键的主要形式有次甲基（—CH_2—）、次乙基（—CH_2—CH_2—）和醚基（—O—）等，也有氢键缔合的形式。

（3）低煤化度煤的芳香环缩合程度小，但桥键、侧链和官能团较多，低分子化合物较多，其结构无方向性、孔隙率和比表面积较大。随煤化度加深，芳香环缩合程度逐渐增大，缩合环之间的桥键和侧链逐渐减少、变短，官能团也减少。分子内部的排列逐渐规则化，分子之间平行定向程度增加，呈现各向异性，到无烟煤阶段分子排列逐渐趋于类石墨结构。

30. 什么是煤的热解?

答: 煤的热解是指煤在隔绝空气或惰性气氛条件下持续加热

至较高温度时，所发生的一系列物理变化和化学反应的复杂过程。

黏结和成焦则是煤在一定条件下热解的结果。研究煤的热解，对于炼焦工业可指导正确选择原料煤，探索扩大炼焦用煤基地的途径，确定最佳工艺条件和提高产品质量。

31. 黏结性烟煤的热解分哪几个阶段?

答: 黏结性烟煤在隔绝空气条件下加热时，煤的有机质随温度升高发生一系列变化，形成气态（干馏煤气）、液态（焦油）和固态（半焦或焦炭）产物。典型黏结性烟煤受热时发生的变化过程，如图 1-2 所示。

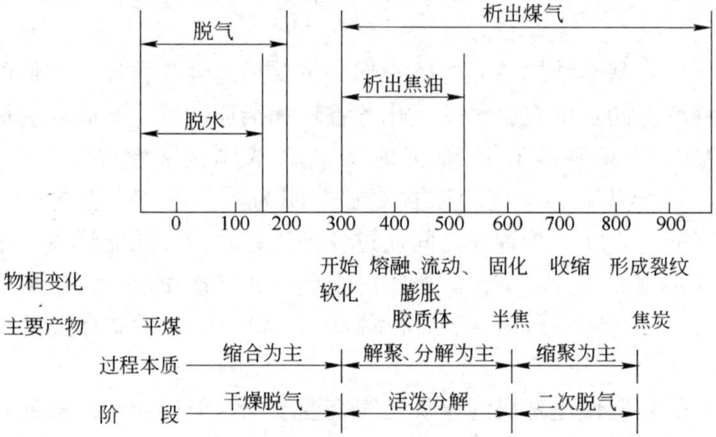

图 1-2　典型烟煤的热解过程

从图中可以看出，烟煤的热解过程大致可分为三个阶段：

（1）第一阶段（室温到 300℃）。是煤的干燥脱气阶段。120℃前主要脱水，约 200℃完成脱气（CH_4、CO_2和 N_2）。

（2）第二阶段（300～600℃）。以解聚和分解反应为主，生成和排出大量挥发物（煤气和焦油），约 450℃排出的焦油量最大，在450～600℃气体析出量最多。一般，烟煤在300℃后开始软化，随后是熔融、黏结，到550℃时结成半焦。烟煤（尤其是中等变质程度烟煤）在这一阶段经历了软化、熔融、流动和膨胀直到再固化。

（3）第三阶段（600～1000℃），又称二次脱气阶段。在这一阶段，半焦变成焦炭，以缩聚反应为主。析出的焦油量极少，挥发分主要是煤气。煤气成分主要是H_2，少量CH_4和碳的氧化物。焦炭的挥发分小于2%，芳香核增大，排列的有序性提高，结构致密、坚硬并有银灰色金属光泽。从半焦到焦炭，一方面析出大量煤气，另一方面焦炭本身的密度增加，体积收缩，导致生成许多裂纹，形成碎块。焦炭的块度和强度与收缩情况有直接关系。

煤的热解和热加工一般包括以上三个阶段。如果最终温度提高到1500℃以上则为石墨化阶段，用于生产石墨炭素制品。

32. 什么是煤的成焦机理，经典的成焦机理有哪几类？

答：煤的成焦机理是指煤在变成焦炭过程中的变化规律。关于煤的成焦机理，比较有影响的主要有溶剂抽提理论、物理黏结理论、塑性成焦机理、中间相成焦机理和传氢机理。其中最常用的是塑性成焦机理。

33. 什么是塑性成焦机理？

答：塑性成焦机理是炼焦煤高温干馏时经胶质体阶段而转变成焦炭的一种假说。炼焦煤加热时，其有机质经过热分解和缩聚等一系列化学反应，通过胶质体阶段（也称塑性阶段），发生黏结和固化而形成半焦，半焦进一步热缩聚，生成焦炭。在这个过程中，由于半焦收缩而形成裂纹。由煤转变成焦炭的关键是胶质体的形成。

34. 什么是烟煤的胶质体？

答：黏结性煤在隔绝空气加热到一定温度，因热解发生软化熔融而形成的黏稠状的气、液、固三种状态的混合物，这种混合物就称为胶质体。形成胶质体的温度范围随煤种而异，一般为350～450℃。

35. 胶质体有些什么性质?

答：胶质体的主要性质包括：热稳定性、流动性、膨胀性和不透气性等。

(1) 热稳定性用煤的软固化温度区间来表示。软固化温度区间是指胶质体从产生到固化的温度范围。显然，温度间隔愈大，胶质体的热稳定性愈好，有利于煤粒之间充分接触和相互黏结。

(2) 胶质体有流动性。流动性好说明胶质体容易填充煤粒之间，使煤粒彼此之间容易相互黏结。但流动性好，不一定说明胶质体的黏结性好。只有流动性好、温度间隔大的胶质体黏结性才好。

(3) 胶质体有膨胀性。胶质体形成后，其中的气体产物析出便受到胶质体阻碍。若胶质体比较黏稠的话，气体就不容易析出，胶质体便膨胀。胶质体膨胀有助于黏结性变好，因为一定的阻力，可使胶质体填充到惰性煤粒之间，达到煤粒接触黏结的目的。

(4) 胶质体的不透气性。胶质体产生后，气体产物受到胶质体本身阻碍。这种阻碍气体析出的难易程度称为胶质体的不透气性。显然，透气性好，说明胶质体不黏稠，胶质体固化时产生的气孔多，会增加煤粒之间的间隙。

36. 煤炭分类有何意义，煤炭的分类指标分为哪几种类型?

答：煤炭分类在科学和实用方面都有重大的意义。煤是一种结构复杂的物质，而且不同变质程度的煤，甚至同一变质程度的煤性质也不相同。为了研究和预测煤的性质，合理地利用煤炭资源，便于煤炭贸易，所以要对煤进行分类。

由于煤的成因、产地、种类、组成和性质等的多样性，以及分类的角度与目的的不同，因此煤炭分类的指标繁多，归纳起来可有如下四类：

（1）煤化度指标。主要有镜质组反射率 $\overline{R}_{ran}$（或 $\overline{R}_{max}$），%，V_{daf}，%，C_{daf}，%，H_{daf}，%，发热量 Q，kJ/kg；最高内在水分含量 MHC，%；透光率 P_M，%；显微硬度 H_M，kg/mm^2；X 射线衍射等。

（2）煤岩显微组分指标。采取镜质组分含量或采用惰性组分含量和稳定组分含量。

（3）黏结性、结焦性指标。采用较多的有罗加指数、黏结指数、奥亚膨胀度、自由膨胀序数、胶质层最大厚度、葛金焦型和基氏流动度等。

（4）其他煤质指标。有镜质组反射率分布图特性、灰分、硫分、氧化程度及可选性等。

鉴于煤炭分类指标应能反映煤的生成、组成、结构以及重要的工艺性质等特点，而当前要准确地确立各自的独立参数以及这些独立参数之间的定量关系尚有困难。因此，目前煤炭分类的指标选择趋向于多指标的编码系统，以便从不同角度反映煤炭之间的特点与差别。此外，编码系统也便于计算机的统计与储存。

37. 中国煤炭分类将煤分为哪几类？

答： 1986 年颁布的“中国煤炭分类”国家标准（GB 5751—1986），根据变质程度将煤分为褐煤、烟煤和无烟煤。褐煤根据透光率 P_M 分为两个小类。烟煤分为十二大类，不设小类。无烟煤根据挥发分 V_{daf} 和氢含量 H_{daf} 分为三个小类。

38. 中国煤炭分类存在哪些不足之处？

答： 1986 年颁布的中国煤炭分类方案克服了 1956 年颁布的旧方案中存在的一系列缺点，使中国煤炭分类更趋科学和合理。但是，在实际应用中还存在一些问题，归纳起来有如下几方面：

（1）灰分对 G_{RI} 的影响十分敏感，而定煤种时浮选的标准不一，同一煤种有时可能跨三个牌号，造成供需双方争议大，并且用浮煤分类的煤，实际上精煤的质量较差。

（2）对 1/3 焦煤、焦煤和瘦煤所定的 G_{RI} 下限值偏低，由此造成：1/3 焦煤质量波动大，部分 1/3 焦煤质量低下，影响其正确使用；焦煤、瘦煤界限划不清，部分瘦煤划为焦煤而实际是不起焦煤作用的低质量焦煤，并造成了受经济利益驱动的人为混煤，使瘦煤人为地“提质”，造成瘦煤资源的浪费。

（3）分类方案中有些煤的分类指标只需一个而不必两个或三个分类指标。例如：无烟煤只用 H_{daf} 指标就可以，不必再用 V_{daf}；烟煤中 $G_{RI}>85$ 即可定为肥煤，而不必测 Y 或 b 等。

今后的研究方向是：建立更为科学的分类指标，特别是确定表征工艺性质的指标；探讨把煤岩指标引入煤炭分类的可行性；发展编码系统以减少人为分类的不合理性。

39. 炼焦用煤是如何划分的？

答：所谓炼焦用煤，即是指在室式焦炉炼焦条件下，用于生产一定质量焦炭的原料煤，它是由高等植物形成的腐植煤。

煤按其在炼焦过程中的性状，可以分为炼焦煤和非炼焦煤。

炼焦煤是指用单种煤炼焦时，可以生成具有一定块度和机械强度的焦炭的煤。这类煤具有黏结性，主要供炼焦用。烟煤中的气煤、肥煤、气肥煤、1/3 焦煤、焦煤和瘦煤都属于炼焦煤。

非炼焦煤在单独炼焦时不软化、不熔融、不能生成块状焦炭。这类煤没有或仅有极弱的黏结性，一般不作为炼焦用煤。但当配煤中黏结组分过剩或需要生产特殊焦炭（如铸造焦）时，可以配入少量非炼焦煤，作为瘦化剂用。褐煤、无烟煤以及烟煤中的长焰煤、不黏煤和贫煤，都属于非炼焦煤。为了扩大炼焦用煤资源，在中国煤炭分类国家标准中，还划分了一些过渡性煤种，如贫瘦煤、1/2 中黏煤和弱黏煤等。根据各地资源特点以及配煤和炼焦技术的发展水平，有的焦化厂可在配合煤中配入部分过渡煤。

40. 烟煤分为哪几个类别，采用哪些分类指标？

答： 烟煤类别的划分采用两个参数，一个是表征变质程度的 V_{daf}，另一个是黏结性参数。根据黏结性的不同，选用 G_{RI}、Y 或 b 作为指标。在烟煤类别中，较 1956 年颁布的煤炭分类方案新增了贫瘦煤、1/3 焦煤和 1/2 中黏煤等新煤种。烟煤的分类见表 1-2。

表 1-2 烟煤的分类

类别	符号	数码	分类指标			
			V_{daf}/%	G	Y/mm	b/%②
贫煤	PM	11	>10.0～20.0	≤5		
贫瘦煤	PS	12	>10.0～20.0	>5～20		
瘦煤	SM	13	>10.0～20.0	>20～50		
		14	>10.0～20.0	>50～65		
焦煤	JM	15	>10.0～20.0	>65①	≤25.0	(≤150)
		24	>20.0～28.0	>50～65		
		25	>20.0～28.0	>65①	≤25.0	(≤150)
肥煤	FM	16	>10.0～20.0	(>85)①	>25.0	(>150)
		26	>20.0～28.0	(>85)①	>25.0	(>150)
		36	>28.0～37.0	(>85)①	>25.0	(>220)
1/3 焦煤	1/3JM	35	>28.0～37.0	>65①65	≤25.0	(≤220)
气肥煤	QF	46	>37.0	(>85)①	>25.0	(>220)
气煤	QM	34	>28.0～37.0	>50～65		
		43	>37.0	>35～50		
		44	>37.0	>50～65		
		45	>37.0	>65	≤25.0	(≤220)
1/2 中黏煤	1/2ZN	23	>22.0～28.0	>30～50		
		33	>28.0～37.0	>30～50		

续表 1-2

类 别	符 号	数码	分 类 指 标			
			V_{daf}/%	G	Y/mm	b/%②
弱黏煤	RN	22	>20.0～28.0	>5～30		
		32	>28.0～37.0	>5～30		
不黏煤	BN	21	>20.0～28.0	≤5		
		31	>28.0～37.0	≤5		
长焰煤	CY	41	>37.0	≤5		
		42	>37.0	>5～35		

① 当烟煤的黏结指数测定值小于或等于 85 时，用干燥无灰基挥发分 V_{daf}（%）和黏结指数来划分煤；当黏结指数测定值大于 85 时，则用干燥无灰基挥发分 V_{daf}（%）和胶质层最大厚度 Y（mm），或用干燥无灰基挥发分 V_{daf}（%）和奥亚膨胀度 b（%）来划分煤类；

② 当 G>85 时，用 Y 和 b 并列作为分类指标，当 V_{daf}＝28.0%时，b 暂定为 150%；V_{daf}>28.0%时，b 暂定为 220%。当 b 值和 Y 值有矛盾时，以 Y 值划分煤类为准。

分类用的煤样如原煤灰分不大于 10%的，不需减灰；灰分大于 10%的煤样，需按 GB 474—1983 煤样的制备方法，用氯化锌重液减灰后用于分类。

41. 炼焦煤具有哪些主要特性?

答：烟煤中的气煤、肥煤、气肥煤、1/3 焦煤、焦煤和瘦煤都属于炼焦煤，其特性如下：

（1）贫瘦煤（PS）。是炼焦煤中变质程度最高的一种，特点是挥发分较低，但其黏结性仅次于典型瘦煤。单独炼焦时，生成的粉焦多；在配煤炼焦时配入较少比例时也能起到瘦煤的瘦化作用，对提高焦炭的块度起到良好的作用。这种煤也是发电、民用及其他工业炉窑的燃料，山西省的西山矿区以典型的贫瘦煤为主。

（2）瘦煤（SM）。是指具有中等黏结性的低挥发分炼焦煤。炼焦过程中能产生一定数量的胶质体，Y 值一般在 6～10mm 左右。单独炼焦时能得到块度大、裂纹少、抗碎强度较好的焦炭，但其耐磨强度较差，作为配煤炼焦使用较好。峰峰四矿是典型的瘦煤资源。高硫、高灰的瘦煤一般只作电厂及锅炉燃料。

(3) 焦煤（JM）。是一种结焦性较强的炼焦煤，挥发分（V_{daf}）一般在16%～28%之间。加热时能产生热稳定性很高的胶质体。单独炼焦时能获得块度大、裂纹小、抗碎强度高、耐磨强度也很高的焦炭。但单独炼焦时膨胀压力大，有时易产生推焦困难，一般作为配煤炼焦使用较好。峰峰五矿、淮北后石台及西山西曲等矿井是我国典型焦煤代表。

(4) 肥煤（FM）。是中等及中高挥发分的强黏结性炼焦煤，其挥发分多在25%～35%左右。加热时能产生大量的胶质体。单独炼焦时能生成熔融性好、强度高的焦炭，耐磨强度比焦煤炼出的焦炭还好，是配煤炼焦中的基础煤。但单独炼焦时焦炭有较多的横裂纹，焦根部分常有蜂焦。我国的开滦、枣庄是生产肥煤的主要矿区。

(5) 1/3焦煤（1/3JM）。是中等偏高挥发分的较强黏结性炼焦煤，相当于原煤分类中的2号肥气煤及部分2号肥焦煤，也有少量黏结性较好的1号肥气煤和1号肥焦煤。所以它实质上是一种介于焦煤和气煤之间的过渡煤，在单独炼焦时能生成熔融性良好、强度较高的焦炭。焦炭的抗碎强度接近肥煤，耐磨强度则又明显的高于气肥煤和气煤。因此它既能单独炼焦供中型高炉使用，也是良好的配煤炼焦的基础煤。在炼焦时其配入量可在较宽范围内波动而获得强度较高焦炭。淮南矿区以产1/3焦煤为主。

(6) 气肥煤（QF）。是一种挥发分和胶质体厚度都很高的强黏结性炼焦煤。有人称之为液肥煤。结焦性高于气煤而低于肥煤，胶质体虽多但却较稀薄（即胶质体的黏稠度小）。单独炼焦时能产生大量的气体和液体化学产品。它最适于高温干馏制造城市煤气，煤岩成分中以树皮质等壳质组分较多，且多形成晚二叠世乐平统。江西乐平和浙江长广煤田是我国产典型气肥煤的矿区。

（7）气煤（QM）。是一种变质程度较低，挥发分较高的炼焦煤，结焦性较强，加热时能产生较高的煤气和较多的焦油。胶质体的热稳定性较差，也能单独结焦。但焦炭的抗碎强度和耐磨强度多低于其他炼焦用煤牌号。焦炭多呈细长条而较易碎，并有较多的纵裂纹。一般在配煤炼焦时多配入气煤后可增多煤气和化学产品的收率。有的气煤也可单独高温干馏来制造城市煤气。抚顺老虎台、龙凤等矿是典型的气煤。

42. 什么是煤的可磨性？

答：煤的可磨性是指在规定条件下，煤研磨成粉的难易程度。它对于设计和改造粉煤制备系统、计算磨煤机的产率和耗电量等均有重要意义。我国采用哈德罗夫法测定煤的可磨性指数。

第二章　煤焦检验和焦炭质量

43. 煤的工业分析包括哪些内容?

答: 煤的工业分析包括煤的水分（用 M 表示）、灰分（用 A 表示）、挥发分（用 V 表示）测定，以及固定炭（用 FC 表示）的计算。

44. 煤质分析的基准有何意义，常用的基准有哪几个?

答: 由于煤中水分和灰分变化很大，同一种煤在不同的条件下会表现出不同的状态。在这些不同状态下，同一个分析项目的结果将出现很大的差异。为了使不同来源的分析数据具有可比性，在报告分析结果时，必须给出实际分析煤样或理论换算煤样的基本状态。用以表征煤样基本状态的统一尺度，即为基准。五种常用基准的定义及煤在各基准下的工业分析组成叙述如下:

（1）收到基。以收到状态的煤为基准，称为收到基，用 ar 表示。在此基准下: $V_{ar}+FC_{ar}+A_{ar}+M_{ar}=100$

（2）空气干燥基。以达到空气干燥状态的煤为基准，称为空气干燥基，用 ad 表示。在此基准下: $V_{ad}+FC_{ad}+A_{ad}+M_{ad}=100$。

（3）干燥基。以假想无水状态的煤为基准，称为干燥基，用 d 表示。在此基准下: $V_{d}+FC_{d}+A_{d}=100$。

（4）干燥无灰基。以假想无水、无灰状态的煤为基准，称为干燥无灰基，用 daf 表示。在此基准下: $V_{daf}+FC_{daf}=100$。

（5）干燥无矿物质基。以假想无水、无矿物质状态的煤为基准，称为干燥无矿物质基，用 dmmf 表示。在此基准下: $V_{dmmf}+$

$FC_{dmmf} = 100$。

45. 煤质分析的基准之间如何进行换算？

答： 煤质分析的基准之间的相互关系如图 2-1 所示。图中各符号的含义：M_f 为外在水分；M_{inh} 为内在水分；C、H、O、N 为碳、氢、氧、氮；S_o 为有机硫；S_p 为硫铁矿硫；S_s 为硫酸盐硫；A 为灰分。

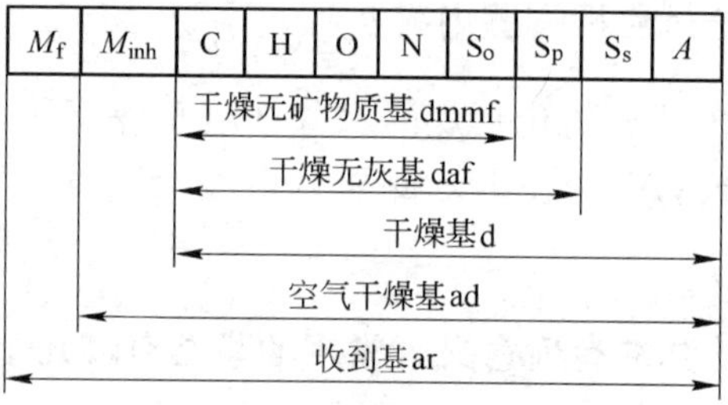

图 2-1　常用基准间的相互关系

常用基准之间的换算公式见表 2-1。应用表中的公式不仅可以对工业分析、元素分析的组分和低位发热量等进行换基计算，而且还可以计算全焦率和验算配比。

46. 煤的工业分析中测定的水分有哪几项？

答： 在煤的工业分析中，实际测定的水分有三项：

(1) 全水分（M_t）。全水分包括外在水分和内在水分。需进行全水分测定的煤样有三种：煤层煤样、接收煤样和应用煤样。它们分别代表刚从煤矿采出来的、使用单位刚刚接收的和即将使用的一批煤。

(2) 分析试样水分（M_{ad}）。分析试样水分（也即内在水分）是指专门制备用来在实验室中进行其他项目测定的煤样，在实验室大气中达到平衡后保留的水分。

(3) 最高内在水分（MHC）。

表 2-1　常用基准之间的换算公式

已知基 \ 要求基	空气干燥基 ad	收到基 ar	干　基 d	干燥无灰基 daf	干燥无矿物质基 dmmf
空气干燥基 ad		$\frac{100-M_{ar}}{100-M_{ad}}$	$\frac{100}{100-M_{ad}}$	$\frac{100}{100-(M_{ad}+A_{ad})}$	$\frac{100}{100-(M_{ad}+MM_{ad})}$
收到基 ar	$\frac{100-M_{ad}}{100-M_{ar}}$		$\frac{100}{100-M_{ar}}$	$\frac{100}{100-(M_{ar}+A_{ar})}$	$\frac{100}{100-(M_{ar}+MM_{ar})}$
干基 d	$\frac{100-M_{ad}}{100}$	$\frac{100-M_{ar}}{100}$		$\frac{100}{100-A_{d}}$	$\frac{100}{100-MM_{d}}$
干燥无灰基 daf	$\frac{100-(M_{ad}+A_{ad})}{100}$	$\frac{100-(M_{ar}+A_{ar})}{100}$	$\frac{100-A_{d}}{100}$		$\frac{100-A_{d}}{100-MM_{d}}$
干燥无矿物质基 dmmf	$\frac{100-(M_{ad}+MM_{ad})}{100}$	$\frac{100-(M_{ar}+MM_{ar})}{100}$	$\frac{100-MM_{d}}{100}$	$\frac{100-MM_{d}}{100-A_{d}}$	

47. 如何测定煤中的水分？

答： 测定煤中的水分方法如下：

（1）全水分的测定。称取一定量的粒度小于6mm煤样，在空气流中，于105～110℃下干燥至质量恒定，然后根据煤样的质量损失计算出水分的质量分数。该方法适用于烟煤和无烟煤。

称取一定量粒度小于6mm的煤样，在干燥氮气流中，于105～110℃下干燥到质量恒定，然后根据煤样的质量损失计算出水分的质量分数。该方法适用于各种煤。

将粒度小于13mm煤样，在温度不高于50℃的环境下干燥，测定外在水分；再将煤样破碎到粒度小于6mm，在105～110℃下测定内在水分，然后计算出全水分的含量。该方法适用于外在水分高的烟煤和无烟煤。

（2）分析试样水分的测定。分析试样水分的测定分为通氮干燥法和空气干燥法，最常用的是空气干燥法，即称取一定量的空气干燥煤样，置于105～110°C的干燥箱内，于空气流中干燥至质量恒定，根据煤样的质量损失计算出水分的质量分数。

48. 什么是煤的灰分，如何测定灰分？

答： 煤的灰分是指煤中所有可燃物质完全燃烧时，煤中矿物质在一定温度下经过一系列分解、化合等复杂反应后剩下的残渣。

测定煤中灰分的最简单而又直接的方法就是把煤完全燃烧，残留物即为灰分。即称一定量的空气干燥煤样，放入马弗炉或快灰仪中，以一定的速度加热到（815±10)℃，灰化并灼烧到质量恒定，以残留的质量占煤样的质量分数作为灰分产率。

但是，随着条件的变化，将会得到不同的灰分量，特别是对黄铁矿和方解石含量都高的煤。造成灰分误差的因素有三个：灰中固定的硫量变化、黄铁矿氧化程度不同以及方解石分解程度不同。为了测得比较准确的灰分含量，就必须使黄铁矿氧化完全，方解石分解完全以及这两种反应分别生成的 SO_3 和 CaO 间的反应降低到最低程度。

（1）缓慢灰化法。称取一定量的空气干燥煤样，放入马弗炉中，以一定的速度加热到（815±10）℃，灰化并灼烧到质量恒定，以残留物的质量占煤样的质量分数作为煤样的灰分。

（2）快速灰化法。将装有煤样的灰皿由炉外送入预先加热到（815±10）℃的马弗炉中灰化并灼烧至质量恒定，以残留物的质量占煤样的质量分数作为煤样的灰分。

49. 什么是煤的挥发分？

答：煤在规定条件下隔绝空气加热后挥发性有机物质的产率称为挥发分。事实上，煤在该条件下产生的挥发物既包括了煤的有机质热解气态产物，还包括煤中水分产生的水蒸气以及碳酸盐矿物质分解出的 CO_2 等。因此，挥发分属于煤挥发物的一部分，但并不等同于挥发物。此外，挥发分不是煤中的固有物质，而是煤在特定加热制度下的热分解产物，所以煤的挥发分称为挥发分产率更为确切。

50. 如何测定挥发分，影响挥发分测定结果的因素有哪些？

答：挥发分测定方法提要：称取一定量的空气干燥煤样，放在带盖的瓷坩埚中，在（900±10）°C 下，隔绝空气加热 7min，以减少的质量占煤样的质量分数（%），再减去该煤样水分含量作为煤样的挥发分。

挥发分测定方法，是个典型的规范性方法，任何试验条件的改变，都会给测定结果带来不同程度的影响。主要的影响因素包括加热温度、加热时间和加热速度。其他诸如设备的形式和大小，试样容器的材料、形状、大小甚至容器的支架都会影响测定结果。因此，任何一个挥发分测定标准方法，都对这些细节有严格的规定，操作者必须完全遵守。

51. 煤的元素分析包括哪些内容?

答: 煤的元素分析所包括的元素组成，通常是指组成煤有机质的五种主要元素，即碳、氢、氧、氮和硫。煤的碳、氢、氮和硫含量是用直接法测出的，煤的氧含量除特殊情况下需要用直接测定法外，一般用差减法计算而得。

52. 如何测定煤中的碳和氢?

答: 碳和氢含量通常用燃烧法又称利比西（Liebig）法测定。该法可分为添加催化剂的快速测定法和不加催化剂的常规测定法。其要点是，将装有一定量煤样的瓷舟放入燃烧管中，在800℃和有氧化铜存在的条件下，使煤样在氧气流中充分燃烧，生成的水和二氧化碳分别用吸水剂（如氯化钙、浓硫酸或过氯酸镁）和二氧化碳吸收剂（如碱石棉、钠石灰或40%氢氧化钾溶液）吸收。根据吸收剂的增重计算煤中碳和氢的质量分数（%）(空气干燥基)。当煤中碳酸盐的二氧化碳含量大于2%时，需对测得的碳含量加以校正。在测定中，用铬酸铅和银丝卷或高锰酸银的热解产物排除煤样中硫和氯对测定的干扰，用粒状二氧化锰排除氮对碳含量测定的干扰。

53. 如何测定煤中的硫分?

答: 测定煤中的硫分主要方法如下：

（1）重量法测定煤中全硫。重量法包括煤样的半熔、用水抽提、硫酸钡的沉淀、过滤、洗涤、干燥、灰化和灼烧等过程。因为本法是有艾什卡试剂（Na_2CO_3和MgO以重量比1∶2的混合物）作为熔剂，所以又名艾什卡重量法。

重量法的最大优点是准确度高、重现性好。因此，在国家标准中把它作为仲裁分析的方法。但是重量法也有缺点，主要是操作繁琐，费时较长。

（2）高温燃烧中和法。高温燃烧中和法是容量法分析煤中全硫的方法之一。本法的优点是快速，一般测定一次约需 20～25min。此外，在测全硫的同时，还可测得煤中的氯含量。中和法包括煤的燃烧、SO_3 的吸收和用标准 NaOH 溶液进行中和等过程。

（3）库仑滴定法。库仑滴定法是用电化学的方法来确定煤中全硫的方法。本方法主要通过定硫仪器对高温燃烧后生成的二氧化硫以电解碘化钾溶液所产生的碘和溴进行库仑滴定，再根据电解碘和电源所消耗的电量由库仑积分仪积分，得出煤中的含硫量。操作简便、快速、试验结果与艾氏卡重量法结果基本一致，现已列入我国国家标准。

煤样在 1150℃高温和催化剂作用下于空气流中燃烧分解。煤中各种形态硫均被氧化为二氧化硫和少量三氧化硫。生成的二氧化硫和少量三氧化硫被空气流带到电解池内与水化合生成亚硫酸和少量硫酸。以电解碘化钾-溴化钾溶液生成的碘和溴来氧化滴定亚硫酸，并以其生成过程中所消耗的毫库仑电量由库仑积分仪显示，按法拉第电解定律，计算煤中全硫的含量。

54. 什么是煤的细度？

答：细度是量度煤粉碎程度的一种指标。炼焦生产中，用0～3mm粒级煤占全部煤的质量分数来表示入炉煤的细度。

55. 如何测定黏结指数？

答：黏结指数（G_{RI}）是中国煤科院北京煤化所在 1976 年提出的，1985 年制定为国家标准（GB 5447）。黏结指数的测定原理与罗加指数的测定原理相似，但在测定方法上针对罗加指数存在的不足，做了下述五方面的改进：

（1）为了使测试时的外加惰性物标准化，采用宁夏汝箕沟西沟平峒两侧二$_1$煤层下分层煤，在同一层位以相同的加工生产方式制作专用无烟煤，统一发售。

（2）专用无烟煤粒度由罗加法的 0.3～0.4mm 改用 0.1～

0.2mm，以扩大强黏结煤的测值范围，同时因无烟煤与烟煤粒度相近易于混匀而减小了试验误差。

（3）对 $G<18$ 的弱黏结煤，将无烟煤与烟煤的配比改为3∶3以提高对弱黏结煤的区分能力和测定的准确度。

（4）实现了煤样的机械搅拌混合，改善了试验条件，减少了人为误差。

（5）转鼓试验次数由罗加法的三次改为两次，并改变了计算公式简化了操作与计算。

通过上述改进措施，使黏结指数较罗加指数对不同黏结性煤的区分能力有所增强，简化了操作，提高了测试的精确性。但黏结指数对强黏结煤的区分能力仍不够，尚有待改进。

黏结指数具有测定快速简易、重现性好，测值稳定、在一定范围内具有可加性等优点，因而易于推广。黏结指数不单能较好表征煤的黏结性，而且可用作指导炼焦配煤、预测焦炭强度以及作为煤分类等的较好指标。G_{RI}也是我国煤分类的主要指标之一。

56. 什么是胶质层指数？

答： 胶质层指数是用胶质层最大厚度等特征表征煤的塑性的一种指标。胶质层指数主要测定胶质层最大厚度 y 值，最终收缩度 x 值和体积曲线类型、焦块特征、焦块抗碎能力等多种指标，其中主要以 y 值的大小表征煤黏结性的好坏。此法是前苏联萨保什尼柯夫和巴西列维奇在1932年提出的。

57. 怎样测定胶质层指数？

答： 将100g粒度小于1.5mm的烟煤试样装入煤杯中，放入炉内。试样在0.1MPa的压强下，由底部进行单面加热，以一定的加热速度升温至730℃。试样在加热过程中形成一系列的等温层面，随着温度的升高，发生一系列复杂的化学和物理化学变化，产生胶质层和半焦层、并且经过软化膨胀、熔融固化和收缩等过程，最终形成半焦。在加热过程中，用一种专门探针穿透胶质体，测得的胶质层层面和胶质层底面（即半焦层的上面）之间的距离为胶质层厚度。从各个不同时间所测得的厚度中找出最大的胶质层厚度作为胶质层厚度指数 y 值，单位是 mm。在加热过程中，煤分解出挥发性产物，使煤体积膨胀和收缩。其变化值由杠杆末端的笔尖记在记录转筒上的坐标纸上，以得出的体积变化曲线最后下降点距零点线间的距离作为体积最终收缩度 x 值。根据曲线的形状可以初步判断胶质体的透气性和结焦过程的膨胀和收缩情况。其测量装置见图 2-2。

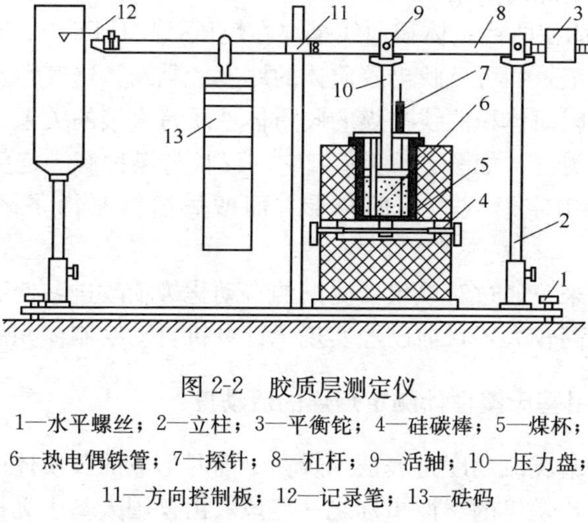

图 2-2 胶质层测定仪

1—水平螺丝；2—立柱；3—平衡铊；4—硅碳棒；5—煤杯；6—热电偶铁管；7—探针；8—杠杆；9—活轴；10—压力盘；11—方向控制板；12—记录笔；13—砝码

58. 胶质层指数测定的各项指标有何意义和不足？

答：胶质层指数测定的各项指标及不足如下：

（1）胶质层最大厚度 y 值。胶质层最大厚度 y 值主要取决于煤的性质和胶质体的膨胀（与胶质体的流动性、热稳定性和不透气性等有关）及试验条件。一般煤的 y 值越大黏结性越好，并且 y 值随煤化度呈现有规律的变化。一般当煤的 V_{daf} 为 30%左右时，y 值出现最大值，$V_{daf}<13\%$ 和 $V_{daf}>50\%$ 的煤 y 值都几乎为零，y 值对中等黏结性和较强黏结性烟煤都有较好的区分能力。y 值具有一定的加和性。多年的实践表明，y 值多数情况下能表示胶质体的数量但不一定能反映其质量。y 值的测定主观因素大，测得的胶质体的数量有一定的误差，对于 y 值大于 25mm 和小于 6mm 的煤不易测准。

(2) 最终收缩度 x 值。最终收缩度 x 值取决于煤的挥发分、熔融、固化和收缩等性质及试验条件。x 值可表征煤料在生成半焦后的收缩情况，该指标对焦炉中焦饼的收缩、焦块的块度、裂纹的多少及推焦是否顺利等有参考价值。缺点是 x 值不能反映炼焦过程中煤的真正收缩情况。

(3) 体积曲线。体积曲线是煤在恒压（101kPa）下加热时体积变化的记录，可反映出胶质体的厚度、黏结、透气性及气体析出强度，因而体积曲线与煤的胶质体性质有直接的关系。体积曲线有七种类型，如图 2-3 所示，它的形状与煤种有一定关系，如肥煤多为山字形或之山混合形，而瘦煤多为平滑下降形或斜降形。

近年来，通过对该仪器测试的自动化等项改进，使测试结果的精度提高较大，目前已经实现了计算机自动绘制体积曲线。

59. 怎样用基氏塑性计测定烟煤的流动度？

答： 基氏流动度是表征烟煤在干馏时形成的胶质体的黏度的一个指标，是煤的塑性指标之一。该法由德国人基士勒提出，目前在美国、日本和波兰等国应用较多并作为国家标准。

测定基氏流动度的仪器为基氏塑性计，有两种型式：一种是波兰型，试验用煤量为 2g、双桨式；另一种是美国型，试验用煤量为 5g、四桨式。

该法的测定原理是：将煤样装入预先装有搅拌桨的钢锅中，对搅拌桨施加恒力矩。在盐浴中以 3℃/min 加热煤样，随着温度的升高煤料软化、熔融产生了塑性变化，使搅拌桨的运动呈现有规律的变化。它开始由不动到转动，转动速度逐渐增至最大，而后又渐变慢，直至停止。根据恒力矩下搅拌桨的转动特性，测

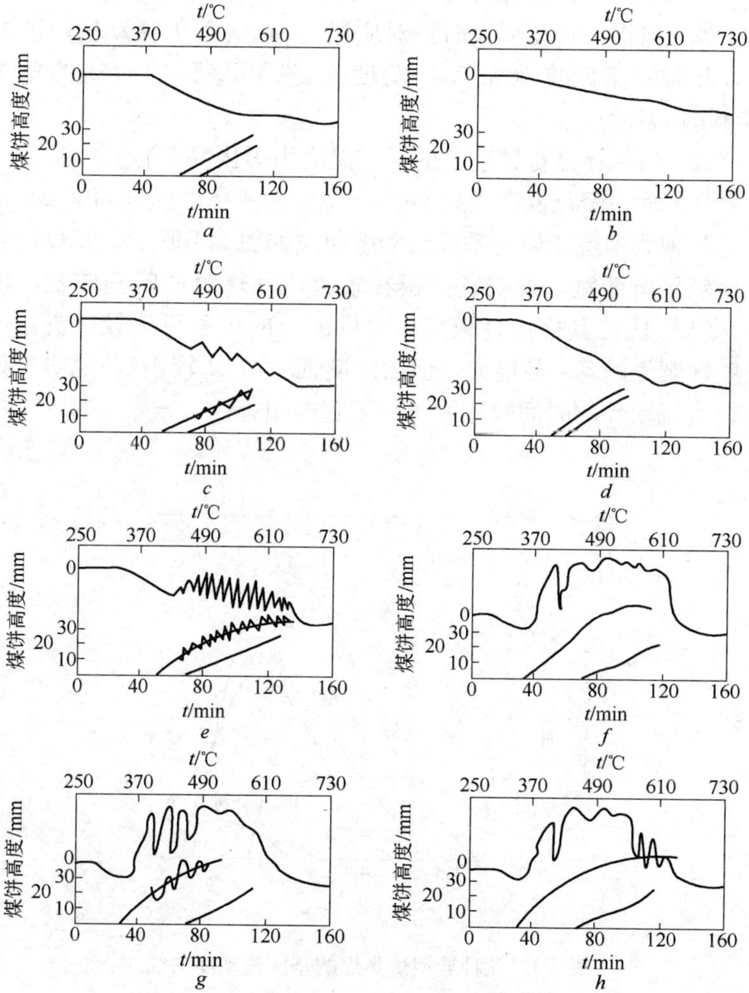

图 2-3　胶质层测定的体积曲线图

a—平滑下降形；*b*—平滑斜降形；*c*—波形；*d*—微波形；

e—之字形；*f*—山形；*g*、*h*—之山混合形

定煤在可塑状态的流动性。通过试验可测得如下几个特性指标和绘制出基氏流动度曲线。

（1）当刻度盘指针转动1°时，对应的温度为软化温度 t_P；

（2）当指针转动最大时，对应温度 t_{max} 为最大流动度时的温度，此时的流动度为最大流动度 α_{max}，用每分钟转动的角度（ddpm）表示；

（3）当指针停止转动时的对应温度为固化温度 t_K；

（4）软、固化温度之差（$t_K - t_P$）为胶质体的温度间隔 Δt。

几种典型炼焦煤的基氏流动度曲线如图 2-4 所示。肥煤的曲线比较平坦而宽，说明它停留在较大流动性时的时间较长（即 Δt 较大）因此其适应性较广，可供配合的煤种可以较广泛。而有些气肥煤的 α_{max} 虽很大，但曲线陡而尖（Δt 较小），说明它处于较大流动性的时间较短，影响了它的相容性。

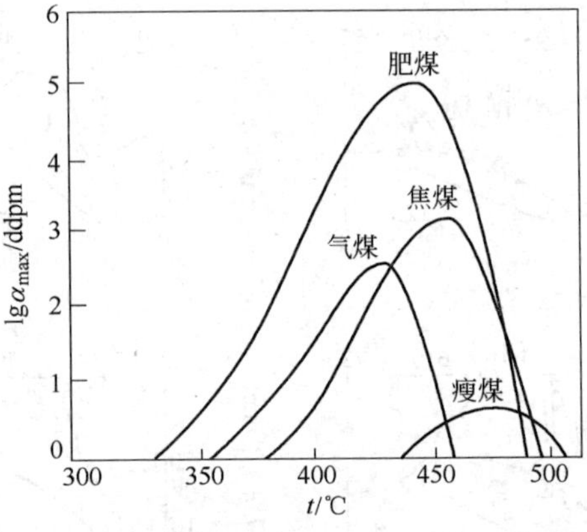

图 2-4　几种典型炼焦煤的基氏流动度曲线

基氏流动度指标能同时反映胶质体的数量和性质，具有明显的优点。流动度是研究煤的流变性和热分解动力学的有效手段，可用于指导配煤和预测焦炭强度。但该法的规范性特强，重现性较差。搅拌器的尺寸、形状、加工精度和磨损情况，煤样制备和装煤方式等对测值的影响都较大。实现了自动操作的基氏塑性计，其测值的准确度有较大提高。提高基氏塑性计的加热速度，可测得快速加热下煤的塑性，对扩大炼焦用煤资源和研究快速加热下新的煤转化过程有重要的意义。

60. 怎样用奥亚膨胀计测定烟煤的膨胀度?

答: 奥亚膨胀计是由德国奥迪贝特于 1926 年提出，后经阿努完善建立的测定煤膨胀性和结焦性的方法之一，是国际上最通用的一种膨胀度的测定方法，中国于 1985 年将该法列为国家标准。

奥亚膨胀度试验是将新粉碎到 0.15mm 以下的空气干燥煤样 10g 与 1mL 水迅速混合，在钢模中按规定的方法制成 60mm 长的煤笔，将煤笔放在膨胀管中并放入温度为 330°C 的电炉中。在炉温达到 360℃以后，应非常平稳地以 3℃/min 的速度升温，同时记录其体积变化。试验所得的膨胀曲线如图 2-5 所示。

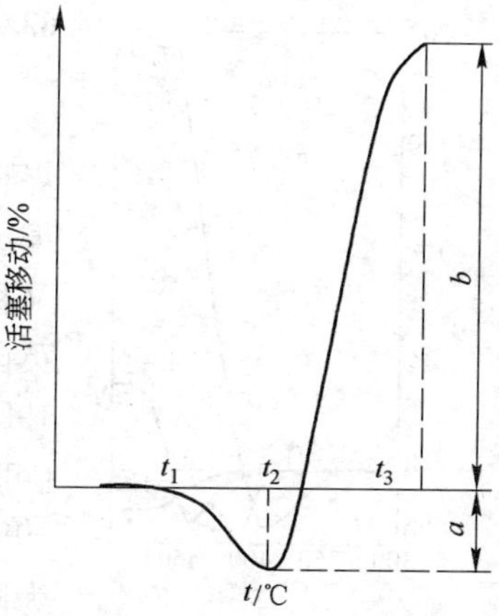

图 2-5　膨胀曲线示意图

由试验可测得如下指标:

(1) 软化温度 t_1—体积曲线开始收缩达 0.5mm 时的温度,℃;

(2) 始膨点 t_2—体积曲线下降到最低点后再开始膨胀时的温度,℃;

(3) 固化点 t_3—体积曲线膨起达最大值时的温度,℃;

(4) 收缩度 α—体积曲线下降的最大距离占煤笔长度的比例,%;

(5) 膨胀度 b—体积曲线膨胀的最大距离占煤笔长度的比例,%。

61. 奥亚膨胀度指标有何意义？

答： 奥亚膨胀度以 b 值为主要指标。奥亚膨胀度 b 值是在煤料的塑性阶段中直接测定的。b 值的大小取决于煤胶质体的不透气性和塑性期间的气体析出速度，同时与煤的岩相组成有密切关系。奥亚膨胀度为一综合指标，变动幅度大，对黏结性中等以上的煤、特别是煤料偏肥时，可以较好地区分，这是 b 值的优点。煤的膨胀度广泛用于研究煤的黏结成焦机理、煤质鉴定、煤炭分类和指导配煤与预测焦炭强度等。b 值在 1956 年的国际煤炭分类中被确定为煤的结焦性指标。在 1986 年中国的煤炭分类中，b 值被确定为区分强黏结煤的一个辅助指标。

几种典型炼焦煤的奥亚膨胀度曲线如图 2-6 所示。由图 2-6 可见，气煤的膨胀度 b 为负值，瘦煤为收缩，不产生膨胀。

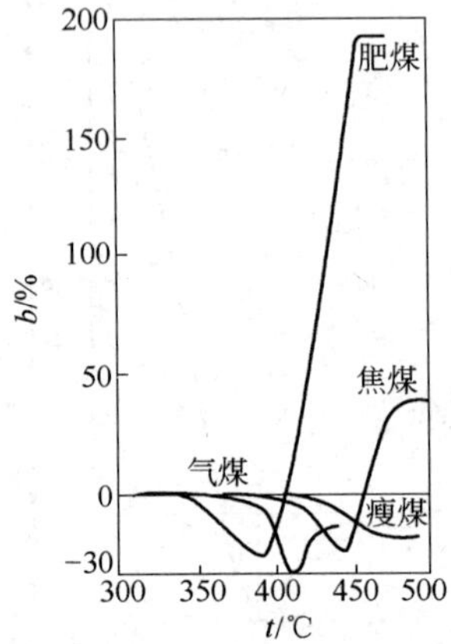

图 2-6　几种典型炼焦煤的奥亚膨胀度曲线

62. 什么是坩埚膨胀序数，如何测定？

答： 坩埚膨胀序数（CSN）是把煤在坩埚中加热所得焦块的膨胀程度编成序号表征煤的塑性的一种指标，又称自由膨胀指数（FSI）。1942 年，英国首先把坩埚膨胀序数订入标准。1956 年，在硬煤国际分类中把坩埚膨胀序数作为确定组别的一个指标。1985 年，中国也把坩埚膨胀序数订为国家标准。

坩埚膨胀序数的测定方法是：把 1g 粒度小于 0.2mm 的煤样放入坩埚中，在特定的煤气灯或电炉上快速加热（加热速度约为 400℃/min）到（820±5）℃，将所得焦块与一组带有序号的标准焦块侧面图形比较，如图 2-7 所示，取其最接近的焦型序号作为结果。膨胀序数共分为 17 种，序数越大表示煤的膨胀性和黏结性越强。

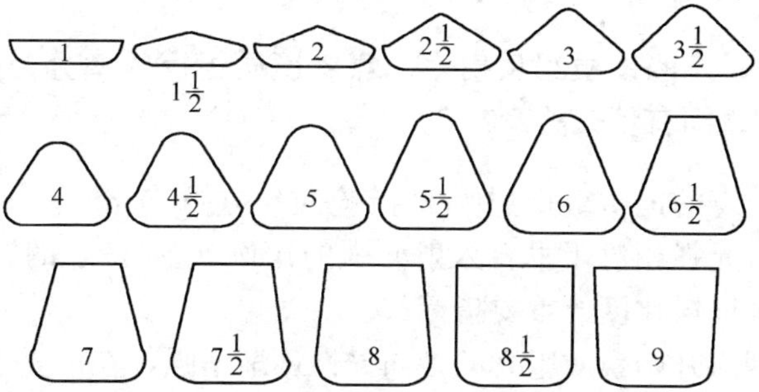

图 2-7　标准焦块侧形图及相应的膨胀序数

该法简单易行，所以在国际上应用比较广泛，在国际硬煤分类方案中被选为黏结性的分类指标。其缺点是仅能定性地给出序号，且由于所得焦块形状不规则，较难对测值给予确切评价，特别是利用该法确定膨胀序数 5 以上的煤时分辨能力较差。此外，该法由于测定时加热速度很快，有可能将黏结性较差的煤判断为黏结性较强。

63. 什么是煤的膨胀压力，影响煤的膨胀压力的因素有哪些？

答：煤在一定体积的炭化室中受热分解时，不能自由膨胀，因而对炭化室墙或者测定膨胀压力装置的壁产生一定的压力，此压力称为膨胀压力。

影响煤的膨胀压力的因素主要有以下几个方面：

（1）煤的种类：不同变质程度的煤种具有不同的膨胀压力。

（2）加热速度越快，膨胀压力越大。

（3）煤料堆密度越大，膨胀压力越大。

（4）煤的氧化能降低膨胀压力。煤的氧化能使胶质体的流动性和胶质层的厚度降低，使胶质体内的气体容易透过。因此氧化可显著地降低煤的膨胀压力，甚至可以完全解除膨胀压力。但是，氧化却使煤的黏结性降低或丧失。

（5）加入瘦化剂可以降低煤的膨胀压力。例如，加入焦粉和无烟煤等瘦化剂，可使膨胀压力降低。

64. 什么是煤的镜质组反射率，煤中镜质组反射率分为哪几种，它们之间有什么关系？

答：煤的镜质组反射率是指镜质组在绿色光（$\lambda=546$nm）中的反射光强相对于垂直入射光强的比例（%）。煤的镜质组反射率是表征煤化度的重要指标。

从烟煤开始镜质组光的各向异性逐渐增强，在偏光下测定反射率时，在垂直层理的平面上，光学各向异性最明显。因此，煤中镜质组反射率根据测定的方法不同可以分为以下几种：

（1）最大反射率。当入射光的偏振方向平行于层理时，可测得最大反射率，以 R_{max} 表示。

（2）最小反射率。当入射偏光垂直于层理时，可测得最小反射率，以 R_{min} 表示。最大反射率和最小反射率之差称为双反射，它反映了煤的各向异性程度，也随煤化度增高而增大。

（3）中间反射率。当入射光与层面的夹角为 $0°<\alpha<90°$ 时，测得的为中间反射率，以 R_m 表示。

（4）随机反射率。在非偏光下（经反射器后变为部分偏振光）测定反射率时，不转动显微镜台，在煤的任意切面上测得的反射率为随机反射率以 R_{ran} 表示。在粉煤光片上测得的大量随机反射率的统计平均值即为平均随机反射率，以 $\overline{R}_{ran}$ 表示。

平均随机反射率与最大反射率和最小反射率的关系为：$\overline{R}_{ran}=(2R_{max}+R_{min})/3$。平均随机反射率与平均最大反射率的统计关系为：当 $\overline{R}_{max}<2.5\%$ 时，$\overline{R}_{max}=1.0645\overline{R}_{ran}$；当 $\overline{R}_{max}$ 为 $2.5\%\sim6.5\%$ 时，$\overline{R}_{max}=1.2858\overline{R}_{ran}-0.3936$。

65. 什么是粉煤光片，如何制作粉煤光片？

答：粉煤光片是指用粉煤样制作的在显微镜反射光下鉴定的光片。主要用于镜质组反射率测定、煤岩显微组分和矿物质测定等煤岩分析。粉煤光片的制作质量，如磨痕、斑点的数量，对煤岩分析的结果影响非常大，必须加以重视。

粉煤光片的制作是取粒度小于1.0mm、质量为4～5g的煤样（0.1mm以下的颗粒越少越好），与黏结剂混合制成直径不小于20mm的粉煤片。用不同粒度的磨料，逐级进行手工磨光，然后用超微氧化铝、氧化铬或抛光膏抛光，制成粉煤光片。也可采用不同粒度的水砂纸，逐级在研磨机上进行机械磨光，速度更快，效果更好。半自动研磨机和全自动研磨机也逐渐应用到粉煤光片的制作中。

66. 制作粉煤光片的几种黏结剂的优缺点？

答：常用的黏结剂有三种：

（1）虫胶漆。虫胶漆在常温下为片状固体。制法为将虫胶漆捣碎成粉末，与样品以1∶1的体积比例混合。在电炉上加热，使虫胶漆熔化，与样品黏着呈半流体状，放进柱形模具中，模压成型。以虫胶漆为黏结剂的主要缺点是，在加热过程中，有时会因局部过热，使煤变质。另外，操作比较不方便，操作的熟练程度和型块的质量有相当关系。

（2）不饱和聚酯树脂。用不饱和聚酯树脂为黏结剂只用于浇铸成型。采用商品189号不饱和聚酯树脂，配以一定量的引发剂和促进剂后与样品混合均匀，在硅橡胶制成的模具中浇铸成型。以不饱和聚酯树脂为黏结剂的优点是冷成型，大批成型方便，可任意染色。缺点是保存时期不允许过长，否则会因聚合作用，黏度越来越大，甚至不能使用。

（3）环氧树脂。用环氧树脂作黏结剂时，有浇铸和模压两种方法。环氧树脂的流动性较差，对气孔和裂纹不易充填。

67. 如何测定煤的镜质组反射率？

答：煤的镜质组反射率测定原理是根据光电倍增管所接受的反射光强与其光电信号成正比的原理，在显微镜下以一定强度的入射光照射时，对比镜质组和已知反射率的标准片的光电信号值而加以确定。根据测定时的介质，可以分为空气中反射率（R^a）和油浸反射率（R^o），后者准确、灵敏，因而应用广泛。

测定所用仪器为由偏反光显微镜、光电倍增管、高压稳压电源、显示器、光源稳定设备等构成的显微镜光度计。测定时，必须备有一系列与煤的反射率相近的标准片和零标准片（它的油浸反射率小于 $10^{-6}\%$）。这些标准片由蓝宝石、钇铝石榴石、钆镓石榴石、金刚石、碳化硅和 K_6 玻璃等制成，用来标定光电系统的线性和作为反射率的定值标准。测定烟煤的反射率时，选用零标准片、蓝宝石、钇铝石榴石、钆镓石榴石几种标准片即可。在烟煤和无烟煤中选择无结构镜质体中的均质镜质体和基质镜质体作为镜质组反射率测定对象。测定从试样一端开始，用物台移动尺移动试样，使测点均匀分布在试样上。测最大反射率 R_{max} 时应将显微镜物台缓慢转动 360°，出现两次相同最大值，其平均值为平均最大反射率 $\overline{R}_{max}$，在油浸情况下测定 $\overline{R}^o_{max}$。测定点数根据煤种和所要求的准确度而异。对于单种烟煤一般测定 40～100 点；对于混合煤要求测点数大于 300。点测定结果用平均值和反射率分布图表示。从褐煤到无烟煤的油浸反射率从 0.2%增至 10%；空气中反射率由 5.4%增至 18%。

68. 常见的几种炼焦煤的镜质组反射率分布范围如何?

答： 镜质组最大反射率平均值 $\overline{R}^o_{max}$ 与现行煤分类中各类煤存在着大致的对应关系。国内相关的研究机构和部分学者根据他们各自的研究成果，都提出过烟煤阶段各变质程度的煤的镜质组最大反射率分布区间。表 2-2 列出的有代表性的划分方案仅供参考。

表 2-2 不同变质程度烟煤镜质组反射率划分区间

项目	气煤	肥煤（1/3 焦煤）	焦煤	瘦煤	贫煤
$\overline{R}^o_{max}$	0.65～0.9	0.9～1.2	1.2～1.7	1.7～1.9	1.9～2.5
$\overline{R}^o_{ran}$	0.61～0.84	0.84～1.13	1.13～1.6	1.6～1.8	1.8～2.35

需要指出的是，肥煤和 1/3 焦煤的反射率平均值和反射率分布图基本重合，用反射率平均值和反射率分布图无法区分肥煤和 1/3 焦煤，此时必须借助 G、Y 值作为肥煤的辅助判定指标，严格要求肥煤的 $G \geqslant 85$，$Y \geqslant 25$。图 2-8 所示为几种炼焦煤的镜质组反射率分布示例。

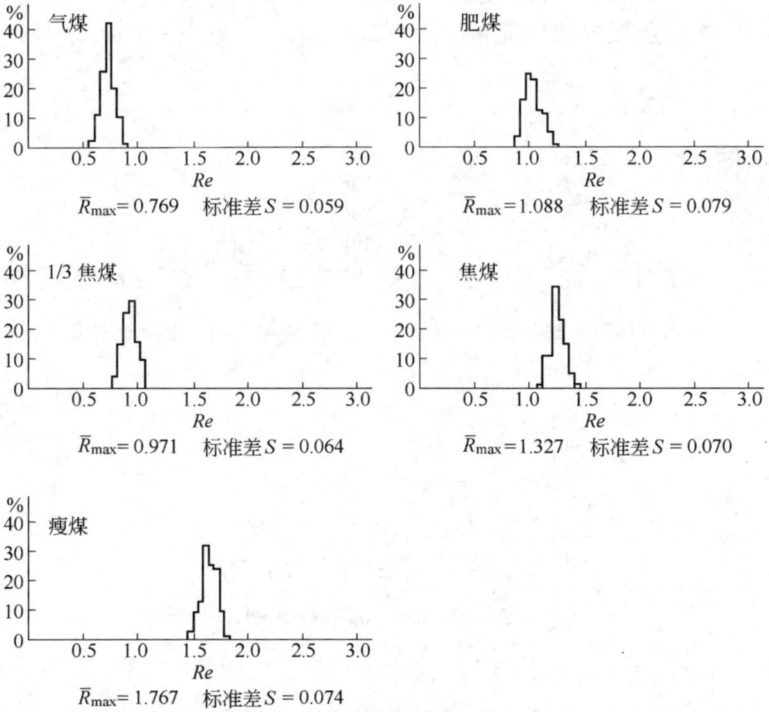

图 2-8　炼焦煤的镜质组反射率分布示例

69. 如何用镜质组反射率分布图鉴定混煤?

答：镜质组反射率分布图是鉴定混煤的唯一方法。大量研究结果表明，同一煤层的纯净单种煤其镜质组反射率呈正态分布，标准偏差 S 很小，一般小于 0.1。当反射率分布图中出现了宽峰或多峰，标准偏差增大，就可以推断出它是混煤及其混煤的程度。通过对镜质组反射率分布图做进一步的分析，可以判断混入什么煤种的煤，以及大约混入了多少。目前，对镜质组反射率分布图（如图 2-9 所示）做如下界定：

- 单种煤：标准差 $S \leqslant 0.1$，无凹口。
- 简单混煤：标准差 $0.1 \leqslant S \leqslant 0.2$，无凹口。
- 复杂混煤：标准差 $S \geqslant 0.2$。

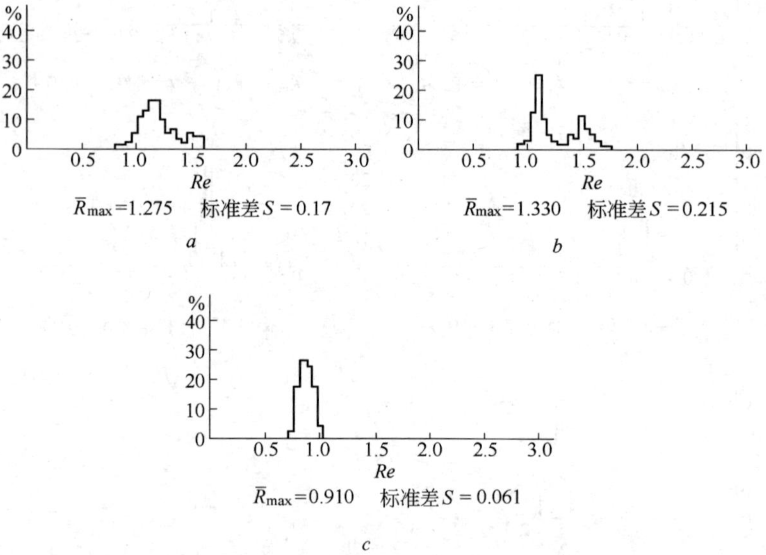

图 2-9 典型混煤反射率分布图

a—简单混煤的典型反射率分布图；*b*—复杂混煤的典型反射率分布图
c—单种煤的典型反射率分布图

在焦化企业的实际生产中，当洗精煤的挥发分 V_{daf} 出现较大的波动，黏结性出现比较明显的降低，就应考虑对该煤测定镜质组反射率分布图，以判定是否存在混煤情况，并采取应对措施。

70. 什么是煤岩组分的定量?

答：煤岩显微组分的测定原理是：将有代表性的煤样所制成的光片，置于反光显微镜下，用白光入射，在部分偏光（去起偏器）或单偏光下，用油浸物镜观察鉴别各种煤岩显微组分。用数点法统计各种煤岩显微组分的体积分数（%）。

测定方法是：在显微镜下，从试样一端开始，按预定步长（0.5～0.6mm）移动试样，鉴定十字丝交点下煤的各显微组分，即镜质组、半镜质组、稳定组、丝质组、矿物，分别记入计数器中。若遇胶结物、孔洞和裂隙等无效点则不予统计，直到500个测点均匀地布满全煤片为止。按各个组分的点数占总有效点的比率（%）来表示其体积分数（%）。

71. 焦炭有哪些化学成分?

答：焦炭的化学成分包括有机成分和无机成分两大部分。有机成分是以平面碳网为主体的类石墨化合物，其他元素氢、氧、氮和硫与碳形成的有机化合物，则存在于焦炭挥发分中。无机成分是存在于焦炭中的各种无机矿物质，以焦炭灰成分表征其组成。

焦炭的化学成分主要用焦炭工业分析和焦炭元素分析来测定。

（1）按焦炭元素分析，焦炭成分为：碳82%～87%，氢1%～1.5%，氧0.4%～0.7%，氮0.5%～0.7%，硫0.7%～1.0%，磷0.01%～0.25%；

（2）按焦炭工业分析，其成分为：灰分10%～18%，挥发分1%～3%，固定炭80%～85%。可燃基挥发分是焦炭成熟度的重要标志，成熟焦炭的可燃基挥发分为0.7%～1.2%。

72. 焦炭工业分析包括哪些内容?

答：焦炭工业分析包括水分、灰分、挥发分测定，以及固定炭的计算，又称焦炭实用分析。焦炭工业分析与煤的工业分析有许多共同之处。

(1) 水分测定。水分是指焦炭试样在一定温度下干燥后的失重占焦样干燥前的质量分数。它包括操作水分（Mt）测定和分析试样水分（Mad）测定两种。操作水分指工业焦炭所含的实际水分，分析试样水分是指经过空气干燥后制备的分析用试样的水分。

焦炭水分主要因熄焦方式而异，同时与焦炭块度、焦粉含量、取样地点、取样方法和焦样处理方式等因素有关。湿法熄焦的焦炭水分约为4%～6%，干法熄焦的焦炭水分，是吸收空气水分达到平衡后的数值，一般小于0.5%。

(2) 灰分测定。灰分是指焦炭试样在（850±10)℃温度下灰化至恒重，其残留物的质量占焦样的质量分数。

(3) 挥发分测定。挥发分是指焦炭试样在（900±10)℃温度下隔绝空气快速加热后的失重占焦样的质量分数减去该试样水分后得到的数值。焦炭挥发分同原料煤的煤化度和炼焦最终温度有关，可作为焦炭成熟程度的标志。一般成熟焦炭的挥发分为1%左右。

(4) 固定炭计算。固定炭指煤经高温干馏后残留的固态可燃性物质，其值系由公式 $C_{ad}=100-M_{ad}-A_{ad}-V_{ad}(\%)$，计算得出。这一数值高于焦炭元素分析的碳含量。

焦炭工业分析数值除操作水分外均以分析试样为基准，称为分析基。

73. 焦炭有哪些物理性质?

答：焦炭物理性质包括：

(1) 根据阿基米德原理测量的焦炭真密度、焦炭视密度和焦炭气孔率；

(2) 根据气体动力学原理测量的焦炭透气性；

(3) 焦炭的热性质，如焦炭比热容、焦炭热导率、焦炭热应力、焦炭着火温度、焦炭热膨胀系数和热收缩性以及焦炭的电性质、焦炭电阻率等；

（4）各使用部门对焦炭块度也有相应要求，因此，表示焦炭粒度分布的焦炭筛分组成和由此得到的一系列性质参数（如平均块度和焦炭堆积密度等），也是重要的物理性质。

焦炭的物理性质与其常温机械强度和热强度及化学性质密切相关。焦炭的主要物理性质如下，真密度为 1.80～1.95g/cm^3；视密度为 0.88～1.08g/cm^3；气孔率为 35%～55%；堆积密度为 400～500kg/m^3；平均比热为 0.808kJ/(kg·K)（100℃），1.465kJ/(kg·K)（1000°C）；热导率为 3.07W/(m·K)（常温），8.03W/(m·K)（900℃）；着火温度（空气中）为450～650℃；可燃基低热值为 30～32kJ/g；比表面积为 0.6～0.8m^2/g。

74. 什么是焦炭的真密度、视密度和气孔率？

答： 焦炭真密度是指焦炭排除孔隙后单位体积的质量。焦炭真密度主要受炭化温度、结焦时间和元素组成的影响。随炭化温度的提高和焦炭挥发分的降低，焦炭的真密度相应提高。

焦炭视密度是指干燥块焦单位体积的质量。焦炭的视密度随原料煤的煤化度、装炉煤散密度、炭化温度、结焦时间的不同而变化。

焦炭气孔率是指块焦的气孔体积与焦块体积之比。它分为总气孔率和显气孔率两种。总气孔率为块焦的开气孔与闭气孔体积之和与总体积的比率，显气孔率系块焦的开气孔与总体积的比率（%）。块焦中气孔的大部分是互相贯通并通向块焦外表面的气孔，称为开气孔，少部分为封闭气孔。

（1）焦炭总气孔率用焦炭真密度和焦炭视密度计算求得

$$焦炭总气孔率 = \frac{焦炭真密度 - 焦炭视密度}{焦炭真密度} \times 100\%$$

(2) 焦炭显气孔率的测定方法通常有抽真空法和水煮沸法两种。

1) 抽真空法简称抽气法。即在真空的条件下将焦炭孔隙内的空气抽出，然后在大气压力作用下使水进入焦炭的孔隙中。

2) 水煮沸法是将焦炭置于水中使水渗入焦炭的孔隙中。

上述两种方法在用水充满焦块孔隙以后的操作是相同的，即称出已充满水的块焦质量，然后浸入水中再称出其质量，结果按下式计算：

$$\text{显气孔率} = \frac{m_2 - m_1}{m_2 - m_3} \times 100\%$$

式中 m_1——干焦质量，g；

m_2——水饱和后的焦样在空气中的质量，g；

m_3——水饱和后的焦样在水中的质量，g。

测定时必须选取一定数量有足够代表性的焦块，并且要严格按规定条件操作。水煮沸法测出的显气孔率一般比抽真空法测定值小1%～2%。

75. 焦炭转鼓强度有哪些试验方法?

答：焦炭转鼓强度是表征常温下焦炭的抗碎能力和耐磨能力的焦炭机械强度重要指标。各国工业生产上测定块焦转鼓强度的试验方法均已标准化。美国采用ASTM转鼓试验。日本采用JIS转鼓试验或ASTM转鼓试验。国际标准化组织采用米库姆转鼓，同时规定可采用法国钢铁研究院的IRSID转鼓试验。其他大多数国家，均采用米库姆转鼓试验。

中国于1980年也将米库姆转鼓试验列为测定焦炭机械强度的国家标准，测定指标为抗碎强度M_{40}、耐磨强度M_{10}，1994年重新修订了测定焦炭机械强度的国家标准，测定指标改为抗碎强度M_{25}、耐磨强度M_{10}，由于目前我国炼铁界认为M_{25}对焦炭的抗碎强度变化不如M_{40}敏感，所以大多数焦化厂仍习惯使用1980年的标准。

76. 如何测定焦炭的M_{40}、M_{10}？

答：中国于1980年将米库姆转鼓试验列为测定焦炭机械强度的国家标准，1994年进行了重新修订。

(1) 1980版国家标准。米库姆转鼓（见图2-10）是用厚度不小于5mm的钢板制成的封闭式圆筒，其内径和长度均为1000mm。在鼓内壁周长上，沿鼓长每隔90°各焊一根100mm×50mm×10mm的角钢提料板，鼓门为600mm×500mm。转鼓转速为25r/min，入鼓焦样量50kg，每次试验需转100转。

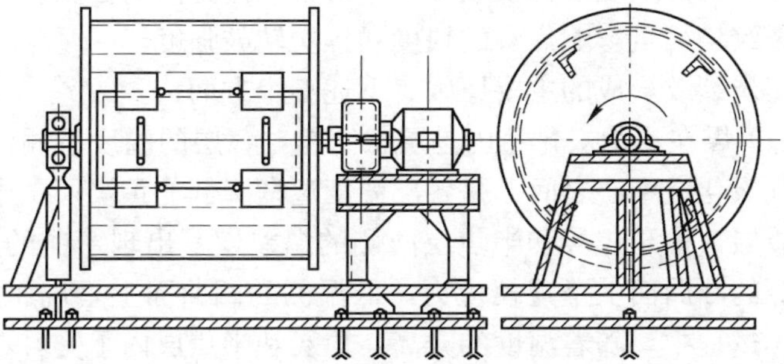

图2-10 米库姆转鼓结构示意图

用直径为60mm的圆孔筛将试验用焦炭进行人工筛分后，将大于60mm的焦炭分成60～80mm和大于80mm两个筛级，两级按比例共称取50kg，作为入鼓焦样。试验后按下式计算焦炭的抗碎强度指标M_{40}和耐磨强度指标M_{10}：

$$M_{40}=\frac{\text{出鼓焦炭中大于40mm的质量}}{\text{入鼓焦炭量}}\times 100\%$$

$$M_{10}=\frac{\text{出鼓焦炭中小于10mm的质量}}{\text{入鼓焦炭量}}\times 100\%$$

还规定二次平行试验误差为：M_{40}不超过3%，M_{10}不超过1%。

目前，绝大多数焦化企业仍使用此标准。

(2) 1994版和2003版国家标准与1980版国家标准的主要区别在于：

将入鼓焦样的块度改为大于25mm。出鼓的焦炭依次用直径25mm和10mm的圆孔筛进行筛分，测定抗碎强度指标M_{25}和耐磨强度指标M_{10}。

77. 焦炭的裂纹是如何形成的?

答：在焦炉炭化室内结焦过程中，由半焦的不均匀收缩产生的应力超过焦炭多孔体强度时，焦炭出现裂纹。垂直于炭化室内热流方向的焦炭裂纹称横裂纹，平行于热流方向的称纵裂纹。这两种裂纹均严重影响焦炭的块度和焦炭转鼓强度。

焦炭裂纹形成的主要原因有下述五个方面：

(1) 煤在焦炉炭化室内是层状结焦，各层的温度不同，从炉墙侧到炭化室中心之间，是各层温度逐渐降低的焦炭层、半焦层和胶质层，由于焦炭和半焦层两侧的温差使其出现弯曲的趋势，高温侧的凸曲面上呈现拉应力，低温侧的凹曲面上呈现压应力。在结焦过程中，随着温度的升高，焦炭和半焦层内承受着不断变化的应力，当这种应力超过多孔体强度时，便产生裂纹。

(2) 在煤结焦过程的胶质体阶段，由于胶质体内不断热解出气体，加之胶质体的透气性差，胶质层内会发生膨胀。当再固化形成半焦时，由于大量气体析出而出现第一收缩峰，在700℃附近又出现第二收缩峰。层状结焦条件下，相邻层的膨胀、收缩差异，造成层间和层内的应力而导致裂纹的形成。

(3) 当炭化室内相邻层间由于膨胀、收缩的差异产生的平行于层面的剪切应力，超过相邻层半焦多孔体间的结合强度时，会产生横裂纹。气煤的半焦层薄，多孔体强度弱，相邻层结合强度也弱，因此形成的焦炭纵裂纹多，使焦块呈条状。

(4) 距炉墙不同距离的各层，由于受到加热温度、作用时间和结焦速度的不同，会产生收缩的内应力。当这种内应力超过本层焦炭多孔体强度时，会产生纵裂纹。肥煤形成的焦炭则横裂纹多。

（5）装炉煤中不同组分的收缩系数不同，结焦过程中，在不同组分的接触界面上会出现应力，并发展成裂纹。因此，装炉煤中的矿物质、焦粉、低挥发分煤等不熔融组分，是形成焦炭中网状裂纹的中心。

78. 焦炭的气孔是如何形成的?

答：焦炭气孔主要在炭化过程的胶质体阶段形成。当煤在炭化过程中热解析出挥发气体的速度大于气体扩散逸出的速度时，部分未逸出气体在新产生的胶质体内部形成了气孔。同时，胶质体充满颗粒间的空隙，导致胶质体膨胀。随着炭化温度上升，胶质体流动度增大，体系表面张力变小，气孔开始长大。在气泡密集的部位也会出现气孔合并，形成大气孔。在最大膨胀温度时，气孔达到最大尺寸。然后，在接近固化温度时，伴随着半焦收缩，气孔变小。半焦生成后，当温度为600～1000℃时，由于H_2、CH_4等小分子物质逸出，也形成一部分气孔。

焦炭气孔结构的形成取决于原料煤的性质（如挥发分、黏结性、流动性和活性组分含量等）、装炉煤散密度、装炉方式、加热速度、炭化终温和结焦时间等工艺因素。

79. 什么是焦炭反应性?

答：焦炭反应性是指焦炭与二氧化碳、氧和水蒸气等进行化学反应的能力。它是评价焦炭质量的重要指标。

由于焦炭与O_2和H_2O的反应有与CO_2反应相类似的规律，大多数国家都用焦炭与CO_2间的反应特性评定焦炭反应性。焦炭与CO_2间的反应属气固相反应，其反应速率不仅取决于化学反应速度，还受扩散因素的影响。因此，焦炭反应性与焦炭粒度、气孔结构、光学组织、比表面积、灰分的成分和含量等有关；还因测定时所采用的条件，如反应温度、反应气组成、反应气流量和压力等因素而改变。所以，评定焦炭的反应性必须在规定的条件下进行试验。

80. 如何测定块焦反应性指数和反应后强度？

答： 块焦反应性指数和反应后强度是在1000～1300℃下测定块状焦炭与CO_2的反应性时，同时得到的两个指标，它们用以评价焦炭反应性。不少国家根据本国资源和技术需要制定了不同的测定方法，并用相应的指标控制焦炭质量。中国也已将其列入标准，它是在1100℃恒定温度下用纯CO_2与直径21～25mm焦球反应，反应时间为120min，试样重200g，以反应后焦球失重的质量分数作为反应性指数CRI。反应后的焦炭在直径130mm、长700mm的Ⅰ形转鼓中以20r/min转动600转，然后用10mm筛子筛分，测量筛上物占装入转鼓的反应后焦炭的质量分数作为反应后强度CSR。

81. 影响焦炭反应性的因素有哪些？

答： 在反应条件一定的情况下，焦炭反应性主要受炼焦煤料的性质、炼焦工艺、所得焦炭的结构以及焦炭灰成分的影响。

（1）炼焦煤料的性质。是影响焦炭反应性最重要的因素。焦炭反应性与所用原料煤的煤化度有关。用低煤化度煤炼制的焦炭，反应性高；随着煤化度加深，所得焦炭的反应性逐渐降低。因此炼焦原料煤中应多用低挥发分煤和中挥发分煤、少用高挥发分煤，这是降低焦炭反应性的根本途径。

（2）炼焦工艺。提高炼焦终温，可降低焦炭的反应性。炼焦终温为1100℃的焦炭，在相同原料煤条件下，较炼焦终温为1000℃的焦炭的反应性约可降低10%。结焦末期有一段维温时间，也可使焦炭反应性略有下降。增加装炉煤散密度、调整装炉煤的粒度组成均可使焦炭气孔分布均匀，也有降低焦炭反应性的效果。干法熄焦避免了水蒸气对焦炭气孔表面的反应，减少了活化点，有助于降低焦炭的反应性。

（3）焦炭结构。焦炭光学组织与反应性直接相关。各种光学组织按反应性大小的排列次序基本上是：无光学活性的惰性组织和各向同性组织的反应性高于各向异性组织；而在各向异性组织中，镶嵌状组织高于流动型组织；在镶嵌组织中细粒镶嵌组织高于粗粒镶嵌组织。

影响反应性的另一个焦炭结构参数是焦炭的比表面积。小于 10μm 的气孔，虽然气孔容积只占焦炭总气孔容积的 10%，但其比表面积却占焦炭全部比表面积的 95%以上。焦炭反应性随气孔比表面积增加而提高，因此焦炭中小于 10μm 的气孔对反应性起重要作用。

（4）焦炭灰成分。焦炭灰分中的金属氧化物对焦炭的 CO_2 反应性有正催化作用，其中尤以 K、Na 的催化作用更大。一般焦炭中的 K_2O 和 Na_2O 含量很少，仅 0.1%～0.3%；但在高炉中由于碱循环作用，焦炭所吸附的 K 和 Na 含量可达 3%以上，这就会造成对焦炭的破坏作用。焦炭中的 SiO_2 和 B_2O_3 有抑制 CO_2 反应性的作用，尤以 B_2O_3 更明显，如焦炭中添加 0.5%的 B_2O_3，反应性可降低 30%～50%。

82. 煤和焦炭的灰成分如何测定？

答：煤灰成分是指煤完全燃烧后的固态残留物的组成。它们基本上是煤中矿物质的氧化物。煤灰中主要成分为 SiO_2、Al_2O_3、Fe_2O_3 和 CaO，还有少量的 MgO、TiO_2、K_2O、Na_2O、P_2O_5 和 SO_3 以及微量元素的化合物。煤灰主要成分的含量波动很大。用于炼制高炉焦的煤，对其灰成分有一定的要求。

煤灰成分分析方法有化学分析法和仪器分析法。化学分析法所需设备简单，所得结果比较准确，但操作步骤多，时间长。仪器分析法能很快得出结果，常用的仪器分析法有比色法、火焰光度计法、原子吸收光谱法、发射光谱法和 X 射线荧光光谱法等。

焦炭灰成分是指焦炭灰化后，其固体残留物中各种氧化物的含量。焦炭灰成分并不是这些成分在焦炭中的原始形态。它基本上与炼焦装炉煤的灰成分相同，是焦炭质量的一个重要参数。烧结矿配料的碱度计算，高炉操作中的炉渣碱度和碱负荷控制，以及以焦炭作气化原料的煤气发生炉中灰渣的熔点等，都同焦炭灰成分有关。

中国国家标准规定了煤灰、焦炭灰和煤矸石灰的分析方法，其中包括 SiO_2、Fe_2O_3、Al_2O_3、CaO、MgO、SO_3、P_2O_5、TiO_2、K_2O 和 Na_2O 的测定方法。除 P_2O_5 和 TiO_2 用比色法以及 K_2O 和 Na_2O 用火焰光度法测定外，其他成分均用化学分析方法测定。

83. 焦炭的灰成分对高炉生产操作有何影响？

答：焦炭灰分的主要组分是 SiO_2 和 Al_2O_3，它们的熔点分别为 1713°C 和 2050°C。在高炉中必须通过加入 CaO、MgO 等碱性氧化物与其反应，使之生成低熔点化合物，形成流动性较好的熔融炉渣，借密度不同和相互的不溶性，使炉渣和铁水分离。

高炉焦灰分中的 K_2O 和 Na_2O 等碱金属化合物是高炉炉料中的有害杂质，在 1000℃左右对碳溶反应具有催化作用。金属钾、钠的蒸气在高温区可同碳、氮反应生成氰化物，销蚀一部分碳，因此焦炭灰分中的碱金属氧化物会使焦炭气孔壁更快地减薄、气孔率增大，使焦炭强度降低、容易破碎和粉化等，致使高炉料柱透气性变坏、煤气和温度分布不匀，最终导致高炉操作恶化。

84. 焦炭的光学组织是如何划分的，如何测定焦炭的光学组织？

答：焦炭光学组织是指用偏光反光显微镜在油浸或干物镜下（放大倍数多为 400 ～600 倍）所观察到的焦炭气孔壁的结构。

各国关于焦炭孔壁各光学组织尚无统一分类，所用术语也不尽相同，比较一致的意见是：将由炼焦煤活性组分所形成的焦炭光学组织划分为各向同性组织、粒状镶嵌组织、纤维状组织和片状组织，而将由煤中惰性组分所产生的焦炭光学组织划分为丝质状组织和破片状组织。根据粒状镶嵌的尺寸不同，又划分成细粒镶嵌、中粒镶嵌、粗粒镶嵌。

测定方法：将有代表性的焦样粉碎至小于 1.0（或 1.5）mm，然后筛除在显微镜下不易辨别出光学组织的细粒级（小于 0.071mm），取 0.071～1.0（或 1.5）mm 级作为制备粉焦光片用试样。将经干燥后的粉焦样与黏结剂混合制成型块（直径 $D \geqslant$ 20mm），经粗磨、细磨和抛光后于偏光反光显微镜下观测，采用数点法定量。在整个光片表面上以规定的点间距和行间距进行测定，要求总有效点数在 300～500 点以上，由各组织所占点数与总点数之比求得各光学组织的比例（%），测定误差一般为 ±5%。

85. 焦炭在高炉中的作用是什么?

答：焦炭在高炉冶炼过程中有供热、还原、料柱骨架和供碳四种作用。

（1）供热。高炉冶炼所需的热量是由焦炭和喷吹燃料的燃烧及热风提供的，其中焦炭燃烧提供的热量占 75%～80%。焦炭灰分低，并在下降至风口前仍保持一定的块度，是保证燃烧状态良好的重要条件。

（2）作还原剂。高炉中矿石的还原是通过间接还原和直接还原完成的。

1）间接还原反应约从 400℃开始。间接还原是上升的炉气中的 CO 还原矿石，使氧化铁逐步从高价铁还原成低价铁一直到金属铁，同时产生 CO_2：

$$3Fe_2O_3 + CO \rightarrow 2Fe_3O_4 + CO_2$$

$$Fe_3O_4 + CO \rightarrow 3FeO + CO_2$$

$$FeO + CO \rightarrow Fe + CO_2$$

2）直接还原是在高炉中约 850℃以上的区域开始。由于高温时生成的CO_2立即与焦炭中的碳反应生成CO，从全过程看，可以认为是焦炭中的碳直接参与还原过程：

$$FeO + CO \rightarrow Fe + CO_2$$

$$CO_2 + C \rightarrow 2CO$$

$$FeO + C \rightarrow Fe + CO$$

不论间接还原或直接还原，都是以CO为还原剂。为了不断补充CO，要求焦炭有一定的反应性。

(3) 作料柱骨架。高炉炉料中以焦炭堆积密度为最小，焦炭体积占炉料总体积的35%～50%。焦炭比较坚固，且在风口区以上始终保持块状，因此它是高炉料柱中的骨架，起疏松料柱、保证料柱有良好透气性的作用，是炉况顺行的重要因素。

(4) 供碳。生铁中的碳全部来源于高炉焦，进入生铁的碳约占焦炭含碳量的7%～9%。焦炭中的碳从高炉软融带开始渗入生铁；在滴落带，滴落的液态铁与焦炭接触时，碳进一步渗入生铁，最后可使生铁的碳含量达到4%左右。

86. 焦炭在高炉中有哪些状态和行为？

答：在炼铁过程中，焦炭在高炉内自上而下经过块状带、软融带、滴落带和风口区等不同温度区域时，因各区域的条件差别很大，而呈现不同的状态。

(1) 在块状带。块状带是指炉腰以上温度低于1000℃的部位。焦炭在该区域所承受的热应力和机械力较小，因此块度完整，强度无明显下降。铁矿石中的铁氧化物与上行炉气中的CO发生间接还原，生成的CO_2在温度高于800℃时开始与焦炭反应生成CO。该反应大量吸热且消耗碳，使焦炭气孔壁变薄，故称碳素溶解损失反应，简称碳溶反应。块状带内焦炭的碳溶反应不剧烈，故碳的损失不大，一般不超过10%。当高炉炉顶温度过高时，块状带内碳溶反应会加剧，导致焦比增高。

(2) 在软融带。软融带是指炉腰以下到炉腹中部温度为1000～1300℃的部位。因温度和气流分布的关系，软融带通常呈倒“V”字形。焦炭与矿石仍保持层层相间，矿石由表及里逐渐软化熔融，而焦炭仍为块状，起着疏通气流的作用。在该区域碳溶反应剧烈，焦炭的碳损失可达30%～40%，焦炭机械强度和块度下降并产生大量碎焦，不利于料柱透气，影响炉况顺行。因此，测定与CO_2反应后的焦炭强度，对评定高炉焦质量有重要意义。

（3）在滴落带。滴落带是指软融带之下温度高于1350℃的区域。各层物料向下移动，达到这一高温区域时，被焦炭还原得到的铁熔化成铁水；炉渣熔化成熔渣；只有焦炭仍是固态。铁水和熔渣沿焦炭层缝隙向下流动并滴落，高温炉气则沿粘附有铁水和熔渣的焦炭层缝隙向上流动。滴落带下方的中心部位，有一个由缓慢移动的焦炭形成的呆滞焦炭层，这些焦炭大多是从软融带上层滑落下来的，未曾受到剧烈的碳溶反应，碳损失不过10%～20%。块度变化也不大，仍起着支撑料柱和使气流均匀分布的作用。但由于滴落带下部温度高达1700℃左右，焦炭除经受滴落的铁水和熔渣的冲刷，并向铁水渗碳外，还受到高温炉气的冲击。因此，高炉焦的热强度和热稳定性是至关重要的质量指标。

（4）在风口区。该区呈端部略向上翘起的中空袋状，焦炭在此被鼓入的热空气带动，强烈回旋并且燃烧，为高炉提供热能。燃烧生成的CO_2在风口区边缘与灼热焦炭反应，生成冶炼过程的主要还原剂CO。保证该区情况正常的重要条件是进入风口区的焦炭焦粉少、灰分低和燃烧性好。

第三章　备　　煤

87. 洗精煤的接收有哪些内容？

答： 洗精煤接收包括以下几方面：

（1）质量检测：水分、灰分、挥发分、硫分、G 值、y 值等。质量的检测，其目的主要是指导洗精煤的使用和结算。针对国内洗精煤紧张，质量波动较大的情况，准确掌握洗精煤质量，合理使用，对稳定和提高焦炭质量意义较大。

质量的检测，目前主要有使用前和使用时检测两种情况。使用前检测，是指在洗精煤到达后在翻卸前取样质检。而使用时检测，主要是采取在线质检，通过在皮带机上安装快速测量仪进行实时监测。

（2）重量检测：毛重、自重、净重、结算重量。重量的检测，主要是用于洗精煤的结算和物料平衡。

（3）计划执行率：实际到达情况与计划量情况。目前在洗精煤接收工序，已做到洗精煤质检、计量、翻卸的全自动化操作和数据统计分析和管理。如车皮全自动全断面取样分析、车皮自动识别与计量一体化、翻卸 PLC 自动控制，通过计算机网络连接各部数据，进行综合管理。

88. 车皮自动识别系统是什么？

答： 车号识别系统是列车车号自动读出设备，由车辆电子标签（TAG）、地面识别系统（AEI）、集中管理系统（CPS）、列检复示系统、信息跟踪查询终端等部分组成。

车辆电子标签（TAG）：是一种远距离读写 IC 卡，用于存储包括车号在内的车辆信息。电子标签固定于车辆底盘之上。目前我国铁路运行的路用车辆已基本粘贴了电子标签。相当于每辆车的“身份证”。

地面识别系统（AEI）：由地面天线、车轮传感器及 RF 微波射频装置、读出计算机、防雷装置等组成。当有车辆通过时，天线向电子标签发射射频信号，电子标签接收到信号后首先充电，然后将卡内信息读出并发射供天线接收。将运行的列车及车辆的标签信息准确识别后，传给 CPS。

集中管理系统（CPS）：主机房配置专门计算机，把计算机传来的信息进行处理、存储，并按通信协议和规程转发给管理系统。

列检复示系统：复示 CPS 管理设备的数据信息，为车辆管理和设备维护提供可靠信息。

信息跟踪查询终端：该设备可以进行网络查询，对 CPS 管理设备提供给网络的列车、车辆识别信息数据，进行车辆追踪查询，实现车辆运用管理。

工作流程：对 AEI 及供电等进行自检→列车到来，车轮传感器工作→启动 RF 射频→天线开始工作，接收标签反射的信号，识别标签→由读出计算机对调波信号进行解调、译码、处理→并计轴、计辆、测速、标签定位→传至 CPS 系统、列检复示系统→关闭 RF 射频，停止发射微波信号→准备接下一列车。

89. 洗精煤质量在线监测是什么?

答：在线质量监测是指在洗精煤接收的生产过程中的固定点，通过快速质量检测设施，有规律地对洗精煤进行质量检测。主要有快速灰分测量仪、快速水分测量仪，两者原理相近。

主要特点：

（1）采用低、中两种能量 γ 射线组成单一射束，透射被测煤的技术方案。

（2）能准确测定动态的而且厚度随机变化煤流的灰分、水分。具有动态扫描测量的技术。

（3）能自动应对各种情况，实现运行自动化，可在现场长期连续地稳定运行。

（4）能显示、查询多种测量结果；测得的灰、水分值可远距离显示；测量结果可用于自动控制。

技术指标：一般情况下，测量洗精煤的标准误差为0.5%。（与被测煤元素组成的变化情况有关）。设备本身的标准误差小于0.15%。长期稳定性好于0.5%，多次测量重复性≤0.5%。

90. 煤场的作用是什么，煤场管理有哪些内容？

答：煤场的作用主要有两点：一是提供合理库存，利于生产的持续和稳定，降低因洗精煤采购及运输问题对生产造成的影响程度。二是对来煤储存进行均质化，可有效稳定和调节使用过程中洗精煤的水分、灰分、硫分等指标。

煤场管理主要有以下内容：

（1）库存管理：总库存量及上、下限，单种煤库存量及上、下限，货位分布、储存时间，进出量等。

（2）质量管理：各煤堆质量参数等。

（3）操作管理：煤堆的作业规范，包括堆高、间距、形状、煤堆温度等。

（4）计划管理：作业计划的制定、执行及检查。

（5）标识管理：货位及煤堆的标识。

（6）其他管理：防雨、防渍、防尘等。

（7）实现现代化的ERP（企业资源计划）物流管理系统。

91. 怎样防止煤场扬尘？

答：防止煤场扬尘，一般是通过隔绝风或降低风速以及保护煤堆两方面入手。常采用以下方法：

（1）采用储煤槽或煤场可移动大棚，可防扬尘及雨水。

（2）煤堆表面喷洒有机覆盖剂或喷水。

（3）使用防尘隔栅技术。

92. 如何防止洗精煤氧化变质？

答：洗精煤氧化变质，就是洗精煤在一定存放时间内，其质量指标由于氧化而发生下降的情况。要防止洗精煤氧化变质，主要采取以下措施：

（1）确定洗精煤的存储周期，尽量在周期内使用。

（2）在洗精煤表面喷洒覆盖剂。

（3）采取有效的沥水措施，使洗精煤水分降低。

（4）监测煤堆温度，在45℃以前使用。

93. 什么是配煤？

答：配煤是指将不同变质程度的炼焦煤，按适当比例配合起来。不同变质程度的煤，各有其特点，它们在配煤中所起的作用也不同，利用各种煤在性质上的相辅相成，从而使配合煤的质量满足炼焦生产要求，这对合理利用煤资源、节约优质炼焦煤，扩大炼焦煤资源具有重要意义。如果配煤方案合理，就能充分发挥各种煤的特点，提高焦炭质量。根据我国煤炭资源的具体情况，采用配合煤炼焦既可以合理利用各地区炼焦煤的资源，又是扩大炼焦用煤的基本措施之一。研究各单种煤的特性以及它们在配合煤中的相容性，是配煤技术的关键。

94. 配煤质量指标有哪些？

答：配煤质量指标主要有：

（1）化学指标。

水分：控制范围5%～12%。一般水分是越小越好，但低于5%后不利于操作和环保。

灰分：越小越好。因灰分大部分进入焦炭，不利于焦炭质量。

挥发分：对于顶装焦炉一般在 20%～28%之间，据工艺条件及需求控制，对于捣固炼焦视炭化室高度不同，可在 24%～32%之间变化。

硫分：越低越好。焦炭中硫分不利于高炉生产。

（2）物理指标。

细度：一般控制在 75%～85%之间，对于捣固炼焦，控制在 90%左右。

粒度组成：主要控制粒度分布。

（3）工艺指标。

G 值：配合煤炼焦原则上要求黏结指数 $G>75$。

y 值：与 G 值有一定的相关性，一般要求 $y>15$。

配煤准确性：要求大于 95%。

95. 如何控制配煤细度？

答：控制配煤细度，主要有两个方面：

（1）对粉碎机参数的控制：

1）降低转子转速，可降低细度，否则反之。

2）减少锤子数量，可降低细度，否则反之。

3）反击板与锤头距离越近，细度越大，否则反之。

4）锤头远端表面积（击打面积）越大，细度越大，否则反之。

（2）粉碎工艺的控制：

1）选择性粉碎：针对大颗粒或单种煤进行粉碎。

2）成组粉碎：按煤种性质分组分别粉碎。

不论何种方法，要注意控制配合煤的粒度组成、各煤种的各成分的粒度分布情况。例如同样是 80%的细度的同一配合煤，小于 1mm 的占 80%与大于 1mm 且小于 3mm 的占 80%是完全不同的。

96. 如何衡量配煤质量？

答：衡量配煤质量好坏的标准是在相同的煤源条件、相同的炼焦工艺条件下，通过优化配煤，使焦炭质量尽可能地提高。应从以下三个方面考虑。

（1）配煤工艺必须先进。应充分考虑到我国不同地区煤资源的差异性，且弱黏结煤资源比较丰富的特点，来煤要尽可能在煤场均匀化。在煤的粉碎方面，尽可能实施选择性粉碎，以利于控制配合煤的细度分布。尽可能采用型煤和煤调湿等先进配煤工艺。

（2）配煤方案必须科学经济。配煤方案的制订必须是在满足焦炭质量的基础上尽量经济，同时还要结合生产的资源组织条件。

（3）配煤必须准确。衡量配煤准确性的高低，可通过生产过程中某一段时间内各单种煤的比例与设定配煤比的偏差来衡量。为了实现配煤的科学性和准确性，可以采用计算机智能化配煤，即“配煤专家系统”。

97. 如何提高配煤质量?

答: 提高配煤质量有以下几种方法：

（1）提高煤料的堆密度，可以改善焦炭质量。因为堆密度的提高，煤粒间的间隙减小，在炼焦过程中胶质体易于填满空隙，气体不易析出，胶质体的膨胀性和流动性都增加，使煤粒间的接触更加紧密，形成结构坚实的焦炭。另外，堆密度高，炼焦过程中半焦收缩小，因而焦炭裂纹少，提高了焦炭的强度。煤捣固工艺、配型煤工艺、煤干燥工艺和煤预热工艺等方法，都可以使煤的堆密度增加。这样，可以多用高挥发分弱黏结性气煤，也可配用适量的不黏结煤和弱黏结性煤，以扩大炼焦用煤资源。

（2）优化煤的粉碎工艺。炼焦用煤的粉碎细度和粒度组成对焦炭质量影响较大。不应当把各种煤先混合再去粉碎。要根据不同煤种（岩相组成的硬度差异），按不同粒度要求进行粉碎和筛分（可使用机械或风力）。对于硬度较高的气煤等煤种要细破碎，对于易粉碎的焦煤和肥煤可有较大的粒度。不同煤种，分组进行粉碎，提出不同粒度要求，这称作选择粉碎煤工艺。这种工艺能够提高煤的结焦性和减少焦炭裂纹，进而提高焦炭质量。要通过试验，优化出本企业的最佳配煤细度的方案，来指导炼焦优化生产。

（3）配添加物。在装炉煤中配入适量的黏结剂和瘦化剂等非煤添加物，可改变其结焦性。配黏结剂工艺适用于低流动度的弱黏结性煤料，有改善焦炭机械强度和焦炭反应性的效果。配瘦化剂工艺适用于高流动度的高挥发分煤料，可增大焦炭块度、提高焦炭机械强度、改善焦炭气孔结构。这两种工艺也可同时并用，相辅相成。

常用的配煤黏结剂有煤焦油黏结剂、煤焦油沥青黏结剂、石油沥青黏结剂和煤－石油沥青混合黏结剂等。

常用的配煤瘦化剂有粉状焦炭（焦粉）、粉状半焦（半焦粉）和粉状延迟焦。各种瘦化剂的共性是挥发分比炼焦煤低得多。但不同瘦化剂有不同的特性，焦粉的挥发分很低（1%～3%），基本上是惰性颗粒；半焦粉的挥发分较高（约10%），具有一定的活性；延迟焦粉是石油或煤焦油沥青的炭化产物，各向异性组织的含量很高。

配有不同瘦化剂的煤料在黏结阶段，它们之间的相互作用和相互结合状况也不相同。应根据煤料的性质及对焦炭质量的要求，选用不同的瘦化剂。一般原则是：煤料的流动度很高，而焦炭质量以提高块度和抗碎强度、降低气孔率为主要目标时，可选用焦粉；煤料的流动度中等偏高，而且还希望焦炭耐磨强度较高时，应选用半焦粉；当要求焦炭低灰、低硫、低气孔率、低反应性、大块度和高机械强度时，宜选用延迟焦粉。

（4）采用精确配煤技术。

98. 常用皮带机有哪几种，有哪些附属设施？

答：常用皮带机有：常规通用皮带机，气垫式皮带机、管状式皮带机、可伸缩式皮带机、波纹皮带机等。

其附属设施一般都有：张紧装置、逆止装置、跑偏检测装置、速度检测装置、安全拉绳装置、清扫装置、纠偏装置、断料报警装置、堵溜报警装置、金属检测装置等。

99. 皮带机防撕、划有哪些措施?

答: 源头控制铁器及杂物，安装除铁器、除木器，加装加密箅条等；加装皮带撕、划检测报警装置；溜子底部皮带安装缓冲装置；上托辊支架耳子向后倾斜开口，防托辊掉后，耳子划皮带；及时更换坏托辊及支架；减少堵溜情况等。

100. 如何防止和调节一般皮带机跑偏?

答: 胶带跑偏的几种情况如下：

（1）输送机运行时，胶带在空载与重载的情况下均跑偏并且没有固定方向，说明胶带松弛，拉力不足。应调整拉紧装置，使胶带拉紧。

（2）输送机运行时，在空载与重载的情况下均向同一侧跑偏，这说明胶带两侧的松紧程度不一致，应根据不同的情况加以排除。检查胶带首尾滚筒中心线是否平行，否则须进行调整；检查机架是否歪斜，否则须将机架调直、校正；检查胶带接缝是否平直，否则应重接胶带；检查胶带边胶是否磨损严重，否则应修复或更换新胶带。

（3）输送机空载运行时，胶带总向同一侧跑偏，这可能是由于机架未调平、支承托辊一侧高一侧低或支承托辊一侧在前一侧在后（按胶带运行方向定）造成的，调整时可从以下几个方面入手。

1）若机架未调平，则调平机架至合适高度。

2）若支承托辊两侧高低不一致，则将胶带跑偏对侧的托辊支架适当抬高。

3）若支承托辊按胶带运行方向前后不一致，则将胶带跑偏侧的托辊支架适当前移。

（4）输送机在空载运行时不跑偏，在重载情况下总向同一侧跑偏，说明胶带偏载。此时应调整落料斗的位置，使物料落于胶带中心线上，避免物料偏心堆积。

（5）输送机运行时，胶带在滚筒处跑偏。说明滚筒安装不水平或滚筒局部黏有物料。只要调平滚筒或在滚筒处安装清扫器，及时清除滚筒上黏着的物料，胶带跑偏即可排除。

胶带输送机由于设计、制造、安装、调试、使用、维护等各种影响胶带跑偏的因素比较复杂，很难将胶带调整得十分准确。但是，我们可以采取一些措施来加以预防。如在输送机首尾滚筒及胶带两侧每隔一定距离安装一组挡边轮，强制胶带复位。由于胶带边胶与挡边轮的运动阻力，使胶带边胶磨损加快，因此安装挡边轮适宜于胶带跑偏的临时处理；输送机胶带跑偏范围不大时，可安装几组调心托辊自动校正，调心托辊的上横梁上安装有辊子和两个垂直的挡边轮，上横梁支撑在中间固定有转轴的下横梁上，可以在一定角度内顺时针或逆时针转动。当胶带跑偏时，跑偏侧胶带与挡边轮接触，挡边轮对胶带施以正压力和摩擦力，使调心托辊的上横梁绕转轴转动一定角度，改变托辊与胶带的相交角度，对胶带产生横向推力，促使胶带复位。安装调心托辊时应注意一定要将挡边轮装在胶带运行方向机架的后方，否则调心托辊将不能起到调偏的作用。调心托辊可选用摩擦上调心托辊、摩擦上平调心托辊、摩擦下调心托辊。但选用时要注意胶带张力越大，调心托辊的效果越小。

安装胶带输送机时，可将两个侧托辊均向胶带运行方向前倾2°～3°，防止胶带跑偏。前倾托辊纠偏原理，如图3-1所示。

当胶带在正常位置运行时，两侧托辊对胶带产生的分力F_{a1}、F_{a2}互相平衡；当胶带向一侧跑偏时，跑偏侧胶带与托辊的接触面加大，产生的分力也加大，轴向纠偏力（即F_{a1}、F_{a2}之差），迫使胶带向中间移动，直至F_{a1}、F_{a2}达到平衡。由于胶带的轴向纠偏力是两侧力的差值，数值较小，为了定心可靠，应将所有上托辊前倾2°～3°；也可间隔几组不倾斜的托辊放一组前倾托辊，阻力可减小许多，但纠偏可靠性差一些。

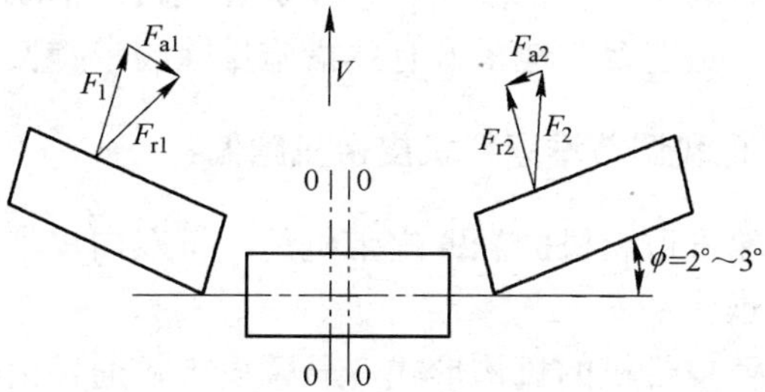

图 3-1　前倾托辊纠偏原理

防止下分支胶带跑偏可采用 V 形下托辊来实现。V 形下托辊纠偏原理如图 3-2 所示。

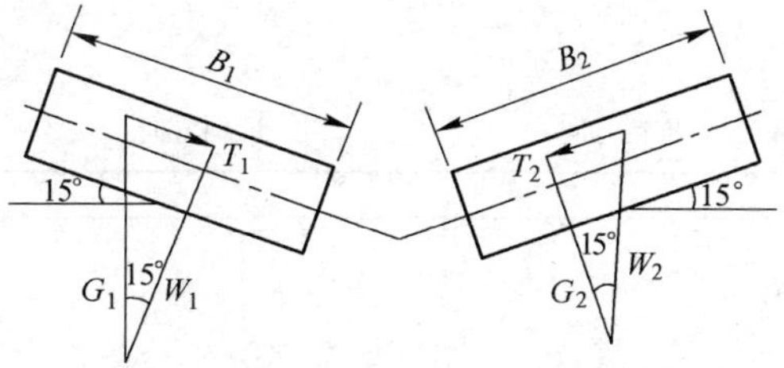

图 3-2　V 形下托辊纠偏原理

一般 V 形下托辊与水平面夹角 设计为 15°，它的工作原理同前倾托辊工作原理相似。当胶带跑偏时，胶带在两个托辊上的长度 B_1、B_2 不等，因而负载 G_1、G_2 也不等。轴向纠偏力即 T_1 与 T_2 之差，迫使胶带向中间移动，直至 T_1、T_2 达到平衡。

在胶带输送机头部、尾部和中间需要监测处安装胶带跑偏监测装置和胶带跑偏自动调整机构，胶带跑偏监测装置安装在胶带跑偏自动调整机构的前面。

当胶带跑偏触动监测装置时，发出跑偏警告信号，当胶带跑偏超出允许跑偏范围时，驱动调整机构，改变托辊与胶带的相交角度，对胶带产生横向推力，将胶带调整到允许的范围内运行。

胶带跑偏的形式多种多样，只要认真观察，不断总结胶带跑偏规律，就一定能及时地采取有效措施排除胶带跑偏。

101. 如何防止和调节堆取料机皮带机跑偏?

答：斗轮堆取料机的悬臂皮带机是一个双向皮带机，跑偏后调整非常困难。

(1) 悬臂皮带机的机构形式。悬臂皮带机通常由一个驱动滚筒和5个改向滚筒组成，并设有承载托辊和回程托辊。正常作业时，悬臂皮带机可随悬臂上仰或下俯形成一定的倾角。驱动滚筒的下部的改向滚筒是为增加驱动滚筒包角及改向而设置的。皮带机前部斗轮卸料区与后部尾车卸料区的承载分支上都设有分布较密的缓冲托辊组。中部三个改向滚筒用于重锤张紧装置，如图3-3所示。

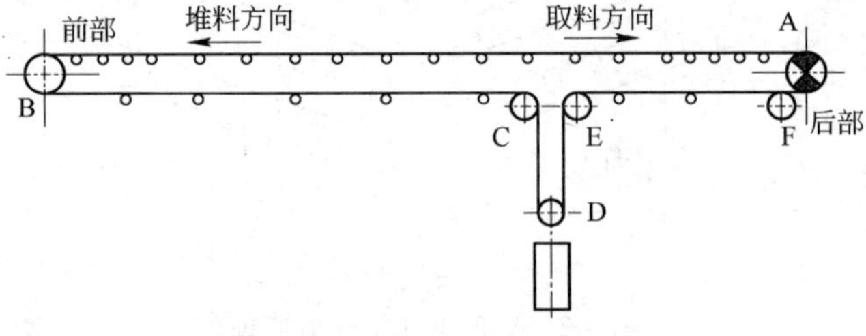

图 3-3 悬臂皮带机的机构形式

(2) 空载运行时托辊组的调整。悬臂皮带机的承载区间或回程区间因托辊位置偏斜而跑偏可通过调整托辊位置来解决。通常为便于调整，托辊组支架螺栓孔为长孔，松开螺母即可调整，调整后可立即紧固螺母。堆料方向与取料方向，承载托辊组与回程托辊组调整的方法是相同的，如图3-4所示。

图中 v 表示胶带运行方向，C 表示胶带向胶带运行方向的左侧跑偏。此时调整托辊组支架，使其左侧前移及右侧后移即可达到纠偏的目的。通常调整原则是：胶带朝哪侧偏，就将相应托辊

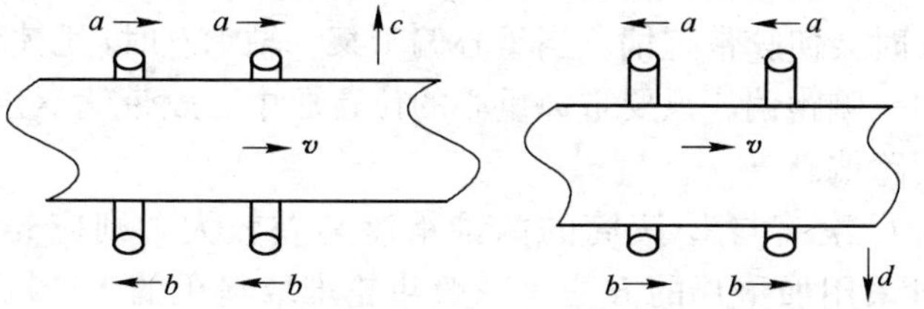

图 3-4 皮带跑偏时托辊组的调整示意图

组的支架那一侧沿胶带运行方向前移。对较长皮带机系统，调整托辊组是非常有效的。前倾托辊组也同样采用此种方法调整。由于斗轮堆取料机的悬臂皮带机较短，调整效果往往不十分明显。

（3）空载运行时驱动滚筒与改向滚筒的调整。空载运行时滚筒位置不当是造成悬臂皮带机跑偏的重要原因。驱动滚筒上胶带在堆料与取料方向运行均严重跑偏，此时驱动滚筒处跑偏最严重。无论承载段还是回程段，胶带越往悬臂的前部跑偏越轻，此时可初步判断为驱动滚筒轴线在水平面内的位置偏斜所致，应调整驱动滚筒的两轴承座位置，如图 3-5 所示；驱动滚筒上胶带在

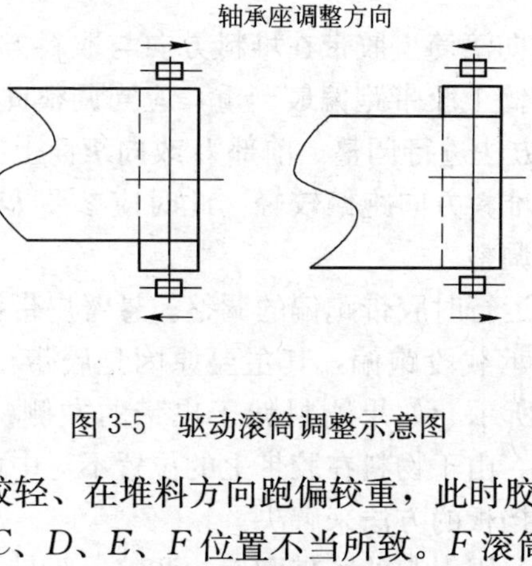

图 3-5 驱动滚筒调整示意图

取料方向跑偏较轻、在堆料方向跑偏较重，此时胶带跑偏的原因有可能是滚筒 *C*、*D*、*E*、*F* 位置不当所致。*F* 滚筒因包角较小，位置影响较小，可参考托辊组的调整方法进行调整。*D* 滚筒的

调整主要是调整重锤的重心位置。当重心的位置在滚筒轴线上偏移过大时会使胶带跑偏。当重心偏于某一轴承座时，胶带就会向相反的一侧跑偏。只要重锤重心的位置居中，胶带就不会因为 D 滚筒而跑偏。

若 C 滚筒与 E 滚筒的两轴承座高差较大，则应先调整高差，可采用加垫片的方法。一般斗轮堆取料机的生产厂家在制造悬臂梁时，C 滚筒与 E 滚筒两轴承座的高度尺寸可以保证，不需调整。此两轴承座在沿胶带长度方向上的调整方法是：先根据胶带跑偏的方向判断哪些滚筒偏斜，然后逐个调整，如图 3-6 所示。

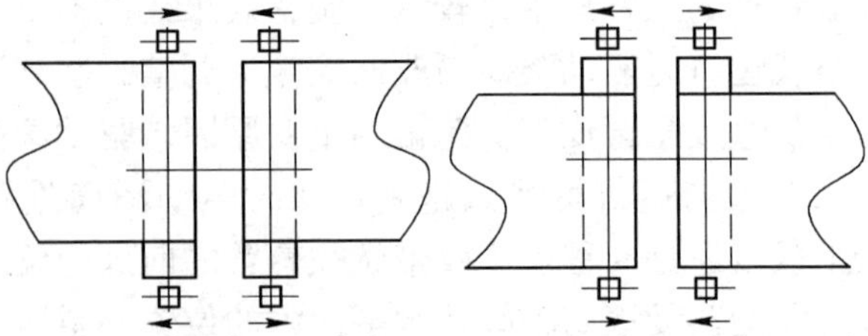

图 3-6 C 滚筒和 E 滚筒的调整示意图

前部 B 改向滚筒上胶带在堆料方向与取料方向均严重跑偏，此时 B 改向滚筒上胶带跑偏最严重，应当调整此滚筒的轴承座，可按图 3-5 的方法进行调整。前部 B 改向滚筒上胶带在取料方向跑偏严重、在堆料方向跑偏较轻，此时应参照 D、C、E 滚筒的调整方法进行调整。

（4）有载运行时胶带跑偏的调整。悬臂皮带机有载运行时胶带跑偏主要是承载段跑偏，其主要原因是胶带上物料位置的偏斜，如图 3-7 所示。如果物料偏于皮带的左侧，则胶带向右跑偏，反之亦然。由于物料在胶带上的位置不对中而引起的胶带跑偏，可采用加挡板的方法来解决。

（5）其他原因引起的胶带跑偏的调整。胶带接头接偏也可使

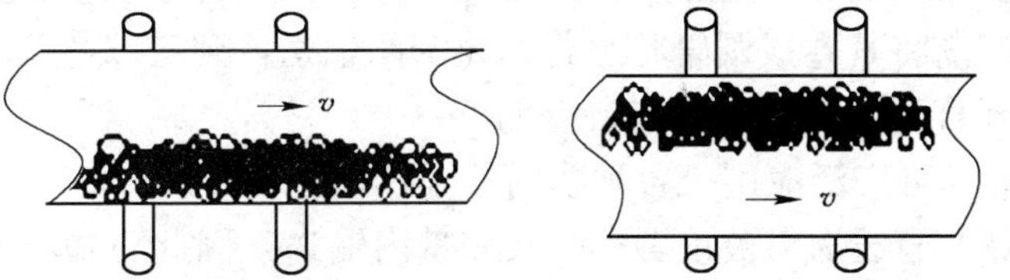

图 3-7 物料位置偏斜示意图

胶带跑偏，此时应重新粘结胶带；由于斗轮堆取料机的悬臂皮带机较短，胶带不直也会引起周期性的跑偏，严重时应更换胶带；新胶带在安装黏结后使用一段时间会发生一定的永久变形，胶带应力分布也会发生变化，此时也会引起不同程度的跑偏，可根据情况调整前后改向滚筒。

(6) 避免或减少胶带跑偏的几种措施为：在承载段适当间隔位置采用自动调心托辊组；回程段前后各加一组八字形托辊组；堆料机或取料机采用前倾式承载托辊组；严格控制各滚筒、托辊的安装尺寸，使其安装后的偏斜量最小。

102. 管式皮带机有哪些特点？

答： 管状带式输送机（简称管式皮带机）适用于各种复杂地形条件下输送量为 0～250kg/m 的各种散状物料，采用普通管状胶带工作环境温度使用范围为－25～＋40℃；对具有耐热、耐寒、防水、防腐、防爆、阻燃等条件要求者，工作环境温度使用范围为－35～＋200℃。该机是由呈六边形布置的辊子强制胶带裹成边缘互相搭接成圆管状来输送物料的一种新型带式输送机。具有密封环保性好、输送线可沿空间曲线灵活布置、输送倾角大，复杂地形条件下单机运输距离长等特点，同时与普通带式输送机比较还具有建设成本低、安装维护方便、使用可靠等优点。

管带机的头部、尾部、受料点、卸料点、拉紧装置等位置在结构上与普通带式输送机基本相同。输送带在尾部过渡段受料后，逐渐将其卷成圆管状进行物料密闭输送，到头部过渡段再逐渐展开直至卸料。其性能特点如下：

（1）可广泛应用于各种物料的连续输送。

（2）输送物料被包围在圆状胶带内输送，因此，物料不会散落及飞扬；反之，物料也不会因刮风、下雨而受外部环境的影响。这样既避免了因物料的撒落而污染环境，也避免了外部环境对物料的污染。

（3）胶带被六只托辊强制卷成圆管状，无普通输送带跑偏的情况，管带机可实现立体螺旋状弯曲布置，一条管状带式输送机取代一个由多条普通胶带机组成的输送系统。可节省土建（转运站）、设备投资（减少驱动装置数量），并减少了故障点，及设备维护和运行费用。

（4）管状带式输送机自带走廊，防止了雨水对物料的影响，因此，选用管状带式输送机后，可不再建栈桥，节省了栈桥费用。

（5）输送带形成圆管状而增大了物料与胶带间的摩擦系数，故管状带式输送机的输送倾角可达30°，可减少胶带机的输送长度，节省了空间位置和降低了设备成本，可实现大倾角（提升）输送。

（6）管带机的上、下分支包裹形成圆管形，故可用下分支反向输送与上分支不同的物料（但要设置特殊的加料装置）。

（7）输送带形成管状，桁架宽度较相同输送量的普通带式输送机栈桥窄，减少占地和费用。

（8）物料化管筒内的充填系数为75%左右。

103. 如何处理一般皮带机打滑？

答：打滑主要分以下三种情况：

（1）空载或轻负载时打滑。重锤张紧皮带运输机皮带的打滑使用重锤张紧装置的皮带运输机在皮带打滑时可添加配重来解决，添加到皮带不打滑为止。但不应添加过多，以免使皮带承受不必要的过大张力而降低皮带的使用寿命。

螺旋张紧或液压张紧皮带机的打滑 使用螺旋张紧或液压张紧的皮带运输机出现打滑时可调整张紧行程来增大张紧力。但是，有时张紧行程已不够，皮带出现了永久性变形，这时可将皮带截去一段重新进行硫化。

（2）重或超负载时打滑。首先停机、停电，将机尾溜槽掏（悬）空，使机尾不压煤。如果皮带上煤超负载，先将部分煤从皮带上撮下，然后正常启动皮带，处理余煤。

（3）异常情况时打滑。皮带非工作面被雨水打湿，应停机擦干，机头大辊撒松香。轻负荷运行一段时间后再正常生产。机头大辊包胶脱落：先降低负载运行，再安排检修，重新包胶或更换。皮带机局部运行阻力增大，如包煤，不运转托辊等。要求具体问题具体处理。

104. 如何防止和处理一般皮带机堵溜?

答:（1）防止皮带机堵溜措施：

1）安装堵溜报警装置：目前常用的有堵门式报警装置，此装置开关又分为接触式和非接触式两种。接触式主要是通过煤挤压堵门，堵门推动机械式开关，由机械式开关产生信号来控制皮带机的停止。而非接触式主要是通过依附在堵门上的密封水银极限开关产生信号来控制皮带机的停止。

2）安装悬浮振动式溜槽：溜槽中部悬浮周期性振动，可减少大部分堵溜情况。

3）溜槽设计合理：溜槽形状要充分考虑煤流的抛出路线，以及在溜槽内部的冲击、折返点，使下煤畅通。

4）底部皮带挡不要超过逼煤板，以防兜煤。

（2）处理堵溜步骤：

1）确认停机、停电。

2）现场堵溜情况确认、皮带状况确认。

3）确认下一条皮带是否被压，如果被压，先将下部溜槽掏空。

4）启动后续皮带系统。

5）通过振动、插、捅等将溜槽疏通。

6）将溢出煤处理回皮带。

7）正常后恢复生产。

105. 皮带挡安装有何要求?

答：皮带挡安装要求如图 3-8 所示，具体要求如下：

（1）易于装卸：常用有卡扣式、穿耳式等。要求固定可靠又易于处理。

（2）软硬适中：一般皮带挡从固定端到接触皮带表面端逐层减薄。以不伤皮带又不易被挤出为佳。

（3）宽度适中：以不兜煤和不撒煤为准。

（4）位置适中：以落煤均铺于皮带中部为准。

（5）力度要轻：皮带挡与皮带表面以轻触为佳。

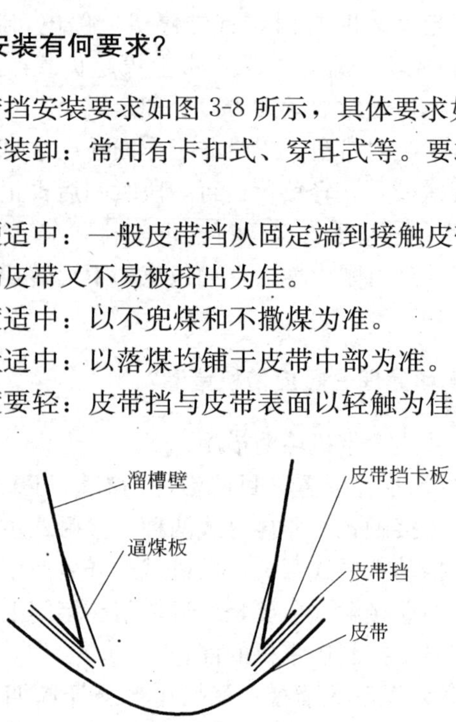

图 3-8 皮带挡的安装

106. 什么是皮带机联锁和煤种联锁?

答：皮带机联锁是指：当大于一条以上的皮带机系统连续中转运输物料时，在正常、特殊或有异常情况时按一定的设定分别对一条或多条皮带机的启动、停止进行控制，就是皮带机的联锁。例如：正常启动时，皮带机由目的点皮带机按一定的时间延迟逐步向起始点皮带机依次启动。

而煤种联锁是指：起始点皮带机运输煤种与目的点皮带机运输接收点煤种一致，这条皮带机料线才能正常运行，否则不能启动。例如：将煤场某一煤种通过堆取料机取回上某一配煤斗槽，如果该斗槽储存的煤种与取回煤种不同，则料线不能启动。以上联锁，都由 PLC 参与控制。

107. 翻车机有哪些类型，各有何特点？

答：翻车机是用于铁路敞车散装物料翻卸的专用设备，作业效率高，环保性能好。卸车效率 20～25 节/h。翻车机系统按车辆流程分为贯通式布置或折返式布置两种形式；翻车机设备因结构不同，分为 C 形转子式翻车机、侧倾式翻车机、O 形转子式翻车机。见表 3-1。

（1）C 形转子式翻车机，采用 C 形端盘，结构轻巧，平台固定，液压靠板靠车，液压压车，消除了对车辆和设备的冲击，降低了压车力。根据液压系统特有的控制方式，使卸车过程车辆弹簧能量有效释放。驱动功率小。C 形端盘结构适合配备重车调车系统。该型翻车机可串接起来，做到一次翻卸多节车皮。

（2）侧倾式翻车机设备由端盘、托车梁、平台、驱动装置、压车机构构成，结构简洁，刚性强，采用机械压车、机械锁紧，平台移动靠车。无液压系统，转动部件少，可靠性高，维护简单。适合配备重车调车机系统。平台与设备本体在零位时分离，与地面锥形定位装置啮合定位，对轨准确。适合恶劣环境下运行。

（3）O 形转子式翻车机是早期翻车机产品，设备结构较复杂，整体刚性好，驱动功率较大，平台移动靠车。适合配备钢丝绳牵引的重车铁牛调车系统。

表 3-1 翻车机技术参数

种 类	O 形转子式	侧倾式	C 形转子式
适用车辆	C60、C61、C62、C65	C60、C61、C62、C65	C60、C61、C62、C65
最大翻转质量/t	100	110	110
最大翻转角度/(°)	175	175	175
翻转周期/s	≤60	≤60	≤60
电机功率/kW	2 台×75	2 台×110	2 台×37
调速方式	双速电机或定子调压，直流、变频调速	双速电机或定子调压，直流、变频调速	双速电机或定子调压，直流、变频调速
传动方式	销齿传动、齿轮传动	销齿传动、齿轮传动	销齿传动、齿轮传动
压车方式	液压压车	机械压车	液压压车
靠车方式	平台移动靠车	平台移动靠车	液压靠车
设备重量/t	149	141	109

108. 要如何实现翻车机的自动控制？

答： 翻车机的自动控制以 C 形折返式翻车机为例说明。

(1) 翻车机卸煤的工艺流程（设备工作流程分解）。翻车机卸煤系统由重调机、翻车机、迁车台、空调机 4 个主要的动力设备和其他辅助设备组成，其现场分布如图 3-9 所示。装煤列车由重车线进来经翻车机卸煤后由空车线出来，其工作过程为：当整列煤车由重车线进来后，重调机落臂接车，牵整列上摘钩台，然后停车摘去第一、二节车皮之间的钩，待夹轮器夹紧第二节车皮的车轮后，重调机牵单车进翻车机，接着摘去重调车钩，抬臂退出翻车机区域，同时将先前已翻卸的空车推入迁车台，再去接下一节车。待重调机退出翻车机区域后翻车机将重调机推进的重车夹紧、压板，然后回转 165°左右，将煤卸入煤仓，并喷水除尘，然后回翻至 0°，准备翻卸第二节车。迁车台将空车由重车线迁到空车线，再由空调机推出到近程，待整列车都翻完后，将整列空车推出翻车现场（即推远程）。然后迁车台返回重车线，同时空调机也返回准备推下一节空车。

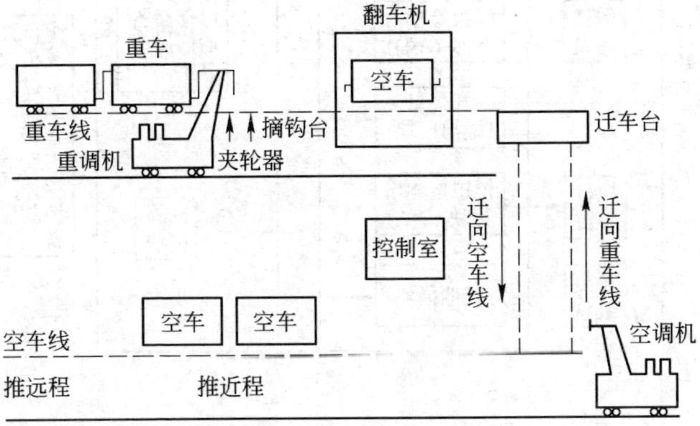

图 3-9　翻车机现场分布图

（2）控制系统的基本原理。计算机作为上位机可以提供良好的人机界面，进行全系统的监控和管理。PLC 作为下位机，执行可靠有效的分散控制。在计算机与 PLC、PLC 与 PLC 之间通过通信网络实现信息的传送和交换，这样就构成了监控系统，如图 3-10 所示。在系统中，PLC 用来执行数据采集和控制程序，将预先编制好的程序存入 PLC 中，运行人员通过上位机的操作发出控制指令并传送到 PLC，其中程序一直在运行，完成相应的控制和数据采集任务。而计算机仅用于编程、参数设定和修改、动画和数据的在线显示、故障诊断以及向 PLC 读取数据和发送控制指令，并没有直接参与现场控制，因此，即使是计算机出了故障，也不会影响整个生产过程的正常进行，提高了系统的可靠性。

（3）控制系统的几个主要组成部分的设计。对本系统而言，数据的传输速度及程序的运行速度对能否实现实时性起着至关重要的作用，而通用的工业控制软件在这一方面不能很好

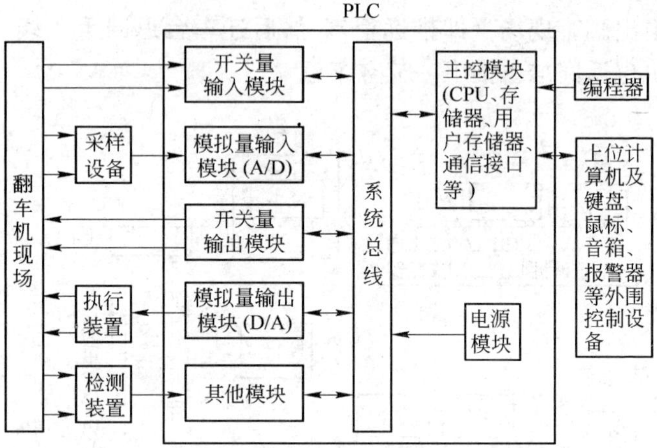

图 3-10 系统原理图

地满足要求，因此，上位机的控制程序以及与 PLC 的通信程序可以通过功能强大的编程软件（如 Visual C^{++}、Delphi）等，编写图形化的操作程序来实现，这样既可以提高通信速度，提供强大的数据库链接功能还能有良好的人机交互界面，易于操作。

将计算机和 PLC 连接起来，计算机作为上位机，PLC 作为下位机进行通信，就构成了上位连接系统。上位连接系统的通信实际上是计算机与 PLC 通信模块之间信息的响应。PLC 通信模块能够对计算机发送来的字符串进行分析，检查数据的格式，分析指令代码，然后根据指令代码进行相应的操作，并向计算机返回信号，通知计算机已完成操作或反映通信中的错误、FCS 错误、代码错误。通信的主导权在上位计算机，通信时必须由计算机按要求向 PLC 发出指令，然后才能由 PLC 发回响应信号。一组数据称为一个数据块，计算机发往 PLC 的数据块称为命令块，从 PLC 返回的数据块称为响应块。在计算机和 PLC 的通信系统中，每个数据块由设备号和标识码打头，中间是通信内容，由

FCS和结束符结束。命令块中的结束符告诉PLC命令结束，可以进行相应的操作并返回信息，而响应块中的结束符告诉计算机可以发送下一个命令。这一部分是整个控制系统的核心部分，是实现实时监控的关键。

109. 如何实现斗轮堆取料机的自动控制?

答：斗轮堆取料机的操作方式一般设计为3种："机旁手动"、"操作室手动"和"全自动"。"机旁手动"方式是指在堆取料机各个分部件的旁边通过就地操作按钮来实现堆取料机各个分部件的操作，这种方式一般用来现场检修或试验。"操作室手动"方式是指在操作室通过按钮、开关和操作手柄对堆取料机各部件进行手动操作，这是堆取料机最常用的一种操作方式。而"全自动"方式是指堆取料机在人为设定的工作范围内自动工作，这3种方式都是通过PLC实现的。所谓全自动方式，指的是斗轮堆取料机可以在操作员设定的各种安全范围内，在操作员的监视下按操作人员事先设定的工作方式进行自动堆料和取料，一旦出故障，操作员可立即手动操作。此外，在选择煤堆检测装置时，没有必要选用太多，斗轮堆取料机结构如图3-11所示。

对斗轮堆取料机的控制主要包括：悬臂皮带的正、反转，尾

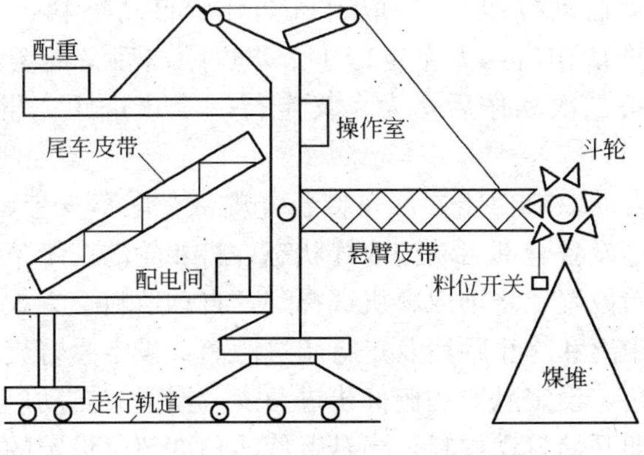

图3-11　斗轮取料机结构示意图

车皮带的起、停，悬臂的俯仰、旋转，取料斗的运转，分料挡板的方向以及大车的走行等。而对于全自动功能来说，只控制悬臂的俯仰和旋转及大车走行三大动作即可。下面分别介绍上述3种全自动功能的操作和使用。

(1) 旋转定点自动堆料功能。首先将悬臂皮带、尾车皮带、分料挡板等设备全部启动到堆煤状态，将悬臂的三维位置调整到理想的起始位置，将堆取料机选择到“旋转定点自动堆料”方式，设定悬臂的旋转起始角和旋转终止角及旋转步进角度，设定大车走行步进距离，按下“自动启动按钮”，堆取料机即开始自动堆料，当料位开关碰到煤堆动作后，斗轮悬臂开始旋转一个步进角度又继续堆煤，当料位开关第二次动作后，悬臂又旋转1个步进角度继续堆煤，当悬臂角度超过设定的终止角时，悬臂停止旋转，大车开始走行1个步进距离，悬臂又开始反方向旋转定点堆煤，当悬臂旋转角度小于设定的初始角时，又停止旋转，大车又开始走行1个步进距离，如此往复。

(2) 走行定点自动堆料功能。首先将悬臂皮带、尾车皮带、分料挡板等设备全部启动到堆煤状态，将悬臂的三维位置调整到理想的起始位置，将堆取料机选择到“走行定点自动堆料”方式，设定大车的起始距离和终止距离及走行步进距离，按下“自动启动按钮”，堆取料机即开始自动堆料，当料位开关碰到煤堆动作后，大车走行1个步进距离后又继续堆煤，当料位开关第二次动作后，大车又走行一个步进距离继续堆煤，如此往复。

(3) 自动取料功能。首先将悬臂皮带、尾车皮带、取料斗、分料挡板等设备全部启动到取煤状态，将斗轮的三维位置调整到理想的起始位置，将堆取料机选择到“自动取料”方式，设定大车的起始距离和终止距离及走行步进距离，设定悬臂旋转的起始角和终止角，设定悬臂的俯仰步进角度，按下“自动启动按钮”，堆取料机即开始自动取料，当悬臂旋转角度超过设定的终止角时停止旋转，大车走行1个步进距离后停止，悬臂又反方向旋转取煤，当悬臂角度小于设定的起始角时停止旋转，大车又走行 1 个步进距离，当大车走行距离超过设定的终止距离时停止走行，此时悬臂下俯一个步进角度，大车又开始反向走行取煤，如此往复，这样取煤使煤堆形状非常平整。

110. 如何稳定和提高配煤的精度？

答：配煤主要用托辊式电子皮带秤（简称电子皮带秤），是一种对散状物料作动态连续称重的计量设备，它的工作原理是：皮带将所载物料以恒定的张力和均匀的速度通过秤架上的称量段，称量托辊将所载物料重量传递给称重传感器，称重传感器将其重量转换成电信号，电信号由电缆输送到显示控制器。同时，速度传感器将皮带运行的速度转换成电信号，送到显示控制器，两种信号由显示控制器的微处理器进行处理，计算并显示出皮带上流过物料的累计流量。物料在皮带输送机上输送过程的同时也完成了称重，它具有快速、准确、自动称量和即时打印等优点。

电子皮带秤应用的准确度对物料计量至关重要，它首先取决于仪器本身的质量，科学而又完备的技术设计是保证其长期稳定、可靠、准确计量的前提，此外还取决于安装调试、维护使用等方面的情况。

提高托辊式电子皮带秤准确度的技术措施主要有：

（1）秤体结构设计。结构设计应具备结构简单、安装方便、抗偏载性能好、力值传递准确、限位可靠的特点。其中，秤体固定支架应直接安装在输送机的桁架上，并可在垂直方向上做上下调整和固定，以保证称量架的相应高度。称量架应用两组平行的不锈钢弹簧片，用销螺钉与固定支架紧固连接，成为一个弹性的刚性机构，使之既能可靠地承载外加载荷，又能准确地把被测力加到称重传感器上，起到支撑和限位作用。这样，秤体本身没有运动件和摩擦件，也就不用维修。另外，应严格限制称量段和过渡段托辊的径向跳动量和外母线的不圆度，以防止出现脉动的冲击载荷，影响计量精度。

（2）对称重传感器的要求。称重传感器一般由专业厂家提供。要求电子皮带秤所选用的称重传感器必须具备抗疲劳性能好、高阻抗、高供桥电压、高灵敏度、高分辨率的特点，否则是不稳定的，不是精度很低，就是开始时精度还可以，但很快精度下降，甚至没有使用价值。

（3）测速传感器形式。测速传感器有光电式和接近开关式。一般是通过一个悬臂的摩擦轮压在下皮带上，随着皮带的运动进行滚动，带动内部机构发出与输送速度相适应的脉冲讯号，送入微处理器。因为称量结果是重量与速度的乘积，速度讯号的准确性与重量讯号同等重要，所以悬臂的转轴要非常灵活。悬臂应有一定的长度，摩擦轮要有相对的重量，自转灵活、外缘套的摩擦系数较大，且用耐磨性较好的材料，以确保摩擦轮与皮带间有足够的摩擦力，使摩擦轮做无滑动的滚动，保证速度信号的准确性。

（4）对显示控制器要求。显示控制器是电子皮带秤的心脏部分，要求其准确度和稳定性不断提高，功能不断完善。如要求要有报警、自动校零、校量程、定量输出、温度补偿、自诊断、模拟标定、断电保护等。

（5）正确选型。在选择电子皮带秤时一般应考虑满足其准确度、称量范围、秤体形式、功能等要求。首先根据需要选择合乎要求的准确度。根据国家标准规定，按相对误差把电子皮带秤分为0.25、0.5、1.0、2.0四个等级，相应的动态允许累计误差为0.125%、0.25%、0.5%、1.0%。根据行业的特点，从经济角度和维护便利的角度考虑，选择合适准确度的电子皮带秤，然后根据工艺要求的输送量多少选择其流量和累计范围与之相适应的产品。根据现场条件选择合适的秤体（包括皮带宽度和皮带槽形角），选择电子皮带秤，其基本功能应包括流量、瞬时、班、日、月、年累计量显示、自动标定量程、超载报警、停电保护等。应该指出的是，选电子皮带秤应检查其生产所依据的标准，考察其抗环境影响的能力，确保其准确度的稳定、可靠。

（6）正确安装调试。为保证电子皮带秤的准确可靠，秤架和仪表的安装应特别注意选择适宜的环境条件，如周围振动小，相对湿度小，能防风雨侵蚀及日晒，特别应尽量远离强磁场和高热源，环境卫生较好。秤架距主动滚筒和落料点不得太近，要符合规定要求。固定电子皮带秤的输送机桁架，必须有足够的刚度。皮带输送机的倾角不宜太大，以避免物料在皮带上产生滚动造成较大的误差。皮带有倾斜和水平段时应尽量选在水平段安装秤架。秤架应安装在输送皮带张力及其变化最小的位置上。皮带机应设张紧装置，尽量保证张力稳定，还应设防止跑偏装置，皮带跑偏不能超过 10mm。为保证皮带对称重托辊的压力变化最小，应精心调整称量段托辊，使托辊相互平行并在一个平面上。对于槽形托辊组，必须使皮带与 3 根托辊均匀接触，皮带与底面托辊之间不能有间隙。为减少皮带张力的变化，皮带输送机应只有一个固定的落料点，且落料处应装一个高度调整板，以使皮带上的物料均匀，或在计量段皮带的前方加一定量给定流量控制装置，使皮带机的流量均匀控制在满量程的 80%～100%范围内。这样可以稳定工作点，提高皮带秤的准确度。

（7）定期进行实物标定。标定的目的就是使仪表的累计显示值与实际值之间最大限度的相吻合，其误差不能超过规定的指标。标定的方法有多种，如动态挂码法、砝码小车法、链码标定法和实物标定法。实践证明，标定误差最小、操作最容易的方法是实物标定，实物标定是一种对被输送的物料进行实际称重，使用校验装置来标定电子皮带秤精度的方法。在标定之前必须注意下列各种情况，以确保标定的精度。

1）皮带是否有跑偏，断裂现象，托辊是否粘有物料，传感器是否有位移和被积料埋没等情况。

2）仪表开关是否在正常位置上，仪表指示是否正常。

3）电源电压是否过高或过低。

4）如果上述情况均正常，计数器应跳字，而且速度正常。

5）如果各开关位置发生有异常现象，则应停机进行检查和故障检修。

由于在使用过程中电子皮带秤的准确度会下降，因此，要选择合适的标定周期（或称为检定周期）。较可靠的做法是按实际情况，多次标定比较，统计计算出标定周期。

(8) 做好维护保养。要保证电子皮带秤准确度的稳定必须认真做好维护保养工作。在使用中要求做到以下几点。

1）经常清除控制显示器的积尘，防止静电损坏元器件；及时清扫秤框，防止秤架受潮，灰尘、潮湿和锈蚀引起托辊摩擦力增加影响皮带张力，造成计量准确度发生变化。

2）严防人体或过重物体压在称量段上，预防传感器过载造成误差。装有测速传感器的部位，要防止测速摩擦轮打滑或沾灰加厚，以防止所测速度与实际物料速度不一致造成计量误差。

3）皮带接头处不能用金属卡子，一定要胶接，平整、光滑，达到皮带秤标准要求。如发现皮带有损坏或老化时，应及时修补和更换新的皮带。

4）皮带输送机的输送量要低于电子皮带秤的额定值。

5）操作管理人员应掌握电子皮带秤的标准和规范，建立和严格执行操作制度，及时分析和排除有关故障。

总之，应在结构设计时，合理地选用部件配置，提高适应现场环境的能力。还应注意提高操作管理人员的技术水平，正确地选择、安装调试和维护保养，以提高电子皮带秤的应用准确度，达到用好电子皮带秤的目的。

111. 如何稳定和提高核子秤的配煤精度?

答： 稳定和提高核子秤的配煤精度应注意以下几个方面：

(1) 安装注意事项：

1）传感器的安装位置应距下料口 1m 以外，料流稳定，安装维修方便，而且主机安装场所防风防尘。

2）电压必须稳定，否则应加交流稳压器，而且不能和大的动力设备共用电源。

3）支架与地面垂直，皮带中心线与支架中心线重合，套筒距上皮带下表面3～4cm。

4）支架要安装连接牢固，并加防震橡皮垫。安装架固定在地面上（在振动不大的场合，也可固定在输送机架上）。

5）电离室灵敏区中心与皮带中心重合。

6）放射源铅罐安装牢固，保证射线对称照射皮带。

（2）标定和检验是保证核子秤准确度的关键，标定应注意以下几点：

1）首次安装和大修后，要再次进行实物标定。

2）物料水分变化超过标定的5%时，要进行实物标定。

3）正常情况下，使用一年后，应进行标定。

（3）校验应注意：

1）为克服放射源衰变和环境变化的影响，至少一个星期校正一次 U_0 值。

2）正常使用3个月后用校验板校验。测量3min累计量的平均值与首次标定时测得的重量相比较，其误差大于1%时，则应查找原因或重新标定。

（4）注重维护保养：

1）主机由专人负责，禁止无关人员操作。

2）工作室应防尘、通风，保护主机清洁。

3）停电关机时，电网电压稳定后才能重新开机。

4）电离室套筒上表面不得积垢太厚。

5）皮带输送机的输送量要低于核子秤的额定量。

综上所述：要提高核子秤在使用中的准确度，首先要求核子秤结构设计合理，适应现场环境；其次是选型安装维修正确；再次，提高操作管理人员的技术水平。

112. 影响核子秤测量精度的常见因素有哪些？

答： 影响核子秤测量精度的常见因素如下：

（1）放射源强度衰减引起的误差。放射源的强度不是固定不变的，它随着指数规律自然衰减，由此将引起空带电压的变化。空带电压确定了核子秤的零点，零点发生漂移必然引起误差。在主机中必须设置零点漂移补偿和放射源衰减自动补偿，如果生产条件允许，应采用定期校准空带电压的方法来消除核源衰减所造成的误差。

（2）物料的堆积形状和含水率引起的误差。核子秤投运后，物料的含水率、堆积形状由于无法永远保持与实物标定时相同，难免产生误差，另外物料过于潮湿会发生输送机粘料的情况，使测量值大于实际值。当物料的含水率变化超过3.5％时需对秤进行重新标定，但这在实际中由于生产的连续性难以实现，为了尽可能地减小误差，可在输送机的出料口设计安装一个简易的整形装置，将出料口出来的物料进行刮扫、夯压等简单地整形，以使输送机上的物料形状近似保持一个相同的截面，以减小因堆积形状变化引起的测量误差。

（3）现场环境破坏引起的误差。在生产现场，环境非常恶劣，潮湿、粉尘、振动等以及某些人为因素都可能对核子秤的测量精度产生影响，甚至对探测器造成损伤。

1）射线入射角度发生变化。这种情况往往由于强烈振动或是生产设备检修人员的操作不当致使支架焊接松动，或是底座螺栓松动致使支架倾斜，或是由于电离室在套筒内固定不牢在振动下灵敏区位置偏移，另外现场粉尘大、探头易积灰，这些因素都会使放射源与探头的相对位置改变或者γ射线的穿透厚度变化，产生测量误差。

2）外力击打使探测器损坏。电离室是一个充满高压氩气的密封体，如果它受强大的外力撞击可能发生慢漏气，电极的陶瓷绝缘子也有可能破碎。在这种情况下，如果排除了前放板的问题，将会观察到探测器的输出信号同正常情况下相比有明显变小的趋势。除了电离室有可能受损，前放板上的焊点也可能因为击打而脱落。对上述情况，应合理选定电离室的安装位置并在电离室套筒上加保护装置以防止外力冲击，在平时维护时要注意观察探测器的输出信号，发现问题及时检修。

3）电离室及前放板受潮。现场有时湿度太大而套筒橡胶垫又密封不严，会使电离室高压极、收集极的陶瓷绝缘子受潮产生漏电流，前放板受潮使负高压不足同样会使电离室电流比平时变小。可对电离室电极陶瓷绝缘子的绝缘性能进行检查，使用1000V或2500V兆欧表分别测试高压极和收集极对外壳的绝缘电阻，应该指示无穷大，否则使用干净的丙酮或酒精棉球多遍擦洗，最后用电吹风吹干，以保证绝缘子干燥洁净。

（4）标定因素造成的误差。实物标定是将已知总量的物料通过核子秤，根据实际值和主机的测量值推算出负载常数。实物标定的准确与否直接影响到投运后核子秤的测量精度，以下一些常见的疏忽或是不规范的操作程序都会对标定的准确性产生很大的影响。

1）开始计量的时间不正确。在前置放大器中有与反馈高阻并联的反馈电容，它的意义在于利用积分作用平滑放大器的输出电压，降低放大器的噪声，在硬件上起到数字滤波的作用。也正是由于此积分电容的存在，给核子秤的标定工作带来一定的影响。当核子秤上的负载变化时，信号电压的变化要滞后一段时间。当物料进入核子秤时，约需0.5min左右信号才能正常，当物料流出核子秤时，也需要0.5min信号才能恢复至空带电压值，因此如果在实物标定时掌握不好主机开始计量的时间，会对核子秤的精度造成不小的影响。

2）标定物料总量的不足。实物标定是核子秤计量参数达到所要求精度的必要程序，经实物标定后核子秤才可投入运行。为确保核子秤的测量精度，进行实物标定时标定物料总量的最小值，应大于正常流量10min的累计值，流量也应近似于正常生产的状况。因此在设计安装核子秤之前，首先要确认现场具备实物标定的条件。

（5）电气方面的因素：

1）探测器信号受干扰。前放板接收电离室产生的微弱电流信号，放大后通过屏蔽电缆传送给主机。如果电磁干扰过大或主机端屏蔽接地不良，信号受到干扰会产生较大的波动。处理这种问题，屏蔽线探测器端应悬空，主机端要保证良好接地，还应注意电离室与套筒隔离。

2）电子元器件特性不稳。前放板中的高阻阻值达到 5GΩ，温度系数较大，因此核子秤在套筒内使用加热带等装置对电离室及前放板进行整体加热恒温，以使其免受环境温度变化的影响。由于长期处于较高的温度下，某些元器件的质量下降，特性不稳，造成信号波动。如高压系统电容漏电会使电离室电极上出现交变电容致使输出信号大幅波动，滤波电容损坏将使信号噪声电压大幅提高。

（6）煤种改变的因素。煤种不同，对射线的衰减也不同，煤种改变后，原始标定的参数已不适应需要，如若不进行实物标定调整参数，则准确性降低。

113. 如何防止煤中杂物对设备造成损害？

答：来煤中含有大量的木头、草绳、铁件等杂物，这些杂物从上级皮带到下级皮带的过程中，不仅会堵塞溜槽，导致输煤系统停运影响生产而且容易发生砸伤或划破撕裂皮带事故。

针对杂物种类及特点，采取从源头控制，采用不同设施清除煤中杂物的方法。

（1）翻车机箅条采用 200mm×200mm 的规格，斜面加振动，以去除大型杂物。

（2）皮带机加装除铁器。

（3）皮带机加装除木器。

114. 备煤有哪些取样点，取样方法有哪些？

答：备煤取样点主要有翻卸接收系统取样和配煤系统取样。

（1）翻卸接收系统取样有人工车皮表层取样、人工车皮底层取样、全自动车皮全断面取样、皮带在线全样检测几种方法。

人工车皮表层取样：按国标取样方法在煤车表层取样。

人工车皮底层取样：将车皮开门取底部样，或车皮翻卸过程中取底部样。一般用于质量抽查。

全自动车皮全断面取样：通过车皮全自动全断面取样装置，取出从车皮表层至底部的煤样，自动进行粉碎、缩分等制样工序。

皮带在线全样检测：在皮带机上安装快灰、快水仪，实时、全煤样进行质量监测。一般不作结算依据。

（2）配煤系统取样主要有配煤单种煤取样和配合煤取样。配煤单种煤取样：有在每个配煤单元的人工取样和在每个配煤单元自动取样两种方法。配合煤取样：有人工取样和皮带机自动取制样两种方法。

115. 什么是配煤专家系统?

答：配煤专家系统是一套代替人去管理配煤工作的计算机系统。其工作原理是将专家计算配煤比的方法和经验，通过理论分析和归纳，用专家语言编成软件存入计算机，形成一个计算和管理配煤的专家系统。专家控制系统有以下功能和特点。

（1）计算配煤比和料量给定。将各种煤质的主要成分、结焦时间、所需达到的焦炭质量等指标输入计算机。专家控制系统就能迅速计算出多组配煤比方案，同时能较准确地预测焦炭的生产成本。从中选择既经济又能满足焦炭质量要求的最佳配比来组织生产。同时专家控制系统也可以根据给定的配煤比及各种煤水分，迅速、准确地计算出各种斗槽煤的配煤流量。配煤比可以通过屏幕显示或打印，也可以作为自动配煤系统中各配煤比的给定值，把选定的料量给定值送到集散控制系统中。

（2）预测焦炭质量。将配煤比、煤质主要指标及价格、结焦时间等有关参数输入计算机，专家控制系统能准确地预测出焦炭质量的所有指标及焦炭成本。

（3）自学习功能。为了更准确地计算配煤比和预测焦炭质量，专家控制系统设置了自学习功能。根据实际经验相信息的不断增加，专家系统能自动更新知识库的内容，同时总结出新的经验相知识，充实和完善知识库。

116. 什么是煤调湿?

答: 煤调湿是“装炉煤水分控制工艺”的简称，它是一种炼焦用煤的预处理技术，通过加热来降低并稳定、控制装炉煤的水分，把水分调整稳定在5%～6%的水平。由于入炉煤水分降低了，入炉煤堆密度增加，在相同焦炭质量要求下，可增加弱黏煤的用量。在相同资源和配煤比条件下，可提高焦炭质量。该技术以节能、环保和经济效益为突出特点。

117. 什么是型煤?

答: 型煤是一种将配合煤与添加剂混合加工成固定形状的煤块的工艺。该工艺可提高焦炭的质量与产量。其原理如下:

(1) 型煤的密度一般为1.1～1.2t/m³，高于常规装炉煤(0.7～0.75 t/m³)，提高了装炉煤密度。降低了炭化过程中半焦阶段的收缩，减少焦炭裂纹。

(2) 型煤中有一定量的黏结剂，改善了煤料的黏结性能，对质量有利。

(3) 型煤密实，可改善胶结作用，提高结焦性能。

(4) 型煤在软化阶段产生的膨胀压力促进了煤颗粒间胶结，使焦炭结构致密。

118. 如何处理气垫皮带机常见故障?

答: 气垫皮带由风机、风管、气室、机架、普通皮带机机头、机尾设备等设备构成。如图3-12所示。其常见的故障和处理方法有以下几点:

(1) 胶带跑偏。皮带机在运行中经常发生胶带跑偏现象。虽然理论上只要做到输送带居中、料斗校准、使落料对中就不会跑

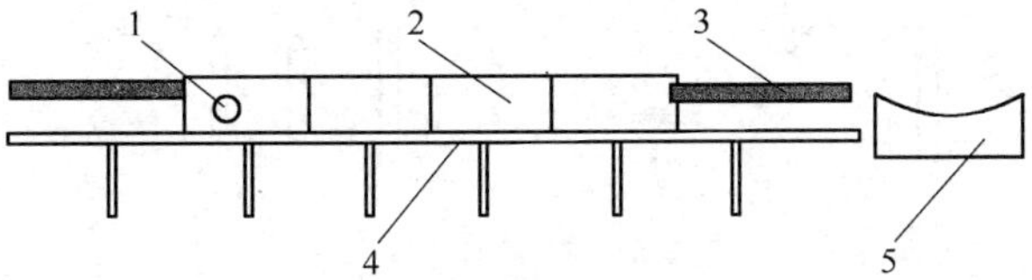

图 3-12　气垫皮带结构示意图

1—进气孔；2—气室；3—皮带；4—机架；5—气室截面

偏，但在实际作业中仍然常出现空载运行时胶带不跑偏而加载后跑偏的问题。引起气垫皮带机胶带跑偏的主要原因是物料偏心堆积、张力沿带宽分布不均等。

加料点对胶带加料时加料不正，或者前后 2 条输送带在垂直接续的情况下，前面输送带上的物料以抛物线抛下，形成布料不均，都可能导致物料偏心堆积。

为了避免皮带机在加载物料时发生偏心堆积，可在加料点胶带的两侧加装 1 对导轮和导料板，在 2 条输送带垂直接续处加装导料板，并经常检查调整导料板，使布料对中。同时也可以减小大块物料对输送带的直接冲击。重锤式配重筐里的配重铁摆放位置不对称或配重筐里有杂物，会造成胶带受力不均，胶带在使用一段时间后会产生变形；由于胶带质量及其受力不均等原因，胶带一边松一边紧；输送带的接口做得不正，造成输送带张力分布不均。解决的办法是，使配重铁摆放整齐，清除配重筐内的杂物；调整滚筒轴承顶丝，将跑偏的输送带调正。

此外，如果防偏装置的两轮之间的距离过小，胶带稍有窜动就会报警，跑偏开关及继电器的故障也会引起跑偏报警。因此要调整好胶带跑偏装置，使图 3-13 中的 1、2 两轮距离适中，并且经常检查跑偏开关和继电器的工作状况。

(2) 气垫压力异常。气垫皮带机在作业中出现压力异常的原因：

1) 气垫皮带机气室里的铝铆钉经过长期使用很容易老化脱

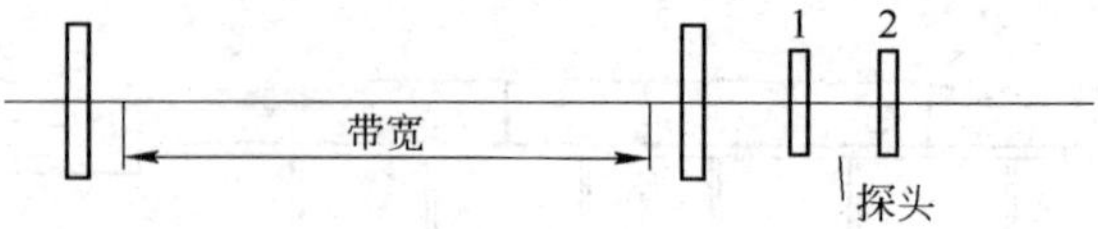

图 3-13 调整胶带跑偏装置示意图

落，造成气室破损，使气室压力降低，输送带与滑槽之间形成不了足够的气膜，摩擦阻力增大，输送带电流增大。如果不及时修复，破损面在气压的作用下会不断扩大，跑气量增大。当气室压力低于设定的最低压力时，引起压力报警。

2）压力开关处软管脱落或软管被粉尘堵塞。

3）风机装置出现故障（如电机和风机运转异常，三角皮带松动、短缺等），不能供给足够压力和足够风量的气体。

4）为了防止把飞鸟及杂物吸入风机，通常在风机进风口处安装网格。冬季网格上容易结霜，从而造成进风量不够。

5）压力开关及继电器的故障。为防止气室破损，应该增加铆钉的强度，一旦用压力表检查出气室破损的地方后，要使用不锈钢铆钉代替铝铆钉。当气室压力出现异常时，应首先检查压力开关处软管是否脱落或堵塞；其次应查看风机装置是否工作正常，风机进风口是否通畅；当两者都正常时，再检查压力开关和继电器是否处于正常工作状态，以避免其误动作。

(3) 风眼堵塞。要求停机停电，通过简易滑轮装置，在气室与皮带之间滑动，使皮带与气室隔开，通过弯头钢钎，人工清理风眼。为防风眼堵塞，要避免皮带跑偏和超负载情况发生。

(4) 速度报警。速度探头与尾轮上的感应螺栓距离太远，或螺栓处被粉尘、油污裹住，会使速度探头无法正常记数；速度探头损坏或速度继电器存在故障，会导致无法正常监测传输速度，从而引起速度报警；输送带与滚筒之间的摩擦力不足也会引起失速。导致摩擦力不足的原因主要有以下几点：

1）驱动滚筒表面都有一层刻有花纹的橡胶，以增大滚筒的表面粗糙度来提高滚筒与胶带之间的摩擦力，经长期使用后，花纹会被磨损，导致胶带和滚筒之间的摩擦力下降。

2）张紧装置的配重铁重量不够，导致胶带与滚筒不能形成足够的包角。

3）电机与减速器之间的液力偶合器里的油量减少，使传递扭矩变小，使得驱动滚筒转速变慢。

（5）速度异常故障的处理办法：

1）对速度探测器进行定期维护和调整；经常清洁感应螺栓表面，使其无油污；调整速度探头位置，使其与感应螺栓距离适中；检查速度探头和继电器的工作状况，保证其工作可靠性。

2）为避免因胶带与滚筒之间的摩擦力不足而产生打滑现象，可采取增加分支张力和增大牵引系数的办法来提高驱动装置的牵引力。但是这种方法对输送带的强度要求比较高，因此更多的是采用增加摩擦系数和增大包角的办法来提高牵引力。

3）定期检查驱动滚筒表面花纹橡胶的磨损情况，一旦发现磨损比较严重，则应尽快更换；适当增加配重铁，以增大胶带与滚筒的包角，达到不打滑的目的。

4）检测滚筒转速及液力耦合器油量，防止传递扭矩过小。

（6）过载。过载会严重影响输送机运转的可靠性和胶带的使用寿命，是绝对不允许的。目前大多数气垫皮带机都装有过载保护装置。造成过载的主要原因是停电或短时间流量过大，皮带机超负荷运转造成设备重载停车，以及过载继电器故障造成的误操作。

为避免过载，在加料时要注意控制给料流量。当出现过载报警时，巡视人员一定要到现场挂慢链，把胶带上的物料运走，而不能快速直接启动，否则很容易造成液力耦合器易熔塞熔掉。需要特别指出的是，当设备在运行中发生上述故障时，巡视人员要确认故障原因，排除故障后才可以复位，恢复设备正常运行。在没有确认故障原因时盲目复位，很可能造成重大机损事故。

第四章 焦炉生产

119. 我国主要焦炉炉型的基本尺寸如何?

答: 我国目前在用的焦炉炉型比较多，焦炉的基本尺寸相差也较大。20 世纪 90 年代以来，炭化室高 6m 焦炉炉型逐步成为我国炼焦行业的基本炉型，并逐步在我国焦化行业占据主导地位。近几年，我国一些焦化企业已开始建设炭化室高 7.63m 的超大容积焦炉。目前我国主要焦炉炉型及基本尺寸见表 4-1。

表 4-1 目前我国主要焦炉炉型及基本尺寸

炉 型	炭化室有效容积/m^3	炭化室尺寸/mm							立火道		加热水平/mm
		全长	有效长	全高	有效高	平均宽	锥度	中心距	中心距/mm	个数	
JN60	38.5	15980	15140	6000	5650	450	60	1300	480	32	905
M型	37.6	15700	14800	6000	5650	450	60	1300	500	30	755
5.5m大容积	35.4	15980	15140	5500	5200	450	70	1350	480	32	900
JN43	23.9	14080	13280	4300	4000	450	50	1143	480	28	800
58 型	21.7	14080	13350	4300	4000	407	50	1143	480	28	600
JN50	26.8	14080	13280	5000	4700	430	50	1143	480	28	799
IIBP 型	21.7	14080	13350	4300	4000	407	50	1143	480	28	600
鞍 71 型	21.4	13590	12750	4030	3730	450	60	1100	457	28	700
7.63m	76.25	18800	18000	7630	7180	590	50			36	
7.63m	79	18000	17200	7630	7180	610					

120. 什么是炭化室的有效长度、有效高度、有效容积？

答： 炭化室长度减去机焦侧炉门砖深入炭化室的距离称为炭化室的有效长度。炭化室高度减去炭化室顶部空间高度，即装煤线高度，称为炭化室的有效高度。炭化室的有效长度，有效高度和平均宽度三者之乘积即为炭化室的有效容积。增大炭化室的长、宽、高可以增加有效容积，提高每孔炭化室的焦炭生产能力。焦炉大型化可以节约原料，提高劳动力、减少环境污染。

121. JN60 型焦炉的结构有何特点？

答： JN60 型焦炉有两种主要炉型，即 JN60-82 型和 JN60-87 型，其炉体结构的主要区别在于蓄热室是否分格。

JN60-82 型焦炉是双联火道，废气循环，焦炉煤气下喷，贫煤气和空气侧入的复热式焦炉。焦炉燃烧室被分成 32 个立火道，每两个连成一对双联火道，便于温度调节，加热系统阻力也小。采用废气循环将煤气和空气稀释，导致燃烧速度减慢，并提高火道中气流速度，可以拉长火焰，有利于高向加热均匀。焦炉蓄热室不分格，蓄热室主墙、单墙采用沟舌结构，单、主墙均用异形砖砌筑，增加了炉体的严密性。蓄热室中装有薄壁九孔异形格子砖，大大地增加了格子砖蓄热面，可以充分回收废气热量。采用合理的箅子砖孔型和尺寸排列，使蓄热室气流沿长向均匀分布。

JN60-87 型焦炉为双联火道，废气循环，焦炉煤气设高低灯头，蓄热室分格，且是下部调节的复热式焦炉。蓄热室沿纵长方向共分 32 个格，每一小格的箅子砖包括 4 个固定孔和一个可调断面的大孔。从地下室的基础顶板上的下部调节孔，可以对此孔进行方便的调节。用焦炉煤气加热时，采用高低灯头，再加上废气循环，有利于高向加热均匀。

122. M 型焦炉的结构有何特点？

答： M 型焦炉为双联火道，分段加热，蓄热室分格，煤气和空气全下喷的复热式焦炉。炭化室高6m的M型焦炉燃烧室被分成30个立火道，每两个连成一对双联火道。空气用鼓风机压送，用孔板调节，准确方便。采用燃烧室三段加热和不同厚度的炭化室墙来达到高向加热均匀。但炉体结构比较复杂，异形砖数量比较多。

123. 7.63m焦炉的结构有何特点？

答： 7.63m焦炉为双联火道，分段加热，废气循环，焦炉煤气、混合煤气、空气均下喷，蓄热室分格的复热式超大型焦炉。焦炉采用单侧烟道结构，仅在焦侧设有废气盘和交换设施。

焦炉蓄热室分为煤气蓄热室和空气蓄热室，均为分格蓄热室。每个立火道独立对应2格蓄热室构成1个加热单元。蓄热室底部设有可调节进口尺寸的喷嘴板，喷嘴板的调节方便、准确，使得加热煤气和空气在蓄热室长向上分布合理、均匀。

焦炉燃烧室由36个共18对双联火道组成。分3段供给空气进行分段燃烧，并在每对火道隔墙间下部设循环孔，将下降火道的废气吸入上升火道的可燃气体中，用此两种方式拉长火焰，达到高向加热均匀的目的。每对火道隔墙上部跨越孔的高度可调，可以满足不同收缩特性的煤炼焦的需要。

124. 7.63m焦炉的基础和烟道在设计上有什么特点？

答： 7.63m焦炉的基础底板为钢筋混凝土结构，焦炉及其基础的重量全部由焦炉基础底板支撑。在机焦侧均设有以基础底板为基础的钢筋混凝土结构的挡水墙和操作走台。和其他焦炉不同的是，由于操作走台的高度设置在蓄热室上部，与炭化室底部有一定距离，而且焦侧拦焦车的轨道不再设计在焦侧走台上，因此机焦侧操作走台边缘均设计有安全栏杆，该栏杆不会影响推焦车和拦焦车的正常运行。由于焦侧走台没有拦焦车行走时的振动，使得焦侧走台更加严密。

焦炉设计为单侧烟道。燃烧产生的废气，由下降火道、斜道、蓄热室，经金属喷嘴板进入小烟道，全部废气经过位于焦侧的废气盘，由位于焦炉地下室焦侧的废气集中烟道收集，经总烟道进入烟囱排入大气。为了防止外部混凝土遭到高温和热废气的化学侵蚀，废气集中烟道和总烟道内部均用红砖排列砌成，外部用钢筋混凝土建造。为了防止烘炉时产生热膨胀造成烟道砌体损坏，废气集中烟道和总烟道内部红砖通过膨胀接点分成若干部分。

125. 7.63m 焦炉的蓄热室在设计上有什么特点?

答：7.63m 焦炉的蓄热室在炭化室和燃烧室下面，该蓄热室没有中心隔墙，从机侧到焦侧贯通，并分格为独立的蓄热室单元。每个蓄热室单元用耐火砖砌筑的蓄热室隔墙隔开，只需调节相关蓄热室单元，就可以确保各独立蓄热室单元的煤气或空气的流量在到达立火道前保持不变。每个燃烧室对应两个蓄热室，分别为空气蓄热室和煤气蓄热室。蓄热室不仅在炭化室长向上分隔，而且在焦炉长向也分为两格，中间也用隔墙隔开。空气蓄热室的左右两格通过斜道后，一个与对应燃烧室底部相连，一个与该燃烧室隔墙内的两个出口相连。煤气蓄热室的左右两格通过斜道均与对应燃烧室底部相连。

用焦炉煤气加热时，助燃空气在相邻的空气蓄热室和煤气蓄热室预热，通过在小烟道和废气盘之间的可调节的开口，进入燃烧室底部与隔墙空气通道的空气的分配可由外部调节，燃烧产生的废气从另外两个蓄热室排出，并储存废气热量。用混合煤气加热时，助燃空气由空气蓄热室预热，混合煤气由煤气蓄热室预热，混合煤气均进入燃烧室底部，燃烧室底部与隔墙空气通道的空气的分配可通过在小烟道和废气盘之间的可调节的开口由外部调节。每个蓄热室两层砖错缝砌筑，可以保证蓄热室隔墙和主墙最佳的气密性。蓄热室下部由黏土砖砌筑，上部由半硅砖砌筑。为了补偿黏土砖和半硅砖之间的热膨胀的不同，防止因温度变化拉裂砌体，不同耐火材料之间铺设有滑动层。

在小烟道的上方和蓄热室的下方，安装有喷嘴板，代替传统的箅子砖。各喷嘴板片分属于每个蓄热室单元，各喷嘴板片用简单的方式互相钩在一起，所有的喷嘴板可以方便地取出和放入，通过此板可调节进入燃烧室立火道的加热煤气量。

126. 7.63m 焦炉的燃烧室在设计上有什么特点？

答： 7.63m 焦炉的燃烧室分成 18 对双联火道。立火道下部设计有废气循环孔，立火道的最上部设计有跨越孔。焦炉设计为分段加热，分别在立火道底部和隔墙内分三段供空气，一段在火道底部，二段在隔墙的 1/3 处，三段在隔墙的 2/3 处。加热时煤气从火道底部供入，空气分三段供入，煤气在火道底部由于空气量不足，不完全燃烧，未完全燃烧的气体，在火道中部继续燃烧一部分，但由于空气量仍然不足，燃烧仍然不完全，最后到火道上部才完全燃烧。由于煤气在立火道下部的不完全燃烧，降低了火道下部的燃烧温度，可以改善高向加热均匀性。另外，在双联火道隔墙下部的循环孔将废气从下降气流导入上升气流，使下部的燃烧更加贫化，降低火焰的最高温度，也有利于高向加热的均匀性。

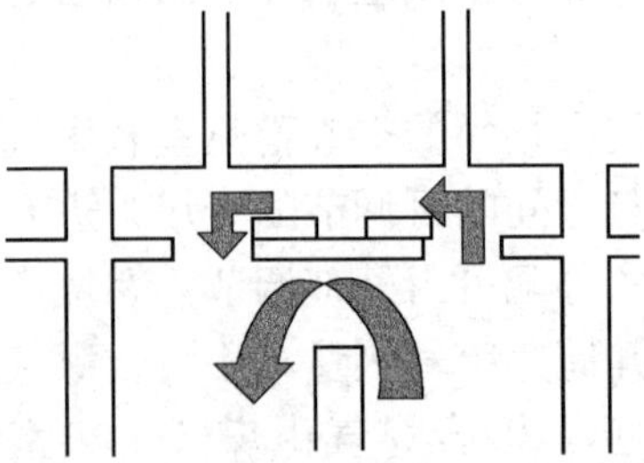

图 4-1　跨越孔示意图

焦炉燃烧室设计采用了可调节的跨越孔，可升高或降低炉顶空间温度。可调节的跨越孔如图 4-1 所示。跨越孔分上下设计，上小下大，上孔有两块可滑动的砖，可以根据需要调节滑砖，控制孔的开度。当上孔全开时，从上面的通道可以分流部分废气，火焰拉长提高上部的温度；当上孔部分打开时，从上面的通道分流废气量减少，相当于跨越孔下移；当上孔全关时，废气仅从下孔通过，相当于跨越孔下移到最低点，火焰缩短，降低上部的温度。因此，通过调节上孔的开度大小，相当于调节跨越孔的高度和阻力，调节火焰的长短。通过调节跨越孔的高度可以保证不同收缩率的煤上部能够成熟，也可以降低炉顶空间温度，减少炉顶石墨生成并消除因此造成的推焦阻力。

127. 焦炉的加热水平对焦炉生产有什么影响?

答：燃烧室顶高度低于炭化室顶高度，二者之差称为焦炉的加热水平。加热水平是焦炉炉体结构中的一个重要尺寸。加热水平太小，炭化室顶部空间温度过高，不利于提高焦化产品的质量和产率，还会增加炉顶石墨生成；加热水平太大，会降低上部焦饼温度，影响焦饼上下均匀成熟。

128. 边部火道四联循环结构的工作原理及作用如何?

答：边部火道四联循环结构，即在燃烧室机焦两侧边部 2、3 火道间隔墙下部增开一个废气循环孔，取消 1、2 火道间废气循环孔。我国设计的 6m 焦炉，大都采用了边部火道的四联循环结构。焦炉加热过程中当 1 火道上升 2 火道下降时，部分废气进入 3 火道而减小了 2 火道的下降阻力；当 2 火道上升 1 火道下降时，3 火道的部分废气进入 2 火道，相当于拉长了 2 火道的燃烧火焰，有利于提高 1 火道的温度。边部火道四联循环结构可使燃烧室边部 1、2 号火道温度差缩小。

129. 焦炉为什么需要护炉铁件，护炉铁件包括哪几个部分?

答：焦炉是由各种形状的耐火砖砌成的，耐火砖砌体长期处于高温中，由于焦炉炉温波动以及气候条件的变化，耐火砖砌体会产生热胀冷缩的现象。在热胀冷缩的过程中，有的砖缝经受不了这些缩胀产生的应力便会拉开，这时，如果有些灰渣和荒煤气通过裂缝向燃烧室窜漏过程中受热分解生成的石墨之类的物体沉积在拉开的灰缝内，在炉体又因炉温升高而膨胀时，灰缝就再也不能还原到以前的状态了。如此反复缩胀，便会使砌体松动或损坏。此外，焦炉经常受到开、闭炉门和推焦等机械的撞击，以及因煤车行走而产生的振动，也会导致焦炉砌体的松散变形而失去应有的严密性，削弱砌体的结构强度。因为上述原因，焦炉必须设置护炉铁件，对炭化室墙施加一定的压力紧固耐火砖砌体，使它不能自由膨胀，从而达到保护焦炉炉体的目的。焦炉护炉铁件主要包括炉柱、横拉条、纵拉条、弹簧、保护板和炉门框等。

130. 焦炉生产中如何对拉条进行管理?

答: 大型焦炉横拉条的材质一般为低碳钢，直径为50mm，上部横拉条埋设在炉顶拉条沟内，应保证能够自由窜动。焦炉生产中，横拉条的任一断面直径不得小于原始状态的75%，拉条变细到一定程度就应补强或更换，否则将影响护炉铁件对炉体的保护作用。更换上部横拉条时，应对机焦侧钢柱采取保护性的技术措施，防止钢柱上部外移。上部横拉条损坏部位一般都是在装煤口和上升管根部，因为上升管座及装煤孔附近炉顶温度最高，同时易窜漏、着火及腐蚀而损坏拉条，因此应经常对这些部位进行检查和维修。下部横拉条是短拉条，其一端通过预留在焦炉基础平台梁上的孔使拉条与炉柱连接，此处温度变化不大，拉条所受的负荷较为稳定，但要定期进行检查，保证下部横拉条的清洁和干燥，防止腐蚀。纵拉条沿焦炉纵向拉紧两端抵抗墙，以控制焦炉向两端的自由膨胀，在实际生产中要经常对纵拉条进行检查，同时要加强对焦炉炉顶的维护，防止因窜漏着火以及炉顶存煤着火而烧坏纵拉条。

131. 焦炉生产中如何对弹簧进行管理?

答: 焦炉生产中，要按规定周期对炉柱曲度进行测量，再根据炉柱曲度、压力点的接触情况，及时松紧弹簧来进行调节。焦炉用弹簧分为大、小两种，弹簧在最大工作负荷的范围内，负荷与压缩量呈正比。在焦炉生产中，必须经常对弹簧的负荷进行检查和调节，但单纯按弹簧负荷进行松放是不正确的，因为焦炉生产一定年限后，大弹簧就会产生残余变形，使弹簧的自由高度变短，大弹簧的名义负荷变大，实际负荷变小。如果不考虑这种变化，对大弹簧的测量高度不进行修正，简单地按测量高度对大弹簧进行松放，并且对松放量不记录、不统计，缺少对比，结果就会造成过度松放，人为地降低对焦炉砌体的保护性压力。为避免产生上述问题，焦炉生产中应不间断地记录并统计大螺帽的松放量，并在任意一段时间内使螺帽的松放量不得大于炉体的膨胀量。弹簧在长期使用中因弹性疲劳而失效时要立即进行更换，以保证弹簧负荷的真实和准确。上部大弹簧应加装保护套，防止火烤而加速其疲劳失效。

132. 测量炉柱曲度有哪几种方法，如何测量？

答： 测量炉柱曲度的方法有三种，即矩形法、三线法、双锤法。

（1）矩形法。矩形法的原理是以钢柱为一边，以钢丝线和两个长度相等的托盘为其他各边构成，矩形断面如图 4-2 所示。测量钢柱最大挠度点至对应钢丝边的距离，该测量值与托盘长度的差值即为钢柱曲度。矩形法只在炉柱安装阶段采用，当机焦侧走台施工结束后，由于走台障碍无法测量，因此在其后及焦炉生产期间不再使用矩形法测量炉柱曲度。具体测量时，在钢柱两端点各固定一个等长的托盘，构成矩形的短边 a，并在其间连上钢丝，构成矩形的另一长边，用直尺测量钢柱最大挠度点至钢丝线的距离 c，代入公式即可算出钢柱曲度。其计算公式如下：

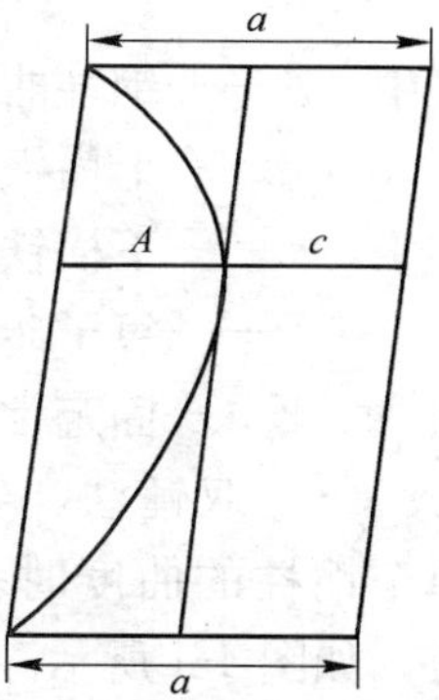

图 4-2 矩形法测钢柱曲度

$$A = a - c$$

式中 A——钢柱曲度，mm；

a——矩形短边长度（定值），mm；

c——钢柱最大挠度点至对应钢丝边的距离，mm。

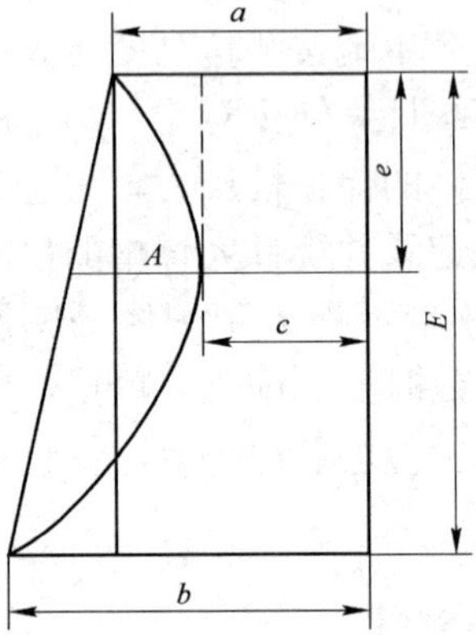

图 4-3　三线法测钢柱曲度

（2）三线法。生产期间测量钢柱曲度一般采用三线法，如图 4-3 所示。该方法是在机侧或焦侧沿焦炉纵向各引 3 条细钢丝线，分别位于上横铁、下横铁及箅子砖等标高处。钢丝线挂在与抵抗墙相连的测线架上，一侧的 3 条钢丝线应位于同一垂直平面内，然后测量 3 条钢丝线与钢柱的距离，分别为 a、b、c，代入公式即可算出钢柱曲度。三线法是按相似三角形的原理导出的，其计算公式为：

$$A=(a-c)+(b-a)\cdot\frac{e}{E}$$

式中　A——钢柱曲度，mm；

a——上横铁处钢丝线到钢柱正面的距离，mm；

b——下横铁处钢丝线到钢柱正面的距离，mm；

c——箅子砖处钢丝线到钢柱正面的距离，mm；

e、E——固定常数。

（3）双锤法。生产期间检查单个钢柱的曲度时一般采用双锤法，如图 4-4 所示。但不宜在大量测量钢柱曲度时采用，因为该方法既费时又麻烦。双锤法亦是按相似三角形的原理导出的，其计算公式如下：

$$A=(a-c)+(b_1+c_1-2a)\cdot\frac{e}{E}$$

式中　A——钢柱曲度，mm；

a——上下锤线距钢柱正面距离，mm；

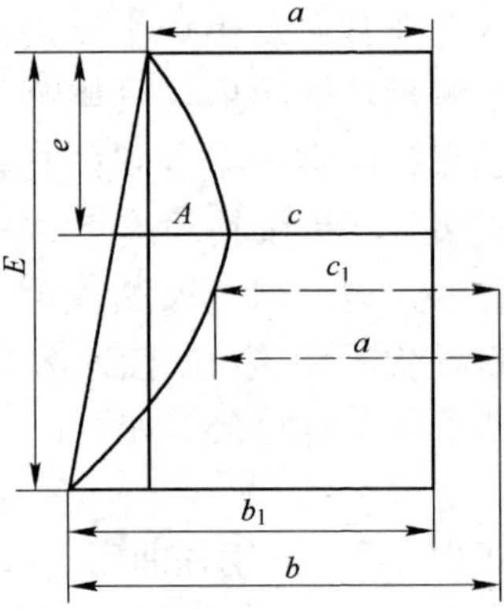

图 4-4　双锤法测钢柱曲度

b——上锤线的投影线至下端点距钢柱正面距离，mm；

b_1——下锤线至下端点距离钢柱正面距离，mm；

c_1——上锤线在作业台面处至钢柱正面距离，mm；

e、E——固定常数。

133. 如何对机焦侧炉体膨胀测量线架进行校正？

答： 焦炉机焦侧炉体膨胀测量线架刻度是炉体膨胀测量和钢柱曲度测量的基准点，其准确与否，直接关系到所测炉体膨胀的真实性，因此应定期对测量线架进行校正。校正时通过抵抗墙顶向埋设在焦炉炉顶的中心刻印沿机焦侧方向引一条垂直于焦炉纵中心线的直线，在此直线上水平放置一根直木杆，木杆的一端刻上标记，并使标记与焦炉的纵中心线刻印重合。打开机焦侧走台预留孔，根据焦炉砌筑时安装测量线架所定的初始尺寸在木杆的另一端做好标记，并沿此标记吊一垂线至废气盘标高处，如垂线与抵抗墙同一侧不同高度测量线架的原刻印都重合，则表明测量线架及其刻印准确无误，如果一线架的刻印与垂线不能重合，则需对该线架重新进行刻印。此测量工作应由专业人员定期执行。

134. 影响炉体膨胀的主要因素有哪些，如何测量和计算？

答： 生产过程中的焦炉膨胀包括硅砖中晶形不断转化所造成的焦炉炉长增长，以及因焦炉受到意外损伤带来的焦炉炉长的附加增长，特别是护炉铁件对砌体的挤压力不足造成的砌体松弛，导致裂缝的不断增大，使焦炉炉长产生附加增长。上述情况的前者称为焦炉正常膨胀，后者称为焦炉的非正常膨胀。正常膨胀对焦炉基本上没有破坏性，焦炉仍保持原来的完整性、严密性及结构强度；非正常膨胀对焦炉有破坏性，使焦炉砌体在某些方面的性能削弱。

焦炉膨胀测量点选在上横铁、下横铁、斜道及箅子砖等水平标高处。在这些测量点的同一水平标高处，沿机、焦两侧分别引拉钢丝线。这些钢丝线挂在与抵抗墙相连的测线架上。每侧的 4 条钢丝线应保持在同一垂直平面内，并与焦炉中心点距离始终不变。随着焦炉的膨胀，钢丝线到焦炉炉体正面的距离也随之缩短，缩短的数值即为焦炉炉体总膨胀值。相邻两年总膨胀值的差即为年膨胀值，再除以炉长的设计尺寸即得年膨胀率。

135. 焦炉炉门主要有哪几种形式?

答: 焦炉炉门主要有以下几种形式:

(1) 衬金属板块炉门。通常的衬耐火砖炉门刀边附近气环空间很小，易被煤堵塞，荒煤气在刀边附近冷凝，造成焦油及其热解产物沉积，使炉门与炉门框必须频繁清扫，衬金属板块炉门是对常用的刀边炉门的炉门衬砖及固定装置加以改造后制成的，如图 4-5 所示。

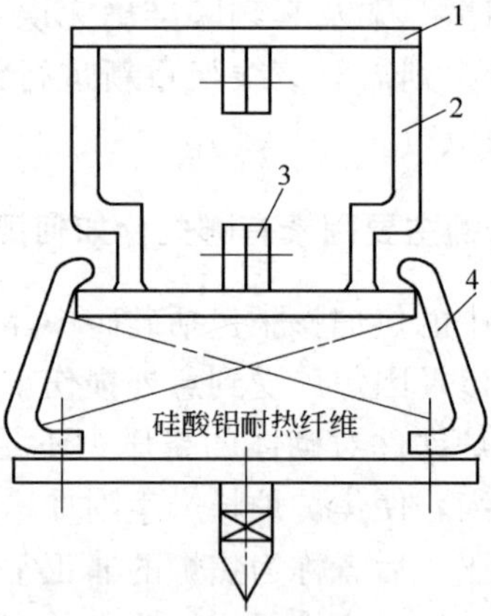

图 4-5　衬金属板块炉门

1—前板；2—筋板；3—炉门砖槽；4—耳板

由该炉门本体和若干金属板块组成，板块是内衬炉门砖的金属壳体，整个板块伸进炭化室一定距离，并与炭化室两侧墙面保持一定间隙，从而在板块与炉墙间形成垂直通道，热荒煤气可沿该通道从下部流向炭化室顶部空间，因而减少了荒煤气在刀边附近的冷凝，使刀边沉积的焦油少而松散，易于清扫。板块与炉门体间填塞隔热材料，以减少炉门表面散热。

（2）气封炉门。气封炉门是为了隔离炉门刀边与荒煤气的接触而设计的一种新型结构的炉门。在炉门框上开设可以通入净煤气或废气的气道，净煤气或废气由外部管道引入，经气道从炉门砖槽和炉框密封面间的空隙流出，如图 4-6 所示。这样，炉门刀边与炉框密封面间形成一个自下而上流动的气封带，带内静压略高于附近的荒煤气的压力，从而可以阻止含焦油的荒煤气接近刀边，减少清扫刀边的工作量。但气封气体进入炭化室后随荒煤气一道排出，增加了煤气净化系统的负荷。

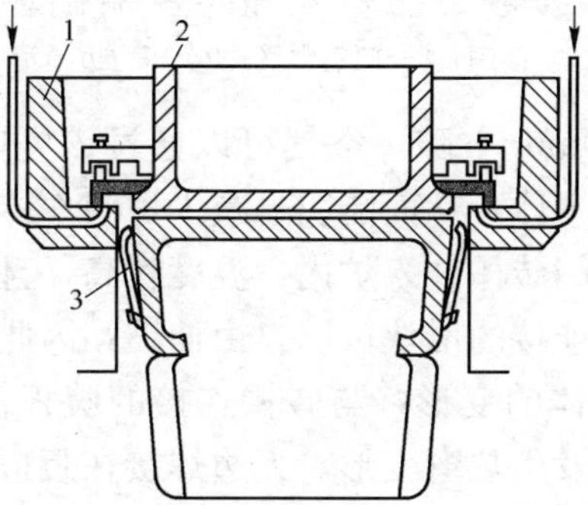

图 4-6　气封炉门

1—炉门框；2—炉门；3—挡煤板

（3）空冷式弹簧炉门。为了防止炉门外壳（本体）受热变形，近代炉门多采用空冷式炉门。国内用于炭化室高 6m 焦炉的空冷式弹簧炉门，如图 4-7 所示，由炉门本体、腹板和砖槽三大部件组成。砖槽与腹板用螺栓连接，砖槽与炉门本体用滑块连

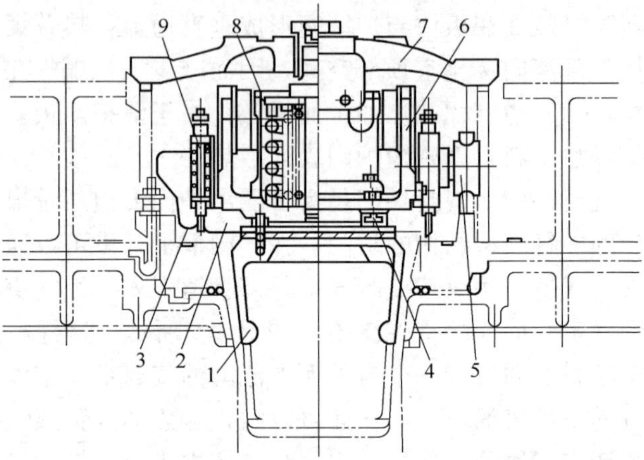

图 4-7 空冷式弹簧门栓炉门

1—砖槽；2—腹板；3—刀边；4—滑块；5—导辊；6—炉门本体；

7—门闩；8—门闩弹簧；9—压力边弹簧

接，其间有约 40mm 空隙，空气可以通过该空隙自下而上自然对流以冷却炉门本体，从而能明显减少炉门本体的内外温差，防止受热变形。炉门砖槽伸入炉内，温度较高，且受热膨胀，由于砖槽与炉门本体连接的滑块可以自由伸缩，因此砖槽的热胀冷缩不会造成炉门本体的变形，与砖槽连接的腹板仅 1.5mm，内外温差很小，不会发生热弯变形。刀边焊接在腹板四周，靠弹簧顶丝压紧，因此炉门刀边能紧扣在炉门框的密封面上。炉门闩（上、下横铁）靠弹簧压紧，弹簧置于门闩内侧，摘挂炉门时压缩弹簧使门闩松开，正常生产时弹簧承受一定负荷，故开关炉门方便，时间短，受力稳定。

136. 焦炉炉门不严密有什么危害?

答: 焦炉炉门不严密的危害有以下几种情况：

(1) 炼焦生产中，由于炭化室处于正压状态，炉门不严密会造成炭化室内的荒煤气外逸，影响焦炉煤气和化学产品的回收，同时，荒煤气外逸会恶化操作环境，烧坏护炉铁件，导致焦炉炉体损坏，缩短炉体使用寿命。

（2）焦炉炉门不严密，在结焦末期因集气管压力波动等原因，空气会漏入炭化室烧掉部分焦炭，增加焦炭中的灰分，降低焦炭的质量和产量。在高温状态下，当灰分与炉墙作用时会产生局部结瘤，导致焦炉炉体损坏。

（3）焦炉炉门不严密会导致炭化室内的压力波动，使炉墙砖缝的石墨遭到严重的破坏，引起炉墙互相窜漏，破坏焦炉的加热制度，给焦炉的温度和压力控制带来困难。

137. 怎样保证焦炉炉门的严密性?

答： 保证焦炉炉门的严密性的措施如下：

（1）应制定合理的检修计划对炉门定期进行维修，一般经2～3个月要对所有的炉门循环检修一次。同时要加强对炉门修理设备的维护，保证炉门修理工作的正常进行。

（2）要加强清扫的管理，认真清扫好炉门刀边、炉门框和炉门衬砖表面的焦油渣、焦粉及其他残留物，保证炉门刀边与炉门框的正常接触。

（3）加强炉门衬砖的检查和修理，使其处于良好状态，以免造成炉门局部过热而发生变形，进而破坏炉门的严密性。

（4）加强推焦车和拦焦车的精心操作，防止因操作不当撞坏炉门刀边而影响炉门的严密性。

（5）加强技术创新，采用设计先进、密封性能良好的炉门。

138. 焦炉保护板有哪几种形式，各有何特点?

答： 焦炉采用的保护板分为大保护板、中保护板、小保护板三种类型，如图 4-8、图 4-9、图 4-10 所示。并以此配合相应的炉门框。现在大型焦炉设计一般采用大保护板，小保护板已基本淘汰。

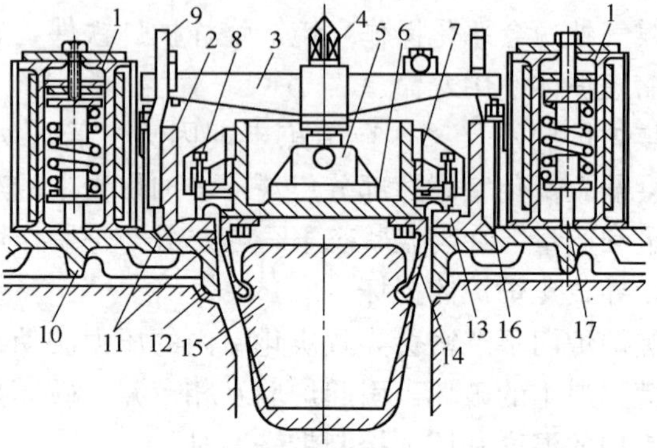

图 4-8　大保护板结构横断面图

1—炉柱；2—炉门框；3—横栓；4—紧丝杠；5—紧丝座；6—炉门铁槽；7—顶丝压架；8—顶丝；9—卡钩；10—保护板；11—外石棉绳；12—内石棉绳；13—刀边；14—砖槽；15—衬砖；16—炉框固定螺栓；17—顶压架

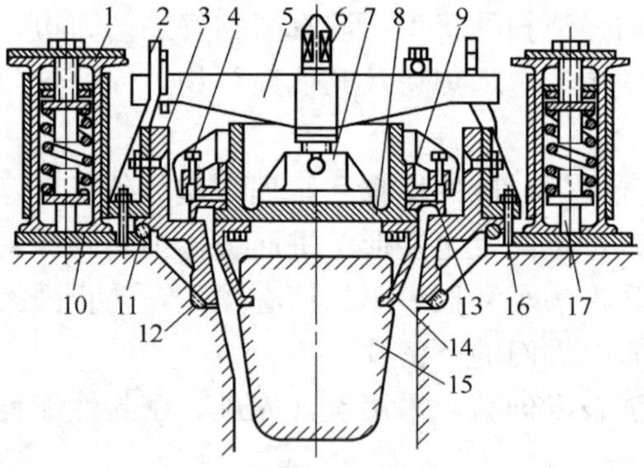

图 4-9　中保护板结构横断面图

1—炉柱；2—卡钩；3—炉门框；4—顶丝；5—横闩；6—紧丝杠；7—紧丝座；8—炉门铁槽；9—顶丝压架；10—保护板；11—外石棉绳；12—内石棉绳；13—刀边；14—砖槽；15—补砖；16—炉框固定螺栓；17—顶压架

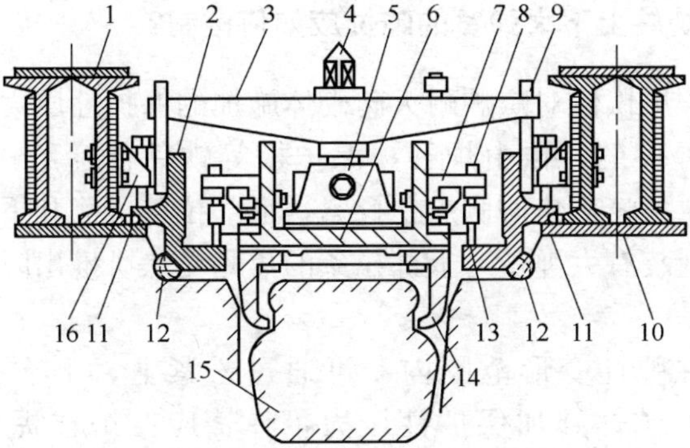

图 4-10 小保护板结构横断面图

1—炉柱；2—炉门框；3—横闩；4—紧丝杠；5—紧丝座；6—炉门铁槽；7—顶丝压架；8—顶丝；9—卡钩；10—保护板；11—外石棉绳；12—内石棉绳；13—刀边；14—砖槽；15—衬砖；16—炉框固定螺栓

各类保护板的形式、材料、结构方式分别见表 4-2。

表 4-2 大、中、小型保护板性能的比较

项　　目	大保护板	中保护板	小保护板
护炉方式	全炉保护板与炉门框联结成整体	全炉保护板与炉门框联结成整体	各炭化室用独立的保护板与炉门框保护
护炉压力传递方式	由小弹簧及炉柱直接压紧保护板上下端	由小弹簧及炉柱压紧保护板和炉门框	由炉柱顶丝压紧炉门框
材质	保护板和炉门框都是铸铁加工件	保护板和炉门框都是铸铁加工件	炉门框铸铁加工件，保护板钢板焊接件
安装	复杂	较简单	简便
更换	麻烦	较麻烦	简便
保护性压力分布情况	较合理	较合理	不合理
使用寿命	长		易发生炉门框变窄现象，甚至影响推焦
炉头情况	伸入较深，保护较好，炉头剥落较轻		炉头剥落较重

139. 焦炉炉柱上下大弹簧的吨位应如何控制？

答： 护炉铁件对焦炉耐火砖砌体施加的保护性压力是由上下大弹簧来提供的，再由炉柱、保护板等铁件传递给焦炉砌体。上、下横拉条将机焦两侧炉柱拉紧，上部拉条机侧和下部机、焦侧的拉条上装有大弹簧，上部拉条的焦侧受焦饼推出时烧烤，故不设弹簧。

炉柱在弹性变形范围内，可通过松紧上、下大弹簧进行调整。为对炉体施加保护性压力，弹簧应给炉柱提供足够的压力，在生产过程中，要加强对弹簧的检查、测量和调节。根据焦炉的炉型及大小的不同，其上下大弹簧吨位的控制范围也不一样，但从理论上讲，上、下大弹簧的吨位应根据炉柱的曲度来控制，一般情况下，炉柱在弹性变形范围内曲度保持在 18～25mm 较好，但对炉柱因损坏造成的曲度超标不能简单地通过增减弹簧吨位来调整，而应对损坏的炉柱进行更换。

140. 如何检查和更换焦炉上部横拉条？

答： 上部横拉条的检查应选择最容易损坏的部位，即选择装煤口和上升管底座处，采用内卡尺直接测量。对严重受损或直径小于原始直径 75％的横拉条，应及时进行补强或更换。

上部横拉条更换前，应制订详细的更换方案，准备好所有的更换备件、材料，及相应的更换用工具。更换时，先在炉顶用钢丝绳、葫芦等工具将机焦两侧钢柱拉紧，并将机焦两侧钢柱用槽钢与相邻的钢柱连接紧固，保证在拉条弹簧松开后机焦两侧的钢柱不发生向外倾移的现象。然后撬开拉条沟的盖板砖，松开拉条大弹簧，取下旧拉条，将拉条沟清理干净。将新拉条放置到位，安装上部大弹簧并将弹簧吨位调整到规定负荷，最后拆除炉顶拉紧钢柱用的钢绳以及机焦两侧紧固钢柱的槽钢。

141. 焦炉炉框和保护板断裂的原因有哪些？

答： 焦炉炉框和保护板断裂的原因如下：

（1）炉框和保护板的材质不能满足长期在高温状态下的要求，因受热变形而断裂。

（2）炉体膨胀不均匀，造成保护板和炉框受力不均，局部应力过大而断裂。

（3）钢柱弹簧吨位控制不合理，造成保护板和炉框受力不均，局部应力过大而断裂。

（4）下大暴雨，保护板和炉框急冷急热，内部应力突然增大而断裂。

（5）摘、对炉门或导焦槽对炉框的撞击，保护板和炉框内部产生不均匀的应力而断裂。

142. 如何更换炉框？

答： 当焦炉炉框因断裂、变形而影响焦炉推焦作业或影响炉门刀边严密性能时，应对炉框进行更换。一般利用推焦车或拦焦车进行更换炉框的作业。更换前一天，将旧炉框的固定钩头螺栓逐个更换为新螺栓，准备一个炉门对上备品炉框，并将炉门上、下横铁与炉钩用夹具固定好。在备品炉框的外沿和内沿密封槽处安装好密封用石棉绳，并将石棉绳用细铁丝缠绕固定好。在待更换号炉框对应的炭化室结焦时间在3～4h，将炉门上、下横铁与炉框炉钩用夹具固定好。将取门机钩住炉门，拆除旧炉框所有的连接用钩头螺栓，移动取门机将炉门连同旧炉框一起摘下，移至炉门修理站。清理干净保护板与炉框的接触面及凹槽内杂物，扒掉炉口部分焦炭并用风管吹扫干净。用取门机摘下与炉门固定在一起的新炉框，移至要更换的炭化室部位，调整好炉框的标高，移动取门机将新炉框对好位，穿上连接用钩头螺栓及蝶形弹簧，并将钩头螺栓紧固。取下炉门，对炉框与保护板的接触缝用精矿粉抹严抹实，再对上炉门，恢复焦炉的正常生产。

143. 如何更换翻板座?

答: 当翻板座严重腐蚀泄漏或严重变形而导致翻板不能正常动作时，应对翻板座进行更换。对单集气管焦炉，先将待更换翻板座对应炭化室的焦炭推出，保持空炉状态，对双集气管焦炉，可在结焦末期将另一侧高压氨水阀打开，然后吊走该翻板座对应的桥管及上升管，上升管口用铁板盖住。将集气管压力调至0～5Pa，并保持稳定，可用集气管手动调节翻板进行微调。采用煤车上的起吊装置吊走要更换的旧翻板座，此时集气管压力一定要控制在0～5Pa并保持稳定。将翻板座法兰盘清扫干净后装上新的翻板座，再依次装上上升管和桥管。更换工作完成后恢复集气管的正常压力，恢复焦炉的正常生产。

更换过程中保持集气管压力稳定，特别是旧翻板座吊走后，用圆盖板盖住连接口法兰盘。在清扫翻板座与集气管连接的法兰盘时，要采用铜器清理，并在法兰上涂上机油，防止产生火花。

144. 如何更换集气管的Π形管?

答: 当焦炉Π形管腐蚀严重，采用焊补的方法不能解决问题时，应对Π形管予以更换。由于更换Π形管时要断开焦炉集气管与鼓风机之间的荒煤气通道，焦炉炼焦产生的荒煤气无法正常抽往回收车间，只能放散，因此，更换Π形管前，要对焦炉的出炉计划进行调整，将Π形管两侧各10个炭化室安排在一个结焦周期前出炉，更换前一个班要减少出炉数，更换前4h焦炉不要出炉，以减少焦炉全炉荒煤气的发生量。

更换Π形管前，先停煤车滑线及大车磨电道的电，拆除与Π形管连接的氨水管道，落下Π形管两侧各10个号炭化室与集气管连接的翻板（这些炭化室已处于结焦末期，荒煤气发生量已很小)，打开集气管自动放散点火装置放散集气管中的荒煤气，逐步关小吸气管大阀门，做到吸气管只流氨水，而煤气不能流通，减少焦油盒氨水的满流量。根据生产实际降低鼓风机的转速。通过放散点火装置翻板的开度以及焦炉两端的上升管放散来调整集气管的压力，使之控制在 5～40Pa，尽量保持在微正压状态。

将待更换的旧 Π 形管吊起，采用事先准备的密封板将手动翻板及自动翻板两处的法兰盖住，如手动翻板法兰处着火，应采用湿麻袋、黄泥等将火扑灭。尽快清理两处法兰盘上的残留物，然后吊装好新的 Π 形管，并紧固法兰固定螺丝。通过关上升管盖调整集气管压力达到 100Pa，打开吸气管大阀门前放散管，待有荒煤气冒出后关闭放散管。然后慢慢打开吸气管大阀门，将手动、自动翻板处调整为微正压，对法兰处的漏点进行焊接处理。安装与新 Π 形管连接的氨水管，恢复焦炉的正常生产。

145. 如何更换保护板和钢柱?

答: 炉柱曲度应保持适当值，一般情况下不超过 25mm，这样才能保证炉柱变形在弹性范围内，并保证对炉体施加一定的保护性压力。较小的炉柱曲度，可保护其弹性，避免发生永久性变形；炉柱曲度过大，可能超过弹性极限而失效，特别是焦侧炉柱曲度超过一定值后，还会影响拦焦车的正常行走。对已经严重变形的炉柱要及时进行处理，采用矫正或更换的办法解决。当保护板断裂或变形严重而影响焦炉的正常生产时，也应及时组织进行更换。

钢柱和保护板更换前，要对焦炉另一侧同号的钢柱采取临时性的拉紧措施，防止横拉条与钢柱脱开后另一侧钢柱外倾。选择相邻两个炭化室装煤时间在 4～6h 左右，打开上升管盖，摘开炉门，扒出一部分焦炭，采用钢管和硅酸铝耐火纤维板制作成的假封墙挡住炭化室内的焦炭。采用推焦车或拦焦车配合取下炉框，慢慢松开钢柱与上部及下部横拉条的连接，用吊车拆除要更换的保护板及钢柱。待燃烧室炉头正面清理干净后，用吊车安装好新的钢柱和保护板，并将上、下横拉条大弹簧的吨位调整到规定负荷，再用推焦车或拦焦车配合安装好炉框。待炉头部位密封工作完成后即可恢复焦炉的正常生产。

如果是全炉性的更换钢柱和保护板，应对焦炉炉温和推焦计划进行周密的安排和精确的调整，可采取白天更换，晚上恢复焦炉生产的方式进行，但要防止出现高温事故，同时要防止因焦炭成熟不够而出现推焦困难。

146. 测量上升管的倾斜度有何意义?

答: 焦炉上升管底部与炉顶上升管座相连，上部通过桥管与集气管翻板座的承插口相连，集气管坐落在钢柱上部。因此上升管的倾斜度在一定程度上可以反映钢柱上部变形情况以及集气管外移及变形的情况。测量上升管倾斜度时，可将垂线的末端固定在托盘上，将托盘顶住上升管的上部，测量上升管下部离垂线的距离，然后算出上升管的倾斜度。每次测量的上升管倾斜度应做好记录，并进行认真的对比分析。

147. 测量抵抗墙的垂直度有何意义?

答: 焦炉在烘炉及生产过程中，在整个焦炉的长向会产生膨胀，使得框架式抵抗墙产生倾斜，因此抵抗墙的垂直度在一定程度上可以反映焦炉在长向方向的变形程度和受力情况，同时还可以反映焦炉纵拉条的工作状况。测量抵抗墙的垂直度时，打开焦炉二层台炉间台以及炉端台的测量孔盖，从抵抗墙上部吊垂线测量整个抵抗墙上、中、下三点距垂线的距离。然后算出抵抗墙各段的垂直度。如二层炉间台或炉端台没有留测量孔，就采用吊垂线法测抵抗墙从上部到二层台这一段高度的垂直度。每次测量的抵抗墙垂直度应做好记录，并做好测量数据的对比分析，两次测量数据相差较大时，应复测并查明原因。

148. 测量炉柱与保护板的间隙有何意义?

答: 炉柱与保护板的间隙在一定程度上可以反映保护板和炉柱的变形程度，因此应严格按测量周期进行测量和记录，每次测量后应对测量值进行认真的对比分析。测量炉柱和保护板的间隙时，测量点应选择间隙最大处，可用梯形塞尺或者钢板尺直接测量，如图 4-11、图 4-12 所示。

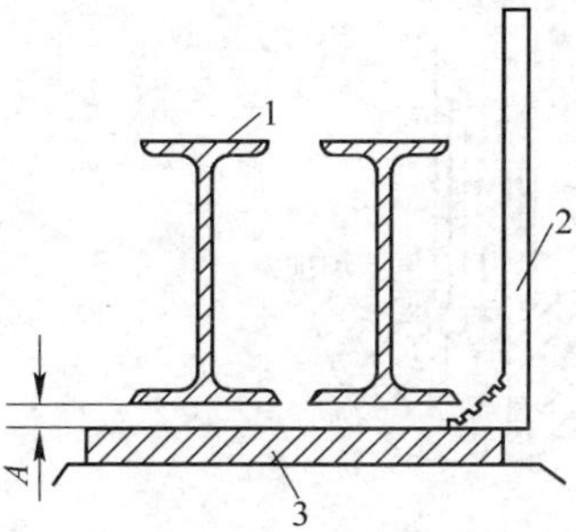

图 4-11 用梯形塞尺测量炉柱与保护板之间的间隙示意图

1—炉柱；2—塞尺；3—保护板；

A=测数×毫米数

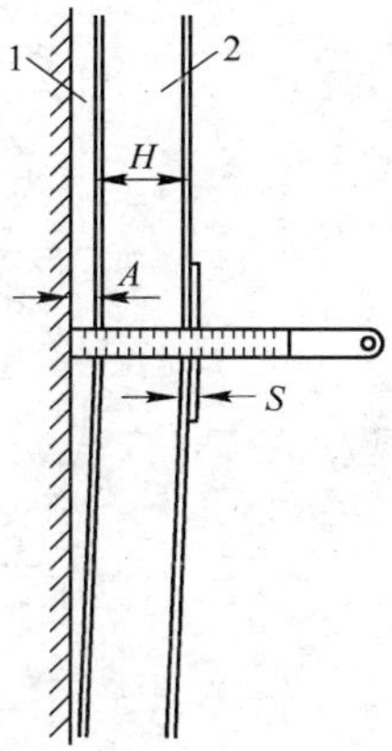

图 4-12 用钢板尺测量炉柱与保护板之间的间隙示意图

1—保护板；2—炉柱；

A=测数$-H-S$

149. 如何保证桥管承插口的严密性？

答：上升管与集气管间煤气的接通或切断通过水封翻板进行，翻板座固定在集气管上，上部与桥管以插套连接，以承受烘炉过程中炉体的高向、横向膨胀，如图 4-13 所示。承插口部位在烘炉后用石棉绳、精矿粉及耐火泥浆混合料填塞密封，生产中填料会受热开裂而泄漏荒煤气，因此需要定期密封。此外还有一种水封式承插装置，如图 4-14 所示，在水封承插式翻板座内，冷凝荒煤气的氨水由桥管喷洒孔喷入桥管，顺桥管壁进入其内设置的水封槽形成承插水封，防止荒煤气从承插口逸出，氨水满流后再流入水封翻板。最后流入集气管。对水封式承插口，要定期对水封槽内的杂物进行清理，以保证水封式承插口的正常工作。

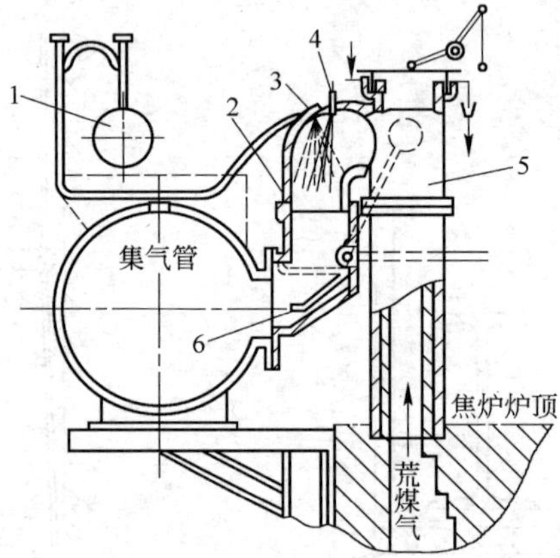

图 4-13　上升管、集气管结构图

1—氨水管；2—承插口；3—氨水喷嘴；4—蒸汽喷嘴；5—桥管；6—翻板

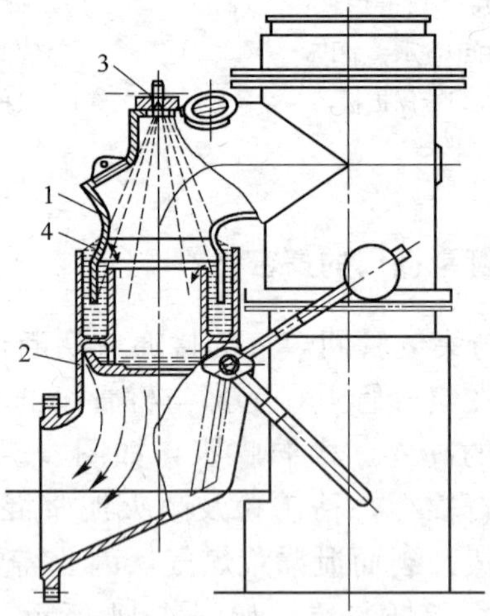

图 4-14　水封承插式翻板

1—桥管；2—水封翻板；3—清扫孔盖；4—密封填料

150. 焦炉的焖炉有哪几种方法?

答: 焖炉操作通常采用三种方法，一是满炉保压法，二是满炉常压法，三是空炉常压法。

(1) 满炉保压法。满炉保压法，就是焦炭留在炭化室内，用焦炉煤气或惰性气体往炭化室炉顶空间充压或往集气管内充压。这种充压的目的是保证炭化室底部在焖炉期间内的任何情况下都为正压。采用这种办法的优点是，在焦炉焖炉操作的所有情况下，燃烧系统各处压力小于相邻部位炭化室的压力，与在正常生产条件下的操作是相同的。炭化室内的气体压力在充压焖炉时间内基本是稳定的。炭化室始终保持正压，就可以防止外部空气从炉门和炉头等不严密处进入炭化室。

(2) 空炉常压法。空炉常压法就是将全炉所有炉室的焦炭在焖炉前全部推出，并将生产时的荒煤气导出系统与炭化室隔绝，使炭化室成为一个独立的系统，那么这时炭化室所处的状况与焦炉开工装煤前所处的状况基本一样。采用这种办法焖炉的主要特点是操作比较简单，只要能保证焦炉用加热煤气，不管在大、中、小型焦炉上都能使用。而且也适应在焦炉上进行设备大、中修及技术改造。采用这种方法的主要不足是炉墙石墨烧损严重。特别是当空气从炉门及炉头不严密之处漏入炭化室时，这种恶果随着焖炉时间的延长而加剧，所以应用空炉常压法焖炉时，在进行这项操作之前，应事先对炉门、炭化室炉头等部位进行严格的严密工作。

(3) 满炉常压法。满炉常压法就是将焦炭留在炉内，在常压下进行焖炉操作。采用这一方法焖炉，对炉门、炉头等炉体部位的严密工作如同采用空炉常压法一样，要求严格。采用这个办法进行焖炉其主要优点是由于将焦炭留在炉内，整个焦炉的蓄热量比较大，当焖炉工作开始后，炉温易于控制且较为稳定；在对炉门及炉头等炉体的有关部位采取一定的严密措施后，炉墙石墨烧坏很少；只要温度控制得当，焖炉结束后，推焦操作无困难。但是由于是将焦炭留在炉内，焖炉开始前对荒煤气导出系统要采取相应的措施，这些措施包括两个方面的内容，一是选择合理的开始焖炉时间，在这个时间操作，炭化室发生的荒煤气量最少，只有当炭化室处于结焦末期的时候才能满足这一要求；二是对荒煤气导出系统要采取与炭化室隔离的措施，使炭化室成为独立的系统。

151. 焦炉的冷炉有哪几种方法?

答：焦炉的冷炉就是将生产状态的焦炉或个别炉室由高温冷却到常温的工艺过程。这种过程与将砌筑好并安装了护炉铁件的焦炉由常温加热到生产状态的烘炉过程是相反的。焦炉停炉冷却的关键问题在于能否控制整个焦炉砌体缓慢均匀冷却，以减少炉体在降温过程中因耐火砖收缩而产生的裂缝。特别是炉顶区，因烘炉期间拉开的缝隙已灌浆，冷炉时炉顶区收缩量小于燃烧室区域，为防止炉顶区对燃烧室收缩的影响，炉顶区应开沟。焦炉冷却的方法主要有两种，一是正常压力下的自然冷却，二是加压冷却。

（1）正常压力下的自然冷却法。正常压力下的自然冷却法指的是在与生产期相同的弹簧负荷下，采用自然冷却的方法，以达到焦炉各部位均匀安全收缩的目的。当焦炉砌体由高温降到常温时，或者是降到热修操作人员能较安全地工作的环境温度时，由于硅砖的晶型转变作用，砌体产生收缩。在其冷却的过程中如同生产时一样，需连续不断地向焦炉砌体施加数量足够，分布合理的保护性压力，这种保护性压力应该适应砌体收缩而产生的应力变化。当砌体受到这种压力不足或不能调节时，砌体的整体性将受到破坏。由于降温采用自然冷却的办法，其降温速度不易主观控制。焦炉冷却后，炉砖产生的新裂缝较少，但是砖缝稍有拉开。采用这种方法操作较为简单，费用低。

（2）加压冷却法。加压冷却法指的是除了正常的弹簧负荷以外，另在作业台上部给炉体以250kN左右的压力。在焦炭全部推空以后，经过较长时间的保温，将火道温度降到930℃左右，然后再采用自然冷却降温的办法。焦炉冷却后，炉砖基本上无新裂缝，砖缝严密，水平缝个别有脱落现象。该法操作较为复杂，费用较高。

152. 7.63m焦炉荒煤气导出系统的组成如何?

答: 7.63m焦炉荒煤气导出系统包括上升管、桥管及阀体、集气管、吸气管、低压氨水喷洒装置、荒煤气放散点火装置、PROven系统以及相应的操作台等。

焦炉炭化室内产生的荒煤气经上升管进入桥管，在桥管处受低压氨水喷洒冷却后进入集气管。上升管为内衬耐火材料的钢结构，设计有隔热装置和防止煤气逸出装置。上升管盖设有水封，由气缸启动。桥管与集气管连接处通过石油沥青的密封与大气隔绝，在横向、纵向的任何偏移均由此吸收。集气管设在焦炉机侧，分为三段，每段连接一个吸气管，三个吸气管汇集到吸气总管最后到鼓风机。三段集气管之间设有连接阀，平时该阀保持全开，使三段集气管的煤气相通，便于整条集气管压力平衡。当某段集气管需要检修时，可以将该段集气管两端的阀门关闭，不影响其他两段的正常工作。每段集气管均安装两套放散点火装置，可以在紧急情况下直接放散荒煤气。集气管压力控制在－300～－350Pa。

153. 7.63m焦炉单炭化室压力调节系统的工作原理如何，有何优点?

答: 单炭化室压力调节系统（简称PROven系统）用于对单个炭化室的压力进行精确调节。该系统如图4-15所示，在集气管内，对应每孔炭化室的桥管末端安装一个形状像皇冠的管，上面开有多条沟槽，皇冠管下端设有一个“固定杯”，固定杯由三点悬挂，保持水平。杯内设有由执行机构控制的活塞杆及与其相连的杯口塞，同时在桥管设有压力检测与控制装置。

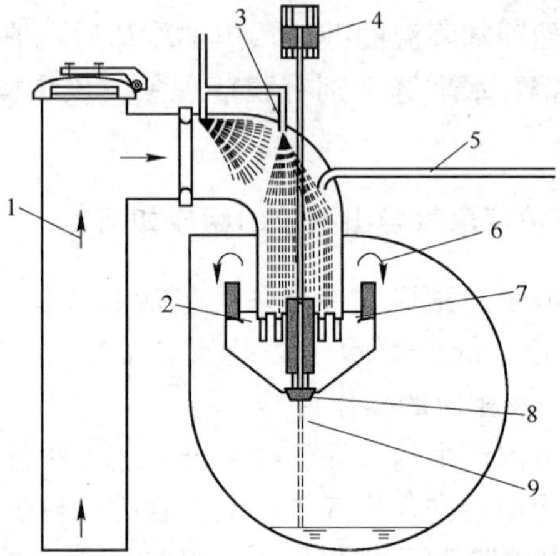

图 4-15　PROven 工作状态示意图

1—荒煤气；2—皇冠管沟槽部分水封；3—喷嘴；
4—风动活塞；5—快速注水阀；6—调节的气流；
7—满流装置沟槽水封；8—固定杯出口关闭口；
9—通过吸水管的水流

炭化室压力调节是由调节杯内的水位也就是荒煤气流经该装置的阻力变化实现的。在桥管上部有两个喷嘴喷洒的氨水流入杯内，测压压力传感器将检测到上升管部位的压力信号及时传到执行机构的控制器，控制器发出指令使执行机构控制活塞杆带动杯口塞升降，调节固定杯出口大小来调节杯内的水位，使炭化室压力保持在微正压状态。水位越高，沟槽出口越小，荒煤气导出所受阻力越大；水位越低，沟槽出口越大，荒煤气导出所受阻力越小。

在装煤和结焦初期，炭化室产生大量荒煤气使压力增高，在上升管处的压力检测装置，将压力信号传到执行机构的控制器，控制器发出指令使执行机构控制活塞杆带动杯口塞提升到最高位置，使固定杯下口全开。桥管内喷洒的氨水从开口全部流入集气管，在杯内不形成任何水封，此时荒煤气通道阻力最小，集气管负压使得荒煤气从上升管、桥管、皇冠管到固定杯，一直顺利导入集气管，炭化室内压力不致过大。

随着结焦时间延长，炭化室产生的荒煤气逐渐减少，炭化室内压力也逐渐降低，在上升管处的压力检测装置，又将压力信号传到执行机构的控制器，控制器发出指令使执行机构控制活塞杆带动杯口塞逐步下降，使固定杯下口逐步关闭，从而在固定杯内形成的水位逐渐上升，荒煤气通道阻力也逐渐增大，使炭化室压力始终保持在一定压力。

推焦时，由于处于结焦末期，煤气发生最少，为了防止将空气吸入集气管，炭化室需要与集气管隔断。这时活塞已经达到最低位置，将固定杯下口完全堵塞，固定杯液面上升，为了在最短的时间使氨水充满固定杯，快速注水阀也被打开，大量氨水迅速将固定杯充满，完全关闭皇冠管的沟槽，切断了荒煤气流入集气管的通道。由于荒煤气不能进入集气管，为了给残余煤气保留逸出通道，必须打开上升管盖；上升管盖的打开是通过推焦计划自动编制系统自动完成的，根据装煤时间和从焦炉机械上获取的信息，准确得知该炭化室推焦时间，推焦时间一到，上升管盖打开装置将自动打开上升管盖，将残余荒煤气放散。

未使用 PROven 系统的焦炉，集气管压力一般控制在 120Pa 左右，炉门底部的压力在结焦周期内变化幅度很大。刚开始装煤时，炉门底部压力可以达到 300Pa 以上，很容易造成从炉体的不严密处逸出荒煤气；而在推焦前，炉门底部压力已经降到 0 附近，考虑到压力的波动，焦炉在结焦末期经常出现负压，会抽入空气。使用 PROven 系统后，焦炉集气管压力保持在－300Pa 左右，炉门底部的压力始终可控制在 40～60Pa 范围内变化。因此焦炉逸出的荒煤气大大减少，改善了作业环境。实验显示，使用 PROven 系统后焦炉荒煤气的逸出量和未使用前相比可降低近 70%。

154. 上升管水封的结构形式如何?

答：上升管水封的结构主要有两种形式，即单进单出式和水箱集中供水式。单进单出式上升管水封单个进水，水封多余的水单个排走，这将消耗大量的水，而且还会增加水封回水流到炉顶损坏炉体的可能性。因为焦炉作业产生的粉尘、灰渣容易将回水支管甚至回水总管堵塞，造成水封回水不畅而流到焦炉炉顶。水箱集中供水式上升管水封根据连通器原理设计，每个上升管水封的进水支管都与接至水箱的供水总管相连，对每个上升管而言，只有进水管，而不需要再设计排水管，使用时只需调节可调式满流管的高度，将水箱的水位控制略高于每个上升管水封进水管出口标高，就可以保证上升管的水封能正常工作。由于每个上升管水封只是靠蒸发而补水，因此水箱集中供水式上升管水封可以节约大量的水，同时也消除了上升管水封因回水不畅而流到焦炉炉顶的隐患。

155. 大型焦炉的四大车应具备哪些基本功能？

答：大型焦炉四大车应具备的功能分别阐述如下：

（1）推焦车应具备的基本功能：一次对位，完成取门和挂门、推焦和平煤操作，推焦电流自动记录；实现尾焦采集和输送的机械化处理；能有效收集和处理摘门、平煤和推焦时产生的烟尘；实现平煤杆带出余煤采集和输送的机械化处理；机械清扫炉门、炉框、小炉门和炉台；PLC 单元程序自动控制；钢柱大弹簧机械调整；有清扫炉顶空间和上升管根部的石墨的空气吹扫或刮刀装置。

（2）拦焦车应具备的基本功能：一次对位，完成取门和挂门、导焦栅定位操作；实现尾焦采集和输送的机械化处理；能有效收集和处理摘门和推焦时产生的烟尘；机械清扫炉门、炉框和炉台；PLC 单元程序自动控制。

（3）熄焦车应具备的基本功能：走行调速；定点接焦；自动开启和关闭排焦门；PLC 单元程序自动控制。

（4）装煤车应具备的基本功能：一次对位，机械开启和关闭装煤孔和上升管盖；炉圈机械清扫，炉盖密封采用泥浆喷洒；可控的取煤量和装煤速度；机械式开关高压氨水喷洒（对于高压氨水喷洒无烟装煤）；能有效收集和处理装煤时产生的烟尘；炉顶机械清扫；PLC 单元程序自动控制。

四大车均应具备四车联锁、电视监控、车载通讯等功能。

156. 6m 焦炉相对于 4.3m 焦炉在焦炉机械方面有哪些特点?

答： 4.3m 焦炉机械一般采用机械传动、手动操作。推焦车只具有走行、摘炉门、挂炉门、推焦和平煤功能；拦焦车也只具有走行、摘炉门、挂炉门、导焦功能；装煤车只具有走行和装煤功能；其余均为人工操作，劳动强度大，效率低。而 6m 焦炉机械则大量采用了液压传动，以及 PLC 单元程序控制，增加了清门、清框、炉台清扫等机械装置，同时采用了 5-2 串序一点定位作业，绝大部分作业可以实现自动化，大大提高了工作效率，在有些国家 6m 焦炉已实现了无人操作。4.3m 焦炉对操作工人的技术要求高和劳动强度大，而 6m 焦炉机械复杂，对维修工人的技术水平要求较高。6m 焦炉在自动化、环保化、安全化等方面优于 4.3m 焦炉。

157. 7.63m 焦炉相对于 6m 焦炉在焦炉机械方面有哪些特点?

答： 7.63m 焦炉相对于 6m 焦炉机械而言，其焦炉机械有以下特点：

（1）供电方式更复杂。由于焦炉产量和效率的提高，焦炉机械单炉的作业吨位加大了，因此机械的电功率大幅提高。6m 焦炉一般采用 AC380V 摩电道供电方式，而 7.63m 焦炉的推焦车和拦焦车供电往往采取高压（10kV）供电和车载变压器的方式。

（2）自动化程度更高。由于普遍采用了变频技术、液压技术和精确的车辆、装置定位技术、装煤定量技术，加上先进的无线电、光纤通信技术和计算机地面站控制，7.63m 焦炉机械可以实现全自动操作，有一些车辆已经实现了无人操作。

（3）更利于环保。由于焦炉机械大量采用了全自动炉门炉框清扫、炉盖炉圈清扫、上升管根部压缩空气自动清扫等技术，同时采用了车载除尘、地面除尘、密封式无烟装煤等消烟除尘技术，加上先进的焦炉热工控制计算机系统，7.63m 焦炉的荒煤气逸出量较 6m 焦炉有明显的降低。

（4）安全性和可靠性更高。由于焦炉机械在全自动化和无人操作上的技术进步，使原有的可靠性不高的被动控制变为现在的部分反馈控制，计算机系统参与分析和判断，因此焦炉机械的安全性和可靠性比 6m 焦炉有了很大的提高。

158. 7.63m 焦炉的煤塔设计有什么特点？

答： 7.63m 焦炉的煤塔位于两座焦炉中间，为现浇钢筋混凝土结构。煤塔分上下两层，上部为煤仓，用于存煤；下部为称量煤斗，用于称量。煤仓分两格，内壁贴衬耐磨材料，在煤仓的墙上安装有两排空气炮，可保证下煤通畅。煤仓下部有两排各 4 个下煤口，下煤口下面安装有振动给料器可将煤送入称量煤斗。每个下煤口有一个应急用的针形闸门，可以在振动给料器检修和维护时，用人工方式关闭。每个称量煤斗安装在 3 个称量点上，称量值传到称量的电子系统。在称量煤斗下部，有一组闸门，由一个连杆互相连接，这些闸门可通过煤车上的液压推杆同时开关。该连杆机构可以保证闸门处在常闭状态。

称量煤斗中煤的装入和煤车取煤均自动进行，当每个称量煤斗达到预先设置的重量，煤仓的门自动关闭。煤车取煤时，用煤车上的液压推杆打开称量煤斗下的闸门，称量煤斗中的煤装入煤车煤斗后，称量煤斗的闸门由推杆自动关闭，这时煤车可以离开了。当称量煤斗闸门关闭后，得到称量煤斗的皮重，用总重减去皮重就可自动计算出装入煤车的煤的净重，也就是装入上一炭化室煤的净重，并将净重和相关炉号传到过程计算机。

如果称量煤斗装煤操作完成，安装在煤塔称量位置的绿色信号灯亮。如果称量煤斗未装满或全空，红灯亮。如果称量煤斗在规定的时间内没有装满，说明煤仓发生蓬料，这时安装在该煤仓的空气炮将自动操作。在煤仓下煤口和称量煤斗的出口均安装有蒸汽保温加热器，可在冬天使用。

159. 7.63m 焦炉生产控制系统主要包括哪些方面?

答：7.63m 焦炉生产控制系统主要包括：煤塔自动称量系统；车辆自动定位系统；四车联锁系统；车辆自动操作系统（包含装煤车快速装煤系统）；焦炉自动加热系统，由焦炉自动加热控制系统、焦炉手动测温系统、焦炉自动测温系统、推焦装煤计划自动编制系统等四个子系统组成；单炭化室压力自动调节系统(即 PROven 系统)；荒煤气导出和冷却系统；稳定熄焦系统；能源介质辅助系统；控制过程报警系统。

160. 煤在炭化室是怎样变成焦炭的?

答：具有黏结性的配合煤在焦炉的炭化室内转变为焦炭，大体上要经过干燥脱吸、半焦收缩和焦炭形成等三个阶段，这三个阶段互相交错，不能截然分开。

第一阶段从常温到 300℃，为煤的干燥脱气阶段。常温到 120℃前，煤主要是脱水和干燥；120～200℃，煤释放出吸附的 CH_4、CO_2、CO 和 N_2 等气体，是一个脱吸过程；200～300℃，煤开始分解，生成 CO_2、CO、H_2 等气体，同时释放出结晶水及微量焦油。

第二阶段从 300～550℃，是以解聚为主的半焦形成阶段。300～450℃，煤进行剧烈分解和解聚，析出大量焦油和气体，气体主要是 CH_4 及其同系物，还有 H_2、CO_2、CO 及不饱和烃等，这些气体为热解一次气，在此期间生成气、液、固三相为一体的胶质体，使煤发生软化、熔融、流动和膨胀；450～550℃温度范围内，胶质体分解、缩聚固化成半焦。

第三阶段从 550～1050℃，是以缩聚为主的焦炭形成阶段。550～750℃，半焦分解析出大量气体，主要是 H_2 和少量的 CH_4，这些气体称为热解二次气体，在此期间，随着温度的升高和气体的析出，半焦将形成裂纹；750～1050℃，半焦进一步缩聚，继续析出少量气体，主要是 H_2，分解的残留物进一步缩聚，焦炭变紧、变硬，排列趋于规则化，半焦转化为具有一定强度和块度的焦炭。

161. 炼焦过程中荒煤气是怎样流动和冷却的？

答： 荒煤气导出设备包括上升管、集气管、吸气管以及相应的喷洒氨水系统，用以将出炉荒煤气冷却、导出，并保持和控制炭化室在整个结焦过程中为正压，又防止炭化室压力过高而泄漏煤气而污染环境。荒煤气的导出系统如图 4-16 所示。温度约 700～750℃的荒煤气由上升管引出，流经桥管时用温度为 75～80℃的热循环氨水喷洒冷却，由于部分氨水迅速蒸发大量吸热，

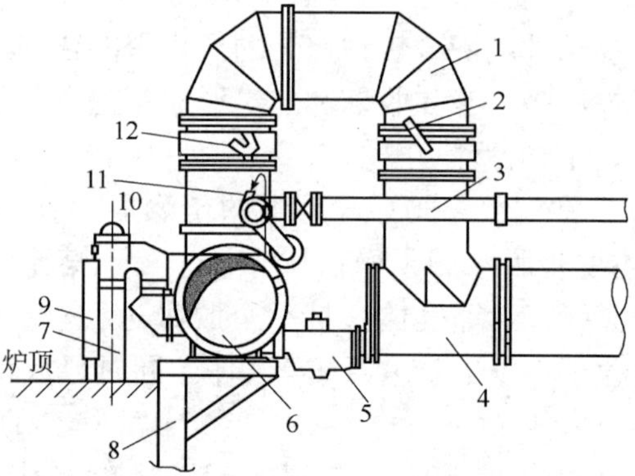

图 4-16 荒煤气导出系统示意图

1—吸气弯管；2—自动调节翻板；3—氨水总管；4—吸气管；5—焦油盒；6—集气管；7—上升管；8—炉柱；9—隔热板；10—桥管；11—氨水管；12—手动翻板

使荒煤气温度急剧降至 80～90℃，同时煤气中约 60%的焦油蒸汽冷凝析出。冷却后的煤气、循环热氨水和冷凝焦油一起进入集气管，并沿集气管向集气管中部的吸气管方向流动。煤气在集气管截面的上部流动，经吸气弯管即 Π 形管进入吸气管；低压氨

水和焦油在集气管截面的下部流动，经焦油盒（保持一定液封高度，防止荒煤气由此通过）进入吸气管。吸气弯管（Π 形管）设有调节翻板用以控制集气管压力，使吸气管下方炭化室底部压力在推焦前保持 5Pa。吸气管内荒煤气、循环氨水和冷凝焦油一起流向煤气净化工序，先经气液分离器，煤气进初冷器进一步冷却降温，循环氨水和冷凝焦油进焦油氨水澄清槽，进行焦油渣、焦油和循环氨水的分离，循环氨水经补充蒸发量后由循环氨水泵送回焦炉喷洒冷却出炉的荒煤气。

162. 焦炭按其用途可分为哪几种类型？

答：焦炭按其用途主要可分为以下几种类型：

（1）冶金焦。主要用于高炉炼铁，冶金焦对焦炭质量要求最高。目前，一般大型高炉用焦炭要求块度大于 40mm，中小型高炉用焦炭要求块度大于 25mm。

（2）铸造焦。主要用作化铁炉的燃料。为提高化铁炉的熔铁温度，要求焦炭块度大而均匀。一般铸造焦要求块度大于 60mm。

（3）铁合金焦。主要用于电炉内，对其强度和耐磨性要求不高，但要求焦炭的比电阻及化学活性要好。

（4）气化焦。主要用于制造发生炉煤气和水煤气。作为燃料或者合成氨的原料，要求焦炭有较好的反应性能，可以使用气孔率大、耐磨性差的小块焦。

163. 提高焦炭质量的措施有哪些？

答：焦炭质量的好坏受到了多方面因素的影响，概括起来应从以下几个方面采取措施。

（1）炼焦煤质量控制。我国除少数产煤地区的焦化厂使用单种煤炼焦以外，大都是使用配合煤炼焦。对炼焦用煤的一般要求是：低灰、低硫、强黏结性、单种煤结焦性好、不混煤，在煤质指标的控制方面除遵守国家标准外，各企业可根据改善焦炭质量的需要制定高于国标的企业内控标准，岩相指标在企业内控指标中已有好的体现。

（2）优化配煤工艺。配煤这一环节的主要任务是炼焦煤的接收、制备和输送，一般说来不同的矿山来煤必须进入到煤场进行均匀化，为了满足来煤均匀化要求，原则上煤场设计贮煤能力为每100万t焦炭的产能需10万t的贮煤能力；针对同一煤种，因产地不同而显出的差异较大的现象，应在煤场对煤种进行分组管理，因为我国弱黏结性煤的资源比较丰富，因此在配煤工艺方面要尽量考虑使用弱黏煤工艺，如配型煤，煤调湿，选择性粉碎，捣固炼焦等；要制定科学的配煤比方案，并确保配煤的准确性，智能化的配煤专家系统逐步得到应用。

（3）选择合适的炼焦炉型。在相同的原料条件、配煤比方案、细度和稳定的加热制度下，煤在焦炉炭化室的结焦时间和堆密度，对焦炭质量的影响极大，对于一般的复热式焦炉而言，焦炉大型化有利于改善焦炭质量。另外，结合我国弱黏煤多的资源特点，捣固焦炉和热回收焦炉均能提高焦炭质量。

（4）制定合理的加热制度。加热制度因炉型各异，制定加热制度一定要考虑到焦炭的均匀成熟，在确保焦炭质量的情况下要兼顾到能耗。焦炉智能化专家系统是确保焦炉加热稳定的重要手段。

（5）选择较为合理的熄焦工艺和焦炭输送工艺。目前国内熄焦工艺大致分三类，其一是传统的湿法熄焦工艺；二是低水分熄焦工艺，包括稳定熄焦工艺；三是干熄焦工艺。采用干熄焦工艺能明显的提高焦炭质量。若采用传统的湿法熄焦工艺，焦炭经过整粒后有利于提高焦炭质量。

164. 推焦前怎样判断炭化室焦饼成熟情况？

答：正常情况下，摘开炉门推焦前，炭化室内的焦饼应正好处于结焦末期的成熟状态，如果焦炭成熟不够或焦炭过火，都表示在炼焦的某一个环节上存在问题。可以从上升管火焰、炉顶空间火焰、炭化室内焦饼的状况判断焦饼的成熟情况。

（1）焦饼成熟良好的状况。上升管火焰约 1m 多高，呈金黄色，清晰淡薄，絮云形状，无黑烟。炭化室内的焦饼呈金黄色，而且焦饼收缩良好，收缩缝约 10～15mm。炉顶空间火焰清晰、淡薄，无浓烟，银白射目。

（2）焦饼成熟不够的状况。上升管火焰呈紫红色，夹带黑色火焰，且火焰上下波动不止。炭化室内的焦饼呈紫红色，但焦饼与炉墙间的隔缝很小，且缝隙呈黑色。炉顶空间火焰呈紫红色，而且火焰从炉口和上升管处直喷。

（3）焦饼成熟过火的状况。上升管的火焰短小呈天蓝色。炭化室内的焦饼发银白色，焦饼不完整，呈碎石状。炉顶空间无火焰，或有短的蓝火焰，光辉耀目。

（4）火落技术是判断焦炭成熟的有效技术之一。

165. 什么是推焦串序，常用的推焦串序各有何优缺点？

答：一座（或一组两座）焦炉各个炭化室装煤、出焦的次序，称为推焦串序。

目前采用的有 9—2、5—2、2—1 推焦串序。其通式为 m—n，其中 m 代表一座或一组两座焦炉所有炭化室划分的组数（笺号），即相邻两次推焦相隔的炉孔数；n 为两趟笺间对应炭化室号相隔的数。三种推焦串序优缺点的比较见表 4-3。

表 4-3　三种推焦串序优缺点比较

特　点	9—2 串序	5—2 串序	2—1 串序
炉组方向温度均匀性	较好	差	好
集气管压力均匀性	好	较好	差
车辆利用率	低	较高	高
操作与维修条件	好	较好	差

166. 什么是 K_1、K_2、K_3 系数，各有何意义？

答：K_1 为推焦计划系数，反映推焦计划表中计划结焦时间与规定结焦时间相吻合的情况。计算公式如下：

$$K_1 = \frac{M - A_1}{M}$$

式中　M——班计划推焦炉数；

A_1——计划与规定结焦时间相差±5min 以上的炉数；

K_2 为推焦执行系数，反映当班按推焦计划实际执行的情况，其计算公式如下：

$$K_2 = \frac{N - A_2}{M}$$

式中　N——班实际推焦炉数；

A_2——超过计划推焦时间±5min 以上的炉数。

K_3 为推焦总系数，反映焦化厂和炼焦车间在遵守规定的结焦时间方面的总体管理水平。其计算公式如下：

$$K_3 = K_1 \times K_2$$

167. 6m 焦炉四大车操作的特点如何？

答：6m 焦炉采用 5—2 推焦串序一次对位作业，即推焦车对位一次，除完成摘、对炉门外，平煤、推焦及上升管根部清扫能各自相隔 5 个炉距同时进行，此外还可对炉门及炉框进行机械清扫，不需再移动推焦车；同样，拦焦车对位一次，除完成摘、对炉门及导焦作业外，还可对炉门及炉框进行机械清扫，不需再移动拦焦车。

6m 焦炉四大车采用了大量的 PLC 技术，同时还采用了较多的液压传动方式。液压系统结构简单、布局紧凑、反应灵敏，易于实现无级调速以及自动控制，其超负荷保护装置设计合理，每个动作的互锁和控制程序简单可靠。机械、液压与电气的有机结合，使焦炉推焦车及拦焦车的自动化控制达到了较高水平。

焦炉四大车各主要操作单元都设计有联锁系统，以保证操作的可靠性和安全性，正常情况下每个操作单元必须在其联锁条件都具备的情况下才能运行，但在特殊情况下可以采取对部分联锁条件送上假信号甚至解除联锁条件来操作，在这种情况下，对每一步操作都必须确认到位，以免造成设备的损坏。

168. 推焦操作应注意哪些问题?

答: 推焦操作应注意以下几个方面的问题:

(1) 每次推焦的时间不允许提前或落后推焦计划5min，摘门后均应清扫炉门、炉门框、磨板和小炉门上的焦油和沉积炭等脏物。关闭炉门后，严禁炉门及小炉门冒烟着火，发现冒烟着火，应立即进行处理。

(2) 在推焦车、拦焦车之间应有信号装置，推焦杆与推焦车走行应有联锁。严禁解除联锁推焦，推焦车司机只有确认得到焦侧拦焦车和熄焦车做好接焦准备的信号后才能推焦，而且应尽可能采用自动推焦。推焦车司机要认真记录推焦时间、装煤时间和推焦最大电流。

(3) 炭化室摘开炉门的敞开时间不应超过7min。炭化室炉头受装煤、推焦影响剥蚀较快，摘开炉门时间越长，冷空气侵蚀时间越长，炉头砖剥蚀越快。炉头焦炭因遇空气燃烧而使焦炭灰分增加。热修补炉时也不宜超过20min。

(4) 焦饼推出到装煤开始的空炉时间不宜超过8min，烧空炉时也不宜超过15min。因为烧空炉时间过长，不仅使炭化室温度过高，而且炉墙灰缝中石墨易被烧掉，不利于炭化室炉墙的严密。

(5) 禁止推生焦和相邻炭化室空炉时推焦。焦炭在炭化室内成熟后，焦炭与炭化室墙之间应产生一条收缩缝，才能使出焦顺利。如果焦炭收缩小，炭化室墙和焦饼之间没有缝隙，容易产生困难推焦。推焦时，要求相邻炭化室处于结焦中期，因结焦中期炭化室的煤正处于半焦状态，半焦和炭化室墙之间无间隙，这样才能保证炭化室不至于因推焦力的作用而变形损坏。相反，如果相邻炭化室无焦炭，在推焦力作用下，容易使炉墙变形损坏。炭化室一旦变形，就容易造成困难推焦，从而进一步加剧炭化室墙的变形损坏，造成恶性循环。因此，相邻炭化室空炉时绝对禁止推焦。

（6）严禁用变形的推焦杆推焦。只有推焦杆平直无弯曲变形，才能保证推焦顺畅，但是推焦杆常年在高温下使用，特别是在推焦过程中，遇到突然停电或发生机械事故等原因，在高温烘烤下，易使推焦杆扭曲、变形。用变形的推焦杆推焦时，不仅阻力大，运行不稳定，甚至会产生跳动，容易造成推焦困难。而且，推焦杆头在行走过程中有可能刮碰炭化室墙，造成炉墙破损和变形。因此，一旦发现推焦杆或杆头变形，必须及时校正或更换。

169. 推焦杆故障如何处理？

答：推焦杆故障一般可分为三类，处理时应针对不同的情况采取相应的措施。

（1）联锁系统故障。当推焦杆在炭化室内停止，手动、自动都不能收回时，按推焦杆强制后退按钮，推焦杆可以快速返回。由于此时推焦联锁全部解除，操作时应派专人在旁边观察，以免使推焦杆跟其他机构发生碰撞。

（2）停电。推焦杆在炭化室内突然停电，如果是主回路跳闸，经检查确认后将主回路电源送上，收回推焦杆。如果是大面积的停电，应将备用电源尽快接上，将推焦杆尽快退回，经确认可以继续推焦时再进行操作。如没有备用电源，应切断推焦主回路动力电源，用手摇装置或手动葫芦把推焦杆拉回。推焦杆的手摇装置平常要加强维护，确保好用，手摇推焦杆所需的各种工具要事先准备好，操作方法要充分研究和训练。

（3）机械系统故障。当推焦杆减速机齿轮、齿接手等驱动系统出现故障时，采用手动葫芦拉回推焦杆，推焦杆齿条上如有异物应及时清扫。当推焦杆前进过头，与推焦主动齿轮啮合不上时（俗称掉进炭化室），可采用手动葫芦拉回超过的长度，然后再用手动或电动的方式将推焦杆退回，并重新调整行程控制器。

170. 推焦杆未收回而煤车误装煤怎样处理？

答：一旦发现推焦杆未收回而煤车误装煤，推焦车司机应迅速通知装煤车司机停止装煤。如果装煤量不多，可以一边用风管吹扫推焦杆齿条上的积煤，一边收回推焦杆。如果装煤量较多，应采取手动操作推焦杆慢慢往回收，并安排人员在机侧炉口清除积煤以减少推焦杆收回时的阻力，同时要注意用风管清理干净推焦杆齿条上的积煤。

171. 平煤杆故障如何处理？

答：平煤杆故障一般可分为四类，处理时应针对不同的情况采取相应的措施。

（1）联锁系统故障。当平煤杆在炭化室内停止，手动、自动都不能收回时，按平煤杆强制后退按钮，平煤杆可以快速退回，此时平煤联锁全部解除，操作时应派专人进行安全监护。

（2）停电。平煤杆在炭化室内停电，如果是主回路跳闸，经检查确认后将主回路电源送上，收回平煤杆。如果是大面积的停电，应将备用电源尽快接通，将平煤杆尽快退回，然后关闭小炉门。如没有备用电源，应切断平煤主回路动力电源，用手摇装置或手动葫芦把平煤杆拉回，再人工关闭小炉门。平煤杆的手摇装置平常要加强维护，确保好用，手摇平煤杆所需用的各种工具要事先准备好，操作方法要充分研究和训练。

（3）机械系统故障。当平煤杆减速机齿轮、齿接手等驱动系统发生故障时，可采用手动葫芦拉回平煤杆，消除故障后继续平煤。如果平煤钢绳断裂，应分清是前钢绳还是后钢绳，前钢绳断裂可用手摇装置收回平煤杆，后钢绳断裂可采用手动葫芦拉回平煤杆。

（4）平煤杆卡在炭化室内。平煤杆卡在炭化室内的原因是炭化室顶部空间石墨生长过多，堵塞了炉顶空间，以致平煤杆伸入时被卡住。由于炭化室中温度很高，如不及时将平煤杆退出，就会被烘烤变形。如果启动平煤电机试过2~3次，不能拉出，就不要再试，避免损坏电机或拉断钢绳。可先小心地左右点动推焦车走行1~2次，略微晃动一下平煤杆，将其摇动，再启动电机将平煤杆收回。由于是在平煤杆插入炭化室的情况下进行推焦车走行操作，在平时是严格禁止的，因此操作必须十分小心谨慎，以略微摇动平煤杆为度。为了防止发生损坏炉体或推焦车设备的事故，应选择操作水平高，有经验的推焦车司机完成此作业。

172. 平煤过程中带出的余煤有哪几种处理方式？

答：平煤过程中带出的余煤因已受炭化室高温影响，煤质已发生部分变化，所以这部分煤一般只能装在炭化室上部。有两种方法将平煤过程中带出的余煤装入炭化室，一种方法是推焦车将回收的余煤集中放入单斗地坑，然后由单斗提升机将余煤回送至炉顶余煤槽中，并将它逐次放在煤车的煤斗上部，然后装入炭化室；另一种方法是在推焦车上设置余煤回送装置，在下一炉平煤开始时将余煤送入炭化室。生产实践证明，因送入余煤量不多，又只送入炭化室上部，对生产没有明显影响。

173. 焦炉车辆走行故障如何处理？

答：焦炉车辆走行联锁条件不成立时，应把各装置退回原始位置，解除走行联锁，把车辆开到安全位置修理。车辆走行电机出现故障或减速机齿轮、齿接手等驱动系统出现故障时，应切断车辆总动力电源，将走行主令控制器回零，拆开走行电机抱闸，用手动葫芦把车辆拉到安全位置进行修理。

174. 6m焦炉机械液压元件常见故障及原因主要有哪些？

答：6m焦炉机械液压元件常见故障及原因主要有以下几个方面：

（1）液压缸常见故障及原因：

1）推力不足或移动速度下降。其主要原因有缸筒与活塞配合间隙太小或活塞上密封圈沟槽与活塞不同轴；缸筒与活塞配合间隙太大或活塞上的密封元件磨损，导致内泄漏过大；活塞杆弯曲；油温增高，导致油液黏度减小，内外泄漏迅速增加等。

2）爬行。其主要原因有液压缸内有空气或油液中有气泡；活塞杆局部弯曲或损伤；油缸内壁或活塞表面局部磨损或腐蚀等。

3）退缸。其主要原因有活塞密封圈因老化破损或磨损严重造成油缸内泄漏；活塞杆轴头密封圈因磨损破裂造成油缸外泄漏；液压锁失效；换向阀阀芯磨损严重，泄漏量大等。

（2）压力控制阀常见故障及原因：

1）压力不稳定。其主要原因有油液内的污垢对阀芯的运动形成障碍；主阀芯被划伤或者变形；弹簧变形致使阀芯在阀体内移动不灵活；锥阀芯变形或损伤致使密封不良。

2）压力上不去。其主要原因是大粒污垢堵塞节流孔；主阀芯被异物卡住；弹簧因严重变形或断裂不起作用；进出油口接反等。

（3）换向阀常见故障及原因：

1）阀芯不能移到。其主要原因有阀芯弯曲或表面划伤；阀体内孔划伤卡住；阀芯与阀体内孔配合间隙不合适；弹簧弹性不合适。

2）电磁线圈烧坏。其主要原因有线圈绝缘不良；供电电压太高；干式电磁铁进油液；换向频繁，造成线圈过热而烧坏等。

175. 6m焦炉推焦车、拦焦车、装煤车各设计有哪些联锁系统？

答：推焦车联锁系统包括走行、推焦、平煤、炉门开关、平煤小炉门开关、清扫小炉门开关联锁等。

拦焦车联锁系统包括走行、导焦、炉门开关联锁等。

装煤车联锁包括走行、揭炉盖、导套动作、闸板动作联锁和取煤联锁等。

176. 机械刮刀式炉门清扫装置的结构及原理如何？

答：机械刮刀式清门装置如图 4-17 所示，由刮刀组、传动

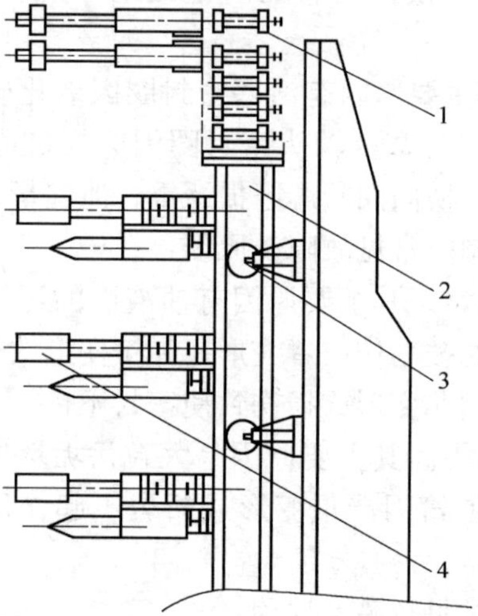

图 4-17 炉门清扫装置局部图

1—传动链条；2—轨道；3—滑轮；4—刮刀

链条、伸缩台车、油缸、弹簧平衡装置等组成。当炉门摘下，定位于炉门清扫装置正前方，在油缸的驱动下伸缩台车带动整个装置前移，刮刀与炉门接触，其张力由弹簧提供，在传动油缸的作用下，链条带动刮刀组做上下往复运动，清扫积附在炉门边框上的焦油，完成对炉门的清扫工作。

在实际生产中，机械刮刀式清门装置主要存在两个方面的问题。一是刮刀、刀座易受热变形。由于炉门清扫在高温下工作，刮刀、刀座会产生蠕变，这就使得刮刀与炉门侧面间隙发生变化，久而久之达不到清扫的效果，甚至会出现刮刀因为变形而损坏刀边的现象。二是张紧弹簧易失效。由于刮刀工作时要不断地将附着在炉门边侧的焦油渣刮下来，被刮掉的焦油渣会在弹簧上

积留、存积，时间久了会凝结成块使张紧弹簧失效，从而达不到清扫效果。

有一种改进的螺旋铣刀式清门装置，由主铣刀、上下铣刀、位移油缸、走行台车等组成。当炉门摘下后，伸缩台车前移，使上下铣刀与两侧的主铣刀能与炉门表面接触，通过铣刀的转动和平移自动完成炉门上下面及两侧面的清扫工作。

177. 机械刮刀式炉框清扫装置的结构及原理如何?

答：机械刮刀式炉框清扫装置如图 4-18 所示，由机架、刮

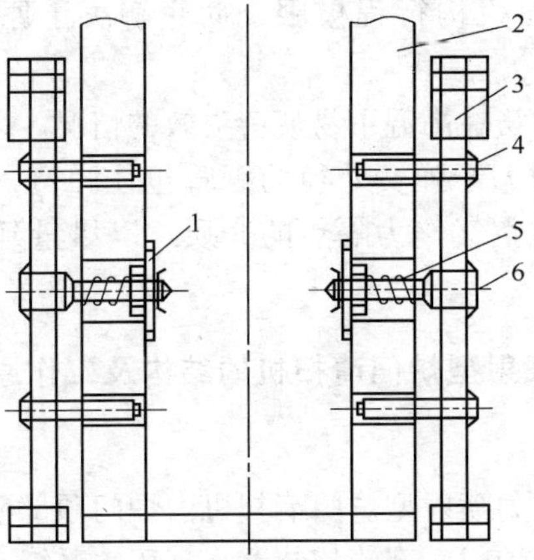

图 4-18 清框刮刀装置局部图

1—螺母；2—机架；3—刮刀；4—定位轴；5—弹簧；6—主轴

刀、定位轴、弹簧、主轴等组成。当推焦完毕，推焦杆收回后，炉框清扫装置经旋转前进到炉框部位，在油缸的驱动下，刮刀装置张开贴紧炉框，通过上下一定范围的来回移动，刮掉炉框侧面及正面的焦油渣等吸附物。

在实际生产中，因炉框清扫对位的误差、炉框台车及钢结构变形，都会导致保护板刮刀卡死在炉框内侧，使整个清扫装置不能动作，造成整个液压系统憋压，严重时会引起刮刀变形、弹簧

失效、清扫机具报废。该装置的清扫刮刀对炉框的顶紧力是由弹簧产生的，由于弹簧工作环境差、工作温度高、负荷大、可压缩行程短，弹簧压缩量受到限制，加之高温工作下存在一定的变形，起不到应有的回弹作用，保护板刮刀也得不到较好的复位，使刮刀对炉框的紧压力不够，无法达到理想的清扫效果。

对炉框清扫机构在生产中存在的问题，可采用固定伸缩架方法进行改进。

(1) 用弹簧浮动定位的设想取消原伸缩机构油缸及行程极限。更换刮刀压紧弹簧，将原先无极限定位改为浮动定位，这样在取门、对位时，即使存在一定的位差也不影响正常的操作。同时取消了原伸缩机构行程极限，彻底解决了原极限寿命短的问题。

(2) 针对弹簧在高温下易疲劳失效的情况，采用空气隔离法加以解决。即用大于弹簧外径的钢管包住弹簧，外缠隔热石棉带，让不流动的空气作为隔热的介质，以尽量延长弹簧的使用寿命。

178. 高压水力喷射型炉门清扫机的结构及工作原理如何，有何优点？

答： 高压水力喷射型炉门清扫机由炉门顶部清扫装置、炉门两侧清扫装置、炉门底部清扫装置、高压水系统、液压系统、电控系统等组成。

炉门两侧清扫装置左右各配置1个螺旋铣刀和自动摆动高压喷嘴，并可以沿炉门高度上下升降，其升降动作由带制动器的摆线减速机通过链条传动来实现。螺旋铣刀由液压马达驱动，两侧的螺旋铣刀支架之间由油缸连接，借助其压缩力使螺旋铣刀与炉门清扫面接触，清扫炉门耐火砖上的焦油。高压喷嘴替代以往炉门刀边清扫刮刀，借助液压马达自动旋转清扫炉门侧面刀边沟槽内的焦油，以利于炉门更好的密封。炉门底部清扫装置设有1个螺旋铣刀和1个高压喷嘴，由油缸驱动可沿炉门底部左右移动，清扫炉门底部砖槽上的焦油，其清扫原理与侧部相同。高压喷嘴是一种高效的清扫器。炉门刀边沟槽的清扫可用自动摆动喷嘴枪射出的高压水清除焦油和煤渣，由于喷嘴枪连接在上述固定架上，故可精确地对准槽内刀边；喷嘴运动是一个可变速系统，利用此系统，在下部和黏附物较多的侧面，可采用低速清扫，在中部和上部可采用高速清扫，以尽量减少清扫时间。由于高压水压力高达 70～100MPa，喷射到刚从炭化室上取下来的炉门上即刻挥发掉，因此不会损坏炉门，武钢等厂矿使用该装置，收到了较好的效果。

高压水力喷射型炉门清扫机有如下优点：

（1）两侧的螺旋铣刀利用连接油缸在旋转的同时夹持住炉门，使清扫面和铣刀接触而获得稳定均匀的清扫力。另外，由于压紧油缸设有浮动回路，能防止过载。

（2）由于清扫机可以沿前后、左右方向自由地摆动，即使清扫机与被清扫的炉门不对心，或者变形，螺旋铣刀均能紧贴清扫面。

（3）利用高压水力喷射，很容易清除炉门刀边及炉门拐角处砖槽的焦油，而不会损坏炉门刀边，以利于炉门沟槽气流畅通，保证了炉门的密封性。

（4）采用液压马达带动螺旋铣刀旋转，可以改变油量和油压力，能够方便地调整清扫力和清扫密度。

（5）借助螺旋铣刀的旋转进行清扫，被清扫下来的附着物不易粘在螺旋铣刀上，即使粘上去也容易清理下来。

179. 6m 焦炉推焦车或拦焦车取门机程序乱如何处理？

答： 推焦车或拦焦车取门机单元在点动状态下，如果不按程序操作，或者每一步动作确认不到位，往往会造成取门机提升主缸和吊上及再吊上控制缸之间的行程错乱，导致取门机不能动作。取门机行程乱主要有以下两种类型。

（1）取门机没挂炉门，操作台面的吊上、再吊上和落钩信号指示灯都是亮的，取门机不能动作，此时取门机提升主缸和吊上及再吊上两个控制缸之间行程错乱。处理步骤如下：1）将司机操作台面上取门单元的转换开关打到点动位。2）按住挂钩按钮，直到提升主缸向上运动到顶。3）按住再吊下按钮，再吊下信号灯亮后松按钮，此时行程主缸向下运动一定行程。4）按住吊下按钮，吊下信号灯亮后松按钮，此时提升主缸又向下运动一定行程。5）按住落钩按钮，直到提升主缸向下运动到底。6）将取门单元的转换开关打到手动位，恢复正常操作。

（2）取门机挂着炉门，操作台面的吊上、再吊下和落钩信号指示灯都是亮的，取门机不能动作，此时取门机提升主缸和吊上控制缸行程错乱。处理步骤如下：在液压阀站将提门溢流阀的压力从 2MPa 调高到 4～7MPa；将司机操作台面上取门单元的转换开关打到点动位；按住台车前进按钮，等台车快到前限端时松按钮；按住挂钩按钮，提升主缸带动炉门向上运动，等到炉门横铁高于炉钩上表面 20～30mm 时松按钮；按住台车前进按钮，台车前限灯亮后松按钮；将取门单元转换开关打到手动位，手动完成关门动作（如果手动不能动作，仍由点动关门，并用点动方式将各油缸恢复到原始位置后再转为手动）；重新将溢流阀的压力由 4～7MPa 调回到原始的 2MPa，取门机恢复正常操作。

180. 焦炉生产过程中遇大停电如何处理？

答：大停电指全厂范围内大面积的停电，而且在短时间内无法恢复的事故状态。大停电对焦炉及其设备影响很大，应迅速组织人员进行处理。

（1）如果鼓风机停电，焦炉的荒煤气无法抽出，炭化室内的压力增大，会造成炉门、炉盖、上升管处冒烟冒火而烧坏设备。此时应手动打开焦炉自动放散点火装置放散煤气，如果放散管放散不够，可以打开部分新装煤的炭化室的上升管，但上升管在放散时不准着火，如果着火，可把上升管盖关上，待火熄灭后再打开。

（2）如果氨水泵停电，没有氨水送入桥管和集气管内，集气管温度会急剧升高。此时应关闭焦炉氨水管道进口阀门，打开清水管，往桥管中喷洒，以冷却煤气，使集气管温度不超过150℃。如果清水管也停了水，应迅速调派消防车往集气管内补水降温。

（3）如果装煤车正在装煤时停电，这时应立即将装煤车推走，使装煤车不至于被火烧坏。如果火很大，人不能接近装煤车，可用铁棒、长铁管等设法把装煤车推走，并尽快把炉盖盖上。

（4）如果停电时推焦杆或平煤杆在炭化室内，应迅速启动备用电源或采用手摇装置把推焦杆或平煤杆从炭化室内收回。

（5）如果停电时熄焦车内有红焦，应用水将红焦打熄，以免烧坏熄焦车。

181. 炉门横铁下落不到位的原因有哪些？

答：炉门横铁下落不到位的原因有以下几点：

（1）取门机故障，前进行程或下降行程不够，或是取门机油缸内漏造成退缸，导致取门机实际行程小于设计行程，最终导致炉门横铁下落不到位。

（2）炉门、炉框清扫不干净，造成炉门下降过程中所受的摩擦力增大，炉门实际下降的高度不够而造成炉门横铁下落不到位。

（3）炉框底部焦油渣或是尾焦没有清扫干净，在炉门下降时垫住炉门并导致炉门横铁下落不到位。

182. 炉门横铁脱钩或炉门倾倒应如何处理？

答：在推焦车启、闭炉门时，操作程序不对，启门吊钩未钩住炉门，则会发生炉门横铁脱钩甚至炉门倾倒的事故，应根据发生的情况进行相应的处理。

（1）炉门向外倾倒，但炉门下部砖槽仍落在炭化室口磨板上。这种情况是在炉门开始倾倒时就已经及时停止，只须操作移门机前进，使启门机构向前将炉门推至原位，然后吊钩即可。如果炉门倾倒时震落焦炭顶住炉门，应将焦炭清理后再进行处理。

(2) 上吊钩脱钩，炉门下部滑出磨板外。先用钢绳在横铁处将炉门拴在取门机上，防止炉门倾倒。靠下部吊钩将炉门向上略提起，在炉门下方垫放砖块和铁板，放下炉门。然后将吊钩下移，在吊钩上加垫铁块后，再重新钩吊，再在炉门下部加垫砖块。如上多次反复，直至炉门提升至上吊钩可以钩提为止。在向上逐渐提升炉门的过程中，要注意使加垫的垫块保持稳定，避免发生垫块压翻或崩出伤人的事故。炉门上部一定要用钢绳拴住，防止炉门倾倒。在提升的过程中，炉门会逐渐直立起来，司机应操作取门机向前移动，必要时还应紧一下钢绳。当上吊钩可钩入炉门提钩时，即操作吊钩吊起炉门，然后撤去钢绳和垫块，恢复焦炉的生产。

(3) 炉门斜靠炉框，上、下吊钩均脱钩。处理时如果下吊钩距离炉门下部提钩不远，由于提钩拉杆中部有连接弹簧，因此可以用撬杠将下吊钩压下设法钩入提钩内，再进行下一步处理。如下吊钩距离下部提钩太远无法钩入，可用一根钢绳将炉门上部同取门机拴紧，防止其倾倒。然后用另一根钢绳套住炉门下横铁，吊在取门机上吊钩上，逐渐提升炉门，每提一次后重新收紧更换钢绳。如此多次反复，即可使下吊钩钩入提钩内，再进行下一步处理。

(4) 炉门倒在炉台上或翻落炉下，这是炉门倾倒最严重的情况。应驾驶推焦车至炉门修理站取来备用炉门，先恢复焦炉正常生产，然后再采用吊车将倾倒的炉门吊运到炉门修理站进行修理。

183. 焦炉车辆走行轮掉道如何处理?

答: 当车辆走行轮有 1～2 个掉道时，需要准备长 200～300mm、宽 70～120mm 的各种厚度的钢板若干块，沿走行掉道的反方向，从掉道轮走行面的底部由薄到厚，紧贴轨道进行铺设，直至最后一块钢板的标高与轨面一致或略高于轨面（一般铺设距离 1m 左右），然后慢慢开动车辆，沿走行轮掉道的反方向行车，在垫板的过渡作用中，走行轮自然上道。

当车辆走行轮有 2～4 个掉道时，由于掉道轮较多，整个走行阻力太大，即使铺设了钢板过渡，车辆也可能走不动，在这种情况下，要准备 50t 或 100t 千斤顶 2 个，铁板若干，将千斤顶放在掉道轮走行台车的钢结构下部，起顶作业，使走行轮下轨缘高于轨道表面后，在掉道轮的下部铺设钢板，沿走行掉道的反方向将钢板铺实（一般铺设距离 1m 左右），松开千斤顶后用同样的方法处理其余掉道轮。用千斤顶将最后掉道的走行轮顶上轨道后，沿走行轮掉道的反方向行车，就可使走行恢复上道。

184. 装煤操作应注意哪些问题？

答： 装煤操作应注意以下几个方面的问题：

（1）煤车装煤时要尽可能将煤料装满、装平、装均匀。炭化室煤料装满有利于增加焦炭、煤气和化学产品的产量，同时有利于避免炉顶空间温度过高，改善煤气质量和炉顶操作条件。炭化室煤料装平能减少推焦阻力，有利于推焦顺利，并能保证炼焦过程中产生的荒煤气析出畅通，有利于减少焦炉炉门冒烟冒火。每个炭化室煤料装均匀有利于稳定焦炉的加热制度，改善焦炭的质量。

（2）煤车装煤时要尽可能做到快装、少冒烟和平煤杆少带出余煤，要严格执行装煤操作规程，正确使用装煤除尘设备设施。

（3）煤车取煤、装煤要严格按规程作业，装煤时要对准炉号，严禁装错炭化室。要加强与推焦车、拦焦车的联系，严禁推焦杆未收回、炉门未关闭时装煤。

185. 7.63m 焦炉的快速装煤技术有什么特点？

答： 7.63m 焦炉的快速装煤技术特点如下：

（1）装料系统完全不漏气。一般减少烟尘排放的思路是将逸出的烟尘进行收集并处理，本技术的思路是采用完全密闭装置，将装煤过程中产生的烟气控制在炭化室的密闭环境内，不让烟气逸出，可以最大限度减少装煤时污染物的排放量，同时还可以减少烟尘收集和净化处理的环节。该装置是在装煤孔与闸套之间、所有的闸套的连接处和卸料口都采取了不漏气密封措施。

（2）一次平煤。为了保证整个装煤过程不发生污染物溢出，除了采用以上的不漏气密封装置外，还要保证产生的气体顺利通过上升管排出，即必须保持在装煤过程中炭化室内荒煤气的通道畅通。因此，该技术采用最少次数平煤的装煤，即装煤过程中不平煤，仅仅在装煤完成后才执行一次平煤。但前提是要保证在整个装煤期间炭化室煤堆与炭化室顶部之间有畅通的气体通道。

（3）控制装煤。要保证在装煤后和平煤时气体通道畅通，首先必须保证各煤斗装煤不能过量，同时保证各炉口煤堆高度偏差不超过 50mm。因此，必须采用控制装煤的方法，即通过每个装煤孔进行独立的装煤，通过称量装置和变频电机精确控制每个煤堆的体积，使其满足以上要求。

（4）同时装煤。采用上述控制装煤技术，必须采用同时装煤，即各个煤斗下料口的螺旋给料器同时开始和同时结束。如果炭化室中某一个煤峰提前和推迟形成，都会影响相邻煤峰的体积，自然会阻碍气体通道。同时装煤时，每个煤堆在炭化室中与相邻的煤堆之间形成一个接触线，由于采用控制装煤可确保每个煤峰由各自煤斗的煤形成，也就能保证炭化室顶部气体通道畅通。

186. 不准点推焦有什么危害？

答：不准点推焦指的是不按推焦计划规定的时间推焦，有两种情况，即提前推焦和落后推焦。提前推焦时，由于焦炭成熟不够，会影响焦炭的质量，同时由于焦炭收缩不够还可能造成推焦困难而损坏炉墙，影响焦炉的正常生产。落后推焦时，由于焦炭成熟过火，导致炼焦耗热量升高，同时由于焦炭变细变碎，还有可能造成推焦困难而损坏炉墙，影响焦炉的正常生产。

187. 处理红焦落地的原则有哪些?

答: 红焦落地指的是推焦时焦炭没有正常地通过拦焦车导焦栅落入熄焦车车厢（或焦罐），而落到炉台等处的现象。红焦落地是由于拦焦车或熄焦车尚未到位，推焦车过早地推焦所造成的。主要可分为三种情况：

(1) 拦焦车和熄焦车均未到位；或者熄焦车到位，拦焦车未到位，前者红焦被全部推落到炉台和熄焦车道上，后者虽有部分红焦落入熄焦车车厢，但大量红焦洒落在炉台和熄焦车道上。

(2) 拦焦车尚未完成对位，推焦车即开始推焦，结果大量红焦落入拦焦车车体甚至将拦焦车推翻。

(3) 拦焦车已对好位，熄焦车尚未到位，结果红焦落在电机车车头上或者落到熄焦车道上。

红焦落地是十分严重的操作事故。大量红焦落入炉台、熄焦车轨道，会损害或烧坏炉台、拦焦车轨道、熄焦车轨道；红焦落入拦焦车车体或电机车车头则有可能使之完全报废，并造成人身伤亡事故。因此必须引起高度的重视。

如果发生了第一种情形的红焦落地。处理的方法是迅速接消防水龙对红焦喷洒，待焦炭熄灭后迅速清除熄焦车轨道和拦焦车轨道上的焦炭，使熄焦车和拦焦车尽早地通行，恢复正常作业。如原出炉号焦炭尚未推完，应先将其推出，再推下一炉号。对落在熄焦车轨道上的焦炭，可先用铁锹撮至轨道外侧空地上。待生产恢复正常后，再组织人力设法运至凉焦台。

后两种情况的红焦落地后果较为严重，要视具体情况分别处理。其要领是先切断磨电道电源，迅速地用水熄灭红焦，先车上，后车下；先操作室及油路系统，再车体其余部分。一旦可以接近车体，应迅速营救受伤人员，接着是检查设备损坏情况，恢复设备运转。如拦焦车或熄焦车确已损坏严重，一时无法恢复，可将其移至安全停放位置或用吊车吊出轨道外，采用备用设备尽快恢复生产。

188. 炉顶操作有哪些要求?

答: 炉顶操作的好坏将直接影响焦炭和化学产品的产量和质量，并且对焦炉炉体的寿命也有直接的影响。为了搞好炉顶操作，应注意和做到如下几点:

(1) 装煤要快，尽量减少荒煤气损失，按规定启用所有装煤除尘设施。装煤后应及时清扫炉顶残存的余煤，防止余煤着火烧坏炉顶的纵、横拉条及装煤车轨道。

(2) 经常清扫上升管、桥管、集气管，避免由于堵塞而造成炭化室压力过大而使荒煤气从炉门、上升管等处泄漏，从而降低煤气产量，污染环境。经常检查氨水喷嘴，如有堵塞现象应及时清扫或更换，以保证对荒煤气的有效冷却。

(3) 加强炉顶砖、装煤孔盖和其他设备的维修管理，做到有损必补，有坏必修，有漏必堵。

(4) 集气管应保持规定压力，不应过高或过低。在鼓风机停电的情况下，应及时打开放散管放散荒煤气，正在装煤时，应停止装煤。集气管压力调节机停电时，应采用人工调节翻板，以控制集气管的压力，防止炭化室产生负压。

(5) 停氨水时应往桥管和集气管补充冷水，防止集气管因温度过高而拉裂。

189. 推焦困难的主要原因有哪些，应如何处理?

答: 推焦时推焦电流超过规定的最大电流称为推焦困难。焦饼一次推不动，再推第二次时一般称为二次焦事故。造成推焦困难的原因主要有以下几个方面:

(1) 装入炭化室的煤黏结性不好，在炼焦过程中不能正常成焦，或者是在配合煤中缺乏收缩性好的煤，导致焦饼不能够很好地收缩，结果造成推焦困难。

(2) 焦炉加热制度不合理，或者因结焦时间不够，造成焦饼成熟不好，特别是炉头立火道由于温度低而使炭化室炉头部分的焦炭成熟不好，结果造成推焦困难。

（3）焦炉炉墙或炉底砖变形，摩擦阻力增大而造成推焦困难。

（4）炭化室装煤和平煤不好，煤料堵塞装煤孔，推焦过程中阻力增大而造成困难推焦。

（5）因各种原因造成焦炉结焦时间太长，使焦饼成熟过火，焦炭变细变碎，不能承受和传递推焦压力，推焦时产生挤夹现象而造成推焦困难。

（6）因炉顶空间温度过高等原因而使炉墙产生大量的石墨，在推焦时产生很大的推焦阻力而造成推焦困难。

（7）因推焦杆变形，拦焦车导焦槽变形等焦炉机械故障造成推焦困难。

一旦发生推焦困难，应立即组织人员查明原因，待造成推焦困难的故障排除后再推焦。如果是焦炭成熟不够，应关上炉门继续加热，待焦炭成熟后再推。如果是焦炭过火，应将炉头部分焦炭扒掉，待看到焦饼与炉墙间的收缩缝后再推焦。如果是机械本身的问题，应换用备用设备或将机械故障排除后再推焦。煤料堵塞装煤口，可用平煤杆将堵塞装煤口的焦炭平通后再推焦。如果是煤料或石墨造成的推焦困难，应将焦侧焦炭扒掉一部分，减小推焦阻力后再推焦。不管是何种原因造成的推焦困难，都要尽快排除故障，严禁不查明原因连续推焦，处理时需征得值班负责人准许，并在负责人在场的情况下，方可进行二次推焦。三次以上推焦必须有车间负责人到场方可进行，以防止事态扩大或者再次发生推焦困难的现象。

190. 下暴雨焦炉炉顶怎么控制？

答：下暴雨时，雨水会流入炭化室或燃烧室内，使焦炉耐火砖砌体遭到破坏，另外，炭化室内焦炭温度很高，水流入炭化室后，就会急速气化、膨胀而产生爆炸，因此必须采取措施进行处理。如果炉顶积水，应及时组织人员从机、焦两侧把水扫走。炉盖和看火眼缝隙必须及时密封，可用煤车煤斗的煤进行临时密封。

191. 焦炉生产中停低压氨水后应如何操作？

答：焦炉生产中，低压氨水起着冷却从炭化室析出的高温焦炉煤气、保护桥管和集气管的作用。一旦停低压氨水，会对焦炉的生产造成严重的影响，甚至会发生事故。因此，必须采取有效的措施降低其影响程度。

（1）焦炉停低压氨水后，集气管的温度会迅速上升，一旦发生这种情况，要迅速往桥管和集气管内加入冷水，否则会造成氨水管道和集气管道拉裂，甚至发生爆炸。

（2）当送冷水到桥管和集气管时，应先关闭氨水管的入口总阀门，再送冷水，并且必须缓慢增量，应控制集气管温度不超过150℃，最高不能超过200℃，防止氨水管道和集气管道拉裂。

（3）当低压氨水恢复后，应先关闭冷水阀门，然后开氨水阀门送入氨水。送氨水时要缓慢加量，防止氨水管道和集气管道拉裂。

（4）焦炉恢复正常生产后，应检查桥管、集气管的氨水喷嘴是否畅通，不通的喷嘴要尽快处理好。还要对桥管承插口和集气管漏烟漏水处进行处理。

192. 什么是焦炉的三通一活？

答：“三通”即上升管通，集气管通，炉口通，“一活”即翻板灵活。焦炉的“三通一活”是焦炉生产的基本要求，只有做到“三通一活”，才能保证炼焦过程中荒煤气的正常流通，保证焦炉生产的正常进行。

193. 上升管堵塞的主要原因有哪些，应如何处理？

答：上升管在低温状态时某些大分子的焦油会冷凝下来挂在

上升管的内壁，当上升管处于高温状态时，冷凝下来的焦油发生裂解和缩聚反应而固化成石墨状，连同随荒煤气一起析出的煤粉附着在上升管内壁，使其内径逐渐变小，如不及时清扫，就会造成上升管堵塞。有两种形式的上升管石墨吹扫装置，一种是将压缩空气喷嘴安置在推焦杆头附近，在推焦杆离开炭化室之前，对上升管根部进行吹扫。还有一种是在清框装置上部设置压缩空气喷嘴，在清框时对上升管根部进行吹扫。

国外也有采用机械方式从上升管口清扫上升管堵塞物。一种方法是将带电动链条的清扫设备安装在煤车上，电动链条另一端挂有刺锤，通过刺锤在上升管内的往复运动清除上升管内壁的石墨。另一种方法是采用清扫走行小车，小车在炉顶靠近上升管处铺设的轨道上行走。走行小车上装有带悬臂的主柱和链条绞车，悬挂在链条一端的刺锤落入上升管内往复运动，清除上升管内壁的石墨。

194. 桥管和集气管堵塞有什么危害?

答: 焦炉生产过程中应加强对桥管和集气管的检查和清扫，防止其堵塞对生产造成影响。桥管堵塞后炭化室在炼焦过程中产生的荒煤气流通受阻，会造成炉门、装煤孔、上升管盖等处冒烟着火，烧坏设备，污染环境。更为严重的是，桥管堵塞后还有可能造成氨水流入炭化室而损坏炉墙。集气管堵塞将会造成全炉所有炭化室荒煤气流通受阻而影响焦炉的正常生产，严重时将会导致整座焦炉停产。

195. 氨水夹带焦油对焦炉的生产有什么危害?

答: 送往焦炉的氨水有两个作用，低压氨水在桥管和集气管处喷洒对从炭化室排出的高温煤气进行冷却，高压氨水在桥管处产生抽吸力，防止装煤时粉尘和荒煤气从装煤口逸出。低压氨水和高压氨水通过三通球阀的切换在桥管处经过同一个喷嘴射出。如果氨水中夹带焦油，将影响荒煤气的冷却效果，导致桥管和集气管温度上升而使其使用寿命缩短。同时由于集气管内混合液中焦油含量增高，黏度变大，容易造成焦油盒甚至集气管的堵塞而严重影响焦炉的正常生产。此外，高压氨水夹带焦油后由于其黏度增大，装煤时在桥管处不能产生足够大的抽吸力而影响无烟装煤的效果。

196. 焦炉集气管压力确定的原则是什么？

答： 集气管内各点压力是不相同的，两端高而中部（吸气管处）低。因此吸气管正下方的炭化室结焦末期的压力在全炉各炭化室中最小。炭化室内的气体压力，在结焦周期内的变化是很大的，结焦初期其压力可达几百帕，甚至超过 1000Pa，而到结焦末期降到最低。所以集气管压力是根据吸气管正下方炭化室底部压力在结焦末期不低于 5Pa 来确定的。

在未测炭化室底部压力前，集气管的压力可用下面近似公式计算。

$$p_{集} = 5 + 12H$$

式中 $p_{集}$——集气管压力，Pa；

H——从炭化室底到集气管测压点的高度，m；

12——当荒煤气平均温度 800℃时，每米高度产生的浮力，Pa。

集气管的压力初步确定后，再根据吸气管正下方炭化室底部压力在推焦前半小时是否达到 5Pa 而进行调整。调整时应当考虑到集气管压力的波动值，就是当集气管压力最低时也能保证吸气管正下方炭化室底部压力在结焦末期不低于 5Pa。

新开工的焦炉集气管压力应比正常生产时大 30～50Pa，以便使砖缝尽快地被石墨密封。生产一周后，通过对燃烧室的检查，如炭化室无明显窜漏，集气管可恢复到正常生产时的压力。集气管的压力在冬天和夏天应保持不同的数值，其差值为 10～20Pa。在冬天集气管压力应大一些，夏天可小一些。差值的大小与冬夏的平均温差、炭化室底部到集气管测压点间的距离有关。

197. 炭化室负压操作有什么危害？

答：炭化室处于负压状态时，则燃烧室废气和空气就会进入炭化室烧损炉墙石墨和炉内焦炭而产生局部高温，这不但增加了焦炭灰分，降低了焦炭产量，而且灰分在高温下侵蚀炭化室墙砖，造成结渣，损坏炉体。另外燃烧室空气进入炭化室将烧掉一部分荒煤气从而降低煤气与化学产品产量，同时煤气中惰性气体成分增加，煤气质量变坏，焦油中游离碳增加并易堵塞荒煤气导出系统。炭化室处于负压，还会造成空气从炉门、炉盖的不严密处进入炭化室，烧掉一部分焦炭和荒煤气，同样会降低焦炭、煤气和化产品的产量，并导致焦炭灰分上升、质量下降。

198. 什么是捣固炼焦？

答：将配合煤用捣固机捣实成体积略小于炭化室的煤饼后，推入炭化室炼焦称为捣固炼焦。捣固炼焦起源于德国，1882 年德国最先采用捣固法炼焦。从 20 世纪开始，捣固炼焦技术在一些高挥发分煤或弱黏结性煤贮量丰富而焦煤缺乏的国家和地区，如德国萨尔地区、法国洛林地区、波兰和中国东北地区相继被采用。但由于捣固煤饼高度受到限制，捣固机械作业率低，加上装炉时炉门冒烟、冒火，环境污染较严重等原因，捣固炼焦没有得到大规模推广。20 世纪 70 年代，联邦德国煤捣固工艺上取得重大突破，主要是采取薄层连续给煤并增加捣固锤数等技术措施，提高捣固机械效率，并有效地控制了煤饼装炉时的烟尘，这一工艺才引起各国的重视，相继在印度和前苏联等国推广应用。

捣固炼焦在我国发展十分迅速，到 2005 年，我国已有 250 余座捣固焦炉，产能达到 6000 余万吨。目前，世界最大的捣固焦炉是德国的 6.25m 捣固焦炉，我国正在建炭化室高度为 5m 的捣固焦炉。

199. 捣固炼焦的机理如何？

答： 捣固炼焦工艺中，煤料在焦炉以外与炭化室尺寸相近的铁箱中进行捣固，捣固过的致密煤饼通过打开的炉门送入炭化室。煤料经捣实后，其堆密度可由散装煤的 0.7～0.75t/m^3 提高到 0.95～1.15t/m^3，有利于提高煤料的黏结性，而且控制捣固煤密度可使煤饼高宽比大于 9，甚至可以达到 15。因为煤料堆密度增加，煤粒间接触致密，间隙减小，填充间隙所需的胶质体液相产物的数量也相对减少。也就是说由煤热分解时产生的一定数量的胶质体，能够填充更多煤粒之间的间隙，可以用较少的胶质体液相产物均匀分布在煤粒表面上，进而在炼焦过程中，在煤粒之间形成较强的界面结合。

捣实的煤料在结焦过程中产生的干馏气体不易析出，煤粒的膨胀压力增加，这就迫使变形的煤粒更加靠拢，增加了变形煤粒的接触面积，有利于煤热解产物的游离基与不饱和化合物进行缩合反应。同时，热解产生的气体逸出时遇到的阻力增大，使气体在胶质体内的停留时间延长，这样，气体中带自由基的原子团或热分解的中间产物有更充分的时间相互作用，有可能产生稳定的、相对分子质量适度的物质，增加胶质体内不挥发的液相产物，这样胶质体不仅数量增加，而且还变得稳定。这些都有利于提高煤料的黏结性。

200. 捣固炼焦的基本工艺流程是怎样的？

答： 捣固炼焦系统主要由捣固焦炉、捣固机、装煤推焦车、捣固装煤推焦车、除尘净化车、拦焦车、熄焦车等组成。捣固炼焦在推焦和熄焦方面和顶装焦炉没有大的区别，不同之处主要在煤饼的捣固和装入炭化室。捣固炼焦装煤工艺流程如图 4-19 和图 4-20 所示。

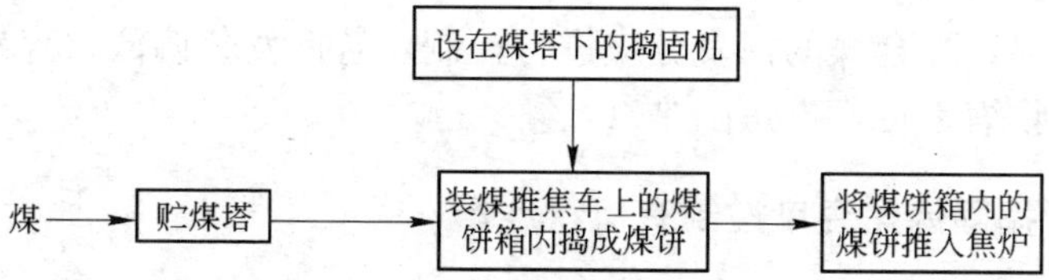

图 4-19 带贮煤塔的装煤工艺流程图

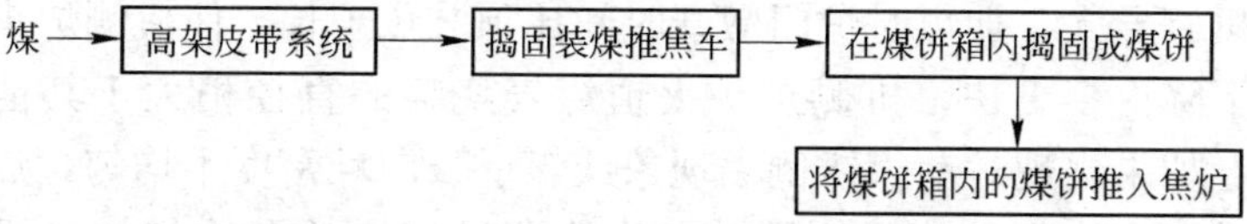

图 4-20 不带贮煤塔的装煤工艺流程图

201. 捣固炼焦对煤料有什么要求？

答： 捣固炼焦对煤的要求主要有以下几个方面：

（1）水分控制。捣固炼焦的煤料水分是煤粒之间的黏结剂，一般应控制在8%～11%，最好控制在9%～10%。水分少，煤饼不易捣实，装炉时煤饼易倒塌；但水分过高，会使煤饼强度明显降低，对捣固、炭化均不利，而且会延长结焦时间。因此，在配煤之前，对煤料的水分要严格控制。

（2）细度要求。细度小于3mm的煤应控制在90%～93%，其中粒度小于0.5mm的应在40%～50%之间。若细度低，需消耗较高的捣固功才能使煤饼达到一定的稳定性；若煤细度过高，会使煤饼堆密度和抗压强度均降低，不过会使煤饼抗剪强度提高。由于煤饼的稳定性主要取决于抗剪强度，所以捣固煤料应有较高的细度。

（3）瘦化组分。为提高焦炭的机械强度，需在配合煤中加入一定数量和品种的瘦化组分，因瘦化组分可减少焦炭的裂纹形成。一般情况下，往往用焦粉作为瘦化剂，但须控制焦粉的配入比和粒度，并混合均匀，否则容易导致焦炭热性能变坏，并产生裂纹。

(4) 配合煤的挥发分应进行控制，若挥发分偏低，容易造成焦饼收缩不良，推焦困难。

202. 捣固炼焦温度控制有何特点?

答: 捣固炼焦煤饼沿炭化室长向没有锥度，机、焦侧炭化室的煤量是一样的，机、焦侧直行温度也是一样的。捣固焦炉煤饼从机侧导入，加煤时炉门敞开时间比顶装焦炉长，使机侧炉头温度下降更多更快，机侧炉头火道煤气烧嘴的直径稍大于其他火道。如果出现炉前煤饼倒塌现象或煤饼长向堆密度不均匀，焦炉横排温度均匀性将受到影响。为改善沿煤饼长向均匀加热可采用：调节每一加热火道斜道调节砖厚度和喷嘴直径，改变煤气和空气量以调节加热火道的温度；为改善沿煤饼高向均匀加热可采用：调节废气循环比例，保持最佳空气过剩系数和保证炉顶废气正压（加热火道孔盖下面的压力为 0～3Pa）的焦炉加热压力制度。

203. 捣固炼焦煤饼推入炭化室时倒塌应如何处理?

答: 捣固炼焦生产的难点之一就是煤饼容易整体或者局部倒塌。煤饼倒塌后往往使大量的煤积压在炉台上，导致操作无法进行而严重影响生产。煤饼倒塌影响生产有以下几种情况：煤饼在推入炭化室过程中，前部在炭化室内倒塌，致使后部不能完全装入；推送煤饼过程中煤散落下来；煤饼的堆密度与强度达不到要求，导致推送器一碰到煤饼就使边角倒塌或整体倒塌等等。为了减小因煤饼倒塌对生产造成的影响，在送煤托板处的链式输送机下面装有一条皮带运输机，它可将在推送煤饼过程中散落下来的煤输送到捣固装煤推焦车的后部，然后由一台多斗提升机将煤提升输送到煤箱顶部的中间煤仓。在煤箱前端的一侧有一台切煤饼机，这是一台垂直方向的环链式输送机，上面固定着一些刮刀，如推送煤饼时发生局部倒塌，可启动此链式输送机上的切刀，将剩余在炭化室外的煤饼切掉，并通过炭化室外侧下部设有箅子的长条形溜槽，使余煤落到槽下的皮带运输机上运走，可以保证生产操作的正常进行。

204. 捣固炼焦消烟除尘的措施有哪些？

答：捣固炼焦除尘主要是推送煤饼和推焦过程中的除尘，主要措施有：

（1）消烟除尘净化车：在煤饼推送过程中，消烟除尘净化车在焦炉炉顶上通过活动套筒与焦炉炭化室炉顶连通，启动水泵和风机，吸起装煤时产生的烟尘和荒煤气。烟尘和荒煤气进入净化车的燃烧室燃烧，高温废气被吸入洗涤塔降温除尘，排入大气，完成无烟装煤操作，使装煤的污染物排放量减少 90%。

（2）除尘净化车和地面除尘站相结合的除尘设备：炉顶消烟除尘净化车上设有烟气导管，在机侧炉顶设置与地面除尘站相连通的烟气抽吸总管，装煤时，消烟除尘车的套筒罩住炉顶抽烟孔盖，并连通烟气抽吸总管上对应的抽吸孔，烟尘和煤气借地面除尘站风机的抽吸力抽出，出焦粉尘则通过除尘拦焦车集尘罩进入地面除尘站。

205. 捣固焦炉的炉体结构有哪些主要特点？

答：捣固焦炉的炉体结构主要特点如下：

（1）由于捣固煤饼沿炭化室长向没有锥度，因此捣固焦炉炭化室的锥度较小，一般在 20mm 以下。

（2）为保证煤饼的稳定性，煤饼的高宽比有一定限制，一般为 1∶9，德国达到 1∶15，因此早期的捣固焦炉炭化室高度一般不超过 4m，但目前采取提高煤饼稳定性的技术后，捣固焦炉炭化室的高度可达到 6m 以上。

（3）捣固煤饼靠托煤板送入炭化室，它对炭化室底层炉墙磨损比较严重，因此炭化室炉底砖以及第一层炉墙砖应特别加厚。

（4）炉顶没有装煤孔，只设 1～2 个孔供除尘净化车抽吸装煤时产生的荒煤气和粉尘，以及燃烧炭化室沉积的石墨。

206. 为什么捣固焦炉炭化室锥度不宜过大?

答：顶装焦炉为了顺利推焦，减缓推焦过程中焦炭对炭化室两侧炉墙的压力，炭化室的水平截面呈梯形，即焦侧宽度大于机侧。对捣固炼焦来说，由于它的煤饼在捣实后由机侧推送到炭化室内，既要减少煤饼与炭化室两侧间隙，又要能顺利推焦，因此一般捣固焦炉仍有一定的锥度，但其锥度比顶装焦炉要小一些，一般控制在 20mm 以下。此外，在捣固焦炉中，随着炭化室锥度的增大，焦炭的质量下降，这是因为在成焦过程中，随着煤饼与炉墙间的空隙增大，炉墙作用于煤饼上的压力减少，而炉墙作用于煤饼上的压力对焦炭质量有一定的好处。因此，捣固焦炉炭化室锥度不宜过大。

207. 煤饼捣固成型和装入炭化室的设备有哪些?

答：煤饼捣固成型和装入炭化室的设备主要有捣固机、装煤推焦车以及二者合二为一的捣固装煤推焦车。

（1）捣固机。捣固机系统由机架体、走行机构、捣固机构、调锤机构以及电气控制系统等部分组成。捣固机设在捣固焦炉机侧煤塔下部的轨道上，用来将煤料捣实成煤饼，煤饼由装煤推焦车送入炭化室内。捣固机有移动式的皮带传动捣固机和多锤头式捣固机，皮带传动捣固机由几个各有 6 个捣固锤构成的捣固单元组成，效率低，捣固一个煤饼一般需要 8～12min，煤饼密度达到 1000～1050kg/m^3。多锤头式捣固机采用 21 锤固定捣固，捣固机构几乎可以布满捣固箱的整个长度，连续薄层自动给料，在 5～6min 之内可捣固一个 25～38t 的煤饼。

（2）装煤推焦车。装煤推焦车由钢结构、走行机构、推焦装置、装煤装置、开门装置、气动系统、电气系统、接煤装置等组成。装煤推焦车一个操作循环的主要工作过程如下：捣固煤饼→开门装置摘下炉门→推焦装置推出炭化室中焦饼→装煤装置将煤饼送入炭化室中→开门装置关闭炉门→装煤推焦车回至煤塔捣固煤饼。

(3) 捣固装煤推焦车。捣固装煤推焦车由钢结构、走行机构、捣固机系统、取门机系统、推焦机构、能容纳一个半煤饼用煤的煤仓、向煤仓送煤的皮带机、液压系统、电气控制系统、集中润滑系统等组成。捣固焦炉的机械设备有一个发展过程，从最初单独设在煤塔下的捣固机以及装煤推焦车发展到捣固、装煤与推焦合为一体的捣固装煤推焦车，捣固焦炉的机械作业率也大大提高。捣固装煤推焦车用于煤料捣固成型、煤饼装入炭化室、从炭化室推出焦炭和机侧炉门的摘对清扫。它的特点是在大车上分两大部分，一部分与顶装焦炉的推焦车具有同样的功能；另一部分就是捣固部分，具备捣固煤饼以及将煤饼推送至炭化室两个功能。

208. 捣固装煤推焦车的结构组成及作用如何?

答: 捣固装煤推焦车的结构示意图如图 4-21 所示。其组成及作用如下：

(1) 钢结构。捣固装煤推焦车的钢结构由钢板主梁和框架构成。这些框架支承捣固箱、煤斗、司机室、配电室以及梯子和平台等部件。

(2) 走行机构。捣固装煤推焦车的走行机构由四个独立的驱动机组构成，每个驱动机组都装在走行小车的平衡梁上，通过减速机和车辆走行轮使捣固装煤推焦车行驶。

(3) 液压系统。捣固装煤推焦车上有许多完成直线运动、甚至旋转运动的机械都配备有液压传动装置。液压传动装置可以启动取门机，移动捣固箱侧壁，驱动捣固箱计量装煤和固定捣固箱前壁及可移动的后壁等所有机构。

(4) 捣固机系统。捣固机系统分为简易煤斗、移动给料器、捣固锤、捣固锤提升系统、煤饼箱、煤饼推送装置和余煤清扫装置等几个部分。煤料从捣固装煤推焦车上的煤斗加入捣固箱是用

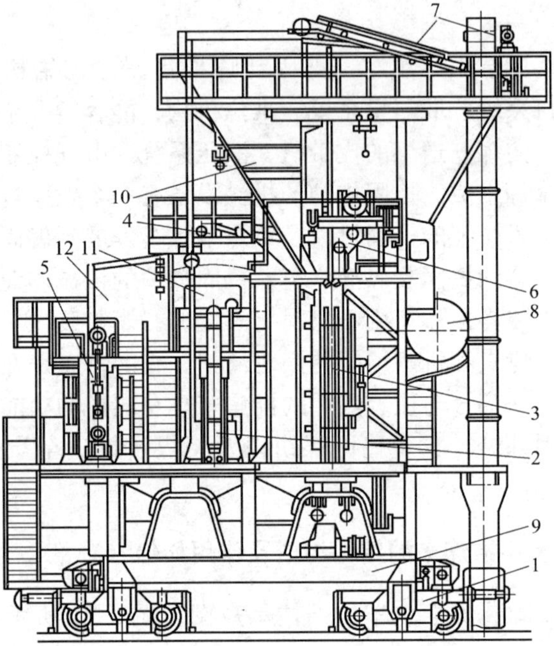

图 4-21 捣固装煤推焦车的结构示意图

1—走行机构；2—推焦机构；3—捣固箱；4—煤料计量加料机构；5—摘门机；6—捣固机；7—倒塌煤料输送机；8—压缩空气包；9—承重钢结构；10—煤斗；11—司机室；12—配电室

往复运动的小车式加料机或有双层闸阀的装置完成的，这样煤料可以等量分批加入捣固箱，再用锤式捣固机将煤料捣固成煤饼。煤饼捣固好后，移开捣固箱侧壁，松开捣固箱前壁和焦炉炉门，然后将捣固箱的移动底板即托板连同煤饼一起送入炭化室。当煤饼装入炭化室后，抽出托板时，捣固箱后壁挡住煤饼使其留在炉内。托板抽出后，后壁收回到捣固箱尾部。捣固机有固定捣固锤式和移动小车式两种。固定式系沿煤饼全长设若干捣固锤，由于捣固煤料时，煤料有侧向挤压力，所以捣固锤之间煤料仍有较高密度，不会引起倒饼现象。

（5）取门机系统。取门机系统由取门机和炉门、炉门框清扫机构组成，可以在一次停车定位的情况下完成对炉门的所有作业，包括摘对炉门和对炉门、炉框的清扫。

（6）推焦机构。当煤饼炼成焦炭之后，推焦杆将焦炭从炭化室经拦焦车导焦栅推入熄焦车内。推焦杆头上装有压缩空气喷嘴，在推焦的同时，用压缩空气烧掉炭化室炉顶空间上的石墨。此外，推焦机构还配备有一套备用风动传动装置，以便在断电时从炭化室中退回推焦杆。

209. 如何防止煤饼推入炭化室时发生倒塌现象？

答：要防止煤饼发生倒塌，首先要想办法提高煤饼的强度，对煤的水分和细度都有较高要求，水分最好控制在9%～11%，细度小于3mm的煤最好控制在90%～93%，同时对捣固机的性能要求也较高，要求将煤饼捣结实，使其密度达到1.05t/m^3以上，另外侧壁要光滑，刚开始使用的捣固箱，为了提高其滑动性，需定期涂油，侧壁焊缝应尽量少，焊缝要磨平，以防止送煤饼时剥皮现象。必要时还可在捣固煤饼时适当加入稻草之类的东西，来提高煤饼强度。

210. 什么是预热捣固炼焦技术，其工艺有什么特点？

答：预热捣固炼焦是将煤料预热到约170℃，放入双辊混料机内与150℃的液态黏结剂混合，再将混合好的煤料经运输机送入捣固机捣固成热煤饼，最后装入焦炉内炼焦。

预热捣固炼焦技术是一种将煤预热与捣固炼焦相结合的工艺。在预热捣固炼焦工艺中，综合利用了增加煤料堆密度、改变煤料软化前的加热速度、添加抗裂化剂和补充黏结剂等提高焦炭质量的措施。预热捣固炼焦时，虽然在加热速度及塑性层的厚度方面与预热煤散装时差不多，但由于捣固增加了煤料的堆密度，因此一般预热捣固炼焦时胶质体在塑性层的停留时间比预热煤散装时约增加12%；另外，由于预热煤入炉后到达软化温度所需的时间比湿煤要短，一般预热捣固炼焦时，胶质体在塑性层的停留时间比湿煤捣固炼焦时约增加 18%，因此，在预热捣固炼焦工艺中，添加到煤料中的黏结剂的改质作用，以及抗裂化剂的效果会得到更好的发挥。

211. 什么是热回收焦炉，其原理及工艺流程如何？

答： 热回收焦炉（也称无回收焦炉）是指炼焦煤在炼焦过程中产生焦炭，其化学产品、焦炉煤气和一些有害的物质在焦炉内部合理地充分燃烧，回收高温废气的热量用于发电或其他用途的一种焦炉。

热回收焦炉工作原理是将炼焦煤捣固后装入炭化室，利用炭化室主墙、炉底和炉顶储蓄的热量以及相邻炭化室传入的热量使炼焦煤加热分解，产生荒煤气，荒煤气在自下而上逸出的过程中，覆盖在煤层表面，形成第一层惰性气体保护层，然后向炉顶空间扩散，与由外部引入的空气发生不完全燃烧，生成的废气形成煤焦与空气之间的第二层惰性气体保护层。由于干馏产生的荒煤气不断产生，在煤（焦）层上覆盖和向炉腔的扩散不断进行，使煤（焦）层在整个炼焦周期内始终覆盖着完好的惰性气体保护层，使炼焦煤在隔绝空气的条件下加热形成焦炭。在炭化室内燃烧不完全的气体通过炭化室主墙下降火道到四联拱燃烧室内在耐火砖的保护下再次与进入的适量的空气充分燃烧，燃烧后的高温废气送去发电并脱除二氧化硫后排入大气。热回收焦炉工艺流程如图 4-22 所示。

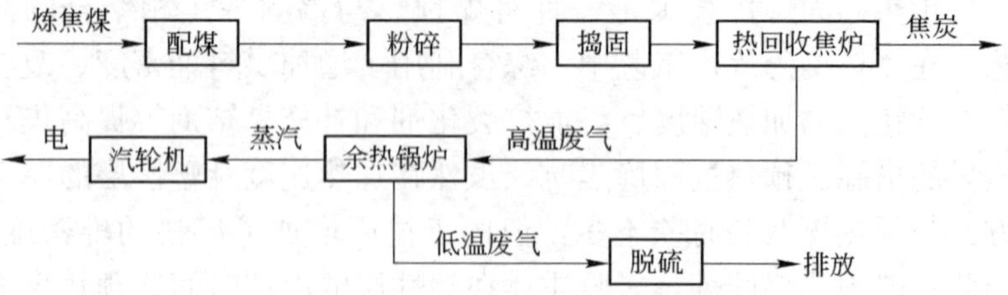

图 4-22 热回收焦炉工艺流程图

212. 热回收焦炉的生产操作有哪些程序?

答: 热回收焦炉的生产操作包括煤饼捣固、装煤与推焦、接焦与熄焦三个方面。

装煤推焦车行走到捣固站前方进行对位，然后开启送煤板电机，将托煤板送入捣固站平台上。液压捣固机负责将焦炉煤塔送来的炼焦煤，在煤塔下面的捣固站上捣固成符合炼焦生产要求的煤饼。捣固机将托煤板上的煤饼捣固完成后，松开煤饼两侧的煤槽挡板。开启托煤板电机将托煤板和煤饼一起抽回到装煤推焦车上。装煤推焦车装有捣固好的煤饼，走行到需要装煤的炭化室前，将炭化室内成熟的焦炭推入位于焦侧的接熄焦车上，然后开启托煤板电机，通过由电机—减速机—链轮—链条驱动将托煤板和煤饼一起送入炭化室内。挡住煤饼，再开启托煤板电机抽回托煤板。接熄焦车载有从炭化室推出的红焦，走行到熄焦装置部位，采用干法或湿法熄焦。

213. QRD 系列清洁型热回收焦炉的主要尺寸及特点如何?

QRD 系列清洁型热回收焦炉，是我国目前比较先进和可靠的热回收焦炉，其焦炉的主要尺寸及特点见表 4-4。

表 4-4 QRD 系列清洁型热回收捣固焦炉主要尺寸及特点

焦炉型号	QRD-2000	QRD-2001	QRD-2002	QRD-2003	QRD-2004	QRD-2005
炭化室全长/mm	13340	13340	12160	12160	12160	13340
炭化室全宽/mm	3596	3596	2812	2812	2812	3596
炭化室全高/mm	2758	2812	2540	2540	2540	2812
装干煤量/t	47～50	47～50	33～34	33～34	33～34	47～50
结焦时间/h	65～90	80	90	80	80	60
主要耐火材料	硅砖	高铝砖	黏土砖	高铝砖	高铝砖	硅砖
集气管位置	焦炉上方	地下	地下	地下	焦炉上方	地下
是否需要烘炉	是	否	否	否	否	是
生产产品	冶金焦	冶金焦 铸造焦	铸造焦	铸造焦 冶金焦	铸造焦 冶金焦	冶金焦
冷炉后再生产	不可以	可以	可以	可以	可以	不可以

214. 我国热回收焦炉的先进性表现在哪些方面？

答： 我国的热回收焦炉首次采用了捣固炼焦，特别是液压捣固首次应用于炼焦行业，为炼焦新技术的发展做出了重要的贡献。我国的热回收焦炉技术起点高、技术经济合理、操作经验丰富，有些技术已经处于国际领先水平。热回收焦炉配备有与常规机焦炉基本相同的备煤、筛焦工艺，焦炉炉体有完善的焦炉保护板、炉柱等护炉铁件，有装煤推焦车和接熄焦车，目前采用湿法熄焦。炼焦产生的废气送往余热锅炉产生蒸汽发电，低温废气脱除二氧化硫后经烟囱排放。热回收焦炉炉体结构合理、护炉铁件配置完善、机械化程度高、工艺操作指标先进，已经实现了机械化和自动化生产，达到了炼焦行业清洁化生产的要求，此工艺缺点是无化学产品回收。

215. QRD 系列热回收焦炉主要有哪些机械设备，各起什么作用？

答： QRD 系列热回收捣固焦炉的机械采用了目前最先进的技术，配置有捣固机、装煤推焦车和接熄焦车三大焦炉机械。捣固机也可以安装在装煤推焦车上，这样就只有捣固装煤推焦车和接熄焦车。焦炉机械断面图如图 4-23 所示。

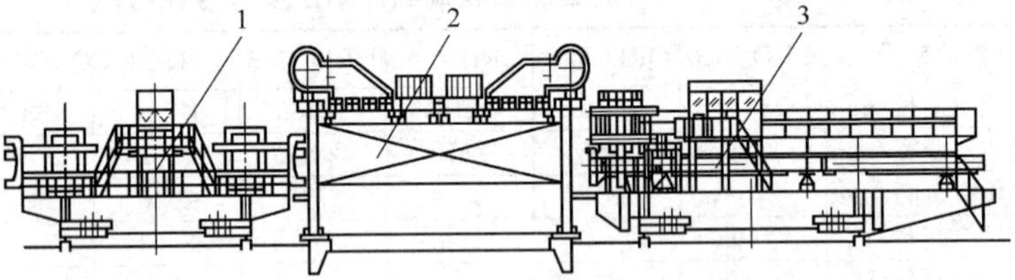

图 4-23　QRD-2000 清洁型热回收捣固焦炉剖面图

1—接熄焦车；2—焦炉；3—装煤推焦车

（1）捣固机。捣固机由布煤及平煤机构、走行机构、捣固机构、煤槽侧板定位机构、液压系统、电气系统、钢结构等组成。

捣固机是将焦炉煤塔送来的炼焦煤在煤塔下面的捣固站上压成煤饼的设备。捣固机为液压捣固，也可以采用机械捣固。液压捣固具有捣固机维修量小，捣固噪声低，煤饼密度均匀，煤饼表面平整等优点。

（2）装煤推焦车。装煤推焦车由开启炉门机构、推焦装置、运送煤饼装置、挡板机构、走行机构、液压系统、电气系统、操作室等组成。装煤推焦车的主要功能为摘对机侧焦炉炉门，将捣好的煤饼送入焦炉炭化室内，以及推出焦炉炭化室内炼好的焦炭。装煤推焦车上也可以安装捣固机。

（3）接熄焦车。接熄焦车主要由开门机构、接焦槽装置、定位装置、支撑辊装置、传动装置、走行机构、钢结构机架、液压系统、电气系统等组成。除走行机构为电动传动外，接熄焦车的移门、提门、接焦槽横向移动、倾翻均为液压驱动。接熄焦车的主要功能为摘对焦侧焦炉炉门，接焦槽水平移动完成接受炭化室推出来的焦炭，并将焦炭送去熄焦系统进行熄焦。

216. 热回收焦炉的炼焦工艺有哪些主要优点？

答： 热回收焦炉的炼焦工艺的主要优点如下：

（1）有利于焦炉实现清洁化生产。焦炉采用负压操作的炼焦工艺，从根本上消除了炼焦过程中烟尘的外泄。焦炉生产工艺简单，没有大型鼓风机、水泵等高噪声设备。没有回收化学产品和净化焦炉煤气的设施，在生产过程中不产生含有化学成分的污水。不需要建设污水处理车间。在生产过程中熄焦产生的废水，经过熄焦沉淀池沉淀后循环使用不外排。焦炉炉顶污染物排放情况见表 4-5，焦炉烟囱污染物排放情况见表 4-6。

表 4-5　焦炉炉顶污染物排放情况

项目	SO_2/mg·m^{-3}	H_2S/mg·m^{-3}	颗粒物/mg·m^{-3}	BSO/mg·m^{-3}	BaP/μg·m^{-3}
数值	0.029～0.042	0.003～0.005	0.25～0.49	0.001～0.003	0～2.6×10^{-4}

表 4-6 焦炉烟囱污染物排放情况

项目	SO_2/mg·m^{-3}	CO_2/mg·m^{-3}	颗粒物/mg·m^{-3}	CO/mg·m^{-3}	BaP/μg·m^{-3}
数值	80～100	1.26×10^5～1.33×10^5	30～40	3.50～56.0	0～3.70×10^{-6}

(2) 有利于扩大炼焦煤源。焦炉采用大容积炭化室结构和捣固炼焦工艺，捣固煤饼为卧式结构，改变了炼焦过程中化学产品和焦炉煤气在炭化室的流动的途径，炼焦煤可以大量地使用弱黏结性煤。一般情况下可以配入50%左右的无烟煤，或者更多的贫瘦煤和瘦煤，这对于扩大炼焦煤资源具有非常重要的意义。同时可以较灵活地改变炼焦配煤和加热制度，并根据需要生产不同品种的焦炭，如冶金焦、铸造焦、化工焦等。

(3) 有利于减少基建投资和降低炼焦工序能耗。焦炉配套的辅助生产设施和公用设施少，建设投资低，建设速度快。一般情况下基建投资为相同规模的传统焦炉的50%～60%，建设周期为7～10个月。此外，热回收捣固焦炉工艺流程简单，设备少，生产全过程操作费用较低，维修费用较少。

由于没有传统焦炉的化产回收、煤气净化、循环水、制冷站、空压站等工序，也没有污水处理等环境保护的尾部治理措施，生产过程中能源消耗较低。

217. 国外主要有哪些热回收炼焦技术?

答: 国外主要的热回收炼焦技术有以下几种。

(1) 美国的热回收炼焦技术。美国研制的 Jewell. Thompson 热回收焦炉建在美国本土。这种焦炉是在炼焦过程中通入适量空气，使炉内产生的煤气全部燃烧，燃烧的热量用来加热煤料炼焦，不回收煤气中的化学产品，热烟道废气经锅炉回收热量，生成蒸汽用以发电。焦炉采用侧装煤方式，焦炉示意图如图4-24所示。

美国研制的 ThyssenKruppEnCoke 热回收试验焦炉建在澳

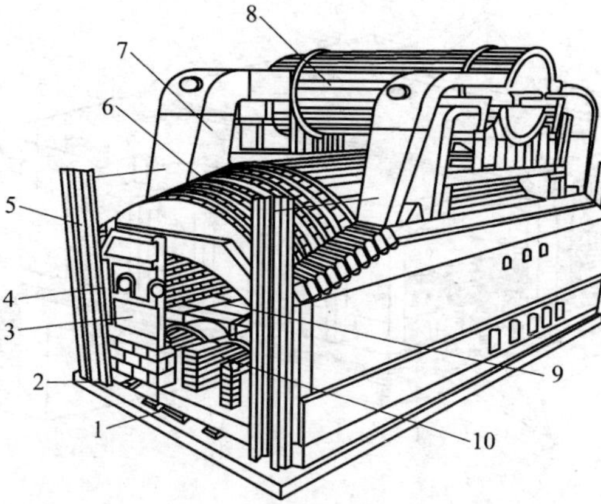

图 4-24 Jewell. Thompson 热回收焦炉示意图

1—空气层；2—炉底板；3—炉门；4—空气口；5—炉柱；6—拱顶；
7—上升管；8—公用废热管；9—炉底；10—炉底火道

大利亚。这种焦炉每侧炉墙上设有 3 个下降气道，所有下降气道均安装有控制元件，可在开工期间调节煤气流量和热量分布，并使其达到最佳化。由于设计的改进，大大缩短了结焦时间。煤层高度为 1.3m 的老焦炉的结焦时间为 72h，而相同煤层高度的新焦炉的结焦时间只有 48h，每孔炭化室的焦炭产量从 3200t/a 提高到 4500t/a，增长了 40%。

（2）德国的热回收炼焦技术。德国蒂森克虏伯能源焦炭工程公司设计的热回收焦炉，建在澳大利亚。焦炉炭化室宽 2.8m，炭化室长 10.5m，装煤厚度 1m，结焦时间 48h，采用顶装煤技术。焦炉剖面如图 4-25 所示。

（3）印度的热回收炼焦技术。印度是开展热回收炼焦技术较早和应用较多的国家之一，其技术代表为印度塞萨焦炭公司。印度从 1994 年开展热回收炼焦技术的研究工作，并且开展工业化试验生产。该公司设计的一种热回收焦炉炭化室宽 2.75m，炭化室长 10.75m，装煤高度 1.18m；另一种热回收焦炉炭化室宽

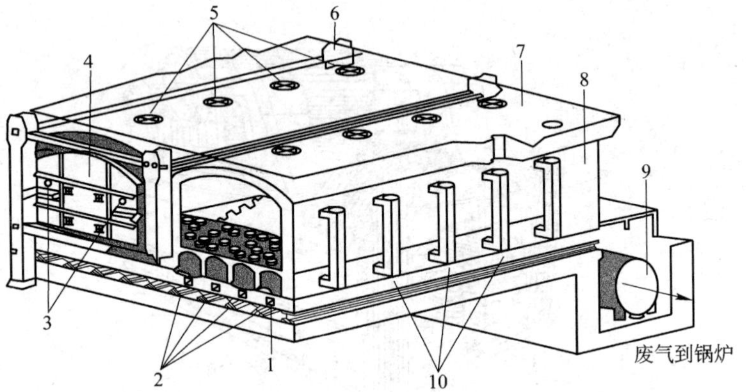

图 4-25 热回收焦炉剖面图

1—小烟道；2—二次空气入口；3—一次空气入口；4—炉门；5—装煤孔；6—坚固系统；7—耐火混凝土；8—耐火砖；9—废气集气管；10—下降火道

1.76m，炭化室长 10.55m，装煤高度 1m。这两种热回收焦炉均为顶装煤，焦炉耐火砖以高铝砖为主。

218. 顶装煤焦炉有哪几种装煤方式，各有何优缺点？

答：顶装煤焦炉是指将装炉煤从炉顶经装煤孔装入炭化室的焦炉，可分为装煤车装煤、管道化装煤和埋刮板装煤三种形式。大部分顶装煤焦炉采用装煤车装煤，其他两种装煤方式主要用于预热煤炼焦。目前采用装煤车装煤的顶装煤焦炉装煤方式又有重力装煤、圆盘给料装煤、螺旋给料装煤三种形式。我国大多数焦炉采用重力装煤，其优点是装煤堆密度大、速度快，有利于提高焦炭的强度；缺点是装煤速度和装煤量不易控制，容易出现各装煤孔下煤不均，导致烟尘偏大。圆盘给料装煤在日本应用得较好，其主要优点是装煤布料、堆密度均匀，有利于焦炭质量的稳定，同时在装煤过程中有利于荒煤气的导出，减少环境污染；缺点是装煤的时间受煤的水分影响较大，煤的水分大时，装煤时间较长。采用型煤生产线，在圆盘给料装煤车的装炉煤中混入

30%的型煤，可以很好地解决这一问题。螺旋给料装煤在国外普遍采用，国内的新型装煤车也普遍采用这一装煤方式，其优点是螺旋给料装煤车具有良好的自密封性，烟尘污染小，装煤堆密度均匀，有利于焦炭质量的稳定，装煤速度和装煤量易于控制，有利于实现自动化操作；缺点是装煤堆密度不大，容易出现装煤缺角。

219. 定量装煤技术有哪几种方式，各有何特点？

答： 定量装煤技术通常采用不同形式的传感器对煤的容积（料位）或重量进行实时监控。传感器分为接触式（电阻式、电容式、配重式自复位式等）和非接触式（雷达式、称量式等）。

接触式传感器由探头组、料位计主机及输出电路组成。安装在不同高度上的探头被煤埋住后分别发出料位高、中、低料位信号，经主机放大后输入到PLC模块，由PLC进行相应处理并监控，来实现相应的操作。接触式传感器对煤车高温、多粉尘、雨雪天气、煤湿度大等特定环境的适应性较差，容易产生错误信号，使得高、中、低料位信号不准确。相对而言配重式自复位式料位计应用效果较好。非接触式传感器抗外界条件干扰的能力要强一些。雷达式料位计不受高温及煤的湿度的影响，但易受空中飞溅物料或发射接收口结垢、堵塞的影响。称量式传感器由安装在螺旋给料装煤车煤斗下部支撑上的称量传感器连续采集煤斗重量信号送至PLC，PLC根据装煤工艺经计算及优化处理，输出模拟量速度调节信号，对螺旋速度进行控制，从而严格控制每个煤斗的装煤量及装煤速度，使炭化室内装煤量自始至终水平上升，可以实现高速装煤。称量式传感器是比较理想的非接触式传感器，在德国应用较多，在我国一些企业也有应用。

220. 日本的SCOPE21炼焦技术的工艺流程及特点如何？

答： 日本的SCOPE21炼焦技术将现有炼焦工艺过程，划分为三大块，即煤炭快速加热，煤炭快速炭化和焦炭高温精炼，目标在于实现每个工艺过程的功效最大化，并保证各工艺过程之间达到高度协调。其特点是将煤干燥、煤预热、粉煤热压成型、管道化装煤、快速中温炭化、焦炭炉外高温处理、干熄焦等技术集于一个系统中。SCOPE21 炼焦工艺流程示意图见图 4-26。其结果使煤在快速加热时，提高黏结性，在半焦收缩时慢速加热降低了温度梯度，可以减少裂纹生成。

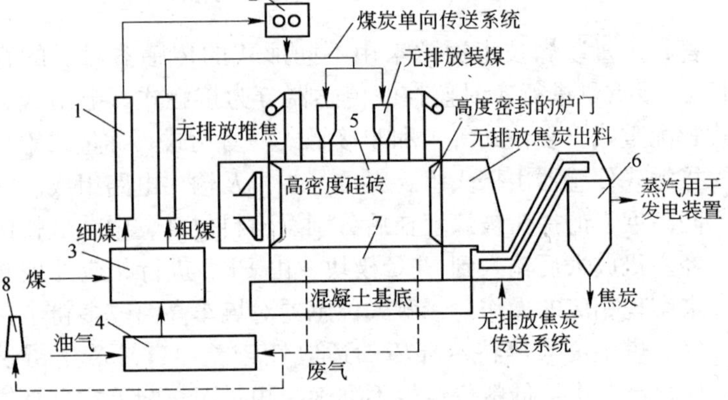

图 4-26 SCOPE21 炼焦工艺流程示意图

1—气动预加热器；2—热压块机；3—流化床干燥器；4—热气发生器；5—炼焦室；6—煤炭精炼室；7—再生器；8—焦炉烟囱

221. 德国巨型炼焦反应器工艺流程及特点如何？

答： 德国针对多室式传统焦炉存在的劳动生产率低和对环境有较大污染的缺点，提出改变多室式传统焦炉的观念，进行了巨型炼焦反应器试验（简称 JCR 流程）。JCR 流程示意图见图 4-27。

JCR 流程主要的技术特点是既保留了传统焦炉的技术优点，又克服了诸多传统的技术缺点，在每个炭化室的两边各建有一个燃烧室、隔热层和抵抗墙，每个炭化室自成系统，彼此间互不相干。

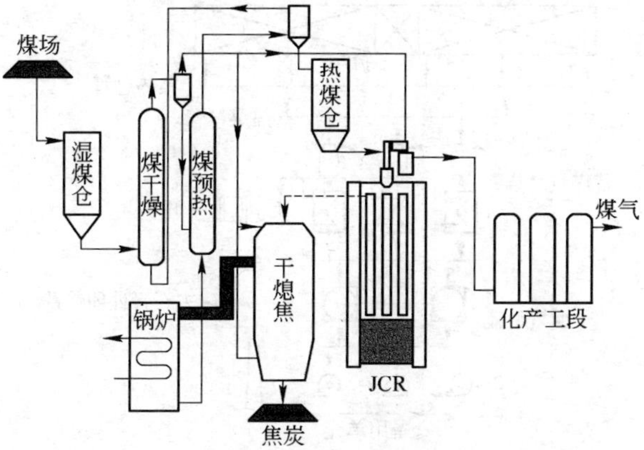

图 4-27 巨型炼焦反应器工艺流程示意图

222. 德国集热总管焦炉工艺流程及特点如何?

答: 德国为得到高质量的焦炭和达到优良的环保水平，建有一种只生产焦炭和电力的集热总管试验焦炉。这种焦炉采用类似PROven系统适当控制单个炭化室的压力，并将从焦炉排出的约800℃的荒煤气直接收集到集热总管，再加入空气立即将荒煤气燃烧，燃烧后的热废气进入锅炉产生蒸汽发电，低温烟气经过脱硫后排放。集热总管焦炉工艺流程示意图见图 4-28。

223. 畅翔型连续炼焦工艺的特点和优点如何?

答: 畅翔型连续炼焦工艺采用直立、侧喷炉体结构。焦炉主要由炭化室、燃烧室、炉顶、斜道及换热器等组成。炭化室自上而下为装煤段、快速干馏段、干馏段。炭化室下部为高温换热器、中温换热器和低温换热器。低温换热器下部为排焦段，排焦段又设有排焦机、接焦箱、刮板输送机等。焦炉顶部设有布煤槽及煤槽漏斗。每一个煤槽漏斗均与相应炭化室侧边的布料机相连。炭化室顶部设有液压驱动的推压杆，用于推压煤料并移动焦饼。

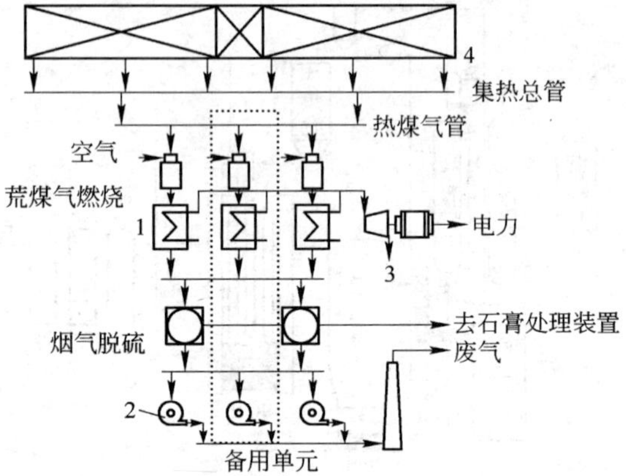

图 4-28 集热总管焦炉工艺流程示意图

1—锅炉；2—抽风机；3—涡轮发电机；4—焦炉

该炼焦工艺的特点是冷态装煤、冷态出焦；采用炉内压实技术，扩大弱黏结性煤用量，并可提高焦炭强度；采用炉内干法熄焦回收红焦显热及回收煤气显热，提高焦炉热效率；通过调整煤气导出孔的位置，可生产出化学组分不同的煤气。

该炼焦工艺具有投资少、能耗低、运行成本低、污染小、劳动生产率高、焦炭质量高、占地面积小等优点。

224. 筛焦操作的基本工艺流程如何？

答： 一般大中型焦化厂均设有焦仓和筛焦楼，国内焦化厂多数将大于 40mm 的焦炭由辊轴筛筛出（筛上部分为大于 40mm 级），经胶带机送往块焦仓。辊轴筛下的焦炭经双层振动筛分成其他三级，分别进入焦仓。设有焦仓的筛焦和运焦系统流程图见图 4-29。

225. 运焦系统有哪些主要设备？

答： 运焦系统的主要设备有凉焦台、放焦装置、皮带输送机、切焦机、筛焦设备、贮焦仓、除尘设备等。

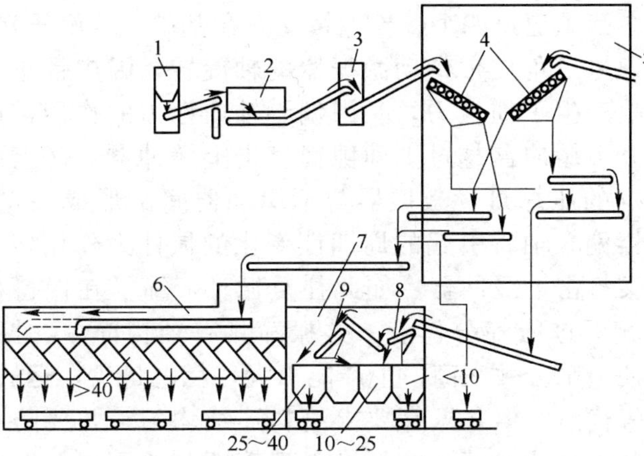

图 4-29 筛焦和运焦系统流程图

1—回送焦槽；2—焦台；3—转运站；4—辊动筛；5—筛焦楼；6—块焦仓；7—碎焦仓；8—双层振动筛；9—单层振动筛

226. 筛焦设备主要有哪些?

答: 筛焦设备主要有辊轴筛和共振筛。

(1) 辊轴筛。国内大中型焦化厂主要用辊轴筛筛分混合焦，常用的辊轴筛有 8 轴和 10 轴两种，每个轴上有数片带齿的铸铁轮片，片与片间的空隙构成筛孔，根据需要，筛孔尺寸可分为 25mm×25mm、40mm×40mm 两种。筛面倾角通常为 12°～15°，给料粒度一般小于 200mm。辊轴筛具有结构简单、坚固、运转平稳可靠等优点，但存在设备重、结构复杂、筛片磨损快、维修量和金属耗量大，焦炭破损率高（约 3%）等缺点。

(2) 共振筛。国产的 SZG 型共振筛的结构是由铺有筛板的筛箱、激振器、上下橡胶缓冲器及板弹簧等组成。静止时，激振器靠自重压在下缓冲器上，使之产生一定的压缩量，激振器通过板弹簧与筛箱连接，其轴是偏心的，轴的两端皮带轮上装有可调的附加配重，激振器与上缓冲器间有一定的空隙，整个筛子通过四个螺栓弹簧支撑在基础上。筛子运转时，由电机通过三角皮带带动激振器的轴旋转，因皮带轮上附有配重，故产生了惯性力，又因偏心轴惯性力的作用，最初激振器离开下缓冲器越过上间隙而打击上缓冲器，使上缓冲器产生一定的压缩量，激振器与下缓冲器间又形成一定间隙。因激振器偏心轴所引起的周期性变化的惯性力作用，下半周激振器又打击下缓冲器，如此往复循环，筛子在保持稳定振幅的情况下进行筛分作业。共振筛具有结构简单，振幅大，维修方便，筛分效率高，生产能力大，耗电量少，运转平稳，故障少等优点。但共振筛要求给料连续均匀，并要防止超负荷运转和带负荷启动，给料设备到筛面落差要小，以减少物料对筛面的打击。

227. 切焦机的作用及结构如何？

答：切焦机的作用是对焦炭进行整粒，将大于 80mm 的大块焦切割成小于 80mm 的焦炭，焦炭经整粒后，其转鼓强度明显提高，粒度亦趋于均匀，进入高炉中可以改善高炉料柱的透气性，有利于高炉增加产量，降低焦比。该设备有两个平行的辊子，辊子由贯穿在轴上的一定数量的圆盘片组成。焦炭进入辊子时，即被旋转的刀片咬住而切断，然后落入下部贮槽。切焦机的结构示意图见图 4-30。

228. 焦炭装车操作应注意哪些方面？

答：焦炭装车操作应注意以下几个方面。

（1）焦仓装满前半小时应及时与火车管理部门联系车皮准备装车。

（2）装车前应检查车皮内有无杂物，关严车门，确保车皮清洁不泄漏。

（3）装车量合乎要求，装完后焦仓漏嘴应关严。

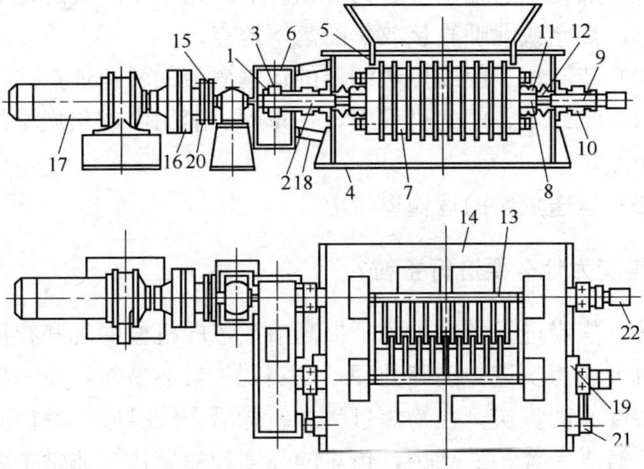

图 4-30 切焦机结构示意图

1—联动齿轮固定环；2—轴；3—联动齿轮；4—机座；5—挡板；6—齿轮箱；7—切削棍；8—辊轴；9—轴；10—主动侧轴承座；11—联轴器；12—粉尘密封环；13—加料斗；14—盖板；15—剪断销；16—联轴器和皮革垫；17—摆线齿轮减速电动机；18—托架；19—传动轴联轴器；20—主动轴联轴器；21—调节轴；22—速度开关

（4）应按焦炭不同筛分的品种装车，不能混装。

（5）焦仓不准放空，必须保持 1/3 的存量。

（6）必须按规定给出红绿灯信号，与火车司机联系动车。

229. 如何进行焦炭的取样？

答：对焦炭取样进行质量检验时，以每班发运的焦炭量作为一批，每批发运量不足 200t 时，以每昼夜发运的焦炭量作为一批。应按被检验焦炭的总数均匀地采取每一个试份（试份系采样工具一次取出的焦炭数量），取样时不允许弃去任何个别焦炭块。每次采取的试份应放到指定的地点，应保证不受外界条件影响。对于做工业分析原始试样应及时处理，以减少水分散失和灰分增加。

根据焦炭的来源不同，焦炭取样时可在以下地点进行：

（1）焦化厂运输皮带转到炼铁厂的运输皮带的转运地点。

（2）焦仓或漏嘴直接放焦的落下地点。

（3）装卸车、船或焦炭倒堆的运输皮带的转运地点。

（4）装卸车、船的过程中，在车厢、船舱内或焦炭堆的不同层分布点。

（5）运送焦炭的运输皮带上。

230. 焦炭为什么要进行整粒？

答： 焦炭进行整粒是为了提高冶金焦的机械强度和粒度均匀性。对大块焦炭进行破碎处理，以实现焦炭的整粒，使一些强度差、块度大的焦炭，在筛焦过程中就能沿裂纹破碎，并使其粒度均匀。对于大容积的高炉，焦炭的强度和粒度均匀非常重要。焦炭经整粒之后，其转鼓强度明显提高，这是由于焦炭中强度较差的部分或者有棱角易挤碎的部分经撞击后，易碎的部分可以被去掉。另外由于焦炭粒度均匀，可以提高高炉炉料的透气性。这种情况与焦炭在运往高炉途中，经多次转运，转鼓强度有所提高的作用一样。此外，焦炭经整粒处理后，粒度趋于均匀，进入高炉后可以改善高炉料柱的透气性，有利于提高生铁产量和降低焦比。一般采用切焦机对块度大的焦炭进行整粒。

231. 如何进行焦炭的分级？

答： 焦炭的分级可根据用户的需要确定，一般情况下大于40mm的焦炭称为大块焦，25～40mm的焦炭称为中块焦，10～25mm的焦炭称为小块焦，10mm以下的焦炭称为粉焦，大于25mm的焦炭统称为冶金焦。各级焦炭大致产率范围见表4-7。

表4-7 各级焦炭大致产率范围

分级范围	产率/%	用途简介
全 焦	74～76（对干煤）	
＞80mm	20（对全焦，下同）	铸 造

续表 4-7

分级范围	产率/%	用途简介
40～80mm	66	冶　金
25～40mm	7	冶　金
10～25mm	2.5	造气、小高炉、铁合金
<10mm	4.5	电石、烧结、水泥

第五章 焦炉热工

232. 焦炉热工管理需掌握哪些基本单位及换算关系？

答：焦炉热工管理中需掌握7个基本单位——重度、密度、压强、流量、流速、液体黏度和雷诺准数。各基本单位的概念及换算关系见表5-1。

表5-1 基本单位的概念及换算关系表

名称	符号	概念	计算公式	常用换算关系
重度	γ	单位体积物体的重量	$\gamma=G/V$ 式中 G——物体总量，kg； V——物体的体积，m^3	$1kg/m^3=0.001g/cm^3$
密度	ρ	单位体积物体的质量	$\rho=m/V$ 式中 V——物体的体积，m^3； m——物体的质量，kg； $m=G/g$ 式中 G——物体总量，kg； g——重力加速度 $9.81m/s^2$	
压强	p	垂直作用单位面积上的力，习惯称压力	$p=F/S$ 式中 F——作用力，N； S——受力面积，m^2	$1N/m^2=1mmH_2O$ $=9.80665Pa$； 1个大气压(atm) $=760mmHg$ $=10336mmH_2O$ $=0.101325MPa$ $1kg/cm^2=10mH_2O$ $=0.0980665MPa$ $=1$工程大气压(at)； $1MPa=1000kPa$ $=1000000Pa$

续表 5-1

名称	符号	概念	计算公式	常用换算关系
流量	Q	单位时间内通过通道某一截面的流体的体积	$Q=V/t$ 式中 V——流体的体积，m^3； t——时间，s 或 h	
流速	ω	流体在管道中单位时间流过的距离	$\omega=l/t$ 式中 l——流体在管道内流过的距离，m； t——时间，s	
流体黏度	μ	反映流体中相邻两层流体间的摩擦力（相对运动的力）的物理性质的量		$1kg\cdot s/m^2$（工程单位）$=1000\times981/100^2$ $dyn\cdot s/cm^2=98.1$ 泊$=9810$ 厘泊（绝对单位） $1yn/cm^2=0.1Pa$
雷诺数	Re	划分流体流动状态的准数	$Re=d\omega\rho/\mu$ 式中 d——管道内径，m； ω——流体流速，m/s； ρ——流体密度，$kg\cdot s^2\cdot m^{-4}$； μ——流体黏度，Pa·s	实验研究表明：$Re<2320$ 时，流体流动类型为层流；$Re>10000$ 时，流体流动类型为湍流；$2320<Re<10000$ 时，流体流动类型为过渡流

233. 什么是相对压力、绝对压力、正压、负压（吸力）、摄氏温度和绝对温度?

答：相对压力：静压力与同一地点大气压力的差值称为相对压力（表压），圆盘式压力计、U 形测压表、微压计等测出的是相对压力。

绝对压力：介质中某点的实际压力，数值上等于相对压力（表压）与同一地点大气压力之和。

相对压力与绝对压力的关系为：相对压力＝绝对压力－同一

地点的大气压。

正压：相对压力＞0为正压。

负压：相对压力＜0为负压，负压即为吸力。

摄氏温度：用来表示冷热程度，一般采用百分温标度数，用摄氏温度（℃）表示。这种温标在标准大气压下以冰的溶点作为0℃，以纯水的沸点作为100℃来表示。

绝对温度：一般在计算中常使用（K），它与摄氏温度的关系为：

绝对温度（K）＝273＋摄氏温度。

234. 什么是标准状态、工作状态、气体定律?

答：标准状态：国际上公认并规定温度为0℃（273K）、压力为101.3kPa的条件为标准状态。理想气体，在标准状况下，每千摩尔的气体体积为22.4m^3，密度的表达式为：

$$\rho = M/22.4$$

式中 ρ——密度，kg/m^3；

M——气体相对分子质量，kg/kmol。

工作状态：我们关注的物质所处场所温度、压力实际情况称为工作状态。

气体定律：表明气体从一种状况（温度、压力、体积）变化到另一种状况时，气体的温度、压力和体积之间的相互关系。

气体定律表示如下：

$$p_1V_1/T_1 = p_2V_2/T_2 = nR \tag{5-1}$$

式中 p_1、V_1、T_1——气体在第一种状态下的压力、体积和绝对温度K；

p_2、V_2、T_2——气体在第二种状态下的压力、体积和绝对温度K；

n——气体克分子数；

R——气体常数8.314kJ/（kmol·K）。

在工业上常用的是混合气体，混合气体的密度可用加权法计算：

$$\rho_{混} = (\rho_1 a_1 + \rho_2 a_2 + \cdots + \rho_n a_n) \times 0.01$$

式中　$\rho_{混}$——混中气体的密度，kg/m³；

ρ_1，ρ_2，…，ρ_n——各成分独立存在时的密度，kg/m³；

a_1，a_2，…，a_n——各成分在混合气体中所占体积分数，%。

标准状态下气体的密度 $\rho_{0混}$ 与工作状态下气体的密度 $\rho_{实混}$ 有如下关系：

$$\rho_{实混} = (p_t T_0 / p_0 T_t)\rho_{0混} \tag{5-2}$$

235. 什么是气体浮力，影响气体浮力的因素有哪些，焦炉烟囱的工作原理是什么？

答：根据连通器原理，我们把同一水平面上的空气柱和热废气柱的压力差称为浮力。浮力的大小可用下式来表示：

$$p_{浮} = (p_0 + \rho_K gH) - (p_0 + \rho_F gH) = (\rho_K - \rho_F)gH \tag{5-3}$$

式中　$p_{浮}$——Hm 高烟囱所产生浮力，Pa；

p_0——大气压力，Pa；

ρ_K——大气密度，kg/m³（工作状况下的密度）；

ρ_F——废气密度，kg/m³（工作状况下的密度）；

H——烟囱高度，m；

g——重力加速度，等于 9.81m/s²。

影响浮力的主要因素是热气柱的高度 H 和大气与热废气的重度差。当大气与废气的温度一定时，即重度差不变的情况下，浮力与热气柱的高度成正比，也就是说烟囱越高，浮力越大；当烟囱高度一定时，大气与废气温度差越大（即大气与热废气的重度差越大），浮力也就越大。

焦炉烟囱的工作原理：焦炉燃烧系统产生的热废气充满烟囱，外界冷空气从打开的风门进入焦炉，外界大气密度比热废气密度大，则热废气就会不断地被压出烟囱，冷空气被预热后与煤气燃烧产生废气，补充烟囱排出的废气，烟囱始终保持热废气柱的存在，从而形成了焦炉内气体流动的动力，如图 5-1 所示。

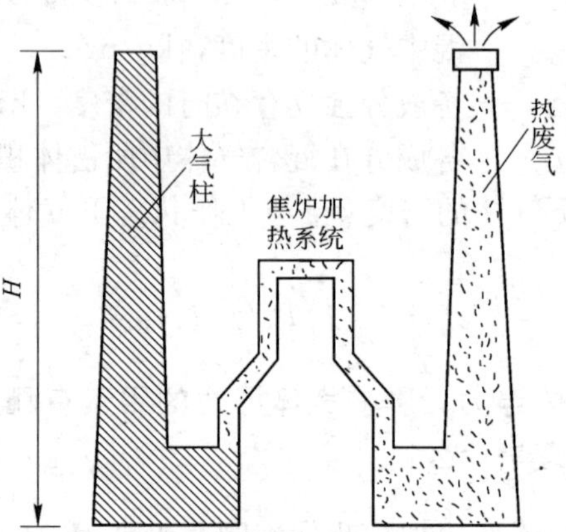

图 5-1 焦炉烟囱产生浮力原理图

236. 什么是气体阻力，如何计算？

答： 气体在管道或焰道内流动时受到的反向作用力称作阻力。

气体在管道或通道内流动时同时遇到两种阻力。一是直管阻力（或称为摩擦阻力），气体流经一定直径的直管时，气体与管壁或焰道墙壁之间的摩擦、气体与气体间的相互作用和相对运动而产生的阻力。二是局部阻力，也就是气体在流经管件（调节砖）、阀门闸板、管径变大或变小、拐弯等局部地方由于流速大小及方向的改变而引起的阻力。在炼焦炉加热系统内，局部阻力占全部阻力的绝大部分，而由直管阻力造成的损失较少，直管阻力是均匀分布在整段通道上的。

直管阻力和局部阻力，都可采用下列公式计算，该公式称为阻力计算通式。

$$\Delta p = k\frac{w_0^2}{2g}\gamma_0\left(1+\frac{t}{273}\right) \tag{5-4}$$

式中 Δp——阻力损失，Pa；

k——阻力系数（包括摩擦阻力系数 $k_{摩}$ 和局部阻力系数 $k_{局}$，在计算摩擦阻力时用 $k_{摩}$ 代入式（5-4），当计算局部阻力时则用 $k_{局}$ 代入式（5-4））；

w_0——标准状况下气体的流速，m/min；

γ_0——标准状况下气体的重量，kg/m^3；

t——工作气体的温度,℃；

g——重力加速度 m/s^2。

237. 气体流动时的压力差与流量的关系是怎样的?

答： 在某一生产条件，在同一通道内通过同一种气体时，压力差（即阻力损失）与气体的流速或流量的平方成正比。即：

$$\frac{\Delta p}{\Delta p'}=\frac{w_0^2}{w_0'^2}=\frac{\left(\frac{G_0}{F}\right)^2}{\left(\frac{G_0'}{F}\right)^2}=\frac{G_0^2}{G_0'^2} \tag{5-5}$$

式中 G_0、G_0'——同一通道内变化前和变化后的流量，m^3/h。

根据这一关系推出用于焦炉加热煤气和空气调节的计算式：

$$\frac{\Sigma\Delta p'}{\Sigma\Delta p}=\frac{p'_0-p'_n}{p_0-p_n}=\frac{(G'_0)^2}{(G_0)^2}\frac{\gamma'_0}{\gamma_0}\frac{T'}{T}$$

$$=\left(\frac{q'm'V'_0}{QmV_0}\right)^2\left(\frac{\tau}{\tau'}\right)^2\frac{\gamma'_0}{\gamma}\frac{T'}{T} \tag{5-6}$$

由式（5-6）可推导出下列关系：

当空气过剩系数为定值时，烟道吸力之比约等于空气流量平方比，即：

$$\frac{p'_n}{p_n}\approx\frac{G'^2}{G^2} \tag{5-7}$$

当煤气流量计孔板不变时，煤气压力之比约等于煤气流量平方比：即：

$$\frac{p'_0}{p_0}\approx\frac{G'^2_0}{G^2_0} \tag{5-8}$$

当烟道吸力不变时，进入一个上升气流蓄热室的空气量与进风口截面面积成正比：

$$\frac{G'_0}{G_0} \approx \frac{F'}{F} \tag{5-9}$$

当烟道吸力不变，上升气流蓄热室顶部吸力之比约等于进口风口截面的平方比。即：

$$\frac{p'_0}{p_0} \approx \left(\frac{F'}{F}\right)^2 \tag{5-10}$$

当烟道吸力一定时，进风口截面积与大气的绝对温度成正比，即：

$$\frac{F'}{F} = \frac{T'}{T} \tag{5-11}$$

在实际生产中，可以按上述计算式，计算在生产条件变化后的加热煤气流量和空气量，以此来指导加热调节。

238. 伯努利方程式及意义是什么，如何表达焦炉气流流向？

答： 根据流体的连续性和能量守恒定律，对炼焦炉通道内，热气流在两个截面间的伯努利方程式：

$$z_1 r_{1-2} + p_1 + \frac{w_1^2}{2g} r_{1-2} = z_2 r_{1-2} + p_2 + \frac{w_2^2}{2g} r_{1-2} + \sum_{1-2} \Delta p \tag{5-12}$$

式中，等号左边表示 1 点处能量总和，等号右边表示 2 点处能量与从 1 点到 2 点过程中因阻力损失的能量。

注脚 1 或 2 表示不同截面；

r_{1-2}——平均密度，对温度均匀变化的区段，可采用调和平均密度：$r_{1-2} = 2r_1r_2/(r_1+r_2)$；

z_1、z_2——流体在截面 1、2 处的相对高度，m；

p_1、p_2——流体在截面 1、2 处的静压头，kg/m^2；

w_1、w_2——流体在截面 1、2 处的流速，m/s；

$\sum_{1-2} \Delta p$——流体在截面 1、2 之间的阻力损失，Pa。

g——重力加速度常数，9.81m/s^2。

表达焦炉气流流向：

（1）上升气流。通道外的大气可认为是静止的，则推导出

$$p_2 = p_1 + h_{1-2}(r_{空} - r_{1-2}) + \frac{w_1^2 - w_2^2}{2g} r_{1-2} - \sum_{1-2} \Delta p \tag{5-13}$$

在焦炉计算时，$\frac{w_1^2 - w_2^2}{2g} r_{1-2}$ 可忽略不计，则有：

$$p_2 = p_1 + h_{1-2}(r_{空} - r_{1-2}) - \sum_{1-2} \Delta p \tag{5-14}$$

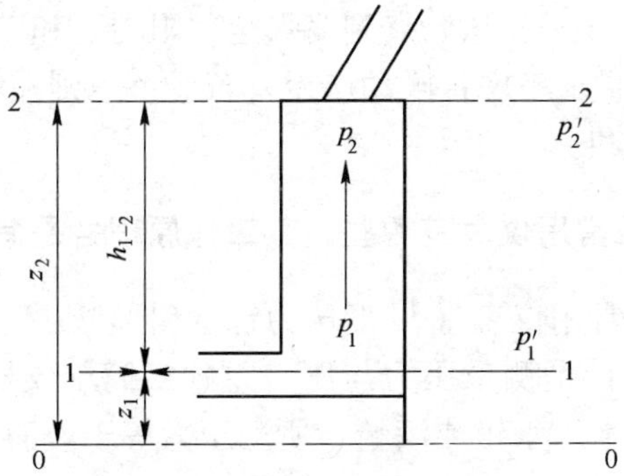

图 5-2 上升气流示意图

式（5-14）表明：上升气流，点 2 的相对压力为点 1 的相对压力加上浮力减去阻力，阻力妨碍气体流动。

（2）下降气流。下降气流的气流方向与上升气流相反，可按同法推导出：

$$p_2 = p_1 - h_{1-2}(r_{空} - r_{1-2}) - \sum_{1-2} \Delta p \tag{5-15}$$

在下降气流中，浮力变为阻力，阻碍气体下降。

（3）水平气流。在水平通道内，$h_{1-2}=0$，所以：

$$p_2 = p_1 - \sum_{1-2} \Delta p \tag{5-16}$$

在水平通道内，动压差是否可以忽略要视具体情况而定，否则易引起很大误差。

（4）循环上升和下降气流。加热系统既有上升又有下降，但

其实质相同，可用式（5-17）表示：

$$p_{终} = p_{始} + \Sigma h_{上}(r_{空} - r_i) - \Sigma h_{下}(r_{空} - r_i) - \Sigma\Delta p \quad (5\text{-}17)$$

式中 $p_{终}$——终点的相对压力；

$p_{始}$——始点的相对压力；

$\Sigma h_{上}$（$r_{空}-r_i$）——从始点到终点间，各上升气流段浮力的总和（各段热气体密度不同）；

$\Sigma h_{下}$（$r_{空}-r_i$）——从始点到终点间，各下降气流段浮力的总和；

$\Sigma\Delta p$——从始点到终点全部阻力之和。

式（5-17）未考虑各段动压差，若要考虑则在等式右边加上各段动压差之和。

239. 焦炉测压常用仪表有哪些，其工作原理各是怎样的？

答：测压常用仪表有 U 形压力计、斜形微压计等。

U 形压力计是测量压力与压力差的最简单仪器。在 U 形压力计中可以装水、水银或酒精，所测压力等于液面高位差与液体密度的乘积。

$$p = h\rho g \quad (5\text{-}18)$$

式中 p——压力，Pa；

h——液面位差，m；

ρ——液体密度，kg/m^3；

g——重力加速度，m/s^2。

斜型微压计：用来测量微小的压力。它主要由宽广容器与带刻度的玻璃斜管组成，如图 5-3 所示。

由于宽广容器的截面比玻璃管的截面大得多（一般为 40～50 倍），所以在宽广容器中液面的改变是极小的，可以忽略不计，只读斜管液面位置即可。

微压计的斜管之所以能起放大作用，是因为高度为 h 的液柱用斜管中的长度 l 来表示，这样就能清楚地读出微小压力的变化。

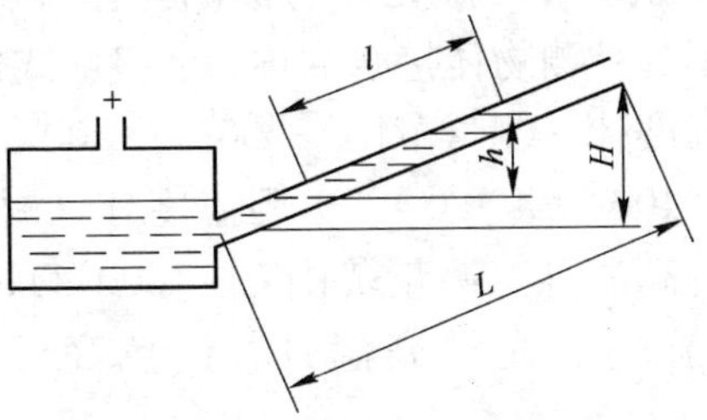

图 5-3 微压计示意图

在图 5-3 中，测得压力为 $p=h\gamma$。

H/L 是与斜管的倾角有关，当夹角越小，压力计越灵敏。但是当角度小于 15°后，就很难确定正确的读数。常用微压计有倾斜角固定和可变动的两种。

γ 是工作液体的密度，在每台表的铭牌上都有标明。如果实际使用液体与铭牌上不符合时，则需要进行换算，其公式为：

$$p = p_1\gamma_1/\gamma \tag{5-19}$$

式中 p——实际压力，Pa；

p_1——表上所读得的压力，Pa；

γ——仪表铭牌上所标的液体重度，kg/m^3；

γ_1——实际使用液体的重度，kg/m^3。

微压计在使用前，首先调整水平，然后驱尽液体内的气泡——从正压端缓缓吹气，使斜管上液面逐渐上升到近于顶端处，停止吹气，当液面回到原处后，再吹气反复数次即可。接着调整液面至零点，就可进行测量。测量正压时，测压管和宽广容器相连；当测量负压时，与斜管相连；测压差时，把较高的压力与宽广容器相连。而把较低的压力和斜管相通。

240. 焦炉测温常用仪表有哪些?

答： 根据温度测量范围，测量 550℃以下的仪表称为低温温度计或温度计，测量 550℃以上的仪表称为高温温度计。

按照仪表的原理，测温元件与被测物体接触称为接触式仪表，测温元件不与被测物体接触的称为非接触式仪表。接触式仪表包括膨胀式温度计（测量范围－200～＋500℃），压力式温度计（测量范围－40～＋400℃），电阻温度计（测量范围－200～＋500℃），热电高温计（测量范围 0～1600℃）；非接触式高温计包括辐射高温计、光学高温计、比色高温计（测量范围600～6000℃）。

241. 焦炉流量测定仪表有哪些，节流式流量计的工作原理是怎样的?

答： 流量测量计大致可分为两大类：速度式流量计和容积式流量计。常用的节流式流量计属于速度式流量计。

节流式流量计是利用流体流经节流装置时所产生的压差来实现流量检测的，一般由能将流体的流量转换为压力（压差）信号的孔板、喷嘴等节流装置和测压力（压差）的显示仪表两部分组成。在圆管内装置一个中间有圆孔的阻挡件，当流体流过时，流速增加，静压力减少，从而在阻挡前后产生压差。这种组件称作节流件，与取压管前后直管，安装法兰等，统称“节流装置”。标准的节流件有四种：孔板、喷嘴、文丘里喷嘴和文丘里管。此压差与流体的流量有如下函数关系：

$$V = K\sqrt{\frac{\Delta p}{\rho g}} \tag{5-20}$$

式中 K——孔板装置常数；

ρ——流体密度，kg/m³；

Δp——孔板前后的压差，Pa。

因此，只要测出压差 Δp，就可以求出流量 V。

节流式流量计在焦化生产中应用最广，几乎所有的煤气管道的流量均采用这类仪表。节流式流量计在安装时应远离气体流动产生局部阻力的管件，否则影响流量精度。

242. 焦炉加热气体的种类及其理化性质如何?

答：焦炉加热所使用的煤气，通常有焦炉煤气和高炉煤气，此外还有发生炉煤气及脱氢煤气等。

（1）焦炉煤气性质。焦炉煤气是无色有臭味的气体，重度为0.46～0.5kg/m^3，它的化学成分如下：

氢	H_2	54%～60%
甲烷	CH_4	24%～25%
一氧化碳	CO	5%～8%
二氧化碳	CO_2	2%～3%
氮	N_2	4%～7%
氧	O_2	0.4%～0.7%
重碳氢化合物	C_mH_n	2%～3%
水分（少量）	H_2O	

发热量较高，一般为16800～18900kJ/m^3，着火点低，燃烧温度高，产生废气量少，加热系统阻力小，炼焦耗热量低，增减煤气流量时对焦炉燃烧室温度变化比较灵敏。

爆炸范围（煤气在混合气体中的体积分数）是5%～30%，容易爆炸，煤气点火时，要先点火后开煤气。高温下会沉积热解碳，加热系统在换向过程中要除碳。

（2）高炉煤气性质。高炉煤气是无色、无味，无臭的气体，重度为1.29～1.30kg/m^3，和空气重度相近，它的化学成分如下：

一氧化碳	CO	25%～30%
二氧化碳	CO_2	9%～11%
氢	H_2	2.2%～2.8%
氧	O_2	0.2%～0.4%
氮	N_2	55%～57%

发热量较低，一般为3300～4200kJ/m^3，着火点在600℃以上，燃烧比较缓慢，火焰较长，产生的废气量也多，加热系统阻力大，约为焦炉煤气加热时的二倍以上，耗热量高。

爆炸范围是36%～65%。CO含量较高，毒性很大，安全规程规定在$1m^3$空气中CO含量不能超过0.03g，因此高炉煤气设备必须严格保持严密，废气开闭器、小烟道和蓄热室等部位在上升气流时要处于负压状态。

243. 简要说明焦炉加热系统工艺流程。

答：高炉煤气加热时的煤气流程：

煤气主管—机（焦）侧开闭器—机（焦）侧调节翻板—煤气混合器—机（焦）侧煤气支管—加减考克—煤气孔板—废气盘—（上升气流时）小烟道—箅子砖—煤气蓄热室—斜道—燃烧室（上升气流立火道）—与空气燃烧。

焦炉煤气加热时的煤气流程：

煤气主管—机（焦）侧开闭器—机（焦）侧煤气预热器—机（焦）侧调节翻板—机（焦）侧煤气支管—加减旋塞—交换旋塞—（上升气流时）煤气立管—燃烧室（上升气流立火道）—与空气燃烧。

空气流程：

空气—风门—废气盘—小烟道—空气蓄热室—斜道—燃烧室（上升气流立火道）—与煤气燃烧。

废气流程：

燃烧室（下降气流立火道）—斜道—蓄热室—小烟道—废气盘—调节翻板—机（焦）侧分烟道—分烟道翻板—总烟道—烟囱—排放到大气。

244. 各类炉型焦炉气体流动途径和气体在炉内流动的主要特点是什么?

答：ПВР型焦炉气体流动途径：

用高炉煤气加热时，由$2_{煤气}$、$2_{空气}$蓄热室上升的空气和高炉煤气经短斜道进2号燃烧室的双数火道，燃烧后的废气由单数火道下降，分别经长斜道进入前1号的煤气蓄热室$1_{煤气}$及后1号的

空气蓄热室 $3_{空气}$，而进入 3 号燃烧室的双数火道的煤气由后 1 号煤气蓄热室 $4_{煤气}$ 与前 1 号空气蓄热室 $2_{空气}$ 经长斜道供给，燃烧后废气则由单数火道下降，分别经短斜道进入 $3_{煤气}$，$3_{空气}$ 蓄热室，其他依此类推，换向后气流相反。全炉各燃烧室的同号火道气流方向相同，ПВР 型焦炉气体流动途径，如图 5-4 所示。58-Ⅱ型焦炉的气体流动途径，如图 5-5 所示。

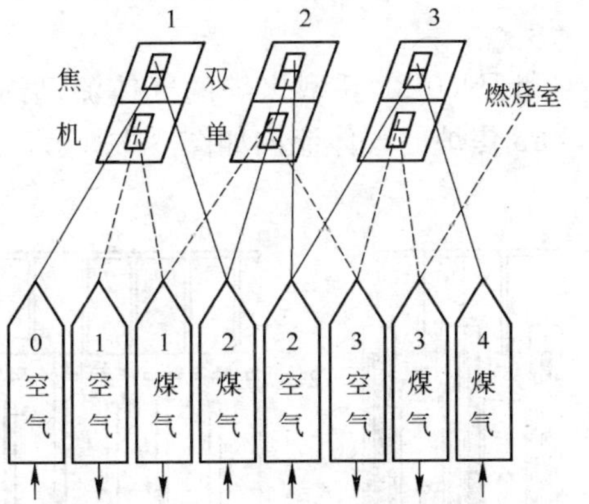

图 5-4 ПВР 型焦炉气体流动示意图

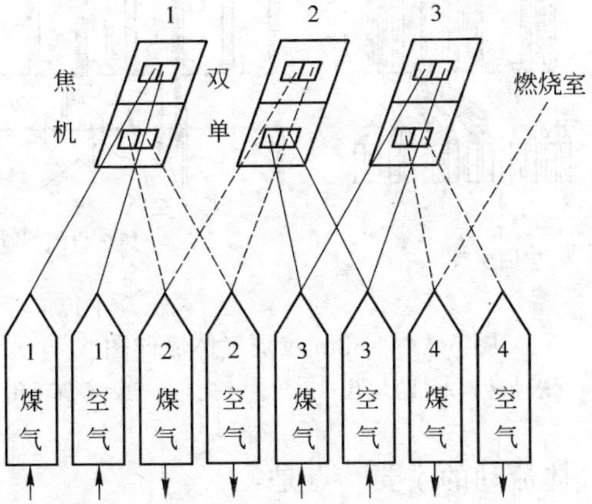

图 5-5 58-Ⅱ型焦炉气体流动示意图

由 3 号煤气和空气蓄热室上升的高炉煤气和空气分别各经两个基本平行的斜道进入 2 号燃烧室的单数火道及 3 号燃烧室的双数火道燃烧，产生的废气由 2 号燃烧室的双数火道及 3 号燃烧室的单数火道下降经斜道，分别由 2 号煤气和 2 号空气蓄热室及 4 号煤气和 4 号空气蓄热室排走，换向后气流相反，即某号蓄热室烧同号燃烧室的双眼及前号燃烧室的单眼。相邻燃烧室的火道交错燃烧，面对焦侧，左边的斜道口是煤气口，右边的是空气口。

JN43-80 型和 JN60-2、5 型焦炉的气体流动途径与 58 型焦炉均相同。7.63m 焦炉的气体流向如图 5-6 所示。

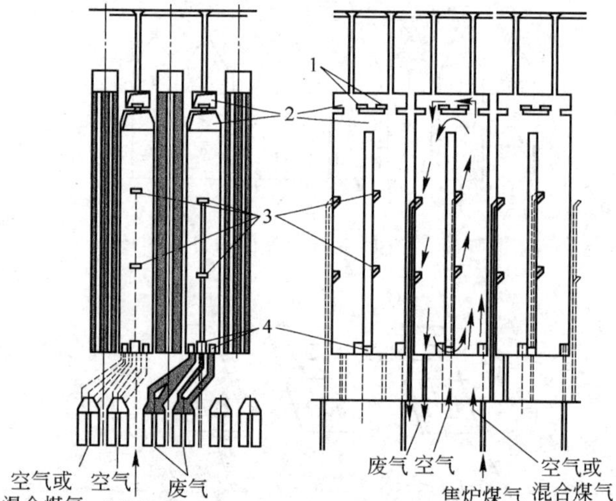

图 5-6 7.63m 焦炉气体流向图

1—滑动砖；2—跨越孔；3—空气孔；4—废气循环孔

焦炉内气体流动的主要特点是：

（1）根据焦炉内气体流动的途径，加热系统各区段中流过不同的气体，从斜道进入立火道后，温度发生剧变，在进行炉内流体分析和计算时应分段应用流体力学基本方程式。

（2）加热系统相对压力较小，各区段温度均匀变化，可采用伯努利方程式（5-12）。

（3）加热系统不仅是个通道，而且有气体沿燃烧室长向的分配问题，对集气管、烟道还有分配和混合全炉气体的作用，在这些分配道中压力和流量的变化很大，因而需要考虑变量气流的特点。

（4）在伯氏方程式中，位压 zr、静压 p、动压 $w^2/2gr$ 三者之和即为总压，当稳定流动时，总压差等于阻力，流体流动中，总压差和阻力同时存在于流体的运动过程中，等式两边任何一方发生变化时，平衡就被破坏，就会发生在新的条件下新的平衡。所以在焦炉加热中，采用两种手段来调节流量，一是改变煤气静压以改变总压差，二是改变调节装置的开度来改变局部阻力系数，以达到所需的合理炉温。

245. 焦炉炉体有哪几个主要部分构成，各部分的作用是什么？

答： 现代焦炉主要由炭化室、燃烧室、斜道、蓄热室及炉顶等部位所组成，如图 5-7 所示。

（1）炭化室。炭化室是将煤炼成焦炭的部位。在炭化室的两端有炉门。炭化室的容积、宽度与孔数对焦炉生产能力，单位产品的投资及机械设备的利用率等均有重大影响。

现代大型焦炉的炭化室长度，一般在 14m 左右，大容积焦炉有的长达 16m 以上，炭化室全长减去两端炉门衬砖伸入炭化室的长度称为炭化室有效长度。

现代焦炉炭化室的平均宽度一般在 400～500mm。一般焦侧宽度大于机侧，这种差值称作锥度。

大型焦炉的锥度为 50mm，小型焦炉的锥度为 20mm，大容积焦炉的锥度为 70mm。捣固焦炉炭化室锥度一般小于 20mm。

（2）燃烧室。燃烧室位于炭化室两侧，煤气和空气在这里混

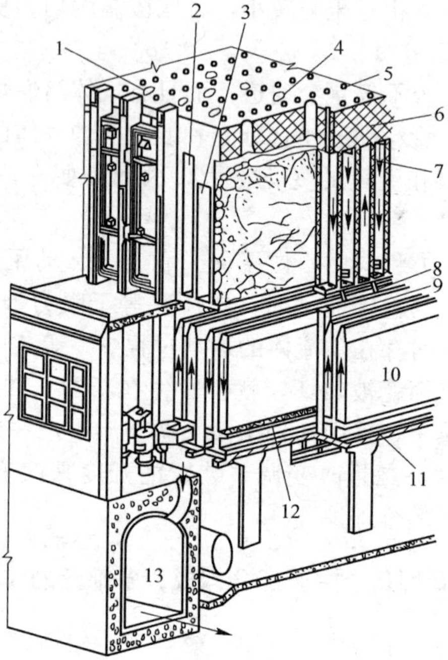

图 5-7　焦炉炉体构造图

1—上升管孔；2—炭化室；3—燃烧室；4—装煤孔；5—看火孔；
6—炉顶；7—立火道；8—斜道；9—砖煤气道；10—蓄热室；
11—小烟道；12—箅子砖；13—烟道

合燃烧加热炭化室，如图 5-8 所示。燃烧室一般选用荷重软化温度高，导热性好的硅砖砌筑。

每座焦炉的燃烧室数比炭化室数多一个。燃烧室长度与炭化室相同。燃烧室顶面标高低于炭化室顶面，两者高度差称为加热水平。

燃烧室宽＋炭化室宽＝炭化室中心距，当炭化室宽一定时，增大中心距等于增大燃烧室，这样可以提高燃烧室的强

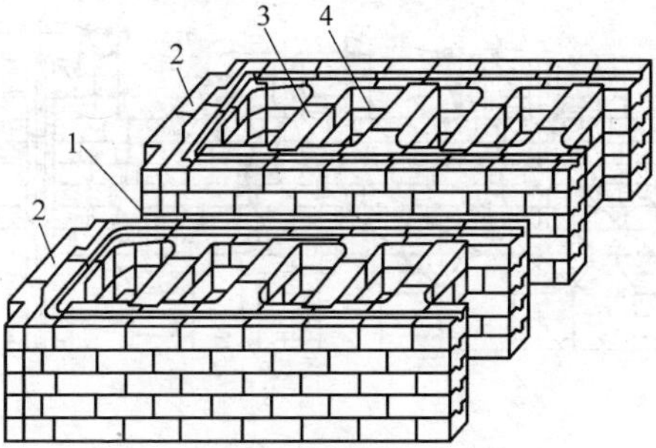

图 5-8 燃烧室简图

1—炭化室；2—炉头；3—隔墙；4—立火道

度，因此当炭化室高度增高时，就应增大中心距，以保证燃烧室的强度。

燃烧室由若干火道组成，以便于控制从机侧到焦侧的温度分布。同时，相邻火道间的隔墙也起着增加焦炉结构强度的作用。对于双联火道带废气循环的焦炉，每对火道的隔墙上部有跨越孔，下部有废气循环孔。循环孔是改善焦炉高向加热的措施之一。

在每个火道内煤气与空气斜道口都装有调节砖。侧入式焦炉火道底装有烧嘴。下喷式焦炉有垂直砖煤气道口。

燃烧室砌体的炉头，由于温度变化剧烈，容易产生裂缝，剥落和变形。故炉头适宜用既耐急冷急热性好，又耐磨的耐火材料砌筑。

(3) 斜道区。斜道区位于炭化室及燃烧室下面，蓄热室上面，是焦炉加热系统的一个重要部位，结构复杂，温度也较高，如图 5-9 所示。

斜道区内燃烧室与蓄热室相连接的通道称为斜道。进入燃烧室的高炉煤气、空气及排出的废气均通过斜道。斜道区是沿焦炉纵长方向的连续体，为解决烘炉时的热膨胀，每层砖都设有膨胀缝和滑动缝。

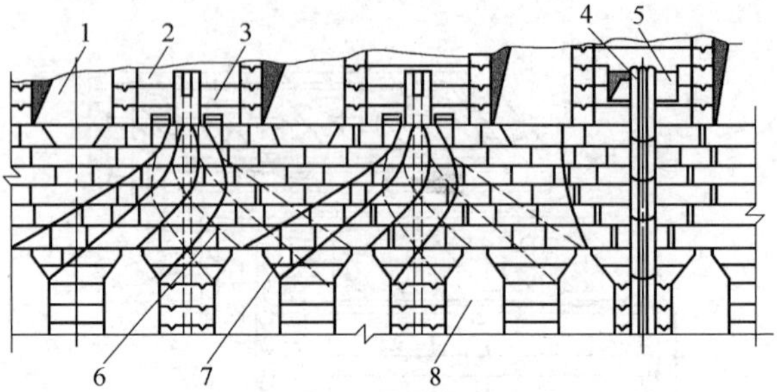

图 5-9 斜道区示意图

1—炭化室；2—立火道；3—调节砖；4—砖煤气道；
5—废气循环孔；6—膨胀缝；7—斜道；8—蓄热室

煤气侧入式焦炉，在斜道区设有水平砖煤气道，并在蓄热室中心隔墙处按机、焦侧隔开。在水平砖煤气道上，相应于每个立火道处，各有一个垂直立管与立火道相通。下喷式焦炉的垂直砖煤气道通过斜道区把加热用的焦炉煤气导入各立火道内进行燃烧。

（4）蓄热室。蓄热室位于斜道下部，通过斜道与燃烧室相通，是废气与空气（或煤气）进行热交换的部位。在蓄热室里装有格子砖，不断地进行热交换，提高焦炉热工效率。在正常生产条件时，一座没有蓄热室的废热式焦炉，大约要烧掉本身所发生焦炉煤气的80%左右；而带有蓄热室焦炉一般只烧掉自身所发生焦炉煤气的45%左右。蓄热室由小烟道、箅子砖、格子砖、隔墙、封墙等组成。

7.63m焦炉蓄热室为分隔蓄热室，每个立火道独立对应2格蓄热室构成一个加热单元，蓄热室底部设有可调节孔口尺寸的喷嘴板。蓄热室上、下部分分别采用不同的耐火材料砌筑，从而保证主墙与各分隔墙之间的紧密结合。

小烟道位于蓄热室底部，是蓄热室连接废气盘的通道。小烟道内温度变化剧烈，波动幅度达300～400℃。因此，在硅砖小烟道内衬以黏土砖，以保护硅砖砌体，如图 5-10 所示。

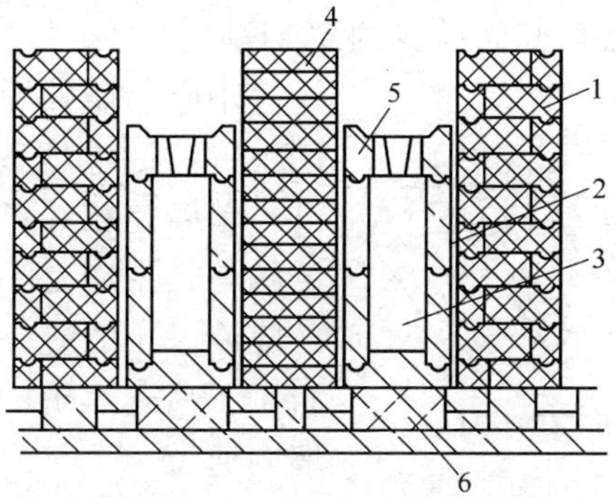

图 5-10　58 型焦炉小烟道

1—蓄热室主墙；2—小烟道黏土衬砖；3—小烟道；4—蓄热室单墙；5—箅子砖；6—断热砖

箅子砖的作用主要是通过箅子砖孔径的改变，使气流沿蓄热室长度方向，根据加热要求合理分配，箅子砖有圆孔形与方孔形箅子砖两种，我国自行设计的 58 型、66 型及大容积焦炉均采用扩散式圆孔形箅子砖，如图 5-11 所示。

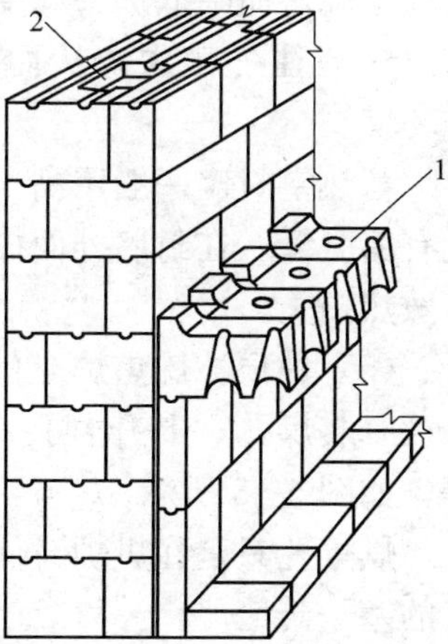

图 5-11　箅子砖和砖煤气道

1—扩散型箅子砖；2—直立砖煤气道

格子砖是热交换的介质，由于气流冷热变化频繁而剧烈，因此均采用耐急冷急热性能较好的黏土耐火材料制作，如图 5-12 所示。

格子砖的砖形有条形和异形两种，异形砖具有阻力小，蓄热面积大，热工效率高，清扫方便，更换容易等优点；缺点是制造工艺复杂成本高。目前大中型焦炉基本上均采用异形砖，异形砖有厚壁 6 孔格子砖和薄壁 9 孔格子砖两种。厚壁 6 孔格子砖壁厚 21mm，孔宽

19mm；薄壁9孔格子砖壁厚15mm，孔宽15mm，其蓄热面积比厚壁增加20%，当其他条件相同时废气温度比厚壁将降低40～50℃，炼焦耗热量减少约50kJ/kg干煤。

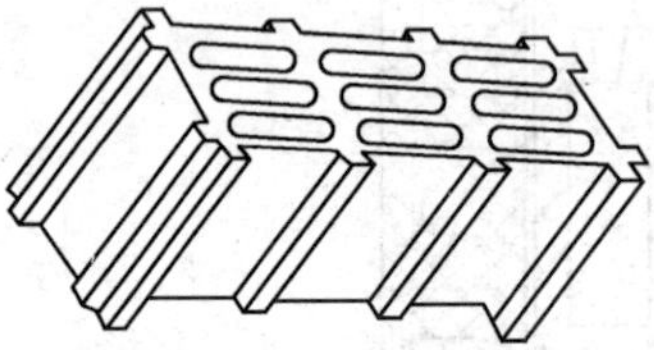

图5-12　9孔薄壁格子砖

中心隔墙处于蓄热室长向中间位置，将蓄热室按机、焦侧隔开；单墙是相邻蓄热室同向气流的隔墙；主墙是不同气流蓄热室的隔墙。主墙砖一般为异形砖砌筑，下喷式焦炉的砖煤气道在主墙内通过。

大中型焦炉的蓄热室墙，一般都用荷重软化温度较高的硅砖砌筑，以便发挥硅砖焦炉的最大生产能力。

封墙是封闭机焦侧两端蓄热室洞口的墙，因蓄热室内处于负压，封墙应当严密而隔热，如果不严密，外部冷空气就会吸入蓄热室，使端部格子砖温度降低，当用高炉煤气加热时，又使高炉煤气燃烧从而降低炉头温度。如果隔热不好，蓄热室的热量又会通过封墙往外散失，从而降低热工效率并恶化蓄热室走廊操作环境。

蓄热室封墙一般用黏土砖和绝热砖砌筑，封墙与蓄热室墙间设有膨胀缝。在封墙外面抹一层石棉和黏土灰混合的灰层，以减少散热损失。

（5）炉顶。炼焦炉炭化室盖顶砖以上的部位称为炉顶区。在该区有装煤孔，上升管孔，看火孔，烘炉孔及烘炉道，拉条沟等，如图5-13所示。

烘炉孔只是在烘炉时使用，在焦炉即将投产以前，用涂有泥浆的塞子砖堵严。

炼焦煤一般都由装煤孔装入炭化室。捣固式焦炉是将预先捣制成的煤饼由机侧炉门口送入炭化室，其炉顶装煤孔只作为辅助装煤用。装煤孔多时虽有利于装煤，但相应装煤车结构也就复杂，且炉顶散热增多。

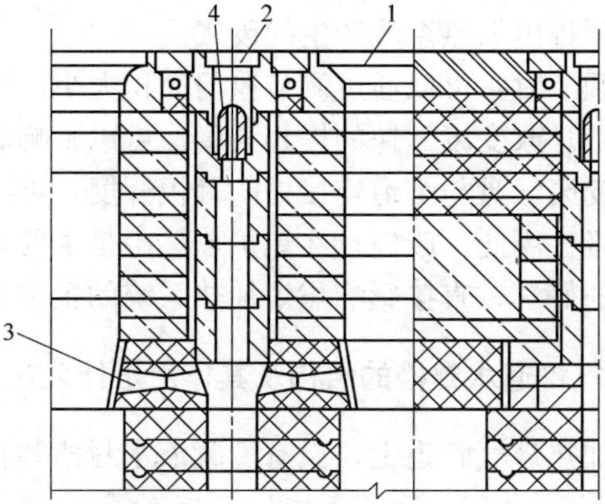

图 5-13 焦炉炉顶区结构示意图

1—装煤孔；2—看火孔；3—烘炉孔；4—挡火砖

双集气管焦炉每个炭化室有两个上升管孔，单集气管只有一个上升管孔。

焦炉炉顶一般都用黏土砖与绝热砖砌成。为了减少散热和改善炉顶操作条件，在炉顶区设有孔洞或不承受压力的部位，用绝热砖砌筑。炉顶表面应用耐磨性好的砖砌筑，一般采用黏土砖或过烧砖（缸砖）。

（6）焦炉基础平台，烟道与烟囱。焦炉基础平台位于焦炉地基之上。在焦炉炉长方向的两端部设有钢筋混凝土的抵抗墙，抵抗墙上留有纵拉条孔。焦炉砌在基础平台上，依靠抵抗墙及纵拉条紧固炉体。

烟道与烟囱不属于焦炉砌体的组成部分，炉内燃烧产生的废气通过烟道由烟囱排出。

7.63m 焦炉采用单侧烟道，仅在焦侧设有废气盘。

246. 焦炉加热设备有哪些，废气盘起什么作用？

答：焦炉加热设备有加热煤气管道、煤气预热器、煤气混合器、调节翻板、加减旋塞、交换旋塞、废气盘、交换机等。

废气盘的作用是控制进入焦炉加热系统的空气和高炉煤气量，同时控制排出加热系统产生的废气。

在加热调节时，可以通过调节风门面积大小，改变进入加热系统的空气量。改变废气铊的提起高度，可以影响炉内加热系统的压力。改变废气盘与烟道连接处的翻板开度，可以影响进空气量和下废气量。因此，废气盘在焦炉加热中是主要设备之一，其设计和加工的好坏，直接影响焦炉加热系统的正常工作。

247. 加热煤气管道水封槽的结构及其作用是什么？

答：在加热煤气管道上，设有冷凝液水封槽和自动放散水封槽两种水封槽。

冷凝液水封槽：管道中煤气冷凝下来的水和焦油自流排入该水封槽中。为顺利地排出水和焦油，水封槽顶表面的标高低于主管下表面的标高。排出管插入深度从水封液面算起 1.5m 处，如图5-14所示。

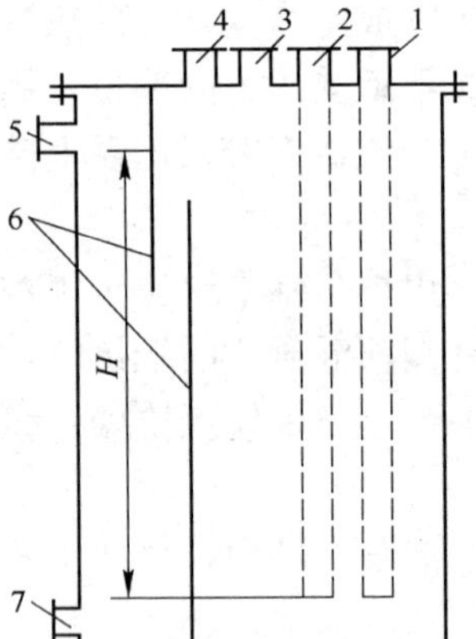

图 5-14 冷凝水封槽
1—蒸汽管；2—冷凝液排出管；
3—进水管；4—煤气放散管；
5—溢流管；6—挡板；7—放空管
H—水封高度

在水封槽上并配置有向水封槽注水用的清水管、防冻用的蒸汽管和排气用的放散管等。

为了保证水封槽正常工作，要经常检查水封槽的满流情况，以便保持足够的水封液面高度和防止焦油渣堵塞水封槽，有些安装一个连通玻璃管，以检查满流。应当注意的是，检查水封时必须有两人，一人在安全的地方监护而另一人去检查。

自动放散水封槽：换向时，在煤气切断后，煤气管道中的压力急速升高。为缓和煤气压力升高后带来的危害，设置自动放散水封。自动放散水封的联结管插入液面深度 300mm，当煤气压力高于 3000Pa 时，煤气便冲破水面由放散管中逸出，如图 5-15 所示。

安装煤气水封的作用是：煤气在冷却后，水分以饱和水形式存在，在沿着管道流动温度降低时，煤气中的水分和焦油等就会冷凝下来。若不及时排出，积水逐渐增多，煤气流动受到的阻力增加，严重时堵塞管道。煤气管道积水，还会造成对管道的腐蚀并增加管道的负荷。因此，煤气管道具有一般不小于 3%～5%的倾斜度，并在管道不超过 500m 间距和管道末端设水封槽，排出这些冷凝水。为防止管内压力大时，有效的水封高度应大于煤气可能达到的最大压力。

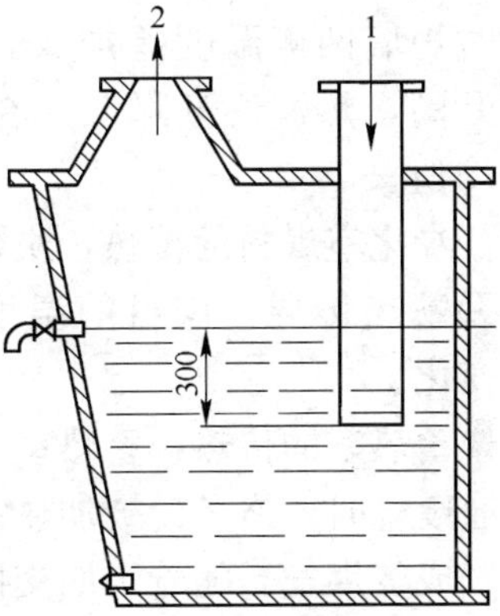

图 5-15 自动放散水封槽
1—煤气；2—放散

248. 焦炉内传热是如何进行的?

答： 焦炉各部位的传热是传导、辐射、对流共存的综合传热过程，这些传热方式分别在不同部位和不同的时间起主导作用。由于焦炉炭化室定期装煤出焦，加热火道的气流方向定期交换，炭化室内炉料状态和加热系统内的气流组成以及各处温度均不断产生周期变化，因此焦炉内各处的传热均属不稳定传热。只是在做近似分析时，可按周期变化的平均值以稳定传热的基本原理做计算。

火道向炉墙的传热：焦炉立火道中火焰和热废气的热量通过对流和辐射向炉墙传递，废气温度高达 1400～1600℃，焦炉煤气燃烧过程中因热解而产生的高温游离碳和三原子气体有强烈的辐射能力，故辐射传热量占 90%～95%以上；火道中气流速度较慢，故对流传热量仅占 5%～10%以下。

炉墙的传热：炭化室炉墙的传热属不稳定的热传导。由于炭化室周期装煤、出焦，在装煤后1～2h，炭化室墙将大量热传给煤料，其温度由1050～1100℃急剧降至700℃左右，此时炉墙两侧温度差加大，热流提高。以后随炭化室墙面温度升高，热流逐渐降低。在近似计算中也可按稳定热传导求平均值。

炭化室煤料的传热：炭化室煤料在整个结焦时间内为不稳定的平壁热传导，煤料的温度和热物理参数随时间、空间变化而变化。

蓄热室的传热：蓄热室中的格子砖是热量的传递者。蓄热室内通废气时，格子砖被加热；交换后，格子砖将蓄存的热量传给空气或贫煤气。随着定期交换，格子砖反复进行等量的蓄热或放热。蓄热室各部位在上升气流（冷却期）和下降气流（加热期）期间，均随时间呈周期性变化，属于不稳定传热过程。

249. 什么是焦炉热工效率，如何计算？

答： 焦炉的热工效率是焦炉被利用的有效热量与全部供给焦炉的热量的比例（%），即

$$\eta=\left(\frac{Q_{YX}}{Q_{GJ}}\right)\times 100\% \qquad (5\text{-}21)$$

或

$$\eta=\left(1-\frac{Q_{SS}}{Q_{GJ}}\right)\times 100\%$$

式中 η——热工效率，%；

Q_{YX}——有效热量，kJ/t 干煤；

Q_{GJ}——供给的热量，kJ/t 干煤；

Q_{SS}——损失的热量，kJ/t 干煤。

有效热量是指达到工艺要求时，理论上必须消耗的能量；供给的热量是指外界供给焦炉的热量，但不包括物料带入的显热；损失的热量是指供给的热量中，未被利用的部分。

250. 什么是炼焦耗热量，如何计算?

答: 焦炉的炼焦耗热量是指入炉配合煤炼成焦炭需要供给焦炉的热量，单位是 kJ/kg 煤。炼焦耗热量指标除了作为用来加热焦炉的煤气消耗量的计算依据以外，还是评定焦炉结构完善、热工操作和管理水平好坏以及决定炼焦消耗定额高低的一项主要指标。由于应用的方面不同，采用的计算基准各异，所以炼焦耗热量的计算方法不同，耗热量计算如下：

(1) 湿煤耗热量是指 1kg 湿煤炼成焦炭应供给焦炉的热量，用 $q_{湿}$ 表示，按下式计算

$$q_{湿}=\frac{V_0 Q_{DW}}{G} \tag{5-22}$$

式中　V_0——标准状态下的实际加热煤气量，m^3/h；

Q_{DW}——干煤气的低位发热量，kJ/m^3；

G——装入焦炉的湿煤量，kg/h。

在计算中，上述各项所取数值的时间应是一致的，当焦炉操作条件一定时，湿煤耗热量随入炉煤水分的变化而改变。由于各焦炉装入煤水分不同，所以湿煤耗热量相互之间缺乏可比性，其数值的大小，也不能真实地反映出焦炉热工操作的水平。

(2) 绝对干煤耗热量是指装入的 1kg 干煤炼成焦炭所消耗的热量，但不包括装入的湿煤中水分蒸发和加热所需的热量，用 $q_{干}$ 表示。

$$q_{干}=\frac{q_{湿}-51M_{ar}}{100-M_{ar}} \tag{5-23}$$

式中　M_{ar}——装炉煤的全水分，%；

$q_{湿}$——湿煤耗热量，kJ/kg；

51——1kg 湿煤中 1% 水分所消耗的热量，kJ/kg 湿煤。它取决于炼焦过程中荒煤气离开炭化室的温度和焦炉的热效率，因各种焦炉是不同的，即使对同一座焦炉，随着生产条件的改变也是变化的，所

以它只是一个近似值。

(3) 相当干煤耗热量，是以 1kg 干煤为基准计算的炼焦实际消耗的热量，包括入炉煤水分的加热和蒸发所消耗的热量。

(4) 7%水的湿煤耗热量又称为相当耗热量。为统一计算基准，便于比较，将实际湿煤耗热量换算为水分含量相同（7%）的湿煤的耗热量。计算方法如下。

用焦炉煤气加热时，

$$q=q_{湿}-29\ (M_{ar}-7)$$

用贫煤气加热时，

$$q=q_{湿}-33\ (M_{ar}-7)$$

式中 q——7%水的湿煤耗热量，kJ/kg；

29——焦炉煤气加热时每增减 1%水分时耗热量的变化，kJ/kg；

33——贫煤气加热时每增减 1%水分时耗热量的变化，kJ/kg；

7——标准煤水分的比例，%。

251. 影响炼焦耗热量的因素及降低炼焦耗热量的措施有哪些?

答： 影响炼焦耗热量的因素主要有以下几方面。

(1) 焦饼中心最终温度和标准温度。是根据焦炉的热平衡，焦炭带走的热量一般占支出热量的 30%～40%。若以焦饼最终平均温度为 1000℃计，则焦饼温度每增加 50℃，焦炭带出的热量增加 5%左右，则炼焦耗热量约增加 6%。因此应当在保证焦炭质量和顺利推焦的前提下使焦饼中心最终温度维持在最低值。要降低焦饼中心温度，就要降低标准温度，而降低标准温度的前提是炉温必须均匀稳定，否则降低温度后，会使部分焦炭成熟不好从而降低焦炭质量并容易造成推焦困难。

(2) 炉顶空间温度。从炉顶排出的荒煤气带走的热量也是较多的。当结焦时间、装入煤料一定时，荒煤气出口温度每降低 10℃，耗热量降低 20kJ/kg 左右，因此降低炉顶空间温度对耗热量的降低也是有利的。

(3) 空气系数。加热煤气与空气合适的比例，对降低耗热量有较大意义。空气系数过小，使燃烧不完全，部分可燃气体损失，对耗热量影响很大，当空气系数过大时，废气带走的热量增多，导致耗热量增加。

若废气中含有1%一氧化碳时，则相当于3%～4%的焦炉煤气或6%～7%的高炉煤气未经燃烧，耗热量增加5%～6%。

空气系数每增加0.1，在使用高炉煤气加热时，耗热量将增加30～40kJ/kg；在使用焦炉煤气加热时，耗热量将增加20～25kJ/kg。空气系数不仅影响着耗热量，同时对焦炉高向加热和产品质量均有直接关系，所以控制合适的空气系数并调节均匀，很重要。

(4) 废气温度。在结焦条件一定的情况下，废气出口温度降低25℃，可使焦炉的热效率提高1%，耗热量降低25～35kJ/kg。废气温度的高低与火道温度、蓄热室格子砖的蓄热面积、气体在蓄热室内的分布情况及交换周期等有关。

蓄热室格子砖的蓄热面积增加可使废气温度下降。9孔薄壁格子砖比采用6孔格子砖使废气温度降低了50℃，耗热量降低约60kJ/kg。但废气温度不能无限的降低，因为废气中的酸性气体（如SO_2、SO_3）在温度较低时可能生成酸而对小烟道、烟道、烟囱砌体以及有关设备产生腐蚀。另外，废气温度过低时还会影响烟囱吸力。所以一般要求小烟道温度不低于250℃。

气体在蓄热室中分布均匀，可以提高蓄热面的利用率，气体的分布和箅子砖孔排列有关，另外在生产中应保持格子砖清洁畅通，避免灰尘堵塞和高温烧熔。

交换周期越长，格子砖热效率越低，但交换时间若过短，则交换频繁对操作不利，并增加了交换时的煤气损失，因此交换周期一般采用20min或30min。

(5) 装入煤水分。与含标准水分7%的湿煤相比，配煤水分每变化1%，耗热量相应变化29～33kJ/kg。当配入水分较高的煤泥或下大雨使配煤水分急剧上升时，耗热量会增加较多。

配煤水分的变化，不仅对耗热量影响很大，而且还影响焦炉加热制度的稳定和焦炉炉体的寿命。水分的波动也会引起煤料堆密度的变化而影响焦炉生产能力。同时，在水分波动频繁时，调火工作跟不上，易造成焦炭过火或不熟，还可能引起焦饼难推。故规定和稳定配煤水分是焦炉正常操作的主要条件之一。

（6）周转时间。一般大型焦炉的周转时间，当炭化室宽为450mm 的在 18～20h，炭化室宽为 407mm 的在 16～18h 时，耗热量是最低的。周转时间每改变 1h，耗热量将增加 1％～1.5％。

（7）炉体、设备严密程度和炉体隔热。若炉体不严，从蓄热室封墙漏入空气，或蓄热室单主墙窜漏，炭化室墙串漏，煤气旋塞或铊不严，都会造成加热煤气的损失，增加耗热量，因此必须加强对炉体和煤气设备的维护。

另外，炉体表面隔热好坏，不但影响散热的大小，还将影响操作环境。

（8）加热煤气种类。用高炉煤气加热的耗热量要比用焦炉煤气加热时高 10％～20％。尽管烧高炉煤气时的小烟道温度比烧焦炉煤气时低，但烧高炉煤气时所产生的废气量大，废气从烟囱带走的热量也多，同时因炉体和设备不严密而造成的漏失量也多，每次交换时上升气流蓄热室中的贫煤气直接流入烟道中，这些都增加了炼焦耗热量。

从炼焦耗热量上看，用焦炉煤气加热时的耗热量要比用贫煤气加热时少，因为焦炉煤气是优质的气体燃料，所以对复热式焦炉来说，如条件允许，应尽可能地烧贫煤气。这对能源的合理利用，环境保护以及社会、经济综合效益等都有好处。

《焦化行业准入条件》中规定炼焦耗热量：焦炉煤气加热不大于2250kJ/kg煤（7％含水计算），高炉煤气加热不大于2550kJ/kg煤（7％含水计算）。

252. 蓄热室阻力增大的原因有哪些，如何处理?

答: 焦炉投产多年后，蓄热室顶部格子砖被灰尘杂物堆积，或者格子砖因高温变形，或者格子砖因其碱金属含量超标经过一段时间变形，或者与气体接触面被瓦斯灰堵塞，等等，导致蓄热室阻力逐渐增大。可采用吹扫蓄热室格子砖，更换堵塞的格子砖，吹扫小烟道箅子砖等方法，降低蓄热室阻力。

253. 加热设备怎样检查?

答: 为防止在生产操作中煤气外漏毒害人体或引起爆炸，焦炉加热设备在制作安装过程中均应进行认真的检查。

(1) 单体检查：对调节旋塞、交换旋塞、煤气开闭器、自动调节翻板、煤气预热器、水封槽等均应按规定进行外观检查，并按规定要求进行单体试压，并在全开全关位置上于摇柄处或旋塞阀体外部刻印做记号。

(2) 煤气管道安装检查：加热煤气管道安装要使中心线和标高符合设计要求，调整后再开分配支管口，焊接分配支管头，其分配支管所有法兰面应在同一水平，法兰面中心应在一条线上，可用全管道拉线检查。检查焦炉煤气加热管道时还要注意分配支管接头的横中心与燃烧室中心相对位置应符合设计，也应注意法兰盘孔的位置，以保证旋塞扳把方向正确。检查高炉煤气加热管道时，需注意支管开口横中心线与废气开闭器上高炉煤气进口法兰的横中心线对正。管道各管体安装完毕即可进行煤气主管本体试压以及整体试压。

(3) 交换传动装置安装检查：交换传动装置包括焦炉煤气传动装置，高炉煤气传动装置，废气传动装置三部分。

交换传动装置在安装时最主要是保持各拉条滑轮的中心线标高符合设计要求，在安装其他导向转轮架时，应注意绳轮槽中心在一条线上，在轮架试装后经检查其位置合格后，才能予以固定，以免造成转轮啃钢绳现象。

煤气拉条上的滑块应在扳把上的长口中滑动灵活，不允许有卡住和磨损现象。扳把与旋塞方头间应有一定的间隙（0.5～1mm），以适应扳把在交换过程中摆动的需要，拉条与链轮都应运行灵活。

交换旋塞在安装时应特别注意除炭口的方位（焦炉煤气），不能搞错或对换，扳把安装结束后应逐个检查焦炉煤气旋塞芯的状态。因为旋塞芯是三通的，单从除炭口检查旋塞芯的状态不能说明其他两通的合理状态。在交换过程中检查交换旋塞的开关状态。

（4）废气传动装置安装检查：

1）支撑拉条的滑轮应位于一条中心线上（并在同一高度、同一水平线上），以便拉条运行正常，阻力小。

2）拉条及链轮都应转动灵活。

3）提废气铊的拉链滑轮应对正废气铊杆，保证废气铊杆上下运行自由，所以应按实际情况安装滑轮，同样，空气盖的拉链滑轮亦应按实际情况安装。

254. 焦炉加热为什么要进行交换，交换过程中要经历哪几个基本阶段？

答：焦炉加热过程中，煤气在立火道燃烧时，火焰不同高度的温度不同，上升和下降气流的温度也各不相同，为防止因温度过高烧坏炉体和炭化室焦饼受热均匀，必须定期使上升和下降气流进行交换，严禁丢交换（也称拉交换）。

交换过程中要经历三个基本阶段：

（1）交换时必须先关煤气；

（2）关闭煤气后，应过一短暂的间隔时间后（一般为0.8s），再进行空气和废气的交换，这样可以使残余煤气完全烧尽，以免发生爆炸事故；

（3）空气和废气交换完后，也应有短暂的时间后（一般为0.8s），再打开煤气，这样可以使燃烧室内有足够的空气，煤气进去后能立即燃烧。

255. 交换传动系统的设备维护应注意哪些事项?

答: 交换传动系统的设备维护应注意如下事项:

(1) 拉条的行程应保证各旋塞开正或关闭，铊杆提起高度合乎要求，并要求全炉一致;

(2) 拉条在运行过程中必须保持平稳，防止卡住和跳动等情况;

(3) 拉条与扳把应在同一垂直平面内运动。托轮和导向轮的相对位置应保证拉条呈直线运动，钢绳无扭曲现象。各旋塞和各铊杆均应安装在同一水准线上;

(4) 应保证各轴、各轮和各旋塞润滑良好，并定期擦洗、加油。各铊杆也应定期擦洗，防止卡铊现象。交换旋塞的压紧弹簧在保证旋塞严密的前提下不要过紧;

(5) 通常在每次交换后要检查上升气流废气铊盘是否落严、下降气流废气铊盘是否提到规定的高度，应关的空气口是否关严，应开的空气口是否打开，拉杆行程是否适当，各传动设备有无损坏等，即溜烟道。此外，还要定期检查进风门开度和废气盘翻板开度。

256. 如何更换交换机钢绳、扇形轮?

答: 更换交换机钢绳：量准新钢绳的尺寸，预先上好卡子，或留一头。更换时，停止交换机交换，在松链时进行，非交换机端钢绳用 5～7t 链式起重机或松紧器固定。四角轮有压盖的先卸下，将需要更换的钢绳松紧器放松，取下连接轴或卸下钢绳卡子，拆除旧钢绳。按事先固定的印记卡好新钢绳，紧牢螺丝，四角轮有压盖的先上好，调好松紧器，卸下起重机或临时松紧器。更换完后，交换机用半自动交换，试验无问题后，改为自动交换。

更换扇形轮：在操作状态时画上印记，然后用撬杠把铊杆提起支上，卸下废气盘支架的螺丝，卸下交换扳把上的销轴。卸下小链，更换煤气废气盘的扇形轮，卸下与空气盖板相接的销轴和铊杆小链螺丝，更换空气废气盘扇形轮。取下支架卸下扇形轮，将事先准备好的方向一致的扇形轮上好。把支架按原来的位置安放在废气盘上拧紧螺丝。上好交换扳把的销轴及铊杆小链或空气盖板。在一个交换内换不完，当换向时可用人工将废气盘的铊杆或空气盖板按要求处于正常状态。上好后检查各轴是否灵活，不灵活时要重新调整。检查调节铊杆提起高度，使符合事先刻画的记印。

257. 如何调节交换煤气和废气行程？

答：（1）根据季节气温不同调节大行程，根据气温变化及全炉铊杆提起高度用松紧器调节行程使其与规定标准相差不超过±5mm。

（2）定期全面检查煤气系统和废气系统设备，包括四角绳轮，并加油润滑。

（3）每天检查煤气系统和废气系统交换拉条、大链的松紧情况有无开裂现象，各部位的润滑和清洁情况，交换进行时有无磨、卡现象，发现问题及时解决好。

（4）个别铊杆提起高度超过规定范围时，可调节铊杆小链，加减卡套的垫圈或调节小行程，调节后保证各铊落下时严密，提起高度废气不超过±5mm，煤气不超过±1mm。

（5）每天检查交换考克情况，开关位置是否正确，偏差不超过±3mm，检查扳把是否灵活，有无过紧、卡顶、脱落等现象。

258. 如何处理煤气废气盘的废气铊掉铊？

答：处理煤气废气盘的废气铊掉铊要采取以下措施：

（1）在下降气流时关严煤气加减考克。

（2）卸下废气盘正面盖板。

（3）用两根撬棍从正面伸进废气盘内，使成交叉形将脱落的废气铊抬起，穿进丝杆，套紧螺丝上好螺帽。

（4）盖好盖板，按原印打开加减考克。

（5）在一个交换内处理不完时，应在交换前离开，以免交换时下火烧伤。

259. 焦炉交换加热煤气如何进行？

答： 交换过程中要经历三个基本阶段：

（1）交换时必须先关煤气；

（2）关闭煤气后，应过一短暂的间隔时间后（一般为0.8s），再进行空气和废气的交换，这样可以使残余煤气完全烧尽，以免发生爆炸事故；

（3）空气和废气交换完后，也应有短暂的时间后（一般为0.8s），再打开煤气，这样可以使燃烧室内有足够的空气，煤气进去后能立即燃烧。

260. 什么是焦炉的废气循环？

答： 废气循环是将下降火道的部分燃烧废气通过立火道隔墙下部的循环孔，抽回上升立火道，形成炉内循环，以稀释煤气和降低氧的浓度，从而减缓燃烧速度，提高气流速度，拉长火焰，这种方式结构简单，且有按加热煤气的进入量自动调节循环废气量的功能。

261. 造成废气循环短路的原因有哪些？

答： 造成废气循环短路的原因有：

（1）刚换向时，下降气流温度高于上升气流火道温度，即浮力差为负值。换向间隔时间长，气体流量小，上升与下降火道间的温差大时，换向初期浮力差负值增大，容易短路，但换向后一定时间会自动消失。

（2）结焦时间过长或焦炉保温期间，加热气体量减少，使喷射力降低，并因上升和下降火道温度趋于一致，使浮力差也大为减小，故易引起短路。

（3）炉头火道由于炉体散热，炉头火道在上升气流时温度仍常低于相邻火道，故浮力差为负值，再加上炉头火道的斜道口断面较大，使气流出口流速减小，从而降低喷射力，此外炉头火道容易因裂缝发生荒煤气窜漏、降低温度，增加阻力，故易发生短路。

（4）火道内沉积热裂解碳或被弄脏，系统阻力增加，达到一定程度，就可能产生短路。

装煤初期，如有大量荒煤气经炉墙裂缝或烘炉孔未堵严处漏入火道时，增加了火道阻力，此时看火孔为正压，火道有可能短路。

262. 焦炉用不同煤气加热对焦炭质量有何影响？

答： 当用焦炉煤气加热时，焦饼高向加热温差大，炉头温度高，因为焦炉煤气燃烧速度快、火焰短，燃烧室下部温度高于上部，炭化室下部焦炭温度高于上部，上部焦炭加热不足而成熟较差，机械强度低；用焦炉煤气加热时，煤气总量较少，煤气在小烟道内流速降低，小烟道头部的煤气静压相对增加，使头部的上升煤气量相对增加，从而提高炉头火道的温度，使炉头部位焦炭成熟较好。

当用高炉煤气加热时，焦饼高向温差小，炉头温度低，因为高炉煤气不可燃成分约占70％，煤气中可燃成分主要是CO，且不到30％，故燃烧速度慢，火焰长，高向加热均匀性好，焦炭高向成熟均匀；用高炉煤气加热时，煤气用量大，管道压力大，炉头火道煤气量小，温度偏低，炉头部位焦炭成熟较差，机械强度低。

使用混合煤气加热，可较明显地改善焦饼高向加热的均匀性，同时随着混合比增加，焦饼上下温差减少，相对煤气量减少，小烟道头部的煤气静压相对增加，使头部的上升煤气量相对增加，从而提高炉头火道的温度，使炉头部位焦炭成熟较好。当上部焦饼温度高于下部时，也可以增加混合比，以降低上部的温度。

263. 什么是结焦时间、周转时间、操作时间、检修时间、推焦时间、装煤时间?

答: 结焦时间：是煤料在炭化室内的停留时间，一般规定从平煤杆进入炭化室（即装煤时间）到该炉焦出炉时推焦杆接触焦饼（即推焦时间）的时间间隔称为结焦时间。

操作时间：推焦和装煤过程作业时间，即推焦时推焦杆接触焦饼到平煤杆进入炭化室的间隔时间。

周转时间：结焦时间与操作时间之和。

检修时间：在一个时间段内（每个小循环、每昼夜或者每班），保证焦炉炭化室按照规定的结焦时间和操作时间完成作业后剩余的时间，用于焦炉机械维护和检修等，这个时间称为检修时间。

264. 什么是焦炉的加热制度?

答: 加热制度是指为确保配合煤在焦炉内均衡成焦、安全稳定生产，调火工作所控制或调节的温度制度和压力制度。如：结焦时间、标准温度、煤气流量、烟道吸力、蓄热室顶部吸力、看火孔压力、空气口开度、空气过剩系数、孔板直径和集气管压力等。

265. 什么是标准温度，保持机、焦侧温度差有何意义?

答: 标准温度：是指机、焦侧测温火道平均温度的控制值，是在规定的结焦时间内保证焦饼成熟的主要指标。

机、焦侧标准火道的温度差，是保证沿炭化室长向焦饼均匀成熟的指标。因为炭化室焦侧比机侧宽（即有锥度），为了使焦饼同时均匀成熟，因此，焦侧的火道温度要比机侧的高一些。

对于捣固炼焦焦炉，由于煤饼机、焦侧相同，装煤量相同，但由于机侧在装煤、推焦时开启炉门时间长，而且煤饼送入时也将机侧炉墙部分热量带到焦侧，因此视炭化室长度不同，机侧应比焦侧火道温度高10℃左右。

266. 结焦时间与标准温度的关系是怎样的?

答: 标准温度是保证焦饼成熟的主要指标，当结焦时间一定时，标准温度与炭化室平均宽度、炉墙厚度和焦饼中心温度以及配煤质量、炉型、加热煤气种类、炭化室高向和长向加热均匀性有关。在上述其他条件不变时，结焦时间仅与标准温度有关，一般说来，结焦时间越短，则标准温度越高，对新开工的焦炉或生产焦炉，其标准温度可采用经验数字，然后再按实测焦饼中心温度加以调整。根据实际经验，当大型焦炉的结焦时间由14h延长到21h，平均每延长1h，标准温度下降20～25℃。由21h延长到26h，平均每延长1h，标准温度下降10～15℃左右，但机侧不能低于1200℃。结焦时间再延长时，标准温度不再降低，以保持炉头温度不过低（约1100℃），以免炉头在装煤后炭化室墙表面温度下降到硅砖晶形转化温度（573℃）以下而造成炭化室头部开裂。机焦侧标准温度差随结焦时间延长而缩小，当结焦时间延长至21h以上时，其温度差应小于40℃，因为这时标准温度总比需要的高些，以保证散热所需和保持炉头温度，这时焦饼往往提前成熟，故焦侧温度可适当降低。

除了上述根据实际经验确定结焦时间与标准温度的关系外，也可用其公式计算。

此外，煤水分每变化1%，标准温度相应变化约6～8℃；焦饼中心温度变化25～30℃，标准温度相应变化10℃。

267. 焦炉调温应达到什么样的要求?

答: 焦炉调温应达到下列要求：

（1）在保证焦炭成熟的前提下，力求有最低的炼焦耗热量，降低生产成本；

（2）炉温要均匀，提高焦炭质量和产量，压力制度要合适，确保操作安全；

（3）提高焦炉煤气、化产品产率和质量；

（4）保证焦炉均衡稳定生产，并最大限度地延长炉体寿命。

268. 什么是火落温度，为何火落温度能判定焦炭成熟？

答：焦炉炭化室内的焦炭即将成熟时，观察高温荒煤气火焰颜色变化，当颜色由土黄色变为淡蓝色时，称为焦炉的火落时刻，这时测出的高温荒煤气温度称为火落温度。将自装煤时刻至火落时刻所经过的时间称之为火落时间。火落现象发生后至推焦的这段时间称为焖炉时间。

煤料在炭化室内高温干馏末期，可挥发的成分逐渐减少，当荒煤气的组成中 CH_4 减少，H_2 增加时，高温荒煤气火焰颜色由土黄变淡蓝，表明煤气逸出完毕，标志煤料在炭化室内高温干馏结束，焦饼成熟。

火落管理要求每炉焦炭在推焦前必须有一定的焖炉时间，保证焦炭的进一步成熟。采用火落管理可在推焦前预先发现炼焦过程中出现的异常现象，如多装煤、少装煤、煤水分偏高或偏低等，以便及早采取措施，减少对焦炉带来的损害。

269. 焦炉加热调节的手段有哪些，简述焦炉 CPMS 原理。

答：焦炉加热调节手段有两种，一种是焦炉设计建成后的固有调节（如小烟道、箅子砖、蓄热室、格子砖类型及其设备的方式、斜道、砖煤气道，立火道、循环孔、跨越孔等尺寸）。另一种是在生产过程中的生产调节。焦炉主要生产调节手段有：

（1）调节设置在煤气管件中的调节孔板、调节棒、喷嘴和加减旋塞等。

（2）调节废气盘进空气口（风门）的调节板。

（3）调节废气盘烟道连接管中的调节翻板（或插板）和机、

焦侧分烟道和总烟道闸板。

（4）调节将空气供入砖煤气道的除炭装置。

（5）调节侧入式焦炉的火嘴（灯头）和下喷式焦炉用的喷嘴或孔板。

（6）调节厚薄不同的牛舌砖和火焰调节砖。

（7）调节最新式焦炉设置的废气循环量调节砖。

焦炉 CPMS 原理：

CPMS 系统通过应用软件与 SC—90 系统、DCS TI—505、交换机 PLC 等系统建立通讯，采集炼焦过程数据，经数据预处理程序处理成 CPMS 系统所需的数据、写入数据库。同时又依据基础自动化系统提供的荒煤气温度、焦饼温度、火道温度、废气含氧量等实时信息，在加热过程中不断地按控制模型，对能量平衡进行反馈调节，重新计算设定值，使炼焦指数 CI 保持在一个控制范围内，既满足炼焦所需的温度，又可使炼焦加热过程控制最佳化。CPMS 系统应用软件对炼焦过程数据进行实时处理和报告，将计算结果写入数据库，同时将炼焦过程情况以趋势图等形式显示在人—机接口画面上，供操作人员参考，以便作出正确的决定。

CPMS 的主要功能：数据采集、手动计划功能、动态计划功能、炼焦炉组的温度评价、炼焦炉组的加热控制、测量源历史数据趋势显示、定期日报表等。

270. 焦炉温度测量的项目有哪些，有何意义？

答：焦炉温度制度中规定要测量的项目有直行温度、焦饼中心温度、横墙温度、炉头温度、蓄热室温度、小烟道废气温度和炉顶空间温度等，其意义分述如下：

（1）直行温度是代表全炉的平均温度。在生产中，以直行温度均匀系数 $K_{均}$ 来表示全炉温度的均匀性。并以安定系数 $K_{安}$，来表示全炉平均温度接近标准温度的程度。

（2）焦饼中心温度是评价焦炭均匀成熟的指标。一般要求最终的焦饼中心温度为 950～1050℃。

（3）横墙温度。是指每个燃烧室各立火道的温度，用以检查炭化室沿长度方向加热的情况，并以横墙温度均匀系数 $K_{横}$ 这个指标来考核。

（4）蓄热室温度。为检查炉体严密情况和蓄热效果，及时发现蓄热室有无高温、泄漏、下火等情况。

（5）小烟道温度是指每个蓄热室顶部温度，其用途是为检查焦炉的热效率，判断蓄热室主墙的窜漏情况。

（6）炉头温度是指燃烧炉头部位立火道的温度，为防止炉头散热过多而引起边火道的温度降低和边火道加热均匀情况，以温度系数 $K_{炉头}$ 来评定炉头温度的好坏。

（7）炉顶空间温度是指炭化室顶部空间温度，炉顶空间温度的高低将影响化学产品的产率和质量以及炉顶石墨生长情况。

271. 焦炉各项温度如何测量，焦炉主要温度调节有哪些方面？

答： 焦炉各项温度的测量方法和焦炉主要温度调节主要有以下几个方面。

（1）冷却温度的测量。冷却温度是下降气流立火道温度在换向间隔时间内的下降值。

冷却温度的测量是为了将交换后不同时间测定的立火道温度换算为交换后 20s 时的温度，以便比较全炉温度的均匀与稳定，防止超过焦炉的允许温度即 1450℃。

冷却温度必须在焦炉正常操作和在加热制度稳定的条件下测量。在测量过程中，不得改变加热煤气流量，烟道吸力，进风门开度以及提前或延迟推焦等。

当推焦顺序为 9～2 或 2～1 时，应选择 8～10 个相连的燃烧室，当推焦顺序为 5～2 时，应选择 6 个相邻的燃烧室，分别在机焦侧测温火道内进行测量。

测温点为两个斜道口与焦炉煤气烧嘴之间。

换向后，火焰刚消失即相当于换向后 20s 开始测第一次，换向后第1min测第二次，以后每隔1min测量一次，直到下次换向为止。每次测量后，应将看火孔盖关闭，以免影响测量的正确性。

根据测量结果，分别计算出机焦侧换向后每分钟的平均温度及换向后20s的平均温度，其差值即换向开始时到该分钟的温度下降值。

然后按测直行温度顺序与速度（每分钟能测若干个燃烧室数）将全炉划分几段，根据各区段测温时间来确定其换向后20s的校正值。

当结焦时间或加热制度变化较大时，应重测下降值，结焦时间稳定每年检查不少于一次。

（2）直行温度测量。测温火道一般选在两侧的中部，其温度近似于两侧的平均温度。有些焦化厂将焦侧测温火道选在最高温度附近的火道，以便控制焦炉极限温度。在确定测温火道时，还应考虑到单双数火道均能测到以及离开装煤孔和装煤车轨道，以保持测温火道内的清洁。

在换向后5min（或10min）开始测量。其顺序应固定不变，一般从焦侧交换机端开始测量，由机侧返回交换机端，两个交换测完。测量速度要均匀。

每隔4h测一次。每次将测量结果按各侧不同时间测量的温度分段加冷却温度校正值。并分别计算出机焦侧的全炉平均温度。

将一昼夜所测得的各个燃烧室机焦侧的温度分别计算平均值。并求出与机焦侧昼夜平均温度的差。其差值大于20℃以上的为不合格的测温火道，边炉差值大于30℃以上的为不合格火道。

焦炉沿纵长方向各燃烧室昼夜平均温度的均匀性，用均匀系数$K_{均}$来表示。

$$K_{均}=\{(M-A_{机})+(M-A_{焦})\}/2M \tag{5-24}$$

式中　M——焦炉燃烧室数（缓冲炉和检修炉除外）；

$A_{机}$、$A_{焦}$——分别表示机焦侧不合格的火道数。

直行温度的稳定性用安定系数 $K_{安}$，来表示

$$K_{安} = \{2N-(A_{机}+A_{焦})\}/\ 2N$$

式中　N——昼夜全炉测温次数；

$A_{机}$、$A_{焦}$——分别表示机焦侧平均温度与标准温度偏差±7℃以上的次数。

（3）横排温度的测量。由于同一燃烧室相邻火道测量的时间相差极短，且只需了解同燃烧室各火道温度相对的均匀，所以不必考虑校正值。

为了避免交换后温度下降对测温的影响，每次按一定的顺序进行测量，单号燃烧室从机侧向焦侧测量；双号燃烧室从焦侧测向机侧。同时在交换后 5min（或 10min）开始测量。每次测 4～6排，6～9min 测完。

将所测结果绘出每个燃烧室的横排温度曲线，10 排平均温度曲线及全炉横排平均温度曲线。边燃烧室，修理与缓冲燃烧室不计入 10 排及全炉平均温度。区段与全炉温度曲线横坐标以每 10mm 为一个火道，纵坐标每 10mm 定为 25℃；单排横排温度曲线可按比例缩小。然后将两个标准火道之间以两侧温差为斜率引直线，此直线称为标准线。其位置在横排温度曲线的中间部位，使偏离标准线 20℃以上的火道数为最少。并将此线延长到横排系数考核范围。

对每个燃烧室而言，实测火道温度与标准线差，超过 200℃以上为不合格火道。

对 10 排横排温度曲线与标准线差超过±10℃以上为不合格火道。

对全炉横排平均温度曲线与标准线差超过±7℃以上为不合格火道。

每次测量后计算横排温度系数来考核燃烧室横排温度均匀情况。

每全燃烧室横排温度曲线是调节各燃烧室横排温而 10 排平

均温度及全炉横排平均温度则用来分析斜道调节砖与煤气喷嘴（或烧嘴）排列是否合理，蓄热室顶吸力定得是否正确。

（4）炉头温度的测量。由于炉头火道散热多，温度较低而且波动较大，为防止炉头温度过低而损坏炉体、炉头焦炭不熟和温度不均匀，需要定期测量炉头温度。

交换后5min开始测量，每次测量顺序应一致，通常由焦侧交换机端开始，从机侧返回。

测量完毕，分别计算出机焦侧的炉头平均温度（边炉除外）。

因炉头温度受外界影响较大，所以在计算炉头温度均匀系数时，以每个炉头温度与平均温度差大于50℃为不合格，而且边燃烧室除外。

（5）蓄热室顶部温度的测量。蓄热室温度测点一般选在最高温度处。当用焦炉煤气加热时，测量上升气流蓄热室，交换后立即开始测量，因为这时温度最高，用高炉煤气加热时，测下降气流蓄热室，交换前5～10min开始测量。

一般情况下，每月测量两次，当标准温度接近极限温度，或蓄热室已有下火等情况，炉体衰老，以及黏土砖蓄热室焦炉，均应酌情增加测量次数。

测量后分别计算机焦侧的平均温度（端部蓄热室除外），指出蓄热室的最高及最低温度。

（6）小烟道温度的测量。测量小烟道温度主要是为了检查蓄热室的热交换情况是否良好，并发现因炉体不严密造成漏火、下火等情况。

测量时将500℃温度计插入上升气流的废气盘测温孔中。由于废气盘散热及漏气等原因，使废气盘内各点温度有较大差别，因此温度计插入深度应在小烟道全高的3/5处，全炉必须一致。

在下降气流交换前5～10min开始读数。为减少测量误差，应先读数，后拔温度计。当用高炉煤气加热时，插拔温度计应在下降气流时进行。

（7）炉顶空间温度的测量。在正常结焦时间下，在结焦周期

2/3 时测量。用镍铬热电偶或 1 根 1/2in 铁管（用高温计测量）插入靠近集气管侧的装煤孔或炉顶预留孔中，插入深度于炭化室顶与煤线之间，并位于炭化室中心线上。

热电偶插入后 15min 才可读数。插拔管时要打开上升管盖或无烟装煤用的高压氨水或蒸汽。

（8）焦饼中心温度测量。准备直径 $1\frac{1}{2}$in 的钢管，其长度从炉顶面算起，距炭化室底部 600mm，距煤线下 800mm，以及上述两点中间各两根。管要直，管内清洁，管端缩口焊成尖端，不能漏气。

测量时，平好煤，打开上升管盖。在装煤孔中测量煤线，换上特制带孔的装煤孔盖，并将准备好的钢管插入其中，每孔分别插入 3 根不同长度的钢管，要求所有测量管均在炭化室中心线上，且要垂直。

最后一次测量，于推焦前 30min，用高温计测各管尖端温度，即为各点焦饼温度。两侧中部两点温度的平均值，即为焦饼中心温度。并求出两侧焦饼上下温度差。

在测焦饼同时测相邻两燃烧室的横排温度，记录当时加热制度。

拔管后测焦线。推焦过程中观察焦饼成熟情况。焦炭推出后测炭化室墙面温度。

在正常生产条件下，焦饼中心温度一季度测量一次。当更换加热煤气、改变结焦时间、配煤比变动较大等，需要调整标准火道温度及机焦侧温差时，进行焦饼中心温度的测量。

为了减轻测量劳动强度，有些厂仅用一根 2in 钢管，底部仍焊成尖端，其上中两点用细铁线将钢片吊入所要测量位置，然后测量钢片的温度代表该点焦饼温度。

也可以用热电偶进行测量。

也可以采用便携式焦饼温度自动测量仪，焦饼温度测量仪是一种结合非接触式测量方法和光纤传感技术，实现高精度、高重复性、快速响应、非接触式测量和高性能价格比的新型光纤传感类测量仪器。

测温探头分别置入导焦槽上、中、下3处，测温仪的输出接口与计算机连接，推焦时探头所测红焦温度数据自动转存到计算机中，管理软件将该数据以图表或曲线的形式反映出来，并自动对应到各立火道的温度状况。可以表格和图表两种形式显示温度数据，能显示焦饼上部、中部、下部温度，平均数据及曲线；可根据立火道数量自动对应每个火道焦饼温度。

(9) 炭化室墙面温度测量。炭化室墙面温度一般与焦饼中心温度同时测量，间接观察燃烧室上下温度分布情况。

推焦后关好两侧炉门，打开上升管盖。用高温计测量与焦饼中心温度相同的墙面温度。测量时，除测温的装煤孔盖打开外，其他炉盖应关好。焦炭推出后，炭化室墙面温度渐趋均匀，故此法不完全反映结焦时的温度情况。

272. 焦炉主要温度如何调节?

答: 焦炉主要温度做以下调节。

(1) 全炉温度调节。用高炉煤气加热，炉温的变化比较缓慢，每调节一次流量，大约在4h后才较明显地反映出来。因此煤气总量和分烟道吸力的调节幅度每次不宜太大，次数也不宜太频繁，以避免温度波动过大。根据经验，在一定的结焦时间，每侧每次的调节量见表5-2。

表 5-2 高炉煤气每次调节量

焦炉类别	煤气流量/$m^3 \cdot h^{-1}$	烟道吸力/Pa
42孔焦炉	250～300	5
65孔焦炉	500	5
大容积焦炉	500～1000	5～10

在这种调节幅度下，温度的变化大致是5～7℃。每调节一次，一般至少过8h，看温度变化情况，基本稳定后再进行第二次调节，直至符合标准温度为止。当按上述幅度改变流量的时

候，煤气分管的压力相应改变 30～50Pa。

根据经验，在一定的结焦时间和装入煤状况基本稳定的条件下，煤气总量的波动，42 孔焦炉一般是$\pm 1000m^3/h$；65 孔焦炉一般是$\pm 2000m^3/h$时，可不改变进风口开度。当改变结焦时间或流量变化超过上述范围时，应适当改变进风口开度和分烟道吸力，使看火孔压力和空气系数符合规定。

热值低的煤气对焦炉加热是不利的，为了提高煤气的热值，可采取混入焦炉煤气的措施。在正常结焦时间，在斜道口调节砖不做变动的情况下，当煤气发热量为 3200～$4000kJ/m^3$左右时，体积混合比为 3%～5%比较合适。

用混合煤气加热，煤气流量的调节有三种方法：1）在调节幅度不大，义在一定的混合比范围内，一般可采用固定焦炉煤气量，调节高炉煤气量的调节方法，这样炉温比较稳定；2）采用比例调节装置按比例调节两种煤气流量，可保持混合比不变；3）当采用热值指数自动调节时，应固定高炉煤气流量，自动调节焦炉煤气流量，使焦炉总供热稳定，且压力制度也较稳定。

（2）直行温度均匀性的调节。由于供给各个燃烧室的煤气量和空气量是由蓄热室顶部吸力来控制的，因此蓄热室顶部吸力的调节也就是直行温度均匀性的调节。

调节煤气蓄热室上升气流吸力，主要是控制各支管孔板直径的大小：调节空气蓄热室上升气流吸力，主要是控制进风口开度。调节下降气流蓄热室吸力，主要是控制废气盘调节翻板的开度，而它们之间又相互联系。在正常情况下，一般保持全炉进风口开度一致，单个空气蓄热室上升气流吸力，是用相邻下降气流废气盘调节翻板来调节。

各燃烧室的煤气量主要用各煤气支管孔板来调节。当加大孔板直径时，因阻力减少，使上升煤气蓄热室顶部吸力降低，但下降与上升蓄热室顶部间吸力差加大，使煤气量增加。

高炉煤气孔板的排列是根据煤气主管两端的压力差来确定的。与焦炉煤气加热略有区别，因高炉煤气主管管径较粗，经计算，其始端压力小于末端的压力，因此始端分管的孔板直径需要加大，末端则应减小。目前设计的大型焦炉，因煤气主管较长而采取变径，但变径前后和始末端，由于气流状态有一定程度的突然改变，致使管道压力分布也有一定的变化，因此孔板直径应不同。

改变下降气流废气盘翻板开度，也影响煤气蓄热室顶部吸力，但对煤气量的影响较小。

各燃烧室的空气量用进风口和废气盘翻板调节。增加进风口开度，上升气流与下降气流的蓄热室顶都吸力均减少，但上升蓄热室顶部吸力减少量大于下降蓄热室顶部吸力的减少量，故下降与上升的蓄热室顶部间的吸力差加大，进风量增加。开大废气盘翻板，使下降气流与上升气流的蓄热室顶部吸力均增加，但下降蓄热室顶部吸力的增加量大于上升蓄热室顶部吸力的增加量，故下降与上升蓄热室顶部间的吸力差也加大，进风量也增加，煤气管孔径与进风门开度的计算同用焦炉煤气加热。

高炉煤气加热时，蓄热室顶部吸力调节比烧焦炉煤气时复杂。其主要原因是由于改变一个煤气蓄热室顶部或空气蓄热室顶部的吸力，将影响两个燃烧室的煤气量或空气量，而气体量在这两个燃烧室的分配又受到该相邻两个燃烧系统上升气流与下降气流蓄热室顶部吸力差的影响；另外煤气和空气蓄热室顶部吸力又相互影响。

因此在调节吸力时，应结合炉温、空气系数、结焦时间，炉体及设备状况等，进行全面分析、考虑，再进行调节。用高炉煤气加热的大型焦炉，一般有如下经验数据：

1）孔径改变±2mm，上升煤气蓄热室顶部吸力变化±2～3Pa，当α改变合适时，火道温度可改变±10～20℃。

2）上升与下降蓄热室顶部吸力差变化1Pa，火道温度改变±10℃。

3）进风口铁板改变±2mm，上升空气蓄热室顶部吸力改变±3～4Pa，下降蓄热室顶部吸力改变±1～2Pa。

各立火道煤气量和空气量的分配：用高炉煤气加热时，每个燃烧室的煤气量和空气量都是通过斜道分配到各个立火道。它的分配量是靠斜道口的调节砖厚度的合理排列来完成的。由于煤气和空气是从机侧、焦侧分别供给，因此调节砖的厚度（或斜道口开度）是根据两侧的气体在蓄热室中的流动状况和分配量来决定的。

（3）横排温度的调节。对刚转入用高炉煤气加热的焦炉，横排温度的调节也分初调和细调。在调节时应注意：当空气系数不均匀时，不要同时改变煤气和空气调节砖的排列，也不要在不同的燃烧室采用不同的调法，以免调节手段混乱；调节砖尺寸要准确，调节幅度一般在 10mm 之内。如果调节幅度较大，应更换调节砖，但必须慎重。在更换前调节砖应预热，以免炸裂掉入斜道中；要注意单号、双号火道的相互影响，因为单双火道的煤气是由不同蓄热室供给的，有时调节某个火道，也会使相邻火道温度产生变化；要注意蓄热室顶部吸力的变化，必要时，也可用蓄热室顶部吸力来配合调节。

影响横排温度均匀性分布的主要因素有：蓄热室顶部吸力、焦炉煤气混合比、炉体缺陷。

1）蓄热室顶部吸力对横排温度的影响。在调节砖排列固定情况下，横排温度与蓄热室顶部吸力、结焦时间及气体流量有关。蓄热室顶部上升气流吸力对横排温度有一定的影响。用高炉煤气加热时，因为各火道的煤气也是由斜道口开度来分配的，因此稳定上升气流蓄热室顶部吸力，对稳定横排温度有更重要的意义。如果上升气流蓄热室顶部吸力改变，则气体量在各斜道中分配也改变；使横排温度曲线形状产生变化。如果吸力增大，则横排温度的头部下降，中部温度升高。

在生产中，由于客观条件的变化和调节不当，可以使上升气流蓄热室顶部吸力产生变化。当其与规定数值相差±2Pa 以上时，应查明原因，进行调节，以保持规定的吸力和空气系数。

2）焦炉煤气混合比对横排温度的影响。用混合煤气加热，增加混合比，可以提高炉头火道的温度。因为加大混合比，使煤气总量减少，煤气在小烟道内流速降低，使小烟道头部的煤气静压相对增加，并使小烟道两端的静压差减少，使头部的上升煤气量相对增加。此外，由于煤气中 H_2 含量增加，而 H_2 密度低，故易于在头部上升而增加头部煤气的热值。因此，两个因素均使炉头火道温度提高。

3）炉体缺陷对横排温度的影响。蓄热室阻力增加甚至堵塞，一般可用压缩空气吹扫，更换格子砖等办法减少阻力。蓄热室局部阻力增加，也可能是由于高温、漏荒煤气下火或掉入异物等原因将格子砖烧熔所致，这就需要清除异物或局部更换格子砖。

蓄热室或斜道窜漏，也会影响横排温度。由于有漏缝，而煤气压力高于空气压力，煤气将漏入空气蓄热室内燃烧，使这个部位的立火道空气不足，温度降低，如果在蓄热室顶部或斜道内部燃烧，则斜道的温度高于燃烧室的温度，形成“白眼”。一个“白眼”会影响 3～5 个火道的温度。窜漏一般可用喷补的办法解决，同时，可采用调节蓄热室顶部吸力，降低吸力差的办法，以减少窜漏。

炉体缺陷对热工操作影响很大，因此必须加强炉体维护，保持各部位严密和通道畅通。

（4）焦炉高向加热。焦饼沿焦炉高向加热不均匀，会使焦炭粒度均匀性和强度降低，耗热量增加，焦炉操作困难，推焦阻力增加。因此，研究影响焦炉高向加热的各种因素及其影响、调节方法、效果和副作用等，是焦炉调火工作的一项重要内容。从调火操作上改变焦炉高向加热状况的方法：

1）改变空气过剩系数。空气过剩系数较小，火焰较长；反之，火焰较短。控制不同空气过剩系数，可以调节焦饼沿高向加热的均匀性。这是一个简易方法，但调节范围有限。因为空气过剩系数过大，增加了废气带走的热损失，空气过剩系数过小，燃烧不完全，更增加了热损失。

2）焦炉煤气贫化和贫煤气的富化操作。焦炉煤气贫化是在焦炉煤气中掺入高炉煤气。由于这使可燃成分浓度降低，故可使火焰拉长。根据试验，使用混合煤气加热后，可较明显地改善焦饼高向加热的均匀性，同时随混合比增加，焦饼上下温差减少，需要注意的是，因加热煤气中CO含量增加，应提高加热系统的严密性，防止中毒。

贫煤气富化是在高炉煤气中混入部分焦炉煤气，这已广泛应用。进行煤气富化操作后，因可燃成分浓度增加和流速减小，可使火焰缩短。目前贫煤气富化，主要是为了稳定、提高加热煤气热值，减少加热系统阻力。

3）缩短周转时间。周转时间的长短对焦炉高向加热有影响。缩短周转时间，单位时间内供入的气体量增加，使气流速度增大，从而使火焰拉长，焦饼上下加热的均匀性得到改善。

4）注重装煤、平煤方法。装煤、平煤方法对焦炉高向加热亦有影响。装煤量过满，平煤杆过分压实上部煤料，使煤饼上部堆密度过大，这些均可使上部加热不足，产生生焦。

5）调节换向时间。换向时间也影响焦炉高向加热状况。在换向周期内，火道中气流与炉墙之间形成温度差，在换向后初期，炉墙下部大量吸热，而上部吸热较少，在换向末期，炉墙上下部吸热相近，即增加了上部的吸热量。因此随着换向时间的延长，可以增加炉墙上部的吸热量，从而改善焦饼上下加热的均匀性。所以在焦饼总成熟度略有提高的情况下，可适当降低标准火道温度。但是，在换向周期延长后，换向后期的炉顶空间温度升高，烟气温度提高，蓄热室效率下降，耗热量增加。因此，要全面权衡。

273. 焦炉压力制度制定的原则是什么？

答：制定焦炉压力制度的原则是：

(1) 上升气流时看火孔压力应接近于0（0～5Pa）。正压过大，则废气将从看火孔内喷出，严重时影响正常温度的测量、观察加热状态及有关的调温操作，此处的压力低于0时，则外部空气被吸入燃烧室内，因而使下降气流的废气温度减低，增加炼焦耗热量。

(2) 炭化室底部压力在结焦末期保持正压（5～10Pa）。不仅可以保证煤气流向燃烧系统而且使外界的空气不至于进入炭化室，可保护炉体和避免降低煤气热值。

(3) 在沿炭化室高度上任何一点的压力，均高于燃烧室的压力。这样使荒煤气只能往燃烧室方向串漏，有利于石墨密封炉墙。

根据上述原则，调节焦炉的压力，应以控制看火孔压力及蓄热室顶部吸力为主。以控制集气管压力来保证炭化室底部压力达到规定的要求。

274. 焦炉各项压力如何测量?

答: 焦炉各项压力的测量方法如下：

(1) 蓄热室顶部吸力的测量。测量蓄热室顶部吸力是调火必须进行的重要工作之一。由于燃烧系统内压力在换向间隔时间内是有变化的，但各蓄热室顶吸力随时间的变动大致相同。为了便于比较，在测全炉蓄热室顶吸力时，先测量标准蓄热室顶吸力，然后测量其他各蓄热室与标准蓄热室的相对吸力差值。

标准蓄热室每侧选择相邻的两个进行测量。此时要求与其相应的燃烧室温度正常，燃烧系统阻力正常，并无漏火、下火等现象。为了测量方便，一般靠近焦炉中部，但最好不选在吸气管下。测量前先检查加热制度是否正常，并将进风门开度、废气铊提升高度调整到一致。将斜形微压计放于标准蓄热室附近处，并调好零点。检查测压管是否漏气，其法是堵严测压管，由压力表所示出的压力不应下降。用吹气检查测压管是否畅通。

首先调节两个标准蓄热室顶部吸力合乎要求，并使两个换向间隔时间的标准蓄热室的上升和下降气流吸力分别调节相同。每次测量标准蓄热室吸力距交换后的时间应当相同。交换后 3min 开始测量，将斜形微压计负端接标准蓄热室的测压孔。微压计正端接其他蓄热室的测压管，然后逐个插入各被测蓄热室的测压孔。插入深度最好在第一和第二斜道孔之间。为了测量方便，插入深度亦可为 350mm，但插管要严密，否则测出的吸力偏小。两根测压管插入深度应相同，在测压孔四周要严密，胶皮管不能折叠。

微压计的读数即各蓄热室与标准蓄热室的压力差。当微压计上液面低于零点，则它表示被测点的吸力大于标准点；当微压计上液面高于零点，则它表示被测点的吸力小于标准点。

测量后应记录当时的加热制度，标准蓄热室的吸力及各蓄热室与标准蓄热室的压力差（正或负）。

在测量过程中，焦炉的加热制度必须稳定。与标准蓄热室有关的炭化室，不要处于推焦或装煤后初期。在大风和暴雨天，一般不进行蓄热室顶吸力的测量与调节。

（2）炭化室底部压力测量。炭化室底部压力测量是用来检查和确定集气管的压力的，使炭化室内压力符合压力制度确定的原则。

它在机侧吸气管下的炭化室进行测量。装煤后，由炉门测压孔将长 1.2m 的 1/2in 铁管平插入炭化室，管端应处于离炭化室墙 20mm 处。为使管头不被煤堵塞，应把插入炭化室的一端用石棉绳塞住，外露端与压力表相连。

最后一次于推焦前 30min 开始测量。测量前用金属钎子将测压管透好。当底部压力低于 5Pa 时，应将集气管压力提高，使炭化室底部压力保持在 5Pa，并记录此时的集气管压力，此压力即为该结焦时间下应保持的集气管压力。

若测量结焦周期内炭化室底部压力，测管的插法与上同。当炭化室装煤后与集气管接通时，用金属钎子把管中的石棉绳除掉，用不小于 3000Pa 的 U 形压力表进行第一次测量。以后每隔 1h 测量一次，直至推焦前炭化室与集气管切断为止。测量时集气管压力始终保持所规定的压力。当炭化室底部压力减小后，改用斜形微压计测量。

每次测量时不能打开上升管盖。

(3) 蓄热室阻力的测量。定期测量蓄热室阻力是为了检查格子砖的堵塞的情况。

用斜形微压计直接测量上升或下降气流每个蓄热室的小烟道与蓄热室顶之间的压力差。

交换后 3min 从炉端开始逐个测量，将斜形表正端与蓄热室顶相连，其负端与小烟道测压孔相连，读压差。

蓄热室阻力与通过蓄热室中气体量的平方成正比。为了得到可以比较的数据，在每次测量时，使在两种气流下蓄热室顶部的吸力与第一次测量时相同。或不改变蓄热室顶部吸力而将测量结果换算后进行比较。

每次测量后均需记录当时加热制度。将测量结果，分别计算每侧上升与下降气流蓄热室上下压力差的平均值（空气和煤气蓄热室分别计算）。

上升气流蓄热室上、下压力差是蓄热室浮力与阻力之差，所以蓄热室内阻力越大，其测得压差越小；下降气流蓄热室上、下压力差是蓄热室浮力与阻力之和，所以蓄热室内阻力越大，其测得压差越大。因为上升气流与下降气流的蓄热室浮力相近似，所以异向气流蓄热室上、下压力差之差值等于蓄热室阻力之和。

(4) 看火孔压力测量。交换后 5min 开始测量，将测量胶管的一端与斜形微压计的正端相连，另一端与金属管相连，插入测温火道的看火孔内，其深度约 150mm。测量时要注意防止装煤孔与看火孔盖烫坏胶皮管。

(5) 燃烧系统五点压力的测量。测量燃烧系统五点压力是为了检查焦炉燃烧系统实际压力分布和各部阻力情况。所以应选择燃烧室温度正常、相邻炭化室处于结焦中期，燃烧系统各部位调节装置完善，炉体严密的燃烧系统内进行测量。

测量时，在蓄热室走廊用两台斜形表分别测上升气流蓄热室顶和下降气流蓄热室顶；在炉顶使用一台斜形表测量与所测蓄热室相连的燃烧室测温火道看火孔。

交换后 5min 三台表同时读数，每隔 1min 读一次，共读三次。接着测煤气蓄热室与空气蓄热室压差，蓄热室顶与小烟道测压孔处的压差，以及异向气流看火孔压差，换向后再按上法进行测量。

测量完毕换算出各点压力，绘制五点压力曲线，如图 5-16 所示。并记录当时的加热制度。

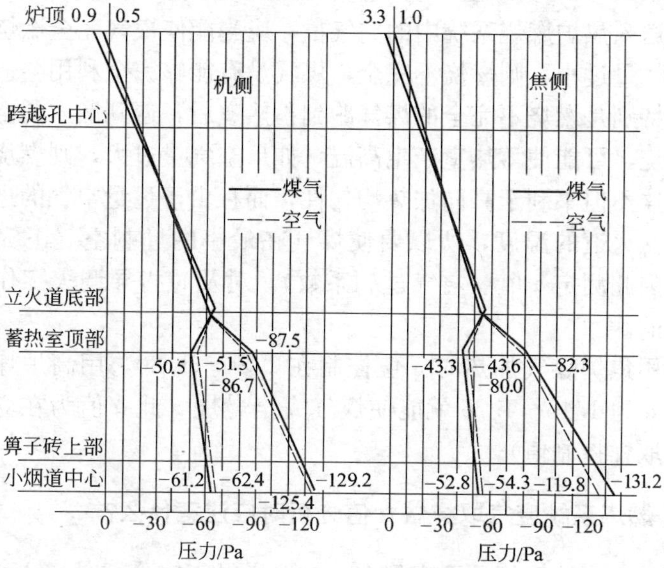

图 5-16 五点压力曲线图

275. 分析造成个别号正压大或负压大的原因？

答：正压大的原因：孔板跳；下降气流风门盖不严；进风口的铁板掉（进风面积大）；炉墙窜漏；下降气流煤气铊卡；下降气流小翻板销子掉；小翻板关死。

负压大的原因：风门盖板未打开；废气铊落不下（上升气流）；煤气铊未提起；考克关；废气翻板开大。

276. 什么是空气过剩系数 α，α 值在热工调节中有何意义?

答： 煤气在立火道内燃烧，必须有充足的空气。燃烧产物中只有 CO_2、H_2O、N_2 和 O_2，不再含可燃成分，这样的燃烧称为完全燃烧。为保证煤气燃烧完全，供给的空气量必须多于理论空气量，两者之比称为空气过剩系数 α。

$$\alpha = \text{实际空气量}（L_{实}）/\text{理论空气量}（L_{理}）$$

送入焦炉燃烧系统中的空气量，应当能使煤气完全燃烧，如果空气量过小，则燃烧不完全，煤气没有能够完全利用会造成浪费，特别是燃烧不完全的煤气跑到蓄热室后，遇到漏入的空气便会燃烧，可能使蓄热室产生高温，如果空气量过大，则燃烧火焰短，这不但不利于高向加热均匀性，而且由于过量空气的进入会降低立火道的温度，所以要使煤气在最小的过剩空气下完全燃烧，因此测定 α 值（空气过剩系数），对及时指导调火工作是很有用的。

用焦炉煤气加热时 α 值控制在 1.20～1.30，用高炉煤气燃烧时 α 为 1.15～1.25 就能使煤气完全燃烧（此 α 值为在立火道顶部取样控制值）。

277. 燃烧系统废气取样做 α 值分析时应注意什么?

答： 影响 α 值的因素很多，在取样做废气分析时应注意以下事项：

（1）避开刚装煤的炉号两侧燃烧室取样。刚装煤的炭化室压力较大，荒煤气容易串漏到燃烧室，影响废气组成。

（2）每次都在相同时间内取样。对燃烧室数目多的焦化厂，合理安排好轮流分析计划。

（3）每次取样时都要记录该焦炉的加热制度，如煤气量（压力）、烟道吸力、风门开度、废气盘翻板开度等数据。

（4）每次取样时都要记录环境温度。

（5）取样工具应使用带有弹性的胶囊，使取出的气样带有正压，不会因冷却后体积收缩，吸入外界空气，影响测定准确程度。

278. 烟囱在什么情况下会冒烟？

答：炉墙穿洞，炉墙窜漏，烘炉孔掉砖，分烟道吸力大，集气管压力大，立火道看火孔负压，当用焦炉煤气加热时煤气燃烧不完全。

279. 乱笺的原因有哪些，乱笺号应该怎样处理？

答：所谓乱笺，是指个别炉号不能按推焦串序出焦，打乱了推焦串序。

乱笺的原因有：个别炉温不正常，达到规定时间焦饼还未成熟，还要继续加热，延长了结焦时间；推二次焦，影响正点出焦；个别炉孔中修，相邻炭化室结焦时间需要延长；改变推焦串序，例如，由5—2推焦串序改为9—2推焦串序，或者由9—2推焦串序改为5—2推焦串序。由于乱笺，使得直行温度不均匀，而且很容易推错炉号，操作费时费事，相邻的炭化室应为一半的结焦时间就不能很好地保证。因此，必须尽快地调整乱笺，使焦炉出焦按串序进行。

调整乱笺的方法，在处理乱笺之前，应事先检查丢炉的情况，充分考虑有利条件和不利条件，并向操作人员交代清楚。此外，还要防止生产脱节。例如，配煤保证送煤，筛焦系统保证焦炭及时运出等。

向前提即每次出炉时间向前提，使乱笺的炉号向前提逐渐达到其在串序中原来的位置。向前提时，每组炉每小时比正常计划增推炉数不得超过两炉，每班不得超过4炉。这主要是为了使生产操作尽量处于均匀、稳定，并且不损失炉数。其具体办法是：当两个焦炉共用一辆熄焦车时，事先通知另一焦炉提前5min干，待丢炉的焦炉推焦时，连续快推、快装两炉焦，这样可赶上一炉；熄焦车有备品时，可以两辆熄焦车配合接焦、熄焦，直至赶上为止；如果另一焦炉处在检修时间，可以利用推空炉的形式，一般可用8～10min干完一炉，快的可6～7min，这就很容易赶上了；如果两个焦炉都赶炉，就需在安全生产的基础上，争分夺秒地逐渐赶上。

向后落即在乱笺炉号应出炉时不出炉，使其向后落，而达到其在串序中原来的位置。向后落时，结焦时间比规定结焦时间不应长于3h。这种办法恢复原来位置迅速，缺点是损失炉数，应注意控制好相邻号的温度。

在调整乱笺时，应注意：

（1）在调整乱笺时，严禁相邻炭化室在1～2h内连续推焦，否则会使炉温猛降，损害炉体。

（2）注意相邻燃烧室的温度，防止低温或高温事故。

（3）检查推焦情况，注意与正常情况下推焦电流的大小进行比较。如电流太大，焦饼难推，则不应向前提，而应向后落。

（4）根据生产任务完成的情况来考虑提前或后落。

280. 为什么炉墙会生长石墨？

答： 石墨是荒煤气在高温下裂解的炭粒逐渐沉积而成的，它有密封炉墙各缝隙和固结砌体的作用。炭化室墙面缝隙布满的旧焦炉能够长期坚持生产，除了砌体灰缝和护炉铁件的作用外，主要是石墨的作用。但是，当石墨沉积得太厚，妨碍推焦操作时，将引起推焦困难，甚至可能导致炉墙变形、倒塌。因此，石墨沉积必须控制。

石墨增长的速度与炉内温度有直接关系，结焦时间越短，标准温度越高，煤气中的碳氢化合物裂解越多，石墨生长也越快。此外，它还与下列因素有关：

（1）火道鼻梁砖窄（空气与煤气在斜道口外相交的角度就大），过剩空气多，使用焦炉煤气加热等，都会使火焰变短，炉顶石墨生长减慢。

（2）加热水平值小，或炉顶煤线较低，或焦饼垂直收缩较大，使炉顶空间温度提高，石墨生长加快。

（3）装入煤水分对炉顶空间温度影响很大，一般每提高1%，空间温度则下降约20℃，从而可使石墨生长速度减慢。

（4）炉墙窜漏时，荒煤气燃烧使炉墙局部温度高，造成荒煤气裂解产生石墨。

（5）炉体结构对炉顶空间温度有很大的影响，上跨式焦炉炉顶空间温度就比其他各种焦炉高，因而石墨生长较快。

281. 如何检查炉墙窜漏？

答： 炉墙如有窜漏现象，可从如下方面进行查找：蓄热室顶部有无下火；进风门处瓦斯灰是否增多；查立火道墙有无冒烟冒火；从废气盘测压孔观察小烟道内有无蓝色火苗；在推焦结束后，人为加大两侧燃烧室压力，看炭化室墙面是否有火苗，准确确定泄漏点。

282. 交换时烟道产生爆鸣的原因？

答： 交换时烟道产生爆鸣现象的原因是：在废气含有部分未燃烧完的煤气和氧气，如果煤气铊不严或支管压力大使部分煤气进入烟道，废气盘空气盖板不严，漏入空气，混合后产生爆炸性气体，造成爆鸣。

283. 焦炉炉墙翻修时温度如何管理？

答： 揭顶翻修炉墙时，与空炉相邻的非修理炭化室应禁止推焦，应设置空炉、焖炉和缓冲炉。空炉两侧各设一个焖炉和两个缓冲炉，其结焦时间按相邻燃烧室温差不大于100℃的降温区控制，其中第一缓冲炉结焦时间为24～48h，第二缓冲炉结焦时间为18～32h。相邻待修炉墙墙面的温度不低于300℃，相邻燃烧室和保留火道测温点应大于700℃，并用保温板遮严。推空炉后开始降温，一般在2～3天之内所有空炉两侧燃烧室（不论修理与不修理的火道）温度均应达到700～900℃之间，所有缓冲炉两侧燃烧室的温度均应达到表中数值。

空炉所对应的煤气考克关死、进风门开度减小、废气盘小翻板关小，焖炉和缓冲炉相对应的煤气考克、进风门开度、废气盘小翻板关小。在砌炉墙之前，应检查斜道有无堵塞情况。

烘炉升温速度通常在300℃前和500～700℃间，每天不超过50～100℃，300～500℃间每天可按100℃升温。相邻火道温差不超过±50℃为宜，见表5-3。

表5-3　揭顶翻修烘炉温度

部　　位	炉头温度/℃	标准火道温度（机/焦侧）/℃	结焦时间/h
正常生产的炭化室			16
燃烧室	1200	1250/1300	
缓冲炉2			18
燃烧室	1000	1220/1260	
缓冲炉1			24
燃烧室	850	1100/1150	
焖　炉			—
燃烧室	700	1000/900	
空　炉			—
燃烧室	700	1000/900	
空　炉			—
燃烧室	未修理火道700	1000/未修理火道900	
空　炉			—
燃烧室	700	1000/900	
空　炉			—
燃烧室	700	1000/900	
焖　炉			—
燃烧室	850	1100/1150	
缓冲炉1			24
燃烧室	1000	1220/1260	
缓冲炉2			18
燃烧室	1200	1250/1300	
正常生产的炭化室			16

284. 焦炉在什么情况下停止加热，停止加热和恢复加热的操作步骤各是怎样的?

答：焦炉遇有下列情况之一时，应立即停止加热。

（1）煤气主管压力低于500Pa时。

（2）煤气管道损坏或爆炸而影响正常加热时。

（3）烟道系统发生故障无法保持所需的吸力时。

（4）交换设备（例如交换机和交换链条等）发生故障，短时期内不能够修复而影响正常交换时。

（5）临时停电。

停止加热时的操作步骤：

（1）立即启动交换机将交换考克交换到全关位置，并切断自动交换电源，如同时停电，先切断电源，对上离合器，用手摇装置交换到全关位置。

（2）关闭机、焦侧烟道翻板，减小吸力到120～140Pa改为固定位置。

（3）关闭加热煤气加减考克。

（4）停止推焦操作。

（5）将废气盘进风口用石棉板盖上，并留5mm缝隙。

（6）每30min照常交换废气铊和空气盖，但禁止换向到中间位置，在装有自动换向装置时，应当把操纵选择把手置于停止位置，加减考克未关时，严禁将交换考克打开或煤气铊提起。

（7）停止加热2h以上集气管压力应保持比正常大20～30Pa。

（8）较长时间停止加热要关闭加热煤气管上的开闭器，当已使用混合煤气时，应将混合煤气开闭器关严。

（9）使用焦炉煤气加热，应关闭通往各处的煤气开闭器，关严加热蒸汽。

（10）关闭各仪表上的开闭器（主管压力管除外）。

（11）安排专人检查各处处理得是否符合要求。

恢复加热时的操作步骤：

当影响焦炉加热的故障已经排除，煤气主管压力恢复到4000Pa以上时，并经能源调配中心允许后，才能开始恢复加热工作。

（1）送煤气操作，由负责生产人员统一指挥，安排各岗位操作的人员，明确职责。

（2）不许两座焦炉同时送煤气。

（3）整个送煤气期间，不许推焦，不许在炉组40m周围进行有焊接、明火作业。

（4）用蒸汽或氮气对煤气管道吹扫后，打开煤气主管开闭器，通蒸汽或氮气，用煤气赶蒸汽或氮气，放散10min后取样做煤气爆发试验，两次连续试验合格后，关闭放散管开闭器。

（5）放净煤气管道内的积水，打开连接水封槽内的开闭器，水封槽应保持满流，各仪表导管开闭器和翻板开正。

（6）将进风口开度和烟道吸力废气翻板恢复到正常状态。

（7）指派专人看煤气压力，送煤气过程中，注意煤气主管压力，低于1000～1500Pa应停止送煤气。

（8）检查交接机是否处于正常状态，先恢复吸力，比正常大20～30Pa，然后从管道末端开始逐个打开上升气流（或者下降气流）加减考克，在两个交换内完成，为了防止煤气压力不足，可先把考克开1/2，全部送完后，如煤气压力够用立即全开。

（9）立火道温度低于着火点时（降至800℃以下）要先向立火道内投入火柴引火物，然后送煤气，并检查火焰燃烧情况，调至正常。

（10）煤气送入燃烧正常后，恢复生产，视温度情况，调整加热制度。

285. 倒换煤气的步骤有哪些?

答： 复热式焦炉的加热煤气，有时需要由焦炉煤气加热倒换为贫煤气加热，也有时需要由贫煤气加热倒换为焦炉煤气加热，倒换操作相似。

（1）准备工作：

1）煤气气源稳定，煤气发热值、温度、含尘量等参数满足焦炉设计要求；

2）煤气设施试漏、试压合格，附属设施完善；

3）交换设施系统负荷试运转合格；

4）煤气加热制度确定（标准温度、煤气用量、风门开度、烟道吸力等）；

5）将要倒换的加热煤气机、焦侧支管爆发试验合格，各水封注满水且保持满流。各压力监测表安装到位；

6）各分配支管上的加减旋塞全部处于关闭状态，分配支管孔板安装完毕；

7）废气系统密封风门的石棉板准备到位；

8）参加煤气倒换的人员培训、作业交底完成，相关各连接工具准备完毕。

（2）倒换贫煤气加热作业：准备工作完成后，可以进行倒换煤气作业。

1）在煤气倒换前的最后一个交换结束后，立即将交换机转为人工交换。

2）将下降气流煤气风门调节铁板取出，放上石棉板，将风门盖固定螺栓拧紧，断开风门小链，连上煤气铊。

3）将处于下降气流的焦炉煤气调节旋塞关闭，关闭焦炉煤气主管与末端水封连接阀。

4）将分烟道吸力调整到贫煤气加热状态。

5）将下降气流空气风门调节到贫煤气加热状态。

6）手动进行交换机交换，逐个将上升气流的贫煤气加减旋塞开到 1/2 开度，并逐个观察相应立火道煤气点燃情况，若没燃可向未燃立火道内掷火柴或短木材引燃，依次将上升气流的贫煤气送入相应燃烧室。密切注视贫煤气主管压力，低于 1000Pa 应停止作业，增压再进行。

7）在送煤气的同时，组织另外人员，重复第2）～5）步，将其他号调整到贫煤气加热状态。

8）再次手动进行交换机交换，按照第6）步依次将上升气流的贫煤气送入相应燃烧室。

9）待上升气流立火道煤气全部点燃后，贫煤气主管压力正常，逐个将贫煤气加减旋塞全开，将仪表、自动交接机投运，交换机改为自动。

换煤气作业结束，进行炉温调节。

286. 焦炉停电、煤气管道着火时温度如何管理？

答：全部停动力电时应做如下处理：

（1）将集气管压力、煤气压力、烟道吸力调节机改为固定，并拉下电源，使压力、吸力翻板固定在停电前位置，并监视其变化，然后根据停电时间，用人工进行适当调节，待来电时再送电恢复自动调节。

（2）切断交换机电源，每30min用手摇装置交换一次，来电时，先拉下手摇装置，送上电源恢复自动交换。

煤气管道着火应及时降低煤气支管压力至200Pa，严禁管道内出现负压；停止交换；用黄泥，湿麻袋将火扑灭；戴好防毒面具进行堵漏工作。

第六章　焦炉的烘炉与开工

287. 焦炉对耐火材料性能的要求有哪些?

答: 焦炉对耐火材料性能的要求有以下几点:

(1) 荷重软化温度要高。

(2) 在所在部位温度变化范围内,具有抗温度急变性能。

(3) 能抵抗所在部位可能遇到的各种介质的侵蚀。

(4) 炭化室墙具有良好的导热性能,格子砖具有良好的蓄热能力。

288. 焦炉常用的耐火材料有哪些?

答: 目前,国内焦炉用耐火材料有硅砖、高密度硅砖、半硅砖、黏土砖、高铝砖、隔热砖、耐热混凝土、红柱石砖和堇青石砖等。

289. 耐火材料的组成和性能有哪些?

答: 耐火材料的若干性质,取决于其中的物相组成、分布及各相的特性,也取决于制品的化学组成和矿物组成。化学组成是耐火材料制品的基本特性。通常将耐火材料的化学组成按各成分含量和其作用分为主成分和副成分。耐火制品是矿物组成体,制品的性质是其组成矿物和微观结构的综合反映。耐火制品的矿物组成取决于它的化学组成和工艺条件。

(1) 耐火材料的组织结构常用性质有:

1) 气孔率:通常是指显气孔率(开口气孔率),即与大气相通的气孔体积占耐火制品总体积的比例（%）。

2）体积密度：表示干燥制品的质量与其总体积之比，即制品单位体积（表观体积）的质量。

3）真密度：指不包括气孔在内的单位体积耐火材料的质量。

（2）耐火材料的热学常用性质有：

1）热膨胀性：指体积或长度随着温度升高而增大的物理性质。

2）热导率：指单位温度梯度下，单位时间内通过单位垂直面积的热量。

（3）耐火材料常用力学性质：

1）常温耐压强度：指常温下耐火材料在单位面积上所能承受的最大压力。

2）抗拉、抗折和扭转强度：指常温下耐火材料抗拉应力、弯曲应力和剪应力作用下的强度。

3）耐磨性：耐火材料抵抗坚硬物料或气体（如含有固体颗粒的气体）磨损（研磨、摩擦、冲击力）作用的能力。

4）高温耐压强度：材料在高温下单位截面积所能承受的极限压力。

5）高温抗折强度：指材料在高温下单位截面所能承受的极限弯曲应力。

（4）耐火材料的高温常用使用性质：

1）耐火度：耐火材料在使用过程中抵抗高温作用而不熔化的性能指标。

2）高温荷重变形温度：耐火材料对高温和荷重同时作用的抵抗能力。

3）高温体积稳定性：耐火材料在高温下长期使用时，其外形体积保持稳定不发生变化（收缩或膨胀）的性能。

4）热震稳定性：指耐火材料抵抗温度急冷急热而不损坏的性能。

5）抗渣性：耐火材料在高温下抵抗熔渣侵蚀作用而不破坏

的能力。

290. 硅砖有哪些主要性质?

答:硅砖是 SiO_2 含量在 93%以上的耐火材料制品。硅砖的特性如下:

(1) 硅砖的化学成分。随硅石原料的不同而异,一般情况下 SiO_2 含量为 93%～98%,其他杂质有 Al_2O_3、Fe_2O_3 和 CaO 等,约占 2.0%～7.0%。

(2) 硅砖的矿物组成。普通硅砖以鳞石英为主,约占30%～70%;高硅质高密度硅砖以方石英为主,约占 20%～85%。残余石英和非晶体的石英玻璃在任何硅砖中均为少量。

(3) 硅砖的耐火度。主要取决于 SiO_2 含量以及杂质含量和其性质。SiO_2 含量越高,杂质含量越少,其耐火度越接近于 SiO_2 的熔点。反之耐火度就越低,硅砖的耐火度一般为 1690～1730℃。

(4) 硅砖的荷重软化温度比较高,约为 1650℃。因是鳞石英的晶体网络结构在硅砖内起骨架作用。虽有一些杂质熔点较低,而由于骨架有一定的承载能力,故硅砖的荷重软化温度接近其耐火度,这是硅砖的显著特点。

(5) 硅砖的抗渣性。硅砖的主要化学成分为典型的酸性氧化物 SiO_2,这就决定了对酸性炉渣具有很强的抵抗能力。同时 Fe_2O_3 和 CaO 与 SiO_2 能形成新的化合物,所以硅砖对渣中的 Fe_2O_3 和 CaO 这种偏碱性的氧化物仍具有一定的抵抗能力。

(6) 硅砖的真密度。硅砖真密度的大小反映出硅砖中石英转化的程度,从而可以判断出硅砖的矿物组成。硅砖真密度越小越好,真密度小说明石英转化为鳞石英的转化越完全,在实际使用过程中产生的残余膨胀就小,一般硅砖的真密度应小于 2380 kg/m^3,而优质硅砖的真密度应为 2320～2360kg/m^3。

(7) 硅砖的气孔率。气孔率是硅砖内气孔的总体积占硅砖总体积的比例(%),它表示硅砖的致密程度。硅砖的气孔率越小,硅砖的结构越致密。硅砖的显气孔率一般为21%～25%。气孔率的大小，除原料外主要取决于其工艺条件。

（8）硅砖的残余膨胀。残余膨胀是指硅砖经再次煅烧后发生的不可逆体积膨胀，称为硅砖的残余膨胀。其原因是由于硅砖中尚有未转化的石英或称残余石英继续转化所致。硅砖的残余膨胀越小越好，否则在窑炉上使用时，会因其膨胀过大而引起窑炉结构的破坏，甚至造成事故。真密度小的硅砖，残余膨胀一定小。硅砖残余膨胀的大小主要取决于烧成条件，当硅砖烧至1450℃并保温3h，残余膨胀一般为0.3%～0.8%。

（9）硅砖的常温耐压强度。主要用来确定硅砖组织结构的优劣。常温耐压强度的大小，常与气孔率、真密度有密切关系。同时还取决于原料性质、工艺条件等。硅砖的常温耐压强度一般为19.6～29.4MPa。

由于硅砖具有以上特点，该砖在焦炉上使用，可以提高燃烧室温度，缩短结焦时间，增加焦炉生产能力，延长焦炉炉龄，故现代大容积炼焦炉主要是用硅砖砌筑。中国冶标（YB/T 5013—1997）规定，焦炉用硅砖的牌号为JG-94，其理化指标见表6-1。

表6-1 焦炉用硅砖的理化指标表

项目	指标	
	炉底、炉壁	其他
SiO_2质量分数/%	≥94	
0.2MPa荷重软化温度/℃	≥1650（胶结硅石1620）	
重烧线变化（1450℃，2h）/%	+0.2	
	0	
显气孔率/%	≤22（23）	≤24
常温耐压强度/ MPa	≤30	≤25
真密度/kg·m^{-3}	≤2340	≤2350
线膨胀率（1000℃）/%	≤1.28	≤1.30

注：括号内数值为手工成型砖。

近年来，我国从德国引进 7.63m 焦炉对砌筑焦炉用硅砖的性能要求见表 6-2。

表 6-2　7.63m 焦炉用硅砖的性能指标表

性能		典型砌筑		
		蓄热室斜道炉顶	炉墙	炭化室底
化学成分的质量分数/%	SiO_2	94.5	95.0	
	Al_2O_3	≤2.0	≤0.5	
	Fe_2O_3	≤1.0	≤1.0	
	CaO	≤3.0	≤3.0	
	Na_2O+K_2O	≤0.35	≤0.35	
残余石英/%		≤3.0		
常温耐压强度（KDF）/MPa		≥28	≥35	≥45
显气孔率/%		≤24.5	≤22.0	≤22.0
荷重软化温度（DFB）/℃ 开始温度		≥1640	≥1650	
耐火度/℃		≥1700	—	—
体积密度/$kg \cdot m^{-3}$		≥1760	≥1840	
热膨胀率（1000℃）/%		≤1.30	≤1.28	

291. 半硅砖有哪些主要性质?

答： 半硅砖的 Al_2O_3 含量为 15%～30%，SiO_2 含量大于 65%，它是一种半酸性的耐火制品。半硅砖一般用含石英砂的耐火黏土、叶蜡石（$Al_2O_3 \cdot 4SiO_2 \cdot H_2O$）以及耐火黏土或高岭土选矿的尾矿作原料。

半硅砖的使用性质介于黏土制品和硅质制品之间。其热震稳定性较硅质制品好；在使用过程中因其中的石英膨胀抵偿了黏土的收缩，体积变化较小，有的还略有膨胀，因而有利于砌体的气密性，减弱熔渣对砌体的侵蚀作用；它的另一特点是当高温熔渣与砖表面接触后，在砖的表面产生一层黏度很大的釉状物质（熔渣与制品作用形成的 SiO_2 含量很高的熔融物，厚度为 1～2mm），堵塞了气孔，阻止熔渣继续向砖内渗透，形成一层保护层，从而提高了砖的抗侵蚀能力。半硅砖所用的原料贮存量大，价格较低，可代替二、三等黏土砖，使用范围较广。由于半硅砖对酸性炉渣具有良好的抵抗性，并具有较高的高温结构强度、体积比较稳定。它主要用于砌筑焦炉的蓄热室墙、酸性化铁炉、冶金炉烟道及盛钢桶内衬等，我国焦炉用半硅砖的技术要求见表 6-3。

表 6-3　焦炉用半硅砖的技术要求表

指　　标	焦　　炉
Al_2O_3 质量分数/%	—
SiO_2 质量分数/%	≥60
耐火度/℃	≥1670
0.2MPa 荷重软化温度/℃	≥1320
重烧线变化（1400℃，2h）/%	—
显气孔率/%	≤25
常温耐压强度/MPa	≤15

半硅砖中比较有代表性和常用的是蜡石砖，其外观与黏土砖差别不大，呈白色或灰白色。制品比砖坯略有膨胀，其膨胀率约为 0.7%～0.9%。高温性能与黏土砖相近，耐火度波动于 1670～1710℃，荷重软化温度为 1300～1430℃（开始点）。

在我国设计的 6m 焦炉中未使用半硅砖，近年来国内自德国引进的 7.63m 焦炉中，半硅砖得到广泛的使用。

292. 黏土砖有哪些主要性质？

答： 黏土砖是由煅烧后的耐火黏土（熟料）与部分软质耐火黏土（结合黏土）经过粉碎、混合、成型、干燥、烧成等过程的制成品。黏土砖的主要矿物成分为高岭石，即耐火黏土和高岭土，其化学成分为 $Al_2O_3 \cdot 2SiO_2 \cdot 2H_2O$ 占 90%以上，其余为 K_2O、Na_2O、CaO、MgO、TiO_2 及 Fe_2O_3 等杂质，约占 6%～7%。

炼焦炉用黏土砖的特性如下：

（1）黏土砖的耐火度。随制品中 Al_2O_3 含量的增加而提高，其耐火度一般为 1580～1750℃。

（2）黏土砖的荷重软化温度比较低，通常都低于 1300℃。从开始软化至变形（压缩）40%，其温度间隔时在 150～250℃之间。

（3）黏土砖的热稳定性较好。加热到 1100℃时总的体积膨胀很小，而且变化均匀，所以抗温度剧变能力强。普通熟料黏土砖的水冷次数为 10～20 次，多熟料黏土砖的水冷次数一般在 50 次以上，有的高达 100 次以上。

（4）黏土砖呈弱酸性，抗酸性炉渣侵蚀的能力比抗碱性炉渣侵蚀的能力为强。

（5）黏土砖在高温下长期使用会因再结晶而产生不可逆的体积收缩（残余收缩）。此种现象称重烧线变化，对于黏土砖制品要求残余收缩率不超过 1%。

我国大容积 6m 焦炉用黏土砖理化性能指标按使用的条件差异分三种，见表 6-4、表 6-5、表 6-6。

表 6-4　普通黏土砖理化指标

指　　标	黏 土 砖
耐火度/℃	≥1690
0.2MPa 荷重软化温度/℃	≥1300
显气孔率/%	≤24
常温耐压强度/MPa	≥20
重烧线变化（1350℃，2h）/%	0.2～−0.5

表 6-5　低铝黏土格子砖

指　　标	黏土砖
耐火度/℃	≥1730
0.2MPa 荷重软化温度/℃	≥1350
显气孔率/%	≤24
常温耐压强度/MPa	25
Al_2O_3质量分数/%	30～35
Na_2O+K_2O 质量分数/%	≤1.0
Fe_2O_3质量分数/%	≥2.5
重烧线变化（1400℃，2h）/%	+0.1～−0.5

表 6-6　普通黏土格子砖

指　　标	黏土砖
耐火度/℃	≥1730
0.2MPa 荷重软化温度/℃	≥1350
显气孔率/%	≤24
重烧线变化（1400℃，2h）/%	0.1～−0.5
常温耐压强度/MPa	24

近年来国内引进德国 7.63m 焦炉使用的黏土砖的理化指标见表 6-7。

表 6-7　德国 7.63m 焦炉使用黏土砖的理化指标表

性　　能		砌筑部位	
		格子砖 蓄热室	格子砖
化学组分	Al_2O_3/%	≥40	≥30～36
	Fe_2O_3/%	≤2.0	≤2.5
显气孔率/%		≤24	≤22
常温耐压强度/MPa		≥30	≥20
荷重软化点温度/℃		≥1400	≥1350
耐火度/℃		≥1720	≥1640
体积密度/kg·m^{-3}		≥2000	≥2000
重烧线变化（1300℃，4h）		—	≤0.4
热震次数/次 （950℃，水冷）		—	≥30
热膨胀率（1000℃）/%		约 0.6	约 0.55

293. 堇青石砖和红柱石砖有哪些主要性质？

答： 堇青石砖和红柱石砖都属于高铝质耐火材料。在高铝制品的配料中加入一定数量的合成堇青石（$2MgO \cdot 2Al_2O_3 \cdot 5SiO_2$）制造高抗热震性的高铝堇青石制品，应用在6m焦炉炉门衬砖中，其理化指标见表6-8。

表6-8　炉门堇青石砖的理化指标

项　目		指　标
化学成分的质量分数/%	Al_2O_3	≥40
	MgO	≥3
耐火度/℃		≥1710
0.196MPa荷重软化温度/℃		≥1350
常温耐压强度/MPa		≥34
体积密度（1100℃）/$kg \cdot m^{-3}$		≥2100
热震稳定性能		≥40次

红柱石是同质异相天然无水硅酸铝质矿物，其分子式为$Al_2O_3 \cdot SiO_2$。因这类矿物原料在加热过程中发生相转变反应，生成莫来石和少量熔融态游离SiO_2，故用这类原料制作的耐火制品具有较高的莫来石矿物组成、重烧线变化极小、荷重软化温度较高、强度大、热稳定性好等特点，是一种性能优异的高铝质耐火制品。

在6m焦炉中，在燃烧室炉头部位用到少量红柱石砖，其理化指标见表6-9。

表6-9　6m焦炉用红柱石砖理化指标

项　目	指　标
Al_2O_3质量分数/%	≥50
耐火度/℃	≥1750
显气孔率/%	≤24
常温耐压强度/MPa	≥30
荷重软化温度0.6%/℃	≤1400
重烧线变化（1350℃，2h）/%	+0.2～−0.1
热震稳定性（1200℃）/次	≥40

294. 我国焦炉用的硅火泥、黏土火泥等技术指标有哪些？

答：在硅火泥中废硅砖粉含量在20%～30%之间。硅火泥中加入结合黏土，可增加火泥的可塑性，降低透气性和失水率，一般加入量为15%～20%左右。表6-10列出了硅火泥的技术指标。根据含量的多少可分成高温、中温、低温硅火泥。

表6-10 硅火泥技术指标

项目		JGN—92	JGN—85
耐火度/℃		≥1670	≥1580
冷态抗折黏结强度/MPa	100℃干燥后	≥1.0	≥1.0
	1400℃，3h烧后	≥3.0	≥3.0
0.2MPa荷重软化温度/℃		≥1500	≥1420
粒度组成/%	+1mm	≤3	≤3
	−0.074mm	≥50	≥50
黏结时间/min		1～2	1～2
SiO_2质量分数/%		≥92	≥85

黏土火泥是由煅烧黏土（熟料）、废黏土砖粉和结合黏土（生料）配制而成的。熟料是黏土火泥的主要成分，约占75%～80%，生黏土是结合剂，它的加入是为了增加黏土火泥的可塑性，降低透气性和失水率。但配入量不宜过大，否则易产生裂纹，以配入20%～25%为宜。黏土火泥在温度低于1000℃的焦炉部位上使用，其技术指标见表6-11。

表6-11 黏土火泥技术指标

指标	牌号及数值			
	(NF)-40	(NF)-38	(NF)-34	(NF)-28
耐火度/℃	≥1730	≥1690	≥1650	≥1580
水分含量/%	≤6	≤6	≤6	≤6

295. 焦炉各部位应使用哪些耐火材料？

答：在选择耐火材料时，首先应了解焦炉各部位工作温度情况，以及工作特点，然后根据各种耐火材料的特点，按炼焦炉不同的部位分别选用。在炼焦炉内，高温部位有燃烧室、炭化室炉墙、斜道区和蓄热室上部等处。这些地方由于在高温状态下工作，要求耐火材料具有较高的耐火度和荷重软化温度，炭化室炉墙还应有较大的热导率，因此选用硅砖。温度较低的部位是炉顶区、蓄热室、小烟道、烟道和基础等处。这些部位可选用黏土砖砌筑。有的部位处在温度经常变化的工作状态，如炭化室炉头和装煤孔等，宜采用黏土砖或高铝砖。蓄热室格子砖应使用热容量大、吸热和散热快的耐火材料，而蓄热室封墙和炉顶区一部分应用导热性差的隔热砖。

296. 焦炉为什么要进行烘炉？

答：为了排除焦炉砌体大量水分，使炭化室炉墙的温度提高到合乎装煤的温度（一般要求达到 900℃），使焦炉砌体达到适合装煤的温度，必须有计划的加热升温，进行烘炉。烘炉进行得合理与否，直接影响着焦炉寿命，可用的烘炉燃料有高炉煤气、焦炉煤气、液化气、固体燃料、液体燃料等。

297. 如何确定烘炉燃料，各有什么优缺点？

答：采用固体燃料、气体燃料、液体燃料的消耗比较见表 6-12。从表中可以看出，单孔炉室每 1h 燃料消耗量以用焦炉煤气时最小，若以烧焦炉煤气的单耗为 1.0，则烧油和烧煤的单耗分别是烧焦炉煤气的 1.27 和 2.56 倍。无论从节能角度还是操作方便程度而言，采用气体燃料烘炉是较为经济实用的。

表 6-12　三种烘炉燃料消耗比较

燃料种类	发热量	每孔炭化室每小时标准煤耗量/kg	单耗比较	温度区间/℃
焦炉煤气	17.56GJ/km^3	20.29	1.0	500～750
燃料油	41.82GJ/t	25.86	1.27	440～940
煤	30.1GJ/t	52.0	2.56	500～950

气体燃料、固体燃料、液体燃料烘炉方法的优缺点比较见表6-13。

表 6-13 三种烘炉方法的优缺点比较

烘炉方法	优　点	缺　点
气体燃料烘炉	操作方便，易于调节，无论在低温和高温阶段，温度均易于控制和调节。且需用人员少，劳动强度小，消耗低	在无气源的地方，无法获得用气燃料，特别是对于新建厂的第一座焦炉
固体燃料烘炉	燃料易于获得	炉温不易控制，特别是在高温阶段升温困难，劳动强度大，消耗高，烘炉期长
液体燃料烘炉	发热量高，在高温阶段升温和调节都较方便，并易于操作和控制	在温度低时，喷嘴易于堵塞，所以 450℃ 以下采用固体燃料烘炉

从表 6-13 可以看出，无论从节能和烘炉操作来看，采用气体燃料都是较为理想的，如果能获得气源，采用气体燃料烘炉是不言而喻的。对于新建焦化厂的第一座焦炉，又无其他气源时，就可采取固体燃料——煤烘炉的办法，烘炉用的煤挥发分，发热量要高，灰分要低。近年来，我国已成功地采用了固—液体燃料烘炉的办法。在炉温为 450℃ 以下时，在外部炉灶用煤加热升温，450℃以上在内部炉灶用雾化液体燃料加热升温，这样就克服了用固体燃料烘炉在高温时升温困难的弊病。

当用焦炉煤气烘炉时，由于废气中水蒸气含量高，为防止烘炉初期水蒸气在蓄热室、小烟道部位冷凝，应使用较大的空气过剩系数。

采用何种燃料烘炉，要根据各个厂的具体情况而定，不可生搬硬套。

298. 为什么要制定焦炉烘炉升温曲线？

答： 制定焦炉烘炉升温曲线的目的是：

（1）现代的焦炉主要用硅砖砌筑，而硅砖的组成是以 SiO_2 为主的。就 SiO_2 本身来说就有 8 种形态，这 8 种形态的 SiO_2 各有自己的体积密度，并且在一定的温度条件下，能相互转化。

这 8 种形态中，除石英玻璃为非晶形外，其他 7 种均为结晶形的。在一定的温度下，SiO_2 发生晶形转化，并且体积随着变化。从膨胀曲线看出，整块硅砖的体积变化是不均匀的，在不同的温度下呈现出不同的体积变化。所以在烘炉时，应按此特性编制升温曲线，并按此曲线升温，以控制焦炉砌体的膨胀均匀，否则会使炉砖受到破坏。

(2) 焦炉结构复杂，孔道多，砌体内有厚有薄。烘炉升温控制不好，会产生温差悬殊的情况，砌体便被拉裂。

因此，根据硅砖在各个温度阶段的不同膨胀量，制定出合理的烘炉升温计划，是一项很重要的工作。

299. 烘炉管道是如何布置的？

答： 煤气烘炉管道随着测温方法的进步，不断改进。原来烘炉管道中有 3 个分配管，分别是 150mm、250 mm、400 mm 或者是 80 mm、250 mm、350 mm，利用孔板压差调节流量，从而控制温度。现代的方法是将现场采集热电偶信号在计算机中显示，测温效率高，对烘炉管道进行了简化。

300. 烘炉孔板有哪些规格？

答： 在原来的 6m 焦炉中烘炉孔板一般分为 ϕ3mm、ϕ5mm、ϕ7mm、ϕ9mm、ϕ11mm 和 ϕ15mm 等 6 种规格，现在在 6m 焦炉烘炉中常用的孔板主要有 ϕ6mm、ϕ9mm 和 ϕ14mm 等 3 种规格。

301. 如何选取砖样？

答： 砖样选自焦炉现场，从燃烧室、斜道和蓄热室 3 个区段中选取砖样。选取时，选择对焦炉横向膨胀和高向膨胀影响较大（用量多）的砖。每个区段内选 3～4 种砖，每种砖选 2 块，组成两套砖样，一套砖样用于制定热膨胀曲线，另一套保留备查。

302. 如何确定焦炉上下各温度区间的升温比例?

答：由于焦炉在加热时，高向温度分布的不同，其不同部位的硅砖在高向上将产生不同的膨胀量和膨胀速度。为了避免由于膨胀量和膨胀速度的不同而砌体彼此拉裂的危险，所以在焦炉高向的各个区段要按照一定的温度比例来进行升温操作。实践证明，在烘炉初期要求蓄热室温度为燃烧室温度的95%，但在烘炉末期要求蓄热室温度为燃烧室温度的85%。根据上述原则，所选取的温度范围见表6-14。

表 6-14 焦炉高向各温度区间比例

部位名称	燃烧室	蓄热室	小烟道
焦炉高向各部位温度范围/℃	20～100	20～95	20～85
	100～125	95～119	85～115
	125～150	119～140	115～130
	150～175	140～165	130～155
	175～200	165～185	155～175
	200～225	185～210	175～190
	225～250	210～235	190～200
	250～300	235～275	200～220
	300～400	275～360	220～260
	400～500	360～445	260～330
	500～550	445～495	330～390
	550～600	495～530	390～410
	600～700	530～615	410～440
	700～800	615～720	440～450

303. 如何确定烘炉干燥期和最大日膨胀率?

答：焦炉烘炉一般分为三个阶段，100℃以前为干燥阶段，100～600℃前为低温阶段，600℃以后为高温阶段。在第一阶段确定合理的干燥期是把好烘炉质量的第一关。

干燥的目的是要排除焦炉砌体所含的水分，在排除水分的过程中，如果排出的速度较快，将影响到灰缝的完整性。不仅如此，由于升温速度较快，造成焦炉上下部位温差过大，那么在上部已饱和的热气流流入下部时，温度很可能降到露点，析出水分，不但影响下部温度的控制，而且将损坏焦炉下部的砌体。干燥期应根据当地、当时的气候条件，一般确定为8～10天。

烘炉过程中，随着炉温的升高，由于硅砖晶型的转化而伴随着体积的变化，使焦炉砌体膨胀而产生一定的应力。特别是温差较大时，因不均匀膨胀而造成的应力可能达到破坏砌体的程度。为了保证烘炉质量和砌体的完整性，硅砖焦炉烘炉最大日膨胀率为0.03%～0.05%。又根据硅砖的线膨胀特性，当温度达117℃、163℃、200℃、275℃、573℃时，硅砖体积发生剧烈变化，尤其在573℃以前转化点较多，而且体积变化也十分剧烈。因此，在573℃以前往往采用较小的膨胀率，而在573℃以后，体积变化比较平缓，故可用较大的日膨胀率。

304. 如何制定烘炉曲线？

答：在确定干燥期和最大日膨胀率后，即可计算烘炉天数。烘炉天数除了与砖样化验数值有关外，还与采取的烘炉方式、热态工程量等有关。另外，对于新建焦化厂，还要考虑整体工程进度。根据砖样的膨胀率和最大日膨胀率进行计算，得出烘炉天数。由此可编制烘炉升温计划表，从而绘出烘炉升温曲线。

305. 烘炉时气体流动途径是怎样的？

答：烘炉时气体流动的途径：烘炉小灶的热废气→炭化室→烘炉孔→水平烟道→立火道→斜道→蓄热室→小烟道→废气盘→烟道→烟囱。

306. 在什么情况下烘炉小灶才能点火？

答：烘炉小灶在下列情况可以点火：

(1) 焦炉所有的冷态原始记录测量完毕；

（2）烟囱、烟道已烘，并且烟道吸力达到 120Pa 以上；

（3）焦炉内清扫工作已完成，检查并处理完毕；

（4）牛舌砖和烧嘴已配置好；

（5）护炉铁件已安装调整好；

（6）加热管道安装完毕并配置好孔板；

（7）其他安装项目能按组织计划施工，特别是备煤工程与回收工程能跟上，以避免将来保温；

（8）烘炉燃料、工具和测量仪表等准备好；

（9）各测量点打好标记；

（10）滑动点打好标记以便观察升温时膨胀情况。

307. 烘炉时的升温管理应注意哪些问题？

答：烘炉时的升温管理应注意以下问题：

（1）严格按烘炉升温曲线升温。

（2）禁止用烟道吸力来调节温度高低。

（3）干燥期要求有足够大的空气过剩系数。

（4）特别应该注意观察边燃烧室的温度，不能落后也不能提前。

（5）每天应在标准炭化室中取样做废气分析。

（6）在升温过程中，如果发生升温过快的情况，不允许降温，只准保温，当温度落后烘炉图表所要求的温度时，不允许随便加快升温速度。

308. 烘炉期间空气过剩系数如何控制？

答：空气过剩系数是焦炉干燥和烘炉的主要参数，尤其在干燥期间其意义更为重要。通过增加空气过剩系数，增加携热体（废气）体积，使携热体内水分浓度降低，提高携热体吸收水分的能力；其次采用增加或减少空气过剩系数，可以控制焦炉上下砌体温度比例。以国内 6m 焦炉烘炉为例，是采用长 2.5m 左右的不锈钢管由炉顶立火道取样，然后用奥氏分析仪分析成分。烘炉不同阶段空气过剩系数控制范围见表 6-15。

表 6-15　烘炉不同阶段空气系数控制范围

温度区间/℃	<100	100～300	300～500	500～700	>700
空气系数范围	>20	>10	>5	>3	>2

309. 烘炉期间护炉设备及炉体膨胀监测项目有哪些?

答: 烘炉期间护炉设备及炉体膨胀监测项目见表 6-16。

表 6-16　烘炉过程中的监测项目

监测项目	监测位置	监测时间及频度	说　明
炉柱曲度	炉柱距炭化室底上部 700mm 左右（炉门下横铁部位）	炉温 700℃前每两天测一次，700℃后酌减	用三线法测定
炉长测量	上横铁，下横铁，箅子砖	炉温 700℃前每两天测一次，700℃后酌减	用三线法测定
大弹簧负荷	按固定测点进行测量	每天测一次并调节	测量用临时走台拆除后减少测量次数
纵拉条弹簧负荷	按固定测点进行测量	每周一次	
小弹簧负荷	按固定测点进行测量	每 50℃测量一次	
顶丝调节及炉门炉框（保护板）上移检查	炉框底部缝隙	顶丝与炉框接后每天调整一次	
纵拉条托架松放		每 100℃测调一次	
上部拉条螺帽拧紧		每 100℃测调一次	上部拉条隔热层施工同时
机焦侧走台支柱垂直度及滑动情况检查	支柱相对滑动点标记处	每 100℃测定一次	滑动良好时可不测垂直度

续表 6-16

监测项目	监测位置	监测时间及频度	说　明
抵抗墙垂直度测量	抵抗墙外侧测点固定并标记	每100℃测定一次	使用托盘及线锤
抵抗墙顶部外移测量		每100℃测定一次	
炉端墙膨胀缝变化测量	炉端墙30mm膨胀缝上下取两点，测点固定并标记	每100℃测定一次	
炉高测量	炉顶看火孔座砖，（机，中，焦）	每100℃测定一次	按1，2，6，11，16，21，26，31，36，41，46，51，55，56燃烧室取测点
基础沉降测量		每100℃测定一次	测量队
炭化室底热态标高测量	机焦侧磨板面		烘炉末期
炉柱下部滑动检查	滑动点标记处	每50℃检查一次	
小烟道连接管滑动情况检查	每个连接管	每50℃检查一次	
炉柱与保护板间隙检查		每100℃检查一次	

310. 烘炉期间上下部大弹簧和各线小弹簧吨位应如何保持？

答： 烘炉前上下部大弹簧及各线小弹簧的吨位应保持在规定的范围内，具体参数见表6-17。

表6-17　烘炉前各线弹簧的吨位参数

温　度	上部大弹簧/kN	下部大弹簧/kN	小弹簧(包括小炉柱)/kN
300℃前	95	80	小弹簧均为10×2，蓄热室单墙为10
300℃后	110	90	
500℃后	120	100	
700℃后	130	105	

311. 烘炉前的原始测量项目有哪些?

答: 烘炉前的原始测量项目有：炉长、炉高、炉柱曲度、大小弹簧、抵抗墙垂直度、机焦侧作业台垂直度以及燃烧室、蓄热室、小烟道、分烟道（或总烟道）温度。

312. 烟囱、炭化室和抵抗墙应在什么时候点火?

答: 烘烟囱的目的是将烟囱砌体中的水分赶走，使烟囱产生一定的吸力，以作为炭化室点火烘炉初期气体流动的动力，用固体燃料烘烟囱时，可在炭化室点火前5～8天点火；用气体燃料烘烟囱时，可在炭化室点火前3～5天点火。

当分烟道吸力达到120Pa以上时，才具备炭化室烘炉小灶点火的条件。为适应低温阶段的升温要求，首先只使半数的小灶点火，即使机、焦侧的一侧单数小灶点火，另一侧双数小灶点火，一般情况下，用气体燃料烘炉时，当炉温达到30～50℃，可将另一半小炉灶点火，并将四角炉端墙小灶点燃，以使炉端墙硅砖与炉端燃烧室同步膨胀。炉端墙小灶的气体直接由炉顶临时小烟囱排出，应密切注意炉端墙小灶的燃烧情况，防止其火焰过大造成温度超升，一般其温度应略低于炉端燃烧室的温度。

313. 热态工程项目有哪些?

答: 热态工程项目列于表6-18中。

表6-18　热态工程项目

项　　目	执行条件（燃烧室温度）/℃	说　　明
炉顶裂缝密封		用石棉绳密封
临时大棚拆除	250	雨季可延迟
保护板顶面铺防水层	拆除大棚前	
交换开闭器调整	500	

续表 6-18

项　　目	执行条件（燃烧室温度）/℃	说　　明
小烟道承插部密封	600（交换开闭器调整后）	取出临时密封石棉绳，按设计填石棉绳，勾缝
斜道正面膨胀缝填塞及灰缝精整	600	膨胀缝用石棉绳沾浆填塞
30mm 膨胀缝填塞	600	散石棉绳沾浆填塞
蓄热室封墙勾缝精整	750	封墙保温层施工前
交换开闭器与烟道连接口填石棉密封	600	交换开闭器调整后
砖煤气道灌浆	600	可根据实际情况调整至生产后
桥管承插部密封	650	石棉绳、灰浆
吸气管、焦油盒连接	650	
煤气、废气系统润滑点加油		试车前
集气管操作台梯子连接	650	
割去压保护板顶丝	650	砌小炉头前
氨水支管连接（上升管周围）	650	
蒸汽管、工业管压缩空气管连接（上升管周围）	650	
交换系统试运转	650	
装煤车轨道安装调整	650	700℃时轨道固定
装煤车摩电线架、摩电线安装调整	650	
炉顶安全栏杆固定	650	
装煤车轨道与端台部接轨	700	
拦焦车轨道与端台部接轨	700	留基础茬部补浇混凝土

续表 6-18

项　　目	执行条件（燃烧室温度）/℃	说　　明
煤气小支管（立管）法兰紧固	750	
集气管托架与炉柱间螺栓固定	750	
横拉条下放就位	750	
拆除煤气烘炉设施	改为正常加热后	
拆除测调临时走台	800	
补抹炉肩缝磨板灌浆	保护板灌浆前	缝灰浆：低温硅火泥 50%，精矿粉 50%，加水玻璃 1%
拧紧保护板与炉框连接螺栓	800	均匀拧紧
保护板底部缝塞	保护板灌浆前	
保护板上部接头缝石棉绳塞紧	保护板灌浆前	
保护板灌浆	700	分段灌浆
炉顶吹扫及石棉绳清除		炉顶灌浆前
小炉头重砌	750	保护板灌浆后及炉顶正面缝精整、填塞石棉绳后进行
炉顶灌浆	800	包括拉条沟
炉顶面精整	炉顶灌浆后	
拉条沟隔热及盖砖砌筑	750	分段进行，配合弹簧测调
操作台排水管固定	850	
全炉灰缝修补	800	
炉门刀边调整	装煤前	
炉门修理站试运	800	
熄焦车轨道调整、固定	扒火床前完成	
各车摩电线架、安全挡等调整	800	与各车试运配合进行
煤塔秤调试	800	

续表 6-18

项目	执行条件（燃烧室温度）/℃	说明
交换机、交换传动系统负荷试运行	700	
交换开闭器保温	800	或开工后
炉端墙正面留茬部砌筑	800	或开工后
炉端墙顶部砌筑面重砌	800	
安装淌焦板	扒火床前完成	

314. 烘炉期间炉体各部位温度的测量项目有哪些？

答：烘炉期间炉体各部位温度的测量项目有：管理火道温度；直行温度；横排温度；蓄热室顶部温度；箅子砖部温度；小烟道温度；总分烟道温度；抵抗墙温度；大气温度、湿度。

315. 烘炉压力测量项目有哪些？

答：烘炉压力测量项目有：看火孔压力；总、分烟道吸力；煤气（压力气体燃烧烘炉）；此外，还要对废气成分进行分析。

316. 交换传动系统如何进行假生产？

答：交换传动装置各零部件安装好后，应调整各交换拉条的行程，以靠近油缸一端的行程为准。调整拉杆上的松紧器，使煤气拉条行程偏差在±10mm以内，废气拉条行程偏差在±15mm以内，直到反复测量时交换行程不变为止。

调试工作分两步进行，首先是手动交换调试，合格后进行电动交换调试，经两昼夜连续运行无异常情况后为合格。调试时应注意以下几点：

（1）各交换拉杆的行程不变。

（2）交换过程中拉杆运行平稳，无跳动现象。

(3) 各连接点和滑动点无别劲和磨损现象。

(4) 检查交换旋塞在交换过程中是否开正和关正，当开与关的要求不能同时满足时，应保证全开状态正确。

(5) 在煤气铊、废气铊拉杆顶部链条处进行调整，使其提升高度达到设计值，误差为±5mm。当铊落下时其链条能放松0.5～1环，以保证铊落严。

(6) 当手动交换调试合格后，进行电动交换调试，按上述要求进行检查，当确认无故障时，按生产状态连续运转两昼夜。

317. 如何对交换开闭器（废气盘）进行严密性试验？

答：对交换开闭器外观检查后，进行严密性试验。

(1) 对于风门密封用0.05mm塞尺沿空气口的四周检查，塞不进为合格。对于不合格者应重新研磨。因为在四角和靠销轴处容易出现不严密的情况，所以研磨时应对号研磨，并在销轴配上后检查严密性。

(2) 对于废气铊密封面，用机械油清洗，然后擦净，废气铊自由落下，不准人为挪动，更不能在铊面上加重物。在废气铊周围做临时围堰并充水，水面与密封面间的距离不小于40mm，5min后不渗漏为合格，对不合格者应重新研磨。

(3) 对于煤气铊密封面，用机械油清洗后擦干净，煤气铊自由落下，不准人为挪动，更不能在铊面上加重物。在煤气连接管的法兰上安装堵板，堵板上设有一个进气接管。用压缩空气试压，风包体积为0.03m^3。

318. 如何对调节旋塞进行严密性试验？

答：将调节旋塞芯子卸开，密封面上的油脂清洗干净，抹上50号机油，然后进行严密性试验，对于调节旋塞，应在两种位置进行试验：

(1) 全开位置，旋塞上法兰处安堵板，旋塞下法兰处安带支管接头的堵板。

（2）全关位置，旋塞下法兰处安带支管接头的堵板。

进行严密试验时，要用压缩空气试压，风包体积为 0.03m^3，风压为 20kPa，时间为 30min，进行温度校正后的压降不大于 0.5kPa 为合格。

319. 如何对加热煤气管道打压？

答： 主管本体试压。当煤气主管（包括焦炉煤气、贫煤气）上各种接头均已焊好。且经煤油试漏合格后，对管道进行全面检查，清除灰尘及杂物，最后堵盲板，将管道封闭。

试压部位指调节旋塞之前主管，在煤气支管与调节旋塞之间应安装盲板，对不能承受试验压力的部分应隔断，如焦炉煤气防爆口、贫煤气放散防爆阀，水封槽、仪表接头及放散管等。对于贫煤气掺混焦炉煤气的混合煤气管道，应与焦炉煤气主管同时试压，在混合煤气管道与煤气阀门，混合器接口处安装盲板。

试压标准：通以压力为 65kPa 的压缩空气，试压 2h，每小时平均泄漏率不大于 1%为合格，注意打压时的温度校正。

320. 如何对加热系统进行整体打压？

答： 主管本体试压合格，支管安装完毕后，即可进行管道总体试压，试压部位包括调节旋塞、交换旋塞、孔板盒等。

试压步骤与标准：将支管法兰与调节旋塞之间的盲板移到交换旋塞出口法兰处，没有交换旋塞的，移到孔板盒出口法兰处。

（1）旋塞应抹 N46 机油，旋塞芯松紧程度应适当，油杯孔用干油堵住。

（2）分 3 种情况试压：1）调节旋塞开，交换旋塞按生产方向关。2）调节旋塞关，交换旋塞按生产方向开，3）调节旋塞按与第一种状态相向的方向开，交换旋塞按生产方向开。

（3）用压缩空气试压，焦炉煤气管道风压为 20kPa，按上述 3 种情况进行试压，各试压 30min，压降均不大于 10%为合格。

321. 荒煤气系统如何进行假生产？

答： 荒煤气系统进行假生产步骤如下：

（1）蒸汽管道送蒸汽，送蒸汽时压力慢慢增加，直增至蒸汽设计压力。同时在通蒸汽过程中检查各开闭器或其他地方是否漏汽，疏水器排放冷凝液是否正常。

（2）慢慢打开通往集气管两端的蒸汽阀门往集气管内通蒸汽，使蒸汽由集气管两端进入，然后在集气管放散管处进行放散，当放散管冒蒸汽后可关闭放散管翻板。

（3）蒸汽由“Π”形管进入吸气管，可打开吸气管上的检查孔放散蒸汽。

（4）检查蒸汽通过的管路是否有漏汽或其他不正常现象，若有缺陷应及时修理。在通完蒸汽后若未发现什么问题可停止送汽。

（5）高低压氨水同时送往焦炉，首先检查高压氨水泄压阀是否在规定的压力范围内动作，然后再逐个检查上升管三通球阀消烟装煤的氨水喷洒情况，此后再检查低压氨水的喷洒情况。检查低压时氨水量由小逐步开大，发现渗漏和其他问题应及时处理，注意氨水压力是否达到设计要求。如果已有一座焦炉投产，当已投产的焦炉和新开工的焦炉共用一台高低压氨水泵时，在新焦炉试验氨水压力的同时，注意已投产焦炉的氨水压力变化情况，是否有影响生产的后果发生。

（6）检查低压氨水的喷洒情况，要求氨水喷洒均匀，不能喷向上升管（可观察上升管盲板处是否被打湿），如果喷向上升管，主要是由于桥管上部安装氨水喷嘴的法兰盘位置不妥，加工面不平所致，应予以调整处理。

（7）一般情况下，通氨水后可以连续不断地运转下去直至开工生产。当第一座焦炉投产时，氨水（清水）可通过气液分离器回至机械化氨水焦油澄清槽。当已有一座焦炉生产，第二座焦炉投产时，喷洒的氨水通过开工临时 U 形旁通管排放至氨水焦油澄清槽，同时要特别注意氨水量的减少，及时补充清水。

(8) 如果万一发生事故不得不停止通氨水时，最好能连续通入清水，尤其在冬季，这样可以防止冻坏管道的管件。若需停止时间过长，过多的清水流入澄清槽是不妥当的。当需停止放清水时，应将管道中的管道积水全部放空。

(9) 清水管道通水试生产，若为带水封式上升管盖的焦炉，应通清水检查水封情况，进水和排水是否畅通，若无问题应连续运转直至开工。

322. 如何对高压氨水和低压氨水管道进行打压？

答：高压氨水管道。高压氨水用于消除装煤烟尘，高压氨水管道的安装方法与循环氨水管道相同，但试压标准不同。不论是管道上高压球阀、截止阀的单体试压，还是管道总体试压，其试压标准都是 4MPa（水压），30min 后不漏为合格。

为保证管道系统内部清洁，在试压合格后投产前对管路内部应用水冲洗或用蒸汽、空气吹洗。用水冲洗时，水流速度不得小于 1～1.5m/s，直到管内排出清水为止。用压缩空气吹洗时，管内风速不得小于 20m/s，当吹出的气流中无铁锈、脏物和油污时则认为合格。

低压管道试压。待炉温大于 650℃后方可将氨水主管与外部管道、支管与喷嘴相连，然后进行管道总体试压与调试。氨水管道总体试压标准为 0.6MPa，30min 后不漏为合格。

经试压合格后，拆除试压用盲板，集气管、焦油盒与吸气管已接通，吸气管上盲板（或阀门）下的氨水旁通管已接通，可进行喷洒试验，试验时使管道水压不低于 0.2MPa，逐个打开阀门，经检查合格后再关闭，以免水压下降，回水量过大。检查喷嘴连接处是否漏水，喷洒角度一般不小于 49°，检查雾化状态（不能出现水柱和水滴），不允许水雾喷入上升管内。试验合格后，不再停水，连续运转直至开工。应注意焦油盒处是否溢水。

323. 熄焦系统及运焦系统如何进行假生产?

答: (1) 将沉淀池中注满水，启动水泵，将水送至熄焦塔内进行喷洒，检查喷洒的均匀程度。

(2) 调整水泵自动计时装置，保证喷洒时间为 120s/次左右，喷洒累计时间为 2h 左右。若无其他问题，可认为合格。

(3) 分段转动自动放焦装置 2h，检查各部运行情况。

(4) 启动运焦皮带及筛焦系统的设备，连续运转 2h 以上，详细检查各设备的运转情况并做好记录。

(5) 按上述时间要求，熄焦及运焦系统试运转后，对已发现的问题进行处理，直至合格为止。

324. 推焦车如何进行假生产?

答: 推焦车的假生产操作如下:

(1) 推焦车沿着其轨道来回运行 5 次以上，检查运行情况及电闸的灵活。

(2) 在临时炉门固定架上试验摘炉门操作、对炉门操作。

(3) 在炉端台利用推焦杆修理站进行全行程往复推焦试验，检查推焦杆的牙板与牙轮咬合是否正确，是否有咬偏的现象，推焦杆运行是否平稳、平直，并试验电闸及极限装置是否灵敏。

(4) 根据烘炉后期炭化室底部的标高来确定推焦车轨道标高和推焦杆杆头的高度，使其杆头底部及滑板上所加的任何垫板，均应焊在推焦杆上。

(5) 在炉门固定架的炉门上，试验开启和关闭小炉门的操作，在炉端台处利用平煤杆修理站，试验平煤杆运行情况，特别应注意检查运行中是否平稳，平直及振动情况，极限开关和电闸的灵敏程度。

(6) 在试验平煤杆时，为防止平煤杆由于自重在悬臂情况下发生变形，试验时需搭设一个临时托架托住平煤杆。

(7) 走行部分、推焦部分、摘门部分、平煤部分及其他部分全部试车完毕并检查合格后，做好原始记录（包括电器设备某些部件），至此推焦车的假生产操作进行完备。

325. 拦焦车如何进行假生产？

答：拦焦车的假生产操作如下：

（1）在烘炉后期，炉体基本膨胀完毕后，焦侧操作平台及拦焦车轨道已调整好，磨电道已安装完毕并调整好，可在炉端台处进行假生产。

（2）沿操作平台，在轨道上拦焦车来回行驶5次，检查车体是否平稳，车轮是否有啃道现象，并试验电闸是否灵敏。

（3）在炉门临时固定架上进行摘炉门、对炉门的试验，在对炉门时进行拧紧大螺丝的工作，同时进行电闸灵敏度的检查。

（4）导焦装置可在焦炉改为正常加热时进行试验。当对炉门时，就可逐一试验导焦槽的高度是否合适，若不合适应用手调整。

（5）在试验导焦槽的同时，注意检查导焦槽两扇小门的动作，应有专人看住小门，以防人被小门夹住。

（6）若有自动清扫炉门炉框的设施，应对该设施进行试生产。

326. 装煤车如何进行假生产？

答：装煤车的假生产操作如下：

（1）假生产前，炉顶全部轨道（包括地磅轨道或电子秤）、摩电道安装调整完毕，煤塔内部清扫干净，煤塔漏嘴应达到手动合格，装煤车各部单体试验合格。

（2）沿轨道来回走行5次，试验运行情况，检查摩电道、电刷情况，检查风闸灵敏度。

（3）对装煤部分要进行振煤试验、煤斗闸套的高度试验，提起和放下闸套的操作试验、煤塔漏嘴的开关试验及自动启关炉盖的试验。

（4）打开煤塔漏嘴，试验煤塔漏嘴的开关情况并调整极限开关。

（5）应由计量单位校准地磅或电子秤，保证计量准确。

327. 熄焦车如何进行假生产？

答：熄焦车的假生产操作如下：

（1）熄焦车的假生产应在烘炉焦炉扒封墙前进行完毕，以便在拆除外部炉灶及扒封墙时装废砖。

（2）在消火车轨道上沿轨道往返 5 次，检查运行是否平稳，电闸是否灵敏。采用固体燃料烘炉的焦炉，在试生产前应将焦侧走台加宽部分予以拆除。

（3）试验放焦闸门开关情况，检查极限开关是否好使。

（4）将熄焦车开至熄焦塔下，进行喷洒试验，检查喷洒均匀情况。

328. 炉门修理站如何进行假生产？

答：炉门修理站的炉门架、卷扬机、起吊翻转设施全部安装完毕。

炉门架的高度应调整合适，运转卷扬机，进行摘装炉门和起吊翻转炉门的操作试验。重复进行上述操作数次，发现问题及时处理，直到合格为止。

329. 开工时如何安排装煤顺序？

答：焦炉开工时，特别是对于新建焦化厂，除装炉煤有足够结焦性和较高挥发分外，装煤顺序应当保证：

（1）获得必要数量的煤气，以便能与集气管正常接通，并在其中造成足够的压力，以便尽快地排挤煤气管道内和冷凝工段所有设备内的吹扫蒸汽。

（2）煤气通入集气管后继续往炭化室装煤，以此增加煤气总数量及其在集气管内的压力，从而创造鼓风机正常启动的条件。

（3）使装煤的炭化室的数目尽量最大，而相邻的炭化室除外，因为相邻的炭化室同时装煤会引起砌体过度冷却。

（4）不论是整体还是两段式集气管，第一装煤串序总是从两端向吸气管装煤，以便驱赶蒸汽。下面分别以整体和两段式集气管的55孔JN60型焦炉为例进行说明。

整体集气管装煤顺序：

第一装煤串序：02号、52号、07号、47号、12号、42号、17号、37号、22号、32号、27号共11炉

第一装煤串序：04号、09号、14号、19号、24号、29号、34号、39号、44号、49号、54号共11炉

第一装煤串序：01号、06号、11号、16号、21号、26号、31号、36号、41号、46号、51号共11炉

第一装煤串序：03号、08号、13号、18号、23号、28号、33号、38号、43号、48号、53号共11炉

第一装煤串序：05号、10号、15号、20号、25号、30号、35号、40号、45号、50号、55号共11炉

两段式集气管装煤顺序与整体的相比只是在第一装煤串序有不同：02号、27号、32号、52号、07号、12号、17号、22号、37号、47号、42号。

第一次推焦在全炉装完煤后按计划结焦时间28～32h组织，顺序为2号、4号、1号、3号、5号笺正常进行。

330. 如何拆除烘炉火床？

答： 在带炉门煤气烘炉结束，燃烧室温度超过1100℃，要进行扒火床工作。扒火床在机焦侧同时进行，方案有多种，原则是一侧从大号到小号，另一侧由小号到大号，按笺号或单双号进行都可以，但两侧不允许在同一炭化室同时扒机焦两侧的火床，为避免炉头温度下降太多，每炉操作时间不得超过15min，其中还要进行堵炉门，烘炉孔、推炭化室底、堵机焦侧炉头干燥孔、灌磨板、修补墙面及炉肩缝、炉框和保护板缝、检查炉墙等工作。

此外，若采用炉外燃烧、强制送风装置烘炉时，分别拆除炉外设备即可。

331. 如何转正常加热?

答: 用气体燃料烘炉的焦炉，当焦炉烘炉温度达到800℃，接下来的工作就是转入改正常加热。下面以JN60型高炉煤气焦炉为例进行说明。

当高炉煤气已送入地下室高炉煤气主管，交换传动设备试运转完毕并处于第一种交换状态后改手动，支管孔板和风门安装完毕，废气盘小翻板开度调整完毕，相关计器仪表投入运行、分烟道吸力调整完毕以及相关人员和工具材料准备齐全。上述工作完成以后，就可以进行转正常加热工作。转正常加热总的顺序是：停止相应号的烘炉煤气加热，打开上升号空气盖板，取掉上升号废气铊木撑，打开上升号煤气旋塞。具体方法有两种：一种方法是全炉在4个交换完成，方法见表6-19。

表6-19　四个交换送煤气分组

第一种交换状态

交换次数	停烘炉孔煤气	送空气号	拆支撑木	开旋塞及送煤气入燃烧室号
第一次交换	关炭化室1～28号烘炉煤气旋塞	2～28号双号废气盘	2～28号双号废气盘	2～28号双号高炉煤气旋塞开1/2
第三次交换		30～56号双号废气盘	30～56号双号废气盘	30～56号双号高炉煤气旋塞1/2

第二种交换状态

交换次数	停烘炉孔煤气	送空气号	拆支撑木	开旋塞及送煤气入燃烧室号
第二次交换	关炭化室29～55号烘炉煤气旋塞	31～57号单号废气盘	31～57号单号废气盘	31～57号单号高炉煤气旋塞1/2
第四次交换		1～29号单号废气盘	1～29号单号废气盘	1～29号单号高炉煤气旋塞1/2

另一种方法是全炉在两个交换完成，方法见表 6-20。

表 6-20 两个交换送煤气分组

交换次数	停烘炉孔煤气	送空气号	拆支撑木	开旋塞及送煤气入燃烧室号
第一次交换	关炭化室 1～56 号烘炉煤气旋塞	2～56 号双号废气盘	2～56 号双号废气盘	2～56 号双号高炉煤气旋塞 1/2
第二次交换		1～57 号单号废气盘	1～57 号单号废气盘	1～57 号单号高炉煤气旋塞 1/2

两种方法比较，第一种方法转正常加热需要时间长，第二种方法虽然时间较短，但每次交换时间长，容易导致下降气流小烟道及废气盘高温。

用固体燃料烘炉的焦炉，当焦炉烘炉温度达到 900～1000℃时，可利用回炉煤气进行转正常加热。

332. 转正常加热时应注意哪些问题?

答：应注意的问题如下：

(1) 煤气支管压力低于 500Pa 时就采取有效措施。

(2) 重点检查边燃烧室和边火道。未着火的立火道投入一包火柴引火，一排燃烧室未着火时，应关闭煤气旋塞，最后处理。

333. 新焦炉开工有哪些维护任务?

答：焦炉开工后，炉墙灰缝的完整性会遭到破坏，影响炉体严密性，所以要对以下部位进行勾缝和灌浆。

炭化室炉肩、斜道封墙正面、蓄热室和小烟道封墙正面、废气盘单叉、烘炉孔、小炉头正面、上升管根部、保护板灌浆、磨板灌浆。

334. 如何向回收车间输送荒煤气?

答：按安全技术条件，煤气管道和冷却设备中的空气已经被荒煤气驱逐，压力增加至 200Pa，鼓风机内已充满含氧量不超过

2%～3%的煤气，才准许启动鼓风机。

为使煤气容易通过冷却设备，应根据当地条件选择一个最高的设备或配置于最高地点的煤气管段，然后按煤气行程在其上面设置 2～3 个临时放散管，按顺序进行开启和关闭：按煤气行程的第一个放散管发现煤气后（而后应关闭），才可以开启第二个放散管，以便把空气放到大气中。

空气从煤气管道及冷却器被排出之后，开启开闭器使煤气通过鼓风机。当鼓风机前的煤气温度升高到 35～40℃后，才能往冷却器中通水。获得了煤气中含氧的分析或燃烧试验的数据并做爆发试验三次，合格之后开始开启鼓风机，鼓风机启动期间，在鼓风机前应保持最小的吸力，使炼焦车间能借关闭调节翻板保持集气主管内压力。

335. 投产后如何安排生产计划?

答：焦炉投产后，根据设备运行状况，操作人员操作熟练程度，炉温调节水平，焦炉砌筑质量以及相关配套工序运行状况安排生产计划。

以往焦炉达产需要 4～5 个月，周转时间逐步缩短，但现在，随着对新焦炉特点的了解，可以缩短至 1 个月以内。

第七章 焦炉维护

336. 焦炉损坏的主要原因有哪些？

答： 焦炉在长期使用中，受到高温、机械力及物理、化学反应等作用，炉体的衰老和损坏是必然的。炉体衰老和损坏的主要原因是：

（1）温度变化的影响。在生产过程中，反复开关炉门、装煤、出焦时，炉墙内、外表面温度变化产生的热应力使炉墙发生剥蚀或裂纹。随着炉龄变长，损坏程度不断增加，并向炉内延伸；装煤口部位因受外界冷气流的影响大，也容易形成剥蚀和裂缝；炉头部位的盖顶砖也常由于温度激变造成断裂。

（2）机械力作用。炭化室墙面出现裂缝或变形之后，摘闭炉门及推焦所产生的机械应力使炉墙裂缝扩大和加剧墙面变形。特别是在困难推焦时，影响更为严重。

（3）物理化学作用。硅砖中的二氧化硅（SiO_2）在高温下可与煤料中的金属氧化物（Na_2O、FeO）发生作用，在硅砖表面形成低熔性硅酸盐（Na_2SiO_3、Fe_2SiO_4），这些低熔性硅酸盐在温度应力与装煤出焦等机械力的作用下，逐渐从硅砖本体中脱落。

在长期生产过程中，炭化室炉墙的炭化面、中间层到燃烧面的化学组成发生了重新分布，从炭化面经中间层到燃烧面，炭化面中的 SiO_2 含量是最低的，从而造成炭化室炉墙不同层具有不同的膨胀率和其他性能，因温差周期性地激烈变化而产生的热应力，促使墙皮砖的炭化面剥落。

在炼焦过程中，煤干馏分解产生大量的氢和一氧化碳等气体，处于这种还原气体中的硅砖体内的二氧化硅，在1300℃的温度下会被碳还原成一氧化硅（SiO），呈气态而逸出。但在有金属铁存在的情况下，在较低温度（1050℃）时，也会发生这种反应。这种反应会使墙面砖表面的二氧化硅含量减少，使结构变成多孔疏松，形成麻面。

（4）炉长增长与石墨沉积。焦炉投产后，二氧化硅发生晶形转变而引起体积膨胀仍在继续进行，在焦炉投产后，将会逐年减弱，以至最后消失，这种膨胀是砌体本身的真实膨胀，是必然的现象。由于抵抗墙内外的温差，导致炭化室墙面向两端倾斜。焦炉周期性出焦、装煤，炉温发生变化会造成炉墙逐渐鼓肚，炉头洞宽度变窄，加速炉墙剥蚀、裂缝扩大和炉长伸长。

在焦炉长期生产中，炭化室内的甲烷、一氧化碳分解形成碳素（即石墨）渗入砖的气孔中，炭化室的石墨一般用钢钎铲除，铲掉的石墨往往带有砖片，造成炉墙麻面。同时石墨不断地填充和沉积在砖缝和砖的细孔中，裂缝不能完全闭合，在烧石墨时，造成高温，加宽了砖缝。如此周而复始，则使裂缝的宽度越来越大（由裂纹变成裂缝，由小缝变成大缝），裂缝的条数也越来越多，引起炉墙的损坏和开裂，特别是结焦时间经常改变或经常更换加热煤气时，炭化室墙沿高向温度分布经常变化时这种现象更加严重。

上述原因造成焦炉的正常衰老是必然的。但造成焦炉损坏还有其他原因，如砌炉时留有隐患，砖缝大小不合适，未进行二次勾缝，膨胀缝预留不准确；耐火材料质量不好，耐火砖和耐火泥浆未达到规定的技术要求；烘炉时没有控制好升温速度；生产操作不良，炉门冒烟着火，事故多，炭化室负压操作，炉门或炉盖经常打开时间较长，推焦平煤不正常等；护炉铁件管理不好，失去保护作用；热工制度不稳定；焦炉热修工作差。

337. 炉头火道损坏的原因是什么？

答：炉头火道损坏的原因有以下几种：

（1）温度应力。大型焦炉的炭化室均由硅砖砌筑，而硅砖最大的缺点是不耐急冷急热。当砌体在烘炉或冷炉时，升、降温过快，或在生产过程中，当摘门、推焦、烧空炉、装煤，氨水浸湿，汽化上升管漏水，结焦时间大幅度变动，装入煤水分过大以及进入炉内进行火道翻修时，砌体温度产生剧烈的变化。特别是当温度在117℃、163℃、180～270℃及573℃附近反复剧烈波动时，硅砖中二氧化硅因产生晶形转化将伴随体积的急剧膨胀或收缩。由于砌体的表面和内部、上部和下部、端火道和内部火道的温度不一致，故各点的膨胀或收缩也不相同，从而使砌体内部产生应力而破裂。这些裂纹在摘门、推焦等冲击性载荷的影响下，或在护炉铁件失去作用以及温度应力继续反复地作用下，将会进一步发展与扩大。

（2）砌体结构。立火道隔墙的结构以丁字砖结构、酒瓶砖结构最为常见。丁字砖和墙皮砖长度差不多（为300～330mm），它们的上、下压缝较大（约150～165mm）并使立缝不集中，砌体因装煤、推焦而受冷收缩时，其水平方向收缩力，加上同时产生的垂直方向收缩而形成的剪切力，最终从炉墙的薄弱处（墙皮砖的中部）在纵向拉断（少数是从丁字砖拉断），形成几十条从顶至底的通缝。这些通缝把各火道分成互不相连的单体，在缝隙里的石墨被烧掉的情况下，墙面容易变形，这种结构的丁字砖比较厚实，不容易产生横向断缝，故墙皮砖与火道隔墙很少有脱离的。

由于酒瓶砖头部小（仅90mm宽），墙皮砖的上、下压缝较少（小于45mm），从而形成立缝集中的情况。当砌体冷缩时，其间摩擦阻力较小，水平收缩力能够克服摩擦阻力，故墙皮砖不会被拉断，而是从全部立灰缝处拉开。但是，正因为酒瓶砖头部较小，强度低，故容易从颈根断裂而使墙皮砖与隔墙砖主体脱离，导致墙面变形，妨碍推焦操作。

（3）炉头温度偏低。各新建焦炉投产初期，其炉头火道温度在设计结焦时间生产时都不低于1200℃。随着结焦时间的延长或缩短及炉体损坏加剧（如蓄热室封墙、格子砖堵塞及单、主墙窜漏等），炉头火道温度逐渐下降，有的甚至低于 1100℃，装煤时炉头墙面经常在二氧化硅晶形转化点 573℃附近波动，从而使炉头产生裂纹，炉体就会进一步恶化。

（4）护炉铁件结构的影响。护炉铁件的材质、形状与连接方式等与焦炉端火道的损坏有很大关系。采用大保护板加炉头错缝砌筑结构的端火道，其直立缝宽度较大，这主要是大保护板的形状类似 Π 形的罩子，把炉头紧紧包住。摘门时，在炉框上的拉力通过保护板传给炉头，使炉头产生裂缝或使裂缝的长度与宽度扩大。而采用大保护板加炉头直缝结构的端火道，炉头用直缝分为一个外炉头和一个内炉头，起闭炉门时的作用力仅在外炉头上，只会扩大直缝的宽度而不会拉断端火道。

（5）生产操作产生的机械应力。炭化室墙面的裂缝形成后，生产操作如摘门、推焦等产生的机械力，对裂缝的扩大起着促成作用，推焦困难是扩大裂缝损坏炉墙的重要原因。此时推焦应力达到最大，炉墙所受机械应力最大，加上二次焦处理时间，使炉头墙面温度下降，砌体收缩，最终导致炉墙砖皮脱落。

（6）装炉煤水分过大，由于水分蒸发大量吸热，而使炉砖温度降低，而且砖表面和内部温差加大，造成炉头砖侵蚀和产生麻面。

338. 炭化室发生穿洞的原因是什么，如何修补炉墙穿洞？

答： 炭化室墙面，特别是炉头部位的墙面，在生产过程中由于受机械和温度应力不断地作用而逐渐损坏，新建焦炉一般在投产几年后炭化室头部就开始出现裂纹和微量剥蚀。在以下因素的综合作用下，裂缝和剥蚀进一步扩大，直至炉墙穿洞。

（1）桥管翻氨水、汽化上升管破漏或雨水漏入，导致炉墙浸湿。

（2）推焦时产生的最大应力使炉头裂缝进一步扩大。

(3) 经常发生二次焦，导致炉头部位受损。

(4) 炉墙剥蚀后采用湿法补炉，使炉墙砖过冷而龟裂，挂料期过后，修补料粘结炉墙砖片而脱落，产生新的损伤。

(5) 采用铲除法除去石墨，导致炉墙墙皮随石墨一起铲走，使炉墙逐渐变薄。

(6) 操作失误，推焦杆造成炉墙损坏，如变形的推焦杆，安装在推焦杆头上的石墨刮刀，调节不好刮坏炉墙。

炭化室墙面出现掉砖与孔洞时，由于损坏的面积较小（约1～2块砖的面积），修理时间较短，可采用砌入法和焊补法处理，否则应按挖补法进行。

砌入法：在推焦后，待空炉两侧燃烧室温度降至600℃左右，打开一个炉门和一个装煤口盖，操作者身着铝铂衣、防热服等，迅速进入炉内量出洞穴尺寸，按尺寸加工预热好的砖，在砖上打灰后，再进入炉内把砖砌入洞内。接着勾缝、关上炉门，然后升温、投产。

当预修炭化室的焦炭推出后，操作者站在炉门口或装煤口外，用钎子清除洞内的石墨与杂物，按估量洞穴的形状与尺寸加工已预热好的砖，用托板托着打好火泥的砖块，用吊梯或钢架送到洞穴旁边，再用长把抹子把砖推进洞内。接着用喷浆机喷严砖缝，清除落到炉底上的砖渣与灰块，拆除钢架或吊梯，在对门预热20min后装煤。这种方法由于不需要降低炉温就可以进行，故对炉墙的损伤较小，但是，由于它是在炉体外进行远距离操作，其修理质量难以保证，而且操作较困难。

还可采用绝热箱法修理洞穴，先将炉温降到500～600℃，往推空的炭化室内送入一个用空气冷却的绝热箱。箱架由角钢与圆钢制成，外面用25mm的铝硅纤维板包严，热修人员进入箱内，移开待修部位的活动小板，通过开口处理。

焊补法：在焊补前，用长柄托板把预加工好并已预热的砖块推进洞内，然后按照焊补操作程序，对新、旧砖接缝进行焊补。

339. 蓄热室格子砖为什么会变形，如何更换格子砖?

答: 使用多年的焦炉，格子砖不同程度地被高炉煤气灰、喷补用的泥浆及从炉顶、火道掉下的砖块、杂物所堵塞，特别是焦侧地区顶部的格子砖多被烧熔而堵塞。这是因为火道温度较高，炉体不严密，炭化室里的荒煤气漏进蓄热室，在顶部燃烧引起的。黏土质格子砖在高温作用下，外表龟裂、疏松多孔，类似开花馒头，有的甚至产生体积膨胀变形。这种格子砖的气流通道宽度变窄，甚至全部被胀满堵死。

由表 7-1 可知，旧砖中 Al_2O_3 含量大于 48%，属于三级高铝砖，高铝砖在高温下体积膨胀，而黏土砖是收缩的，同时在生产黏土砖时加入了铝矾土，铝钒土在高温下发生体积膨胀，造成格子砖膨胀变形。化学成分中除 SiO_2、Al_2O_3 外，CaO、MgO、Na_2O、K_2O、TiO_2 和 Fe_2O_3 含量达 9.5%～7.7%，由于 CaO、MgO、Na_2O、K_2O 是低熔点物质，当温度达到 900℃时开始熔化，到 1200～1300℃熔化成液相物质和 SiO_2、Al_2O_3 形成熔融状态，降低了砖的高温性能。

表 7-1 某厂新、旧黏土砖格子砖的化学组成和物理性质 (%)

砖 别	SiO_2	CaO	MgO	Fe_2O_3	Al_2O_3	TiO_2	K_2O	Na_2O	其他	耐火度/℃
1 号旧砖	39.72	1.71	0.41	2.45	49.58	2.95	1.71	0.205	0.03	1670～1690
2 号旧砖	43.16	0.71	0.20	1.52	49.58	3.07	0.61	0.155	0.024	1790
新 砖	44.84	0.91	0.05	1.56	46.61	3.25	1.271	0.231	0.014	1730～1750

更换蓄热室格子砖步骤:

(1) 确定更换格子砖部位，从边火道向里要更换 4～7 个火道距离不等数的格子砖。

(2) 取出变形格子砖必须采用插铁板方法，操作时边取边插铁板，一层一层进行，以防止砖渣掉入下层格子砖，造成堵塞。

(3) 每次更换格子砖在同一组煤气蓄热室进行。

(4) 格子砖扒出的层数及多少应根据格子砖堵塞情况而定，如需扒到最底层，须将箅子砖孔清扫干净，进行单、主墙勾缝，扒时看火孔要打开。

（5）取出铁板，装入新格子砖，当装入第五层时，可按阶梯形装入。

340. 造成单、主墙裂缝的原因有哪些？

答： 造成单、主墙裂缝的原因主要有以下几个方面：

（1）由于燃烧室砌体在炉长方向的增长速度比蓄热室大得多，从而使它受向外的拉应力（斜道也是如此），导致单、主墙出现裂缝，或使原有的裂缝继续扩大。

（2）单、主墙端部因距外界较近，散热较多，加上封墙不严，受漏入的冷空气影响以及蓄热室内温度随气流周期性的改变而变化，单、主墙端部经常在二氧化硅晶形转化点附近波动而开裂。

（3）清扫、更换格子砖或修理单、主墙时，冷空气大量侵入，导致单、主墙温度急剧下降而破裂。

（4）单、主墙缝隙与炉体结构、燃烧室保护板类型，砖的材质有关。主墙采用直缝结构，单、主墙正面无小炉柱保护，都容易出现裂缝。

（5）冷炉后蓄热室单、主墙下部从灰缝处拉开而呈阶梯缝隙，这是由于此部位温度较低，灰浆与砖没有烧结的缘故。

（6）对斜道区为硅砖，单、主墙为黏土砖而言，虽在硅砖与黏土砖之间铺设滑动层，但不可能达到理想滑动，故把砌体拉断而形成裂缝。

341. 维护好焦炉有哪些主要措施？

答： 维护好焦炉采取的主要措施如下：

（1）炼焦炉的砌筑、烘炉、开工试生产是一个复杂的工艺过程，每一过程都必须按规定办事，不能使刚开工生产的焦炉留下先天性不足。

（2）加强三班操作，做好炉门炉框清扫，杜绝冒烟着火，严禁负压操作。

(3) 严格执行推焦计划，加强炉温管理，维护好机械设备，及时清除炉墙上过厚的石墨。防止焦饼推焦困难并严禁强行推焦而损坏炉体。

(4) 确定适当的结焦时间并力求稳定，因为结焦时间的频繁变动，会导致炉墙的热应力波动而引起炉体膨胀的变化，不适当地缩短结焦时间，容易造成高温、焦生和难推等事故。结焦时间过长，也容易造成窜漏或引起炉墙结渣，烧熔和砖缝加宽，一般情况下，焦炉是不允许强化或过分延长结焦时间的。

(5) 严格执行护炉铁件的管理制度，定期检查、及时分析，保证护炉铁件对炉体的保护性压力，确定合理的炉柱曲度，监护好拉条，使其保持完整状态。

(6) 抓好日常热修维护工作，确保炉体各部位的严密。

(7) 加强炼焦配煤管理工作，未经实验的配煤方案不得采用，煤种变化时要经过配煤试验，以便控制好配合煤在炉内的膨胀压力稳定，配煤操作力求准确，配合煤质量必须稳定。

(8) 要建立健全原始记录和统计报表，随时掌握炉体动向，及时准确地解决存在的问题。

342. 为什么正常生产时，焦炉发生事故或局部损坏要以热修为主？

答： 所谓热修，就是在热态下进行焦炉炉体维修。热态维修能维持焦炉生产，不致因停产维修而影响焦炭产量，所以在正常生产时，焦炉局部损坏一般以热修为主。只有当焦炉内部严重损坏、不得已情况下才能停炉进行冷修。对热修总的原则是：能维护的，不挖补；能挖补的，不翻修；能热修的，不冷修。

343. 焦炉热修方法有哪些？

答： 焦炉热修的方法有喷补、抹补和挖补等。对于老旧炭化室墙上出现的纵向裂缝，都用喷补；墙面砖掉块，坑凹用抹补；如果整块或几块砖掉落，则必须用挖补办法，将窟窿砖缝清扫干净，放入不带接榫的新砖，然后抹补合缝。只有在焦炉损坏严重（如炉墙严重变形，不能推焦，炉头部分倒塌，立火道或蓄热室出现高温事故影响正常燃烧等）时才采用局部翻修的方法。

344. 焦炉常用维修应注意哪些事项?

答：焦炉常用维修应注意下列事项：

（1）泥料配制准确，不同部位采用不同的配比和泥料。

（2）修理面清理干净，防止灰渣影响泥料的黏结性。

（3）杂物不能掉入炉内，影响炉体加热和焦炭质量。

（4）邻墙保护，防止非修理区降温太多，引起损坏。

（5）工具齐全，按章作业，不能图方便，影响热修质量。

345. 焦炉各部位热修用的泥料如何配制?

答：热修用的泥料应根据修补处的温度、破损情况和修补处的炉砖性质而采用不同的配料比。

（1）炭化室墙（包括炉头）喷补用料的配比为：硅火泥80%，黏土火泥20%，外加水玻璃10%～20%。用磷酸作为助熔剂时，喷补料的配比为：黏土熟料80%，黏土生料20%，外加浓度比重为1.1～1.2的磷酸22%～29%。

（2）炭化室墙的抹补用料：抹补料的配比是：硅火泥85%，黏土火泥15%，外加水玻璃8%～20%。用磷酸做助熔剂时，抹补料的配比是：黏土熟料100%，外加浓度密度为1.4～1.5kg/L的磷酸18%～23%。

（3）炉头与保护板间隙用的泥料配比：黏土火泥50%，精矿粉50%，外加水玻璃10%～30%；或者黏土火泥50%，精矿粉20%，沥青粉10%，黏土生料20%，外加浓度密度为1.1～1.2kg/L的磷酸10%。

（4）砖煤气道喷补泥料的配比：黏土火泥50%，硅火泥50%，适当地加入清水至泥浆能流动为止，严禁掺水玻璃。

（5）小烟道喷浆泥料的配比是：黏土火泥80%，硅火泥

20%，外加水玻璃10%。

(6) 废气盘底座抹补泥料的配比是：黏土火泥50%，硅火泥35%，水玻璃15%，外加纯石棉20%。

(7) 蓄热室封墙勾缝用的泥料的配比：黏土火泥50%，黏土熟料50%，水玻璃30%，外加纯石棉2%。

(8) 上升管底座、装煤孔及看火眼热修泥料的配比：黏土火泥50%，硅火泥50%，外加水玻璃10%。

(9) 小炉头热修泥料的配比：黏土火泥70%，硅火泥20%，水玻璃10%。

(10) 单叉或双叉接头缝热修泥料的配比：黏土火泥90%，水玻璃10%，外加纯石棉2%。

346. 焦炉常用的泥料有哪些，对焦炉热修用耐火泥有何要求？

答： 焦炉使用的泥料主要是硅火泥和黏土火泥。对焦炉热修用耐火泥必须符合以下要求：

(1) 在常温下用水或其他溶剂能调制成适合操作的稠度，并在长时间内不分层与沉淀。

(2) 有足够的流动性与可塑性，砌筑时能充满砖与砖之间的全部缝隙，并有足够的揉动时间。

(3) 有足够高的耐火度和荷重软化温度，在生产温度下不致因烧熔而溢出。其熔点应稍低于被黏合的耐火砖，而且能与它很好的烧结。

(4) 质地致密，气体渗透性低。升温后收缩性小，以免引起裂缝或脱落。

(5) 抵抗煤中灰分、水分、盐类和炉气的侵蚀作用较好。

(6) 有足够的机械强度与耐磨性。

(7) 与所粘结的砖块具有相近的膨胀系数。

347. 对焦炉不同部位使用耐火泥的原则是什么？

答： 在一般情况下，根据砖的材质和砌体生产时的操作温度，采用相适应的耐火泥。其主要原则是：

(1) 耐火泥与其砌筑的耐火砖原则上应为同类材质，亦即砌什么材质的砖，用什么材质的火泥。

(2) 在泥料有高、低温之分时，则按砌体工作温度选用。

(3) 炉肩缝部位的密封在耐火泥中应加入一定比例的精矿粉。

(4) 作为构筑物（砌体）表面的黏土砖砌体，在黏土火泥中，应加入部分能增加耐火泥强度和结合能力的硅酸盐水泥和石英砂。

348. 影响热修泥料性能的因素有哪些?

答: 影响热修泥料性能的因素主要有以下几个方面：

(1) 泥料的基本组分。硅火泥是由石英粉、废砖和生黏土粉按比例混合配成，石英分结晶石英与胶结石英两种，前者气孔率为34%，后者为26%，前者剪切强度低于后者；硅火泥中增加硅砖粉能改善火泥与硅砖在高温下的黏结性，增加火泥的剪切与耐压强度，对耐火度与荷重软化温度没有显著影响。硅火泥中生黏土的配入量由5%增至15%时，其透气度、强度极限、可塑性、含水量及保水能力增大；生黏土含量由10%增至30%时，硅火泥耐火度下降70℃，荷重软化温度下降140℃，并且收缩大，裂纹增多。

(2) 水分。火泥用水应保持清洁，不能用工业水和废水。火泥调和干稀适当，火泥太稀容易使灰缝不饱满，太干又使灰缝不满，砌筑性能不好。水中氯离子含量越多，火泥保水时间越短，凝固、硬化越快，抗剪与抗折强度下降越多。

(3) 颗粒组成。火泥粒度较细，砌筑性能较好，有利于烧结；粒度太细，火泥的表面积增大，含水量多，收缩大，水分不易排除，容易产生裂纹。火泥粒度太粗，含水量少，失水快，可塑性低，砌筑困难，不易和砖烧结，容易在灰槽中偏析和沉淀。

(4) 添加剂（或增塑剂）。往火泥中掺添加剂，可改善火泥的砌筑与烧结性能，提高泥浆高温下的黏结能力，降低灰缝的含水量、气孔率、透气度等。

349. 湿法修补主要有哪几种，存在哪些缺陷?

答: 湿法补炉有喷补和抹补。

喷补是将调制好的泥料放入喷浆机中，利用压缩空气的压力，把泥浆由喷浆机中压出，喷附于破损的墙面上，破损部位就被修复。喷补的适用范围很广，不论大小裂缝、剥皮、麻面、凹陷等都可进行喷补，既可补赤热的墙面，又可补温度较低的炉顶及蓄热室区域。其优点是操作简单、速度快、效率高、适用面广，能使泥浆形成分散的薄层喷附于砌体上。该法的缺点是泥浆的含水量高达40%左右，当泥浆接触墙面时，由于水分的剧烈蒸发，水蒸气产生的压力会影响泥料与墙面的粘结，所以一般挂料时间不长，同时，由于含水量较大的泥浆对赤热墙面的骤然冷却，使硅砖砌体龟裂，直接影响焦炉的寿命，因此这种方法目前已使用不多，仅用于配合抹补或抹补操作比较困难时使用。

抹补是先用铲子铲除炉墙缺陷部位的石墨，并用压缩空气吹扫干净，再将待抹补处喷一层3～5mm厚的泥浆，接着用大铲进行抹补，将泥料抹在缺陷部位的墙面上，停留几秒钟后，再沿墙面平行方向滑动泥铲，每次抹在墙面上的泥料不宜太厚，以免脱落，泥料黏附墙面后，再用铲子将抹补层压平，抹补用泥料的含水量比喷补泥料要小得多，所以对砌体造成的副作用相对较小。抹补对较小的裂缝是不适用的，但修补大的裂缝、孔洞时速度很快。

湿法补炉所用工具及操作都比较简单，但由于湿法补炉存在无法克服的缺点，即在修补旧缺陷的同时，又会对砌体造成新的损坏，因此，随着技术的发展，湿法补炉正在逐渐被半干法喷补和干法补炉所取代。

350. 湿法喷补配料有哪些?

答: 湿法补炉用泥料主要有两种，一种是以水玻璃为结合剂的硅质或黏土质泥料，另一种是以磷酸或磷酸盐为结合剂的黏土质泥料。前者在20世纪60年代以前，被各焦化厂广泛使用，每补一次的挂料时间较短，一般仅为半个月到一个月左右。后者在20世纪60年代初开始使用，由于它的挂料时间较长（大约为前者的8～10倍），所以很快被普遍采用，代替了水玻璃泥浆。

351. 磷酸泥料的补炉机理是什么?

答：磷酸和耐火材料里的铝、硅等氧化物发生反应，可以生成磷酸盐胶凝材料。这些胶凝材料的可塑性和可掺性（可以任意外加其他物质以改善制品的性能）好、耐火度高，约在1500～3000℃范围内，高温时可以瓷化，耐急冷急热性好、密度低、黏结力强，制造工艺比较简单。

磷酸加入硅火泥中，在常温下与 SiO_2 不起反应，加热至90℃生成不定组织的固定物质 $nSiO_2 \cdot mP_2O_5 \cdot qH_2O$，260℃变为偏磷酸氧化硅 $SiO_2(PO_3)_2$，它是良好的胶凝材料。至325～350℃，不定组成的固相分解，生成结晶磷酸硅，700℃得 $SiO_2 \cdot P_2O_5$，800℃生成 $2SiO_2 \cdot P_2O_5$。

磷酸加入黏土火泥中，在常温下可以和MgO、CaO、Fe_2O_3 等碱性化合物起反应，生成磷酸镁、磷酸钙、磷酸铁等化合物，从而使泥料在常温时就具有一定黏结性。黏土火泥中除约50%在高温下与磷酸作用生成偏磷酸氧化硅等胶凝剂的 SiO_2 外，还有约40%的 Al_2O_3，它在常温下和磷酸也不发生反应（和黏土生料 $Al_2O_3 \cdot 2H_2O$ 有缓慢作用），在200℃左右生成二氢磷酸铝（$Al(H_2PO_4)_3$）和磷酸铝（$AlPO_4$）的混合物，250～280℃生成无定形物质，400℃为 $H_2(AlP_3O_{10})$，500℃为偏磷酸铝 $[Al(PO_3)_3]_n$，800℃为四偏磷酸铝，至1000～1200℃部分分解逸出五氧化二磷并烧结成为方石英型磷酸铝 $AlPO_4$，但主要仍系四偏磷酸铝，至1300～1500℃时这种反应比较剧烈，在长期高温的作用下，$AlPO_4$ 变为纯刚玉 Al_2O_3。

二氢磷酸铝与偏磷酸铝都是很好的胶凝材料，它们与硅质炉墙能很好的胶合并逐渐烧结、硬化，最终产物方石英型磷酸铝不但熔点高而且还具有与硅质炉墙相类似的晶形转变，当温度波动时，它与硅砖的膨胀、收缩值比较接近，这就减少磷酸泥料与墙面的内应力，从而使挂料时间得以延长。

由于偏磷酸氧化硅与磷酸硅等胶凝材料不具备与硅砖相似的晶形转化性质，故磷酸-硅质火泥在硅质炉墙上的挂料时间就低于磷酸—黏土火泥在硅质墙上的挂料时间。故通常喷涂、抹补硅质炉墙均采用磷酸—黏土火泥，而不是磷酸—硅火泥。

352. 磷酸泥料如何调制？

答： 调制磷酸的浓度对泥料性能影响很大，若磷酸浓度太大，则兑入酸量少，调和不均，并且泥料黏度大，不易喷涂与抹补，但泥料强度好。若磷酸浓度太小，则用酸量大，带入泥料中的水分较多，当泥料干固后孔隙增加，强度不好，而且使炉墙局部剧烈冷却而损坏。此外，泥料黏性不好，不利于抹补。

黏土喷补料一般由 20％的生料与 80％的熟料配合而成，抹补泥料用 50％的喷补料与 50％粒度小于 3mm 的熟料或者用 80％粒度小于 3mm 的黏土热料与 20％的黏土生料配成。喷补料的含水量一般为 30％，而抹补料为 17％左右。

磷酸在黏土火泥中的配入量是每 100kg 喷补料加入相对密度为 1.25～1.3 的正磷酸水溶液（即正磷酸加水稀释）37～42kg；每 100kg 抹补料加入相对密度为 1.3～1.4 的正磷酸溶液 26kg。

在配制泥料时，为使磷酸与泥料充分作用，并排出所产生的气体，泥料搅拌均匀后应困料一天才能使用，但不宜存放过久，以免泥料失去化学活性。

353. 水玻璃泥料的补炉机理是什么？

答： 水玻璃学名称作硅酸钠或硅酸钾，由于钾盐较贵，故水玻璃通常为钠盐，分子式是 $Na_2O \cdot nSiO_2$。它是有磨细的石英砂或石英砂与碳酸钠或硫酸钠或氢氧化钠按一定比例配合，加热1300～1400℃熔融冷却而成。其反应式为：

$$Na_2CO_3+n\cdot SiO_2\rightarrow Na_2O\cdot nSiO_2+CO_2\uparrow$$

水玻璃作为补炉泥料的黏结剂，主要作用是在常温及高温下会吸收 CO_2 而析出 SiO_2 凝胶。它不仅可以使泥料黏附于炉墙上，而且在常温及高温下都可以逐渐硬化而保持较高的强度，此外，其中的 Na_2O 能降低泥料的熔点，在高温下提前出现液相，从而与炉墙烧结。由于泥料含水较多，水分蒸发后收缩大，不仅泥料与墙面收缩不一致，而且水分蒸发后泥料与墙面产生间隙，故烧结不牢，挂料时间短。

硅火泥中加入25％水玻璃砌在砖块中，1350℃时灰缝无明显变化，火泥与砖粘结情况良好，温度升至1400℃，灰缝表面有白色泡沫物质形成，粘结能力下降，至1420℃，灰缝变形，1500℃灰缝开始熔化，砌体上下两部分发生位移现象。

用水玻璃调制的黏土火泥，补炉机理除与上述水玻璃一硅火泥的相同外，水玻璃在高温下还能使泥料与黏土砖中的高岭石加速形成莫来石晶体，从而增加泥料的强度与热稳定性。用水玻璃调制的黏土火泥必须及时使用，否则水玻璃析出的 SiO_2 凝胶与 Al_2O_3 作用失去粘结能力，使水玻璃消耗量增加。

354. 什么是半干法喷补？

答：半干法补炉实际上是湿式补炉的一种特殊形式，它与湿式喷补的不同点，仅在于干粉料与液态胶结剂（生活用水）事先不进行混合，在喷枪内各走自己的通道，在喷枪喷出之前才混合。此法喷补泥料中的含水量较小（约占泥料总量的12％～15％），减少了常温泥料对1000℃以上炉墙砖造成的影响，而且修补层的气孔率较低，挂料时间较长，操作方便，喷补量大，凝固迅速。半干法喷补流程图见图7-1。

半干式法的主要缺点是干粉料与胶结剂在喷出前的配合比很难控制，致使喷出泥料干湿不均，甚至有时仅喷出干料，有时仅

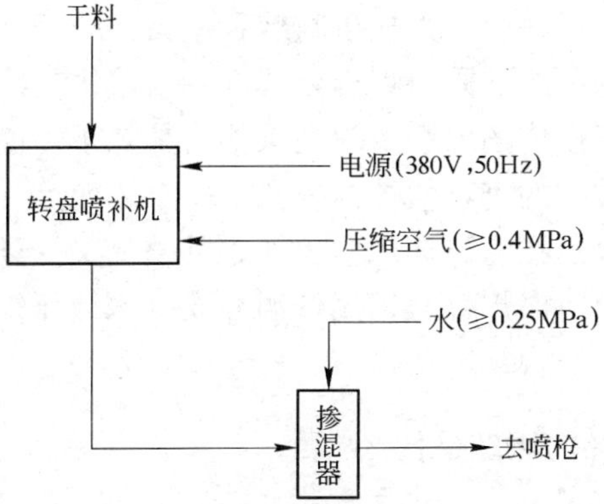

图 7-1 半干法喷补流程图

喷出液态的胶结剂，直接影响修补质量。喷补时，在压缩空气的作用下，喷补料在炉墙上反弹量较大，一般反弹率≤15%。

355. 干法补炉有哪几种，有何特点?

答: 国内外使用的干法补炉共有两种方式：耐火粉料喷吹法、焊补法。

干法补炉与传统的湿法补炉相比，有着根本的不同，其主要特点是:

(1) 补炉时不降低墙面温度，对原砌体没有损伤，工艺合理。

(2) 修补层与砖表面或裂缝之间为物理（机械）结合，不破坏原砌体结合面的表层结构，并粘结牢固。

(3) 修补层的耐急冷、急热及耐磨性能均优于硅砖，所以能够耐久。

356. 火焰焊补的原理是什么?

答: 火焰焊补法主要由焊枪、焊料、燃气、氧气、冷却水的供应系统及炉门隔热装置组成。作为火焰焊补热源的乙炔气（或液化气）与助燃氧气在焊枪内混合或在喷嘴中进行混合，并由喷嘴喷出燃烧，焊料由氧气从供料装置中带出，经导管由焊枪喷嘴中与产生火焰的燃气同时喷出，焊料在火焰中被加热至软化半熔状态而附挂于损伤的墙面上，在火焰再加热下牢固地熔结在破损的砌体上，破损的砌体便被修复。

由于焊枪是在高温环境中工作，其喷嘴又受到自身高温火焰的剧烈烘烤，所以焊枪必须用低温介质（水或压缩空气）连续进行冷却。

357. 陶瓷焊补的原理是什么?

答：陶瓷焊补法是利用配合在耐火粉料中的硅粉或铝粉（或硅粉、铝粉同时配入）的燃烧热，将部分耐火粉料烧熔，其烧熔部分（主要是细粉）把未烧熔部分（主要是颗粒）粘结在一起形成焊补层。其焊补过程是利用氧气作焊料的输送介质和硅粉、铝粉的助燃剂，通过特制的喷枪将焊料喷出，焊料中的硅粉、铝粉在高温空间及赤热的待修墙面上燃烧，待修砖的表面被加热至软化熔融，部分焊料也被烧熔，熔融状态的砖表面与熔化的焊料紧密地结合在一起，砌体的损伤部位便被修复。由于修补是采用堆焊形式，故对砌体上出现的剥蚀、掉角、裂缝、熔洞、凹面或其他缺陷都能进行修补。在炽热的炭化室内，硅粉和铝粉同时燃烧产生的热可形成 2200℃的高温，使硅砖与焊料熔融结合，这种氧化反应既为焊补提供了热源，又生成了与硅砖材质相同的产物：SiO_2 和 Al_2O_3。在焊补层冷却到墙面操作温度时，大部分形成方石英和鳞石英，其物理性质与硅砖几乎一样。

358. 如何进行边火道不揭顶翻修?

答：边火道翻修时，一般盖顶砖以上砌体不拆除，再加上翻修范围不大，盖顶砖以上砌体不需加固处理。

（1）挡墙的安置：在装煤初期打开预修侧炉门，扒除焦炭露出凸肚部位。紧靠凸肚的里面，砌一面挡墙，挡墙外面覆盖一层高硅纤维缝合毡或硅酸铝纤维毡。为避免在清扫斜道时将杂物落到格子砖内，应在与预修燃烧室相连通的蓄热室顶部开口，放入一块厚 1mm 的铁板盖住格子砖。

(2) 加热煤气的处理：把挡墙外的火道或预修侧（机或焦侧）全部火道停止供应煤气。

(3) 不修理墙面的保温：对挡墙外面两侧不修理墙面的下半部用保温板覆盖，保温板之间用浸满耐火泥的石棉布塞严，上半部不修理部位，用水玻璃调制的耐火泥浆或高温黏结剂把厚 40mm 的珍珠岩板，或硅酸铝纤维板，或石膏板逐块粘贴覆盖。

(4) 与翻修燃烧室相邻墙面的支撑：在预修燃烧室第 1～2 火道隔墙两侧，从上至下分别用 4～6 个平板支撑器和 2～4 根 2m 长的槽钢对砌体进行矫直和固定。

(5) 斜道口保护：拆除砌体前，先在炭化室墙底部第 1～3 层墙皮砖处开口，放入火道盖板。

(6) 拆除旧墙：从火道盖顶砖下面的砖往下逐块拆除，拆除后的砌体往往呈直茬状态，为了使新旧砖之间结合牢固，投产后不因受机械与温度应力而发生错位。所以，在旧砌体拆除时必须进行抠茬。通常采用两种抠茬方法：一种是层层抠茬；另一种是每隔 3～5 层抠一个茬。

(7) 砌筑新墙：砌筑新墙应两面同时进行，新砖表面与旧砖面应当平齐，严禁出现反错台，当砌至顶部与旧砌体相接处，应事先切去最上面一层新砖的水平砖沟的内侧壁后，打灰砌入。

(8) 膨胀缝的预留：砌硅砖时，应留出适当的膨胀缝，当修补高度在 1m 以上时，要留水平膨胀缝（1m 以下时可不留），当新砖在水平方向的长度超过 1m 时，要逐层留出垂直膨胀缝。为了避免新旧接茬的顶部在升温后因新旧砖高向膨胀的不一致而折断，在砌筑时可将插入茬口里的每块新砖的插入部分的顶面切除一部分，被切除部分不打泥浆，可填入富有弹性的矿物纤维。预留的垂直膨胀缝为砌筑新砖总长度（在高向为高度）的 0.3%左右，与旧墙接头新砖不少于 150mm。

（9）勾缝：用磷酸调制的黏土火泥将墙面大于 5mm 的缝隙和空灰缝勾严。

（10）清理火道底部的杂物，透通斜道，把格子砖上的铁板连同杂物一同抽出，砌好炉墙底部的开口，对门升温。

（11）当火道内温度升至 700℃，恢复修理火道的煤气供应，在推焦前半小时拆除支撑和挡墙。

359. 如何进行炉头两个火道不揭顶翻修？

答：炉头两个火道翻修的条件、方法、步骤与炉头火道的翻修几乎完成相同，所不同的是在两侧炭化室的保温、密封、支撑工作做完后，必须对立火道盖顶砖以上砌体进行加固，以免下部砌体拆除后，上部砌体发生错位与倒塌。对盖顶砖以上砌体进行加固的方法有吊顶法、侧面支撑法和底支顶法。吊顶法是从看火孔插入双头螺栓拉杆，将跨越孔上部砌体吊于相邻燃烧室上。螺栓下部垫上 10 号槽钢作为托板，上部担在炉顶面的 14 号槽钢上。

侧面支撑法是在相邻两个炭化室的立火道盖顶砖处，各设一对平板支撑器，同一个炭化室中的两个支撑器的两端分别支撑在紧贴炭化室两面墙的 8 号槽钢上。

底支顶法是拆除跨越孔下部两侧全部炉墙砖，利用可拆卸的Π形支架、手摇起重机或支撑器，把跨越孔上部砌体从下面（斜道最上面一层砖）支撑固定。此法在拆除时易使上部砌体产生错位与松动。

360. 如何进行揭顶翻修？

答：当立火道盖顶砖下部与上部砌体损坏都比较严重，或者是翻修的燃烧室和立火道数量较多时，多采用揭顶方法翻修，揭顶翻修虽然工作量大，但施工比较安全，质量容易保证。

（1）准备工作：翻修所需耐火材料，同时对燃烧室预修火道砖进行预砌；与修理区相邻部位（简称邻修区）的支撑设备、保温板的准备。当预修火道接近或超过煤车轨道时，还应加固修理区的煤车轨道。拔出修理区的桥管、上升管，焦炉用高炉煤气加热时，修理区的燃烧室还应做好换用焦炉煤气加热的准备。

（2）翻修炉室降温：降温前翻修炉室要推空，或者待修炉号在修理侧装少量煤（即带焦修炉），两侧焖炉号推空后再装煤（尽量避免焖炉号在翻修过程中被迫推焦），有关号停止或减少供热，翻修号炭化室底脚砖和拉条沟拆除，大弹簧预紧，上升管堵盲板。在两个边预修燃烧室的外侧依次各设置一个焖炉（修炉侧可装少量煤）和两个缓冲炉。其中第一缓冲炉的结焦时间为48h，第二缓冲炉的结焦时间为24h。焖炉通常是在推空炉的同时装煤并在整个修炉期内不出焦。

（3）防雨措施：在雨季修炉，应备有足够数量的薄铁板，下雨时覆盖在施工区的横拉条上，或者拆除砌体后，在施工区上部搭棚防雨。

（4）邻修区的保温：送入活挡墙和由装煤孔往空炉放入成捆硅藻土砖于修炉号，带焦修炉时，扒除炉头焦炭和煤料，砌封墙隔热，与此同时拆炉顶砖。然后拆除炭化室过顶砖并往邻墙面安放事先准备好的隔热板，以防止邻墙降温过急和降低修理区温度。

（5）护炉铁件的管理：降温前应挑开拉条沟盖砖，使拉条能自由窜动，断开炉体与操作平台、炉柱与操作平台的连接点，炉顶大弹簧组与四线小弹簧保持最大吨位促进炉体收缩。当保留火道与相邻燃烧室温度降至700～900℃时，上部弹簧组保持正常生产使用的吨位，对修理区的护炉铁件进行固定。此外，应预先把横枕与炉柱点焊固定，并将保护板与炉柱点焊为一体。

（6）对相邻墙面和保留火道进行保护，一是采用对邻墙和保留火道进行支撑，一是利用保温器具覆盖邻墙及保留火道的所有外露部位。

（7）翻修区拆除：翻修墙面的拆除应由上至下进行，接头砖的拆除要一块一块地尽可能多剔出茬口，以有利于新旧砖的接茬咬缝，并使新旧砖因膨胀差不同而产生的热应力均匀分散。拆除前为防止砖块、杂物落入斜道口和灯头砖，应预先打碎修理墙底层部分砖，清出杂物并遮盖斜道口和灯头砖，蓄热室格子砖顶也应加盖铁板。拆除过程中应在纵向方向及时支撑保留砌体，以减少和防止砌体变形或火道隔墙砖被拉断。

（8）修理区砌筑：砌筑前定好中心线和墙面基准线。第一层砖应干排、验缝，以不压斜道口、灯头砖，不妨碍牛舌头砖移动为准，下设滑动缝。立缝均匀分布，与旧砖接茬处随旧砖，炉头炭化面随保护板。不留膨胀缝，但灰缝应比冷态筑炉时大些，以便吸收膨胀量，接茬处用小公差砖。卧缝少打灰浆，以防高向膨胀时，因剪力切断茬口。翻修火道较多时，炉头正面至保护板内缘应留膨胀缝，并对炉头加专设的加压顶丝，以便在升温过程中对炉头加压。筑完后拆除支撑（邻修火道的横撑先不拆）、保温板，并清扫砌体、取出防尘板，斜道透通，蓄热室格子砖改板抽出并清除杂物。

（9）烘炉：当修理炉室多时，应砌炉灶烘炉，否则可靠保留区的热量烘炉。烘炉的升温速度因翻修区的大小而异，翻修炉头时按相邻炭化室结焦时间不短于20～24h的温度进行烘炉升温，升温速度每昼夜一般不超过200～250℃。多炉室多火道修理时，要控制升温速度，升温至700℃后可以点火用煤气加热。烘炉过程中还应注意铁件管理。

（10）投产：在升温过程中继续砌炉顶部位，先砌看火眼，后砌装煤口、填大沟。温度升至700℃时，可往火道内送煤气并进行保护板灌浆、砌小炉头，然后打开机、焦侧炉门推出活挡墙、硅藻土砖砌的挡墙和封墙。温度升至1100～1200℃后开始装煤投产，再推焖炉号焦炭，并喷补其炉墙，最后逐步调至正常结焦时间。

最后，拆除煤车轨道加固装置，砌底脚砖，恢复炉柱与平台的连接。

361. 燃烧室翻修应注意哪些问题？

答： 修理燃烧室同样是以冷砖、冷料修理热的砖体，因此必须处理好热胀冷缩的关系。

（1）新旧砌体的结合。稍一不慎将导致修理号寿命不长，邻区因受急冷急热而损坏，严重影响焦炉寿命，因此必须认真对待修理过程中的每一个细节。

（2）邻区保护。主要从缓冲炉的炉温分布，邻区保温，保留砌体的支撑和降温、升温速度的控制等方面加以考虑。修理面较大时，一般应在空炉号两侧各设一个焖炉号，焖炉号外侧各设2～3个缓冲炉，其结焦时间按相邻燃烧室温差不大于100℃的降温区控制。邻修面的温度不低于300℃，邻燃烧室和保留火道测温点应大于700℃，并用保温板遮严。燃烧室砌完后应在与保留燃烧室邻区接头的燃烧室温度达300℃时，才拆除保温板，进行炭化室封顶。空炉的保留部分应设多层挡墙保温，升降温速度因翻修面的大小而异。对多炉室多火道的修理，降温时，700℃以上降温速度每昼夜不超过200℃，700℃以下不超过100℃为宜。升温速度通常在300℃前和500～700℃之间，每天不超过50～100℃，300～500℃之间每天可按100℃升温。相邻火道温差不超过±50℃为宜。

（3）修理砌体长、宽、高向的处理和新旧砖接茬。修理的新砌体必须考虑本身的膨胀及与旧砌体接茬、吻合。要求新砌体升温后，应尽量保证洞宽，不出现反斜，墙面不出现反错台及变形，燃烧室隔墙和炉墙砖不压斜道口和灯头砖，保证牛舌头砖调节灵活；炉头、炉肩与保护板吻合，茬口不被剪断，新旧砌体炉顶一样平。新砌体在长向应按旧燃烧室的中心引线，底层按旧砖位置，在斜道已有间距尺寸的基础上，以不压斜道口及灯头砖为原则来砌筑。砌立缝要均匀加大，炉头砌体正面至保护板内缘留膨胀缝，膨胀缝大小按硅砖线胀尺寸及翻修砌体长度确定，一般每500mm的膨胀量按8～10mm计。宽向既要考虑与旧墙面吻合，又要使新墙延伸后与保护板位置吻合。一般炉头新砌体宽度，机侧比设计大3～5mm，焦侧比设计小3～5mm为好，以保证不出反斜。新旧墙面接茬，机侧顺平，焦侧新墙面凹进1～3mm，以保证不出反错台。墙面平直度要保证，垂直度要适应保护板的斜度。高向接茬处选用小公差砖，新墙比旧墙矮些，卧缝少打灰浆，以适应薪旧砖的不同膨胀差，延伸至炉头时，燃烧室的标高，新砌体应比旧砌体矮20mm左右，炉顶表面新砌体比旧砌体低40mm左右，以便升温后胀成一样平。

(4) 其他诸如铁件管理、旧墙面的喷补，砌砖过程中的清扫、勾缝等均应给予重视。

362. 如何进行炭化室空压密封?

答: 空压密封适用于焦炉状态较好、墙面裂缝较小的炭化室墙面的修理。对于较大裂缝或孔洞的墙面，事先必须用湿式抹补或喷补将它堵严后，再用此法修补其余小缝。炭化室空压密封示意图，如图7-2所示。其操作步骤为:

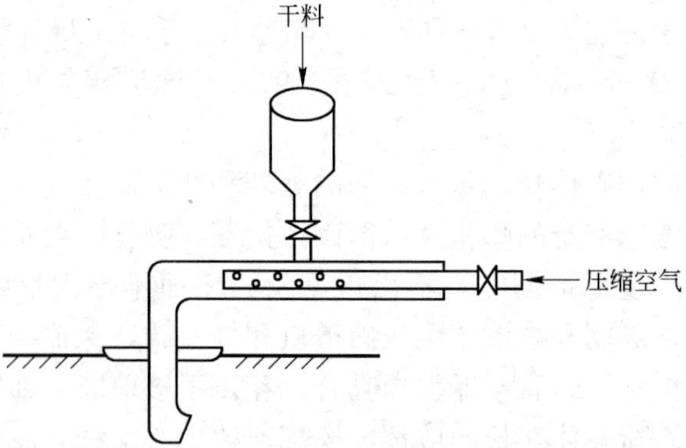

图7-2 炭化室空压密封示意图

(1) 推完炭化室内的焦炭，烧半小时空炉。

(2) 安放好密封用的料罐，盖上机焦侧上升管，炉盖用泥浆密封，炉门密封，拉开两旁的立火道盖。

(3) 向漏斗中倒入灰料，送压缩空气（≥0.6MPa）半小时后，停止10min再继续送风。

(4) 当炭化室压力达到80Pa时终止。

(5) 拉开炉盖，烧2h空炉后装煤。

363. 如何翻修小炉头？

答： 翻修小炉头方法如下：

(1) 拆除旧砖，抠出保护板与砖之间的石棉绳与石墨，并用风吹扫干净。

(2) 保护板灌浆，灌满为止，重新塞入浸有水玻璃-黏土火泥稀浆的石棉绳（直径33mm或30mm）塞紧，并用灰浆抹平，重新砌上小炉头砖。

(3) 对内部保留砌体的砖缝用较干的水玻璃-黏土火泥勾严密，小炉头与钢柱间留一条约10～15mm的缝隙，便于以后再翻修。

(4) 砌体表面要平整，外表面砖缝用水玻璃黏土火泥进行第二次勾缝，其标高要稍低于炉顶表面。

364. 砖煤气道窜漏如何处理？

答： 横砖煤气道的窜漏多数在炉头第2～3火道温度变化急剧处出现。用减少砖煤气道与有关区间的压差，可以消除漏失煤气，故焦炉使用时间长后，可用换大烧嘴断面的办法，降低砖煤气道压力，减少它与相邻蓄热室区间的压力差，但这往往使边火道供热不足。修补横砖煤气道前，必须查明常漏地点，这可在不进煤气时，卸下砖煤气道端头管堵，加色玻璃观察，窜漏处常发现因它处窜来的煤气燃烧而产生的火焰。一般窜漏用小铲抹补或喷补，喷浆压力应予控制，不致喷入火道或堵塞烧嘴，窜漏严重时也用灌浆的方法。修补后要做好清透工作。

下喷式砖煤气道产生裂缝或灰缝拉开时，还会发生煤气由砖煤气道漏入蓄热室及小烟道（特别是下部），造成废气盘下火、烧熔格子砖，烧坏蓄热室墙和火道低温等恶果。立砖煤气道不严可用细粒粉料灌浆消除，灌浆压力一般不高于0.04～0.05MPa，以防灰浆冲入火道。应根据不同的窜漏位置，采用不同的压力，让浆柱在窜漏部位上下徘徊，将裂缝灌注满1周。灌浆用泥料颗粒不应太粗，否则，浆稀了易沉淀，造成堵塞，浆稠了压力不好掌握，且灌不进裂缝。

立砖煤气道被石墨堵塞时，可用钢钎捅透，堵塞较严重时，可先打开立管下丝堵，烧一、二个交换后再捅透。当砖煤气道因泥料和砖被烧瘤而堵塞时，可用铁管吹氧燃烧把堵塞物烧熔，但吹氧前必须严密堵塞以防漏出煤气与氧气混合造成火灾和爆炸，还应控制氧气压力，不致使硅砖烧熔。

小烟道砌体严密性被破坏时，应首先严密立砖煤气道，然后从废气盘严密小烟道砌体。

365. 如何进行炉墙倒塌的热修操作?

答：当发现炉墙倒塌时，应马上组织力量热修，其工作步骤如下所述：

(1) 立即做好热修准备工作。根据炉墙倒塌的程度估计所用硅砖的数量，并把硅砖放在抵抗墙洞内预热，另外准备200块轻质砖或四号黏土砖用于砌封墙用，准备好梯子、钩子、铲子、跳板等。

(2) 将所倒塌的炉墙号通知调火班停止加热，通知三班工人只装二斗煤，即在倒塌处的炭化室一侧不装煤。

(3) 在焦饼成熟前6～8h就可以摘门。

(4) 摘门后组织工人扒焦炭和砌上封墙。

(5) 扒燃烧室里的焦炭和破砖等脏物，吹风清扫斜道和烧嘴座，同时扒开蓄热室封墙顶部，把里面的焦炭和脏物清扫干净，使斜道畅通。

(6) 修理炉墙：在此过程中，应注意新砌上的硅砖要和原来的炉墙一样平整，并有适当的层差，使两头的灰缝为3～5mm。

修完后用水玻璃泥浆刷上一次，砌墙所用的泥料由硅火泥加12%的水玻璃配制成。

(7) 炉墙修好后，及时关上炉门，在 2h 后开始送煤气，待 4h 后再扒封墙。

366. 炭化室炉底砖损坏如何修理?

答: 更换炉端 1～3 块炉底砖时，一般在结焦初期扒除约一个火道的焦炭，用薄保温板和中保温板贴靠在焦炭正面及两侧外露墙面的下半部，并用平板支撑器固定。打碎破损的炉底砖，取出后用压缩空气吹尽余渣，接着倒入用磷酸调制的黏土火泥稀浆，置入预热后的新炉底砖，调整其高度使之与相邻炉底砖一致。

端部炉底砖要更换的数量较多。更换炉底砖的范围超出端部 3 个火道，应推空炉作业，挂上底部带小门的临时炉门，打开全部装煤口盖，使炭化室下部稍微负压状态。取下小门，以下操作同上。

国外有采用空气冷却的绝热箱，将其推入炭化室内，修理人员进入箱内，移开与砌体损坏部位相对应的活动小板，通过开口进行处理。

367. 怎样对炭化室墙面矫直?

答: 矫直法是在对炉墙缺陷不进行拆除更换，对不修理部位不进行保温的情况下，利用简单的器具所产生的机械力使墙面缺陷（凸肚与错台）消失。它不存在挖补与翻修火道等方法的缺点。

(1) 挡墙的安置：在装煤初期打开预修侧炉门，扒除焦炭露出凸肚部位。紧靠凸肚的里面，砌一面挡墙，挡墙外面覆盖一层高硅纤维缝合毡或硅酸铝纤维毡。

(2) 加热煤气的处理：把挡墙外的火道或预修侧（机或焦侧）全部火道停止供应煤气。

（3）矫直操作：待墙面缺陷处的温度下降到100℃以下时，操作者进入炉内用小号槽钢贴靠凸肚处，把较大号的槽钢或较大面积的钢板置于对面墙的相应位置，用2～3个平板支撑器插入两根槽钢（或槽钢与钢板）之间，然后轮番拧紧支撑器。由于凸肚或错台的部位因冷后收缩形成的砖与砖的间隙比它对面墙的收缩缝隙大，故随着支撑器不断交替拧紧，凸肚逐渐向原位置方向恢复。支撑器的数量依槽钢的长度而定，一般大约每米槽钢需要设2～3个。支撑装置（支撑器和槽钢）的数量根据墙面凸肚的范围而定，范围愈大，需要的支撑装置愈多，反之愈少。

当炉墙凸肚（或错台）矫直到离原位置10mm左右时，应停止矫直，以免升温后炉墙与支撑装置膨胀而出现矫直过头的现象。此时，用较干的磷酸黏土火泥把墙面大于5mm的裂缝和脱落的灰缝勾严、压实，然后关炉门升温。当火道内的温度达到700℃时，方可送煤气加热。炉内温度升至800℃以上时，支撑装置已烧红发软，这时打开炉门，伸入钩子拽出支撑装置，接着拆除挡墙，恢复正常生产。

368. 如何清扫斜道，死斜道如何处理？

答：斜道内掉入少量砖块、煤粉、火泥等杂物，影响气流分配，清扫前必须检查工具是否有断裂的情况，以免工具部分脱落并掉入火道内。对斜道内的砖块灰渣，可用铁链子或铁刮刀、刺刮刀伸进斜道内，沿斜道长向来回清扫，也可以用铁钎子把砖块打碎后取出。火道内被炭化室过来的煤粉堵塞严重并形成焦炭时，可用外管引入焦炉煤气和压缩空气在斜道口燃烧，烧掉焦炭，将剩下的灰分清除。

斜道被堵死后，其他方法不见效时，可进入炉内用打洞扒除的方法处理。为避免炉墙暴露在大气中，温度降低太多，要砌筑封墙或挡墙，对炉墙用保温板覆盖，并用平板支撑器固定。蓄热室顶部格子砖用铁板盖住，防止灰渣掉入格子砖内。然后打通死炭化室底部的几层墙皮砖，掏尽焦炭及灰渣，透通斜道。砌好炉墙底部的开口，拆除炭化室内的支撑与保温装置，并把格子砖上的盖板与杂物一起抽出，对门升温。

369. 蓄热室单、主墙如何翻修？

答：当蓄热室单（主）墙因高温而大面积烧熔时，不仅墙面变形并且格子砖孔道也因熔融而堵塞，严重的甚至斜道部位砌体会因失去支托而下沉，使气体互相窜漏。若出现这种情况，应该及时翻修单（主）墙。

翻修前，应推空预修蓄热室上面的炭化室，在空炉两侧，各设焖炉1～2个、缓冲炉2个。然后将与预修蓄热室连通的火道全部停止供应煤气，对全部空炉、焖炉的炉门、炉盖、火眼盖等处进行密封，其温度和弹簧负荷的管理与多燃烧室多火道翻修相同。

当翻修蓄热室单墙或主墙的工具、砖块、火泥及低压照明等工作准备好后，拆除蓄热室封墙。接着扒格子砖，直至单（主）墙损坏的部位全部露出为止，用薄保温板（或硅酸铝纤维毡等）覆盖在剩余格子砖的前方以维持蓄热室内部温度。在箅子砖或格子砖上铺一层薄铁板，从端部开始拆除，拆一段后接着立即将这段砌好，如此一段一段地拆砌，直至整个损坏部位翻修完为止。若仅在单墙或主墙内部有缺陷，则不必从端部开始，只要对缺陷翻修即可，接着干砌格子砖。

为了防止格子砖倾倒，可用木片塞在格子砖两侧和单（主）墙的间隙里固定。然后拆下一个支撑装置，砌下一段单墙，如上述一样进行抽盖板，清扫箅子砖和放置格子砖的工作，如此交替进行，直至单墙砌完，格子砖放满为止。

单墙或主墙的新旧砌体相接处，均不需要预留水平和垂直膨胀缝，在砌至上部与斜道区（旧砌体）相接时，应敲去砖舌并打满灰砌入。对新砌体的灰缝应随砌随勾，禁止出现空缝。在砌筑过程中，新砌砖煤气道应符合原有斜度，否则新旧砖煤气道在交接处会产生错牙，既减少煤气流通截面，又不利于生产时清扫。

砌完封墙后就可以开始升温。升温通常仍旧利用燃烧室与炭化室积蓄的热量传递来实现。它是把修理蓄热室废气盘铊用木棍支起，盖严进风门盖板，并逐步推倒挡墙（活挡墙与墙面有间隙，可暂不推出）。在此期间，应定期测量蓄热室、小烟道、废气盘及其相连通的标准火道与端火道的温度。当火道温度达到700℃以上时，可以逐个送焦炉煤气升温。无焦炉煤气设备而仅能用高炉煤气加热的焦炉，必须待全部火道升至700℃以上才能送煤气。当修理侧有一个以上火道着火后，应该撤除支铊木杆，把废气盘与全炉交换系统相连接进行正常交换。在升温过程中，各线弹簧负荷及恢复生产的步骤、项目均与多燃烧室多火道翻修相同。

370. 炉顶翻修应注意什么问题？

答： 翻修炉顶表面时极易往火道内掉泥块、砖渣，应采取有效措施，防止它们落入火道内。

翻修时应注意炉顶标高的确定，因为生产10年以上的焦炉，炉顶上升管座砖、装煤口座砖向上鼓出较多，炉顶表面最低的地方是煤车轨道下面，比抵抗墙要低20～30mm，翻修时应以抵抗墙上轨道标高作为全炉调整后的轨道标高。

翻修程序：在检修时间，首先集中力量把两条煤车轨道及其下面的砖块拆除重砌和重新安装，拆除与砌筑是在不停产、不降温的情况下，从炉组一端开始向另一端进行。先拆炭化室与燃烧室表面砖，接着依次砌筑燃烧室。同一个燃烧室的全部火道可以分三段分别拉线砌筑，即煤车轨道间、两端火道到轨道间。翻修装煤口座砖应在结焦末期进行。

第八章　熄　　焦

371. 低水分熄焦（LOMO）的原理及其优点是什么?

答： 低水分熄焦的原理是在整个熄焦过程中，按熄焦水流量大小分段进行供水，即变流量喷水熄焦。熄焦水流有两种流速，在熄焦开始时为低流速，水的流速是高流速的 40%～50% ，低流速阶段时间通常为 10～20s，冷却顶层焦炭，起到稳定焦炭表面的作用，防止焦炭在高流速时从熄焦车厢中迸溅出来；之后，水流增至高流速，熄焦水接触到红焦时，水变成蒸汽时的快速膨胀力使蒸汽向上流动通过焦炭层，主要是利用蒸汽由下至上地对车内焦炭进行熄焦，车内多余的水快速排出车外。

低水分熄焦系统使用柱状水流代替了常规湿熄焦的喷洒水流，改善了焦炭在深度方向的水分分布，达到了短时间内的完全熄焦，依据焦炭粒度、温度和熄焦车的条件，整个熄焦时间约 70～85s。

低水分熄焦与传统的湿法熄焦相比，从工艺和改善焦炭质量上具有很多优点。

（1）降低焦炭水分和改善焦炭质量。低水分熄焦与常规熄焦相比，焦炭水分可减少 20%～40%，水分可控制在 2%～4%且均匀。焦炭在高流速水流阶段，焦炭有一定程度的迸溅，起到了整粒作用，焦炭质量有一定程度的改善。

（2）缩短熄焦时间。传统的喷洒熄焦时间需要 120～150s，而低水分熄焦时间只需要 70～85s。

（3）能适用于原有的熄焦塔。在低水分熄焦系统中，经特殊设计的喷嘴可按最适合原有熄焦塔的方式排列，它便于更换原有熄焦喷洒管。

（4）节约熄焦用水。因熄焦时间缩短，吨焦耗水量也随之减少，可节约30%～40%的水量。

372. 低水分熄焦（LOMO）系统由哪几个部分组成？

答： 低水分熄焦系统由工艺管道及设备、一点定位熄焦车和控制系统组成。

（1）工艺管道及设备：

1）熄焦水泵。设置两台熄焦水泵（1开1备），每台都可向高位槽供水，高位槽通过压力继电器自动启动达到自动供水的目的。

2）高位槽。使用高位槽可以在每次熄焦操作中以恒定压力提供可靠的供水。高位槽也改善了工艺的可靠性，因为在车进入熄焦塔前，司机可以通过信号判断是否有足够的水用于熄焦。

3）管道。管道设计是配合一点定位熄焦车的要求进行的，喷水管根据熄焦车内焦炭的分布情况而设计。可满足在两次熄焦操作之间喷射主管及支管内充满水，这种设计可在每次熄焦开始时迅速供水。

4）喷头。喷头的设计是一种可变换角度安装的等径管道，变换角度是为了控制喷洒水量在焦炭层的分布，在调试和标定过程中，可根据焦炭层的厚度分布对应需要喷洒的水量，变换喷头的角度，同时对喷头进行变径改动，从而达到均匀熄焦的效果，如图8-1所示。

（2）一点定位熄焦车。一点定位熄焦车能在一炉焦炭推焦操作中不移动熄焦车的情况下接受所有从炭化室推出的焦炭。

（3）控制系统。熄焦过程中水流量可由特定部位的主管和支管的压力控制器自动控制水压，另外，也可用计时器，并预设控制阀信号，以控制熄焦所需的水量，这种方法所需仪表较少，控

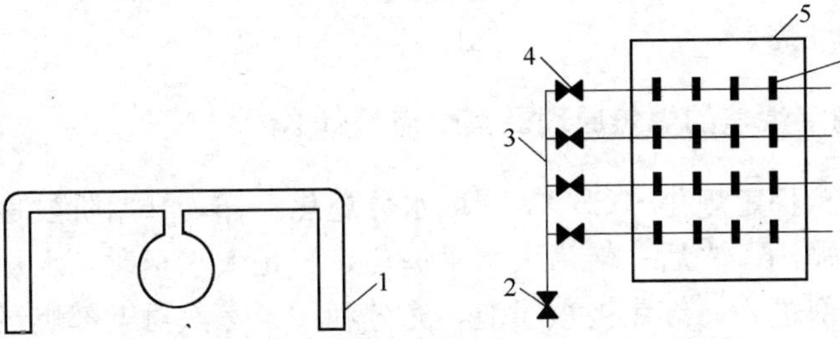

图 8-1 低水分熄焦管道、喷头示意图
1—喷头；2—调节阀；3—变径管；4—分配阀；
5—熄焦车；6—喷头

制相对简单。低水分熄焦控制系统简图见图 8-2。

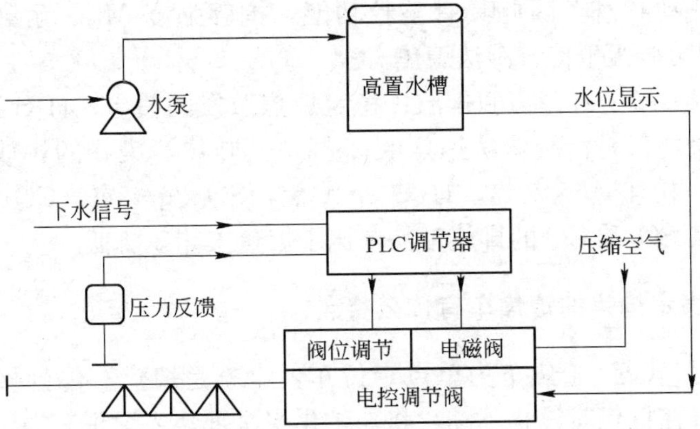

图 8-2 低水分熄焦控制系统

373. 低水分熄焦为什么要采用一点定位熄焦车?

答：一点定位熄焦车在推焦操作中可在不移动熄焦车的情况下接受所有从炭化室推出的焦炭，这种方式的优点是焦炭在熄焦车中的轮廓及其在熄焦车厢中的分布对每炉焦炭都是一样的，也避免了使用常规熄焦车时每一炉焦炭在熄焦车中分布不一样的问题，这样就可以允许熄焦塔内水流分布固定，以提供合适的熄焦水量，可获得含水量更低且均匀的焦炭，防止熄焦后熄焦车内局部出现红焦。

374. 稳定熄焦的熄焦原理及其优点是什么？

答： 稳定熄焦（CSQ）同低水分熄焦一样，开始阶段是小水量顶部喷洒，之后，转为大水量熄焦，只是大水量时，水从熄焦车的底部进入，红焦被水浸泡，充分利用了蒸汽对上部焦炭的冷却，减少了熄焦水的停留时间和渗入焦炭的量。待焦炭熄灭后，多余的水从底部排出。其优点是：

（1）稳定焦炭水分：水分可调整到2%～4%之间，标准偏差为0.5%～1%。

（2）改善焦炭的机械强度和粒度均匀性：稳定熄焦时，焦炭处于跳动状态，因此具有整粒功能，抗碎强度M_{40}、耐磨强度M_{10}均明显优于传统湿法熄焦。

（3）减少有害物的排放：稳定熄焦散发的粉尘、H_2S和CO等污染物仅是传统湿法熄焦的25%，其吨焦污染物的排放量分别为：粉尘 15g/t 焦，H_2S79g/t 焦，SO_2 2g/t 焦，CO180g/t焦，其SO_2和CO的排放量甚至比干熄焦工艺还要低。

375. 稳定熄焦的熄焦车有什么特点？

答： CSQ熄焦车为单点定位车，也就是熄焦车停到接焦位置后，在推焦时停止不动，将一炉焦炭全部装入熄焦车中。推焦除尘设备的烟罩同熄焦车焦炭料仓紧密接触，推焦时可将焦炭料仓完全罩住，使推焦过程没有烟尘排出。

熄焦车厢截面如图 8-3 所示，类似于四方形，料仓很深，将全部焦炭推在一个部位，只有很少的焦炭表面接触空气，因此开往熄焦塔期间明显减少了燃烧和污染物的排放。熄焦车沿其行走方向前后各有一方形接水管，该接水管与布置在车厢下的输水管相连，熄焦车厢的底为特制的夹层，车厢分两层，焦炭装入内层，外层底部布有进水口，侧面是进水管，其内侧分布若干出水

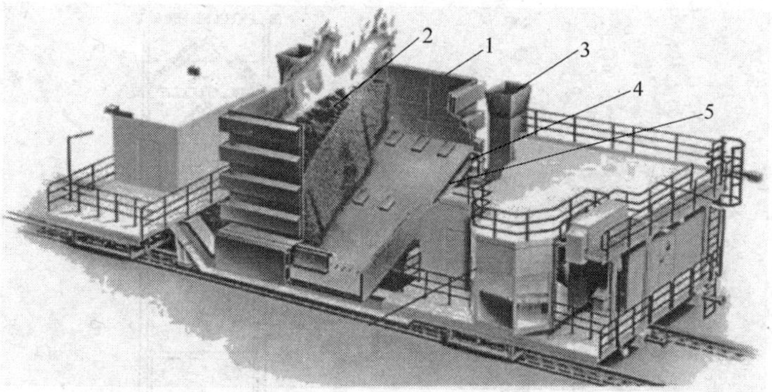

图 8-3 CSQ 熄焦车示意图

1—料仓；2—焦炭；3—接水管；4—夹层车厢；5—夹层底板

口，倾斜夹层与输水管道相连。

熄焦结束后，熄焦车外挡板打开，排出焦炭料仓的水，然后熄焦车开到凉焦台，打开内侧门卸出焦炭，再驶向下一个待出焦的炉号。

376. 稳定熄焦的熄焦塔与常规熄焦塔有什么不同?

答： CSQ 熄焦塔的下部一段是钢筋混凝土结构，内部用硬砖砌衬。上面是一个自支撑木结构的高大烟道，如图 8-4 所示。

在侧面水泥墙上，有一个熄焦水罐，熄焦水罐通过带有快速关闭阀门的管道一直通到塔内的熄焦装置上。

熄焦塔断面尺寸是根据熄焦烟气出塔速度设计的，在稳定熄焦开始时的短时间内能达到较高的蒸汽流速。

在熄焦塔下部，熄焦车车厢的正上方，装有一个特殊钢材质的漏斗形钢箱，它占据了熄焦车车厢和塔内侧之间的空间，这样可阻止周围空气大量涌进，减少蒸汽体积膨胀，同时可阻止蒸汽从熄焦塔下部门框处逸出。此外，钢箱还作为收集漏斗将熄焦时甩出的焦炭收集起来，再将它们送回熄焦车。为了保护木壁，它的高度直接到达熄焦塔烟道内壁处。

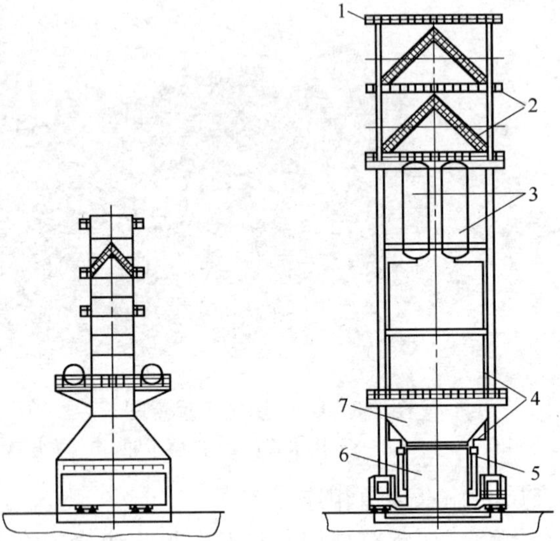

图 8-4　CSQ 熄焦塔示意图

1—操作平台；2—捕尘栅格；3—熄焦水高置槽；4—注水管；5—接水管；6—一次定位熄焦车；7—焦炭收集斗

收集漏斗的下部装有许多喷嘴，当熄焦车开进来以后，可直接喷淋灼热的焦炭。当熄焦车一到达终点位置，就可以通过熄焦车车厢后部两个大给水管提供熄焦水，这两个给水管刚好位于熄焦车接水孔的上方。

在熄焦塔上部还有一个喷淋用的管道系统，在此用水喷淋并冷却蒸汽，蒸汽中的烟尘冷凝成颗粒，被上方板式净化装置分离后落下。

熄焦塔最上部是保护装置，它由布置成屋顶形状的薄片形折流结构组成，蒸汽在折流结构处被转向。通过离心分离和薄片表面的静电吸附的共同作用分离烟尘。

在 CSQ 工艺中，最主要的改进是在熄焦塔中安装了两个排放保护顶，蒸汽被两次转向，从而加强了烟尘颗粒的分离作用。

两个平面层的薄片被设计成不同的流动结构，使得从底层上升的流动颗粒在上层平面被进一步吸附和分离。

377. 稳定熄焦采用哪些措施减少粉尘的排放?

答: 稳定熄焦通过三种途径控制和减少熄焦逸散物:

(1) 在稳定熄焦过程中，焦炭快速冷却时，H_2S 和 CO 等气体的生成量比常规湿法熄焦有所减少。

(2) 采用定点熄焦车熄焦，熄焦车厢中焦炭层较厚（约4m），所以熄焦时上层焦炭可以抑制底层粉尘向大气逸散；而且熄焦车厢截面类似于四方形，料仓很深，将全部焦炭推在一个部位，只有很少的焦炭表面接触空气，因此开往熄焦塔期间明显减少了燃烧和污染物的排放。

(3) 在熄焦塔顶部，采用喷洒水的方法（也称为水雾捕集），冷却含粉尘的熄焦水蒸气，降低粉尘逸散速度，使之逐步分离，再配合折流板式除尘装置捕集粉尘，降低粉尘排放和含有害物蒸汽的逸散量。

378. 干熄焦冷却焦炭的机理是什么?

答: 所谓干熄焦，是相对湿熄焦而言的，是指采用惰性气体将红焦降温冷却的一种熄焦方法。在干熄焦过程中，红焦从干熄炉顶部装入，低温惰性气体由循环风机鼓入干熄炉冷却段红焦层内，吸收红焦显热，冷却后的焦炭从干熄炉底部排出，从干熄炉环形烟道出来的高温惰性气体流经干熄焦锅炉进行热交换，锅炉产生蒸汽，冷却后的惰性气体由循环风机重新鼓入干熄炉，惰性气体在封闭的系统内循环使用。

干熄焦冷却焦炭的机理是：在干熄炉冷却段，焦炭向下流动，惰性循环气体向上流动，焦炭通过与循环气体进行热交换而冷却。由于焦炭的块度大，在断面上形成较大的孔隙，因而有利于气体逆流。在同一层面焦炭与循环气体温差不大，因而焦炭冷却的时间主要取决于气流与焦炭的对流传热和焦块内部的热传导，而冷却速度则主要取决于循环气体的温度和流速，以及焦块的温度和外形表面积等。

379. 干熄焦有什么优点?

答: 干熄焦的优点如下:

(1) 干熄焦可使焦炭质量明显提高。干熄焦过程中焦炭缓慢冷却，降低了内部热应力，网状裂纹减少，气孔率低，因而其转鼓强度提高，真密度也增大。干熄焦过程中焦炭在干熄炉内从上往下流动时，增加了焦块之间的相互摩擦和碰撞次数，大块焦炭的裂纹提前开裂，强度较低的焦块提前脱落，焦块的棱角提前磨蚀，这就能改善冶金焦的机械稳定性，并且块度在70mm以上的大块焦减少，而25～75mm的中块焦相应增多，也就是焦炭块度的均匀性提高了。

干熄焦与湿熄焦的焦炭相比，反应性明显降低。首先这是因为干熄焦时焦炭在干熄炉的预存段有保温作用，相当于在焦炉里焖炉，进行温度的均匀化和残存挥发分的析出过程；其次，干熄焦时焦炭在干熄炉内往下流动的过程中，焦炭经受机械力后，焦炭的结构脆弱部分及生焦变为焦粉筛除掉；再次，湿熄焦时焦块表面和气孔内因水蒸发后沉积有碱金属的盐基物质，使焦炭反应性提高，而干熄焦过程不发生这种沉积，因而其反应性较低。

据有关资料报道，干熄焦比湿熄焦焦炭M_{40}可提高3%～5%，M_{10}可降低0.2%～0.5%，反应性有一定程度的降低。

(2) 干熄焦可以充分利用红焦显热，节约能源。同湿熄焦相比，干熄焦可回收利用红焦约83%的显热，每干熄1t焦炭回收的热量约为1.35GJ。

(3) 干熄焦可以降低有害物质的排放，保护环境。干熄焦采用惰性循环气体在密闭的干熄炉内对红焦进行冷却，可以免除对周围设备的腐蚀和对大气的污染。此外由于采用焦罐定位接焦，焦炉出焦的粉尘污染也更易于控制。干熄炉炉顶装焦及炉底排、运焦产生的粉尘以及循环风机后放散的气体、干熄炉预存段放散的少量气体经除尘地面站净化后再排入大气。

380. 干熄焦系统由哪几个主要部分组成?

答: 干熄焦系统由红焦装入、冷焦排出设备;气体循环设备;干熄炉;干熄焦锅炉及用水净化设备;环境除尘设备;控制系统等部分组成。

(1)红焦装入、冷焦排出设备。干熄焦红焦装入设备由电机车、焦罐台车、旋转焦罐、APS定位装置、提升机、装入装置以及各极限感应器等设备组成,起着接焦、送焦及装焦等作用。冷焦排出设备由排焦装置及运焦皮带组成。

(2)气体循环设备。干熄焦气体循环通道包括循环风机、给水预热器、干熄炉、一次除尘器、锅炉和二次除尘器等设备以及一些测量元件。

(3)干熄炉。干熄炉的结构有圆形与方形之分,传统意义上的干熄炉的结构一般为圆形。

(4)干熄焦锅炉及用水净化设备。干熄焦锅炉由“锅”、“炉”、附件仪表及附属设备构成。“锅”即锅炉本体部分,包括锅筒、过热器、蒸发器、省煤器、水冷壁、下降管、上升管和集箱等部件;“炉”由炉墙和钢架等部分组成。锅炉用水净化设备由除盐、除氧设备组成。

(5)环境除尘设备。除尘系统设备可以分为烟气净化系统以及粉焦输送系统两部分,烟气净化系统对干熄焦生产过程中产生的烟气进行净化处理,将烟气中的粉尘分离并加以捕集、回收,实现烟气的净化排放。烟气净化系统的主要设备包括除尘风机,风机入口调节挡板、脉冲布袋除尘器、百叶式预除尘器、管式冷却器、振动器、脉冲控制仪、离线阀、储气罐、烟囱等。焦粉收集系统主要包括刮板输灰机,斗式提升机,灰仓,加湿搅拌机等设备。

(6)控制系统。即电气仪表系统。在干熄焦中泛指“三电一体化”控制系统，由装焦控制系统、排焦、运焦及称量控制系统、供水及锅炉控制系统、预存段料位控制系统、除尘和焦粉排出回收控制系统、气体循环控制系统等组成。

381. 干熄焦为什么要设置一次除尘器？

答：一次除尘器利用重力除尘原理将循环气体中的大颗粒焦粉进行分离，减少循环气体对锅炉炉管（主要是二次过热器管道）产生的冲刷磨损，达到保护锅炉炉管的目的。

一次除尘器通过高温膨胀节与干熄炉和锅炉连接，外壳由钢板焊制，侧面设置4个人孔。内部砌筑高强黏土砖以及隔热砖，填充部分隔热碎砖，砖与钢板之间铺有隔热纤维棉。除尘挡板用耐磨耐火材料砌筑而成，当焦粉随着循环气体接触到除尘挡板时，大颗粒焦粉下落到底部。

382. 干熄焦为什么要设置二次除尘器？

答：二次除尘器采用立式多管旋风分离除尘，将循环气体系统中的小颗粒焦粉进行分离，达到保护气体循环风机的目的。由于离心力比重力大几百倍，甚至上千倍，因而离心式除尘器比重力除尘器可分离更小的尘粒。

二次除尘器由若干单个立式旋风分离器装配而成，由进口变径管、内套筒、外套筒、旋风子、贮灰斗、壳体、出口变径管及防爆装置等组成。进气室内抹浇注耐磨料，各进气室之间不得互相窜气。

383. 干熄炉由哪些部分组成，各部分的作用是什么？

答：圆形干熄炉由预存段、斜道区及冷却段组成。干熄炉外壳用钢板及型钢制作，内层采用不同的耐火砖砌筑而成，有些部位还使用了耐火浇注材料。干熄炉上部为预存段，中间是斜道区，下部为冷却段。预存段的外围是汇集从斜道排出气流的环形烟道，它沿圆周方向分两半汇合通向一次除尘器。预存段设有料位计、测压装置、测温装置及放散装置。环形气道设有空气导入装置、循环气体旁通装置、气流调整装置。冷却段设有温度测量孔、干燥时的排水汽孔、人孔及烘炉孔。冷却段下部壳体上有两个进气口，冷却段底部安装有供气装置。干熄炉顶部安装有水封槽，干熄炉最底部安装有调节棒装置。干熄炉的结构如图 8-5 所示。

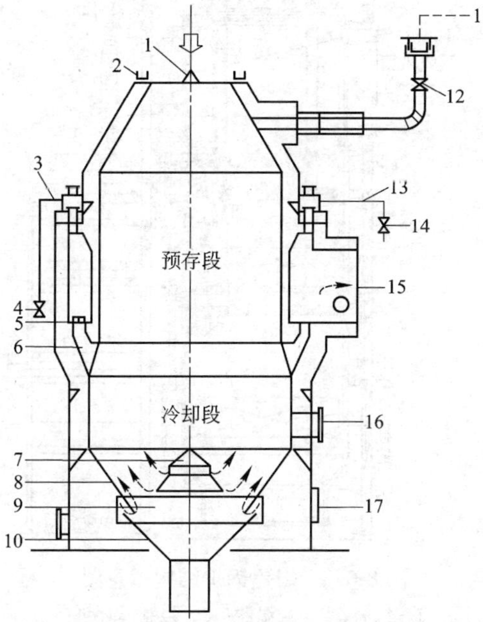

图 8-5　干熄炉结构图

1—料钟；2—水封；3—空气导入管；4—空气导入调节阀；5—调节板；6—斜道；7—供气装置上部伞面；8—上锥斗；9—十字风道；10—下锥斗；11—去除尘装置；12—手动蝶阀；13—旁通管；14—旁通管调节阀；15—一次除尘器；16—人孔；17—进风口

384. 干熄焦锅炉由哪些主要部分组成？

答：干熄焦锅炉由“锅”、“炉”、附件仪表及附属设备构成。

“锅”即锅炉本体部分，包括锅筒、过热器、蒸发器、省煤器、水冷壁、下降管、上升管和集箱等部件；“炉”由炉墙和钢架等部分组成。干熄焦锅炉结构示意图见图 8-6。

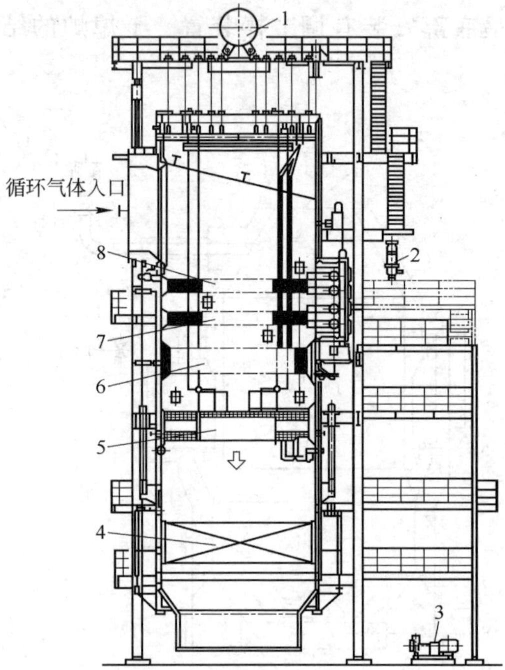

图 8-6　干熄焦锅炉结构示意图

1—锅筒；2—减温器；3—强制循环泵；
4—省煤器；5—鳍片管蒸发器；6—光管蒸发器；
7——次过热器；8—二次过热器

385. 干熄焦除盐水系统有哪几种制备工艺?

答: 干熄焦除盐水系统处理工艺的主要任务是制备锅炉所需的补给水。这个任务包括除去天然水中的悬浮物和胶体态杂质的澄清、过滤等的预处理；利用离子交换技术或膜分离技术降低或去除水中的成盐离子，以获得纯度更高的除盐水。

干熄焦锅炉用除盐水的处理工艺一般分为离子交换工艺、膜分离（渗透）工艺或两者相结合的工艺。

386. 干熄焦除盐水系统的操作要点有哪些，对干熄焦锅炉用水有什么要求？

答：干熄焦除盐水系统的操作要点是：除盐水系统设备是否投入运行应根据干熄焦主控室或根据除盐水箱的液位来决定。一般情况运行设备为 2 开 1 备，不得同时运行。当除盐水箱液位超过高位报警时，可停除盐设备的运行。一般情况尽量不停运设备，改为低负荷运行。

不论是那种除盐工艺，操作中都必须密切同时监视最终出水和中间各个工序的水质量，一旦出现超标，必须针对超标的工序采取反洗或再生工作，待出水合格后再并入主工序继续生产合格的除盐水。在操作过程中，还要密切监视各个工序的压力降，如果某个工序压力降超标，则说明此工序有堵塞现象，需要进行反洗或化学清洗作业。锅炉给水的硬度、溶氧、铁、铜、钠和二氧化硅的含量，pH 值、联氨和油的含量应符合表 8-1、表 8-2 的规定。

表 8-1　锅炉给水的硬度、溶氧、铁、铜、钠和二氧化硅的含量

炉型	锅炉压力/MPa	硬度/μmol·L^{-1}	溶氧	铁	铜	钠	二氧化硅
			μg/L				
汽包炉	3.8～5.8	≤3.0	≤15	≤50	≤10	—	应保证蒸汽中二氧化硅符合标准
	5.9～12.6	≤2.0	≤7	≤30	≤5	—	
	12.7～15.6	≤2.0	≤7	≤20	≤5	—	
	15.7～18.3	≈0	≤7	≤20	≤5	—	

表 8-2　给水的 pH 值、联氨和油的含量

炉型	锅炉压力/MPa	pH 值（25℃）	联氨/μg·L^{-1}	油/mg·L^{-1}
汽包炉	3.8～5.8	8.5～9.2	10～50 或 10～30	<1.0
	5.9～12.6	8.8～9.3 或 9.0～9.5		≤0.3
	12.7～15.6			
	15.7～18.3			

387. 干熄焦烘炉的过程是怎样的？

答： 干熄焦系统从冷态逐渐升温至可以装红焦的温度，这一过程称为干熄焦烘炉。干熄焦烘炉分为两个阶段，即以除去干熄炉及一次除尘器耐火砖砌体水分为主要目的的温风干燥阶段，一般需 6～7 天左右，将干熄炉预存段温度均匀烘到约 120～130℃；之后是以升温为主要目的的煤气烘炉阶段，采用煤气燃烧均匀烘炉到 800℃左右，与正常生产时的温度接近时，即可进行干熄焦的装红焦作业，并逐步转入干熄焦的正常生产。

388. 干熄焦开工应具备什么条件？

答： 干熄焦开工前，必须再次确认所有设备已调试到正常状态。中控室计算机控制系统应调试完毕并进行反复的模拟试验。需要特别注意的是，对于循环风机联锁条件、装焦联锁条件和排焦联锁条件不具备或未调试合格的干熄焦系统，从工艺上讲是不具备开工条件的。还要进行气密性试验、锅炉试压和煮炉、安全设施检测，并全部符合要求。

干熄焦开工前，所有能源动力介质的质和量应满足干熄焦设备和工艺的要求。所有操作人员应进行严格的理论和实际培训，应对干熄焦的原理、工艺流程、各点工艺参数和各种调节方法熟知于心，对整个干熄焦设备的性能应有一定程度的了解。

389. 干熄焦开工装红焦的注意事项有哪些？

答： 对于新建的炼焦车间，在干熄焦开工投产前，应用湿熄焦组织一段时间的生产。有条件的焦化厂，更应待焦炉系统稳定运行后再进行干熄焦的开工，以减小焦炉系统对干熄焦的影响。

（1）对于干熄炉操作要注意：红焦装入时，各岗位操作人员应配备到位并坚守岗位。注意观察各系统的变化并做好记录，异常情况及时向中控室反映。红焦装入时，各岗位联络应畅通，并听从统一指挥。

红焦装入时，提升机及装入装置采用现场手动操作。红焦装入时要注意一罐红焦分4～5次装入干熄炉；一罐红焦装入时间控制在10min左右；提升机应采取点动操作方式；未放完焦炭前提升机不能提升，以防损坏焦罐底闸板；手动装焦5炉后可采用自动装焦；每30min左右装一罐红焦。

干熄炉装红焦时，以锅炉入口温度T_6为主管理温度。循环风量的增减应与锅炉入口温度T_6的上升和下降相对应进行调节。随着每一炉红焦的装入，T_6都会上升，此时应加大循环风量，使T_6减缓上升趋势直至下降。当T_6温度下降到比前一次T_6波动下限温度高20～25℃时，可再次装入红焦。

当锅炉入口温度T_6上升到650℃时，可从环形烟道导入空气对循环气体中H_2、CO等可燃成分进行燃烧，以控制其浓度的上升。

随着红焦的不断装入，干熄炉内焦炭的料位不断上升。当装入的红焦将斜道盖住后，可开始进行排焦作业，排焦量控制在最小。但此时应解除与排焦有关的相应联锁条件。待料位进一步上升后可适当增加排焦量。

随着红焦的不断装入和排焦的进行，锅炉入口温度T_6不断上升。当T_6上升到850℃以上时，应适当增加循环风量，适当减少排焦量。

当干熄炉预存段料位达到上限时，可根据实际情况设定排焦量，并逐渐转入干熄焦的正常作业。

（2）对于锅炉系统的操作要注意：当干熄炉第一罐红焦装入时，锅炉一次、二次过热器疏水阀应微开。随着红焦的持续装入，汽包的温度和压力上升较快，应严格控制升温、升压速度在允许范围内。红焦装入期间，汽包液位有较大的波动，可通过给水量及排污量进行调整，保持液位在规定的范围内。

红焦装入期间锅炉产生的蒸汽应放散。当一次过热器出口蒸汽温度达350℃，或主蒸汽温度达420℃时，减温器投入运行，锅炉开始正常运行，在蒸汽并网之前还要进行安全阀校验。

390. 干熄焦操作的基本要求有哪些?

答: 干熄焦正常生产中，应根据干熄炉的装焦计划，选择合适的排焦量。并以一定的排焦量连续稳定操作。一定的排焦量，原则上应匹配一定的循环冷却风量。以便将锅炉入口温度控制在设计允许值以下的最小波动范围内，防止该温度骤升骤降，使锅炉入口耐火材料受损以及对锅炉炉管造成不良影响。在锅炉入口温度超出控制范围或有可能导致锅炉入口温度超出控制范围的情况发生时，应及时采取必要的措施，对部分操作条件进行更改。正常生产中，任何一次对干熄焦系统操作条件的改变，都要尽可能在现有操作条件稳定的情况下进行。在改变操作条件时，要逐步进行，而且要留有余地，谨慎地调节。在装红焦时以及装红焦前后装入装置打开的状态下，干熄焦气体循环系统部分工艺参数会有所波动，此时尽量不要改变操作条件。排焦温度应控制在设计允许值以下，而且应尽量控制稳定。循环气体中可燃成分的浓度应控制在规定的范围。

当干熄焦的设备发生故障时，一定要到现场检查确认，找出故障原因并进行处理。故障消除后进行该设备的单机调试，确认没问题后再投入干熄焦的自动运行。干熄焦工艺及设备本身有各自的设计参数，没有特殊原因不准超过工艺及设备规定的参数界限值运行设备。

391. 干熄焦焦炭物流系统的操作要点有哪些?

答: 在干熄焦生产过程中，红焦由提升机和装入装置从干熄炉炉口装入，在干熄炉冷却段与循环气体进行热交换。冷却的焦炭从干熄炉底部由排焦装置排出，经运焦皮带系统运走。干熄焦的装焦及排焦操作在中控室计算机上都有独立的操作界面，可方便地进行中央自动监视及操作。另外，为方便检修、调试以及某些特殊情况下的操作，几乎所有的移动、运转设备都设计有现场手动操作，部分关键设备还设计有手摇装置或紧急操作方法。

与装焦联锁的料位有两个，即预存段上限料位及上上限料位。当干熄炉预存段焦炭料位达到上限高度时，提醒操作人员提升机还能往干熄炉内装一炉焦炭。当干熄炉预存段焦炭料位达到上上限时，受装焦联锁条件控制，提升机将不能往干熄炉内装入焦炭。在正常的生产过程中，干熄炉内焦炭的料位应控制在校正料位与上限料位之间，这就要求装焦与排焦配合恰当。但为安全起见，每隔一段时间要对干熄炉内焦炭料位进行强制校正。焦炭料位强制校正一般两小时一次，特殊情况下每班最少校正一次。

在自动操作状态下，为了防止焦炭堵塞运焦及排焦系统，设计有联锁条件。当离排焦系统远端的皮带停止运转时，近端的皮带立即停止运转。同时排焦系统联锁停机，停止排焦作业。当旋转密封阀因故障停止运转时，振动给料器立即停机。此外，当干熄炉预存段焦炭料位达到下限时，为了防止气体循环系统工艺参数出现非正常波动，排焦系统立即停止排焦。当循环风机因故停机时，为防止焦炭因无法冷却而排出红焦，排焦系统也会立即停止排焦。

排焦温度的均匀性，主要根据干熄炉冷却段上部及下部圆周方向温度的分布情况进行判断，若圆周方向温度分布较为一致，则基本可以判断排焦温度较均匀。若温度分布相差较大，应查明原因进行处理。处理方法主要是在干熄炉下部温度高的方向即焦炭下降速度快的方向设置调节棒进行调节，以使干熄炉内焦炭按圆周方向下降的速度均匀。

392. 干熄焦气体循环系统的操作要点有哪些?

答：干熄焦气体循环系统包括循环风机、循环风机入口挡板、干熄炉入口挡板、循环气体除尘净化装置、环形烟道空气导入阀、预存段压力调节阀、旁通流量调节阀、紧急放散阀和循环气体流量计等设备。气体循环系统各设备运行正常与否，直接关系到干熄焦各工艺参数是否稳定，对干熄炉排焦温度、锅炉入口气体温度和锅炉蒸汽发生量等主要参数有直接的影响。因此气体循环系统是干熄焦非常重要的一个环节。

循环风机一般都设计有手动和自动两种操作方式，正常生产时采用自动方式，在中控室计算机画面上操作。手动方式只在调试及现场检修等特殊情况下使用。正常生产中循环风机的运转必须满足一定的条件，这是根据干熄焦的工艺特点，出于对循环风机本身及干熄焦锅炉的保护而设计的，通常称为循环风机的联锁条件。当联锁条件中的某一项未满足时，循环风机自动停止运转，以免损坏设备。

循环风量设定的大小因各干熄焦设计条件的不同而有较大差别，同时还受排焦温度和锅炉入口温度等因素的影响。任何一次循环风量的调节，都应在生产比较稳定的状态下进行。而且调节完后要观察一段时间，不要急于第二次调节。每次循环风量的调节幅度不要太大，以 $2000 \sim 3000m^3/h$ 为宜。特别是增加风量时更应注意，以防止造成干熄炉斜道口焦炭的浮起现象。循环气体的总流量由设置在二次除尘器和循环风机之间的流量计连续测量。经循环风机升压后的大部分循环气体，进入干熄炉冷却段冷却红焦，另外一部分循环气体经过预存段压力调节放散管和旁通流量管分流。因此起冷却焦炭作用的并不是所有的循环气体。

当循环风机因故停机时，应迅速向循环风机前后循环气体通道以及干熄炉底部吹入 N_2，以使循环气体系统处于惰性气体环境中。同时要打开炉顶放散阀对干熄炉预存段压力进行调节，防止因循环气体中 H_2 和 CO 等可燃成分浓度过高而产生爆炸。

干熄焦一次除尘器、二次除尘器在气体循环系统中起着除去粉尘的作用。一次除尘器位于干熄炉出口与锅炉入口之间，采用重力沉降的方式除去干熄炉出口循环气体中粗颗粒焦粉，以降低焦粉颗粒对锅炉炉管的冲刷。二次除尘器位于锅炉出口与循环风机之间，采用多管旋风除尘器除去锅炉出口循环气体中的细颗粒焦粉，以降低焦粉对循环风机叶轮的冲刷。

干熄焦采用导入空气燃烧或补充氮气稀释的方法控制循环气

体中的可燃成分。

393. 干熄焦锅炉系统的操作要点有哪些？

答：干熄焦锅炉是整个干熄焦系统中工艺操作最复杂的单元。锅炉系统可分为锅炉给水系统、锅炉汽水循环系统以及蒸汽外送系统三部分，均可在中控室进行操作。中控室计算机画面上可以监视干熄焦锅炉系统所有参与控制的压力、温度、流量和液位等参数。

干熄焦锅炉生产蒸汽的热源为从干熄炉出来进入锅炉的高温循环气体。锅炉给水泵将除盐、除氧后的水经锅炉省煤器预热后送入锅炉锅筒。达到饱和蒸汽压力的饱和水由锅筒下降管经锅炉强制循环泵送入锅炉蒸发器，吸热汽化成为汽水混合物后返回锅筒。在锅筒中进行汽水分离产生的饱和蒸汽由锅筒上部导出，经一次过热器升温至一定温度，再经减温器将蒸汽温度进行降温调整后送入二次过热器继续升温，最后产生一定温度和压力的蒸汽外送。

锅炉所产蒸汽质量的高低取决于炉水的含盐率和饱和蒸汽的带水率。炉水含盐率高，不仅使锅炉炉管结垢影响传热，而且还会使炉管焊缝渗碱脆化而破损，锅炉产汽含盐，还会使发电站汽轮机叶片受腐蚀和结垢，影响其正常工作。所以锅炉给水必须使用严格除盐的软水即纯水。锅炉使用的纯水还要进行除氧处理，以防止水中含氧对炉管产生氧腐蚀。对纯水的除氧有热力除氧和化学除氧两种方式。

锅筒内的水由于蒸发而浓缩，水中杂质浓度逐渐增加。如不及时清除会造成锅炉炉管结垢越来越严重，影响锅炉的正常工作。因此，根据锅炉的给水量，每吨水添加 0.5g 的阻垢剂与钙盐及镁盐反应生成松软的水渣，以排污的方式排出锅炉。锅炉排污量一般为锅炉给水量的 1%～2%，根据炉水的化验指标进行调节，有连续排污与定期排污两种方式。

为减少出锅筒的饱和蒸汽的带水率，在锅炉锅筒内部的左右导汽箱设置有旋风分离器，顶部蒸汽出口设置有分离挡板以脱除水滴。要减少饱和蒸汽的带水率，还要求干熄焦及锅炉尽可能以连续稳定的负荷生产，防止锅筒产生虚假液位。虚假液位的信号会导致计算机对锅炉给水泵发出错误指令，从而造成锅炉给水量猛增或猛减。当锅炉锅筒的实际液位过高时就会造成饱和蒸汽大量带水，从而影响锅炉所产蒸汽的质量，甚至损坏锅炉及发电设备。

394. 干熄焦减温减压器如何操作？

答：干熄焦减温减压器操作如下：

（1）减温减压器启动前的准备。确认入口电动主气门及其旁通阀、压力调节电动门、出口主蒸汽电动门及其旁通阀已调试合格；减温减压器进水阀应关闭、各计器仪表取样阀应开启、操作室内操作盘上各操作指示正常和入口电动门及出口电动阀前后疏水阀开启；检查压力调节器、水调阀门等应灵活好用。

（2）减温减压器的启动及蒸汽并网。先开主蒸汽切断阀的旁通阀，然后开启入口电动主气门旁通阀进行暖管至出口电动主气门前，暖管时间控制在 15～20min；投入压力调节阀，微开至 5%，控制压力调节电动阀出口蒸汽压力与热网压力相等；用出口电动门旁通阀进行暖管至手动隔离门前；全开出口电动门，在启动过程中严禁超压；投入减温水调节阀，蒸汽温度保持在设计温度范围内；减温减压器启动后即可进行蒸汽的并网。

395. 干熄焦生产过程中可燃气体是如何产生的，如何控制？

答：在干熄焦生产过程中，惰性循环气体在干熄炉冷却段与焦炭逆流换热，升温至 900～960℃后进入干熄焦锅炉。由于气体循环系统负压段会漏进少量空气，空气中有少量水蒸气，O_2 和 H_2O 通过红焦层就会与焦炭反应，生成 CO_2，CO_2 在焦炭层高温区又会还原成 CO，H_2O 和焦炭发生反应或 H_2 和 CO，随着循环次数的增多，循环气体里 CO 和 H_2 浓度愈来愈高。此外，焦炭残存挥发分始终在析出，焦炭热解生成的 H_2、CO、CH_4 等也都是易燃易爆成分，因此在干熄焦运行中，要控制循环气体中可燃成分浓度在爆炸极限以下。

一般有两种措施可以进行控制，其一，连续地往气体循环系统内补充适量的工业 N_2，对循环气体中的可燃成分进行稀释，再放散掉相应量的循环气体；其二，连续升温至 900～960℃引出的循环气体中通入适量空气来燃烧掉增长的可燃成分，经锅炉冷却后再放散掉相应量的循环气体。这两种方法都可由安装在循环气体管道上的自动在线气体分析仪所测量的循环气体中 H_2、CO 的浓度来反馈调节，一般要求 H_2 小于 4%，CO 小于 8%，后一种方法更经济便利。但当锅炉入口温度低于 600℃时，导入的空气不能使 H_2、CO 等可燃成分燃烧，此时应采用补充氮气的方法。

396. 锅炉炉管破损有何现象，如何处理？

答：锅炉炉管破损后，漏出的水汽随循环气体进入干熄炉，与红焦发生水煤气反应生成大量的 H_2 和 CO，造成循环气体中可燃成分特别是 H_2 浓度急剧上升。并且在气体循环系统内存在大量的蒸汽，造成气体循环系统阻力大幅度增加，干熄炉预存段压力大幅度上升或波动。

此时采用正常的导入空气燃烧的方法已无法对 H_2 和 CO 进行有效的控制。可打开气体循环系统 N_2 吹入阀，往循环气体中吹入 N_2，以降低循环气体中 H_2 等可燃成分的浓度。循环系统阻力大幅度增加时，干熄炉预存段压力大幅度上升或波动，可适当打开干熄炉炉顶放散阀进行控制。当炉管破损造成锅炉底部积水时，应打开锅炉底部排水口阀门进行排水。如因气体循环系统阻力大造成锅炉入口处于正压状态，应打开一次除尘器上的紧急放散阀进行放散。锅炉炉管破损后大量的水蒸气会从干熄炉炉顶吸尘导管抽至地面除尘站，严重影响除尘布袋的工作效率，因此要关闭干熄炉炉顶吸尘挡板。此外，循环气体将水蒸气带入二次除尘器，会造成湿灰堵塞二次除尘器灰斗格式排灰阀，要及时组织人员将其掏通。锅炉炉管破损造成气体循环系统阻力变大或循环气体中 H_2、CO 等可燃成分浓度升高，严重时可能会冲开锅炉系统防爆口。因此操作及检修人员此时尽量不要靠近防爆口区域，以免伤人。

397. 各熄焦方式对焦炭质量的影响是怎样的?

答：各熄焦方式对焦炭质量的影响主要有以下几个方面：

(1) 采用低水分熄焦工艺，冶金焦水分可调整到 2%～4%，比常规湿熄焦明显降低，直接给高炉炼铁的操作和节能带来非常可观的效益，焦炭强度指标有一定的改善。

(2) 稳定熄焦工艺通过熄焦时焦粒强烈的涡漩流动使其均匀冷却，水分可调整到 2%～4%之间，标准偏差为 0.5%～1%，与低水分熄焦工艺接近。熄焦时，焦炭处于跳动状态，因此具有整粒功能，可以使焦炭的潜在缺陷提前释放，使焦炭的块度均匀，给高炉生产创造较好的条件。抗碎强度 M_{40}、耐磨强度 M_{10} 均明显优于传统湿法熄焦，但焦炭的反应性和反应后强度数值没有太大的变化。

(3) 干熄焦可使焦炭质量明显提高，干熄焦焦炭几乎不含水，干熄焦比湿熄焦焦炭 M_{40} 可提高 3%～5%，M_{10} 可降低 0.2%～0.5%，反应性明显降低，反应后强度也明显提高。

398. 干熄炉斜道口焦炭浮起的原因和危害是什么?

答：在干熄焦正常操作中，每次增加循环风量的幅度不能太大。如果一次增加的循环风量过大，当循环气体流经干熄炉冷却段从斜道口进入环形烟道时，会吹起斜道口一部分焦炭。吹起焦炭后形成的空间由旁边的焦炭填充，就会造成斜道口焦炭堆积过高，焦炭表面升高，即出现干熄炉斜道口焦炭浮起现象。

还有一些情况会造成干熄炉局部斜道口焦炭浮起现象：干熄炉圆周方向的循环气体风量严重偏移时在冷却段阻力小的部位循

环气体量会急剧增加，将焦炭吹进靠近该部位的斜道。造成该斜道口焦炭堆积过高，焦炭表面升高，即发生干熄炉斜道口焦炭浮起现象。

此外，在干熄焦正常生产操作中，焦炭实际高度下降到低于斜道口上沿位置。小块焦炭就有可能被吹进干熄炉斜道口，随着红焦的继续装入，在斜道口就会发生焦炭浮起现象。

当干熄炉斜道口焦炭浮起时，斜道口阻力会变大。在循环风机转速不变的情况下，循环风量会减少，锅炉入口温度以及排焦温度都会升高。如果未能及时发现斜道口焦炭浮起现象并进行处理，而是按正常的操作方法进一步增加循环风量。则干熄炉斜道口表面升高的中小块焦炭就会进一步浮起，经环形烟道流向后面的一次除尘器，造成一次除尘器排灰格式阀堵塞不能正常排灰，一次除尘器中大量的焦粉进而会被循环气体带入锅炉冲刷炉管造成危害。而且因斜道口焦炭表面上升，循环气体阻力变大，会影响整个气体循环系统的压力和温度的平衡，对干熄焦的正常生产造成严重的影响。

399. 如何判断和处理干熄炉斜道口焦炭浮起？

答：干熄炉斜道口焦炭浮起现象发生后，循环气体系统阻力会增加，干熄焦正常的生产秩序被打乱，干熄焦工艺参数会发生较大变化。当出现下列情况时，可初步判断发生了干熄炉斜道口焦炭浮起的现象：

(1) 锅炉入口循环气体压力比正常生产时的压力低500～1000Pa。

(2) 循环风机转速不变的情况下循环风量下降幅度较大。

(3) 排焦温度、锅炉入口温度上升幅度较大。

(4) 一次除尘器下部的水冷套管格式排灰阀被焦块堵塞，不能正常排灰。

(5) 干熄炉预存段压力上升，预存段压力调节阀不能有效调节。

出现上述情况时，操作人员应取下斜道口上部观察孔的点检盖，进行检查，确认斜道口焦炭是否浮起以及发生焦炭浮起现象的斜道口。需要注意的是，当取下斜道口上部观察孔的点检盖时，由于环形烟道内处于负压，大量的空气会从观察孔进入环形烟道，并在该处发生异常燃烧，会造成锅炉入口温度大幅度上升。因此，打开斜道口上部观察孔的点检盖时每次只能打开一个，逐个检查。如果循环气体中可燃成分的浓度不高，可将空气导入阀关闭；当锅炉入口温度上升较快时，可打开旁通流量管 N_2 吹入阀以降低锅炉入口温度。此时因为预存段压力大幅上升，预存段压力调节阀无法有效调节。可关闭预存段压调阀，打开炉顶放散阀控制预存段压力。

一旦确认发生了斜道口焦炭浮起现象，应迅速采取措施进行处理，以防事态扩大。如果斜道口部位的焦炭浮起或飞溅量较少，则减少循环风量以及排焦量，等待斜道部位的焦炭堆起现象还原。确认焦炭堆起现象还原后，再逐步增加排焦量以及循环风量，将干熄炉操作状态还原。

如果干熄炉斜道口发生了严重的焦炭浮起现象，应停止向干熄炉装入红焦，减少循环风量，并连续排焦以降低干熄炉焦炭的料位，但要注意控制好排焦温度。如果干熄炉预存段焦炭下降到下料位时斜道口焦炭浮起现象还不能消除，应进一步降低循环风量。并在控制好气体循环系统各部位温度的前提下继续排出一部分焦炭，以减小对斜道口浮起焦炭的支撑使之下降。必要时可在斜道口上部观察孔用铁杆往下捅，使斜道口浮起的焦炭下降，但要绝对保证铁杆不能掉入斜道。直到检查确认各斜道口浮起的焦炭还原，一次除尘器下部的水冷套管格式排灰阀处堵塞的焦块清出，并将一次除尘器内焦粉排出后，再逐步增加排焦量和循环风量，慢慢将干熄焦操作状态恢复到正常水平。

在处理干熄炉斜道口焦炭浮起时，气体循环系统各点压力处于异常状态。正压区压力变高，负压区压力变低，不能用正常的调节手段对各参数进行控制。控制干熄炉预存段压力以调整炉顶放散阀的开度为主；控制循环气体中 H_2、CO 等可燃成分的浓度，以往气体循环系统内充入 N_2 为主；控制锅炉入口温度以从旁通流量管 N_2 吹入阀吹入 N_2（或直接通入低温循环气体）为主等等。必要时可停止循环风机的运转。

400. 如何处理干熄炉红焦溢出？

答： 当红焦从干熄炉中溢出或从装入装置装焦漏斗溢出后，会妨碍装入装置的正常运行。此时装入装置不能往关闭方向动作，这是判断红焦溢出的一种方法；另外，从监视炉顶装入装置运行的电视监控画面上也可以观察到有红焦洒落在装入装置周围。一旦发现红焦溢出干熄炉的现象，操作人员应立即到现场进行确认，同时迅速通知焦炉停止往另一个焦罐推入红焦。当在现场确认红焦确实溢出干熄炉后，通知电机车停止作业，准备湿法熄焦，并根据现场焦炭溢出的情况迅速组织人员进行处理。

在排焦温度允许的范围内，适当增加排焦量，尽快降低干熄炉内焦炭的料位。但要注意此时的操作是在干熄炉炉盖打开的情况下进行的，要充分注意气体循环系统各部位的压力和温度的变化，采取相应的调节措施。根据现场的情况，在有可能的条件下，简单清除妨碍装入装置运行的焦炭，用手动将装入装置运行到全关位置。为了避免溢出的红焦对装入装置以及周围的设备造成损坏，需要对红焦洒水进行冷却，然后将装入装置周围冷却的焦炭清理干净。在向红焦洒水冷却以及清扫焦炭时，要组织得当，避免被红焦及蒸汽烫伤。同时特别要注意不要将水洒进干熄炉内。

装入装置周围的焦炭清扫完后，要对炉顶部位相关的设备进行检查。如果炉顶放散管入口有焦炭堵塞，要用长钎子进行清理，但要确保长钎子不能掉入干熄炉。如果干熄炉顶水封槽内有焦炭，要清除干净。检查装入装置以及周围仪器、润滑油管、水管等设备有无损坏，并立即对损坏的部件进行修理。对装入装置各部位充分加油润滑，使其恢复正常。仔细分析红焦溢出的原因，如果是极限装置故障造成的，需对该极限装置进行修理或更换。如果是料位的原因造成的，则根据情况对干熄炉焦炭料位进行校对或检查焦炭料位上上限与提升机的联锁是否可靠。如果是提升机自动装焦时间过短造成的，则应检查计算机控制程序并进行相应的修改。

待损坏的设备设施全部恢复，造成红焦溢出的原因排除后，对提升机及装入装置采用手动方式试运行3～4次。确认装入装置开、关动作及极限信号正常，确认提升机与装入装置的位置吻合以及焦罐底闸门的开、关动作及极限信号正常。检查干熄炉预存段焦炭的料位，如果还能装入红焦，通知焦炉停止湿法熄焦作业。并采用手动方式操作提升机及装入装置装入2～3罐红焦，确认一切正常后投入装焦自动运行。

401. 干熄焦开工初期炉壁挂料的原因是什么，如何处理？

答： 干熄焦开工初期由于炉壁耐火材料、调节棒、风帽、排焦装置等表面粗糙以及烘炉过程中的水汽造成焦粉、焦炭结块挂在炉壁，易造成炉壁挂料和排焦量达不到设计值。对于干熄炉炉壁挂料，可以通过调节调节棒和停止一段时间排焦后迅速采用大排焦量来进行处理，一般等焦炭逐步将干熄炉内表面磨平滑后就不易再出现挂料现象了。

402. 干熄焦锅炉的保温保压操作要点有哪些？

答： 干熄焦锅炉的保温保压是指尽量维持干熄炉的温度和锅炉锅筒的压力，或者尽量延缓干熄炉温度及锅筒压力下降的速度。当干熄焦因红焦装入系统设备发生故障，在短时间内不能装焦时，或因冷焦排出系统设备发生故障而无法排焦时，应对干熄焦装置进行保温保压操作。

当干熄焦系统因故无法装焦时，首先应尽量确定停止装焦的时间，以采取相应的处理措施。如果确认在较短的时间内即可恢复装焦时，应在保证主蒸汽流量的情况下减小排焦量。减少锅筒排污量、关闭主蒸汽放散阀、关闭旁通流量调节阀和循环风量视情况减小，尽量延缓干熄炉温度及锅炉锅筒压力的下降速度直至恢复装焦为止。如果是红焦装入系统设备有计划的检修，则在停止装焦前应降低排焦量直至将干熄炉内焦炭控制在上上限料位，以延长无法装焦时继续排焦的时间。

如果当小幅排焦直至干熄炉焦炭料位降至下限时、还无法恢复装焦而导致被迫停止排焦作业，或者因冷焦排出系统发生故障而不能排焦时，应采取一些特殊的操作方法，尽量延缓干熄炉温度及锅炉锅筒压力下降的速度。

当干熄焦系统停止排焦时，由于干熄炉冷却段内与循环气体进行热交换的焦炭的热量逐渐减少，则锅炉入口温度下降较快，主蒸汽流量及压力下降也较快。如果在短时间内不能恢复排焦，应通知干熄焦发电机停止发电或通知蒸汽用户进行倒汽作业。待发电机停止运行或蒸汽用户采取相应措施后关闭主蒸汽切断阀，开始进行锅炉的保温保压特殊操作。

在干熄焦系统的保温保压过程中，当锅炉主蒸汽温度低于420℃时，应关闭减温水流量调节阀及手动阀。并将一次过热器及二次过热器疏水阀微开，防止过热器内进水。

当锅炉入口温度低于600℃时，根据实际情况可停止循环风机的运行，并往气体循环系统内冲入N_2，以控制循环气体中H_2、CO等可燃成分的浓度。尤其要将干熄炉底部的N_2充入阀打开，以防止冷却段的焦炭慢慢燃烧。一旦发现干熄炉冷却段温度有上升的趋势，应立即启动循环风机对冷却段焦炭降温冷却。此时，干熄炉斜道观察孔的中栓要全部关闭，预存段压力调节阀要关闭，通过炉顶放散阀的开度来控制干熄炉预存段的压力在50～100Pa。循环风机停止运行后，吹扫风机还应继续运行，以防止振动给料器线圈因温度过高而受损。

根据蒸汽发生量的情况，当蒸汽发生量较小或当循环风机停止运行后，可将锅炉锅筒液位控制在150～200mm。停止对锅炉给水，关闭锅炉连排及定排的电动阀和手动阀。根据情况关小或全关主蒸汽放散阀，尽量延缓锅炉锅筒压力下降的速度。如果锅炉锅筒液位下降到下限值，应对锅炉进行间歇性补水。

403. 干熄焦系统全面停电时如何处理?

答: 干熄焦系统应设计四路动力电源，其中两路电网电源，正常生产时一开一备；一路干熄焦发电回送电源；此外还应配备单独事故应急电源，以备紧急状态下供提升机等关键设备使用。所谓全面停电，是指干熄焦系统在用的一路动力电源停止供电。此时，几乎所有的干熄焦设备都停止运转。

干熄焦系统全面停电后，应迅速组织人员进行处理，尽快恢复送电，并采取一系列相关的处理措施。

全面停电后的处理应遵循以下几个原则：

(1) 尽快查明停电原因，及时恢复送电。

(2) 防止循环气体中 H_2、CO 等可燃成分浓度达到爆炸极限。

(3) 防止干熄焦系统设备及仪器、仪表等被烧坏。

(4) 防止锅炉因超压或缺水等原因而损坏，等等。

干熄焦系统全面停电时，必须确保气体循环系统各 N_2 吹入阀打开。干熄焦全面停电时，循环风机停止运转，此时在气体循环系统内残存有 H_2、CO 等可燃成分；气体循环系统各部位的温度相差较大，干熄炉及锅炉上部温度高，而干熄炉及锅炉下部温度低；由于循环风机停止运转，气体循环系统内产生的热浮力造成系统下部被抽成负压。当循环系统不够严密时会吸入大量的空气，特别是在干熄炉内吸入的空气与红焦反应又生成更多的 CO；当气体循环系统内 H_2、CO 等可燃成分与吸入的空气中 O_2 所形成混合物的浓度达到爆炸极限时，会发生爆炸。因此，当干熄焦系统全面停电时，必须确保即时向循环系统内充入 N_2，以稀释循环气体中的 H_2、CO 等可燃成分，并通过炉顶放散阀进行适当放散。

干熄焦系统全面停电时，还应确保导入空气流量调节阀及时关闭。干熄焦系统全面停电时循环风机停止运转，干熄炉内包括环形烟道内都处于正压。如导入空气流量调节阀不能及时关闭，干熄炉内高温气体会从空气导入管反窜出来，对导入空气流量调节阀及其周围的设备、仪表造成损坏。

干熄焦系统全面停电时，按计算机设计的控制程序，有些阀门保持停电前的开关状态。主要是为了让气体循环系统及锅炉蒸汽系统的压力有一个缓冲过程，不至于发生急剧变化。此时，中控室计算机 UPS 备用电源自动启动，计算机操作画面上还能观察到各点压力变化的情况。操作人员应迅速根据现场的实际情况，以保证人员及设备的安全为前提条件，手动对各阀门的开关状态进行调节。如果中控室计算机 UPS 备用电源不起作用或电能已用完，计算机会关闭。此时，只能按干熄焦系统全面停电后的紧急预案，由操作人员凭经验对现场各阀门进行手动调节。

干熄焦全面停电后，应迅速通知电工检查原因，尽快恢复送电。通知焦炉改用湿熄焦生产，通知干熄焦发电机停止发电。采用手动方式关闭锅炉连续排污阀、关闭取样阀、微开二次过热器疏水阀和关闭干熄炉环形烟道中栓。打开仪表空压机储风筒备用 N_2 阀、采用手摇方式将装入装置全关。确认焦罐内红焦已装入干熄炉。

全面停电后，应迅速查明原因，及时送上备用电源。若备用电源也送不上且焦罐内有红焦，则应启动单独事故应急电源，采用手动方式将焦罐内红焦装入干熄炉。

电源送电后，重新启动中控室各计算机、启动除盐水站各在用水泵、启动除氧器给水泵、启动锅炉给水泵、待锅炉锅筒液位恢复正常后启动锅炉强制循环泵、启动仪表空压机、启动循环风机、关闭炉顶放散阀、启动除尘风机、启动吹扫风机和启动排焦装置，开始锅炉的升温升压操作。待锅炉运转正常后通知干熄焦发电机准备发电，并对现场所有设备进行全面检查。恢复各阀门的正常状态，通知焦炉停止湿熄焦，转入干熄焦生产。

404. 干熄焦电机车及焦罐车出现故障时如何操作?

答: 干熄焦电机车及焦罐车出现故障应做如下操作。

(1) 走行系统故障。如果电机车的走行系统出现故障，应迅速通知检修人员进行处理。如果短时间内无法恢复，而焦罐内有红焦，应松开走行闸，用备用车将电机车拖至提升机井架下对准位置，采用手动方式将焦罐内红焦装入干熄炉。如果在短时间内无法恢复，而电机车又无法拖至提升机井架位置，则应洒水将焦罐内的红焦熄灭，待红焦完全熄灭后将焦罐内的焦炭扒出。

有几点要注意：一是焦罐内用水熄灭的焦炭千万不能装入干熄炉，因为水熄的焦炭含有大量的水分，若装入干熄炉会造成干熄炉内及气体循环系统中 H_2、CO 等可燃成分浓度急剧增加而发生爆炸现象；二是在扒出焦罐内焦炭时要注意防止烫伤，因为焦罐内焦炭表面上熄灭了，但焦炭温度仍然较高，甚至少量焦块中心还可能没有完全熄灭；三是扒出焦炭时要防止中毒，因为用水熄灭焦炭时发生的水煤气反应会生成 CO，而焦罐内部通风条件又较差，因此要采取必要的安全措施并有专人监护。

(2) 旋转系统故障。因设备本身的缺陷或操作上的失误，都有可能导致焦罐旋转不到位。发现焦罐旋转不到位后，应停止电机车走行，将焦罐再旋转 1～3 次，直到焦罐旋转到位。若焦罐仍不能旋转到位，则应松开旋转电机的闸，用管钳转动旋转减速机的轴，将焦罐旋转到正确位置，再按正常操作程序将焦罐内的红焦装入干熄炉。对于旋转不能正确定位的焦罐，在检查处理好之前，不允许再次装入红焦。

405. 干熄焦提升机或装入装置出现故障时如何操作?

答: 干熄焦提升机或装入装置出现故障应做如下操作。

(1) 提升机变频故障。提升机设计有紧急操作方法，以备提升机故障状态下使用。当提升机常用提升电机出现故障或提升电机变频器报警时，提升机自动和手动提升操作都不能运行。如此时所提升的焦罐内装有红焦，而故障在短时间内又无法消除，则应迅速将提升电机由常用电机切换到紧急电机。在提升机现场操作室内将提升选择开关选择到紧急提升状态，现场手动将提升机提升到规定高度，按手动程序完成装焦过程。

如果提升机常用走行电机出现故障或走行电机变频器报警，则提升机自动和手动走行都不能运行。如此时焦罐内有红焦，而故障在短时间内无法消除，则应迅速将提升机走行电机由常用电机切换到紧急电机。在提升机现场操作室内将提升机走行选择开关选择到紧急走行状态，现场手动将提升机走行到干熄炉顶，按手动程序完成装焦过程。

(2) 焦罐吊具脱钩。从提升机在焦罐台车上提起焦罐开始，一直到装完焦将空焦罐落在焦罐台车上，整个过程中提升吊具的托辊应始终挂在焦罐底闸门的凹槽内，但某些特殊原因会造成吊具与底闸门脱钩。

有两个主要原因：一是焦罐底闸门转动轴转动不灵活，当焦罐装焦时底闸门开的动作慢于吊具下落的动作，造成吊具与底闸门脱钩；二是装入装置与提升机的极限位置不配套，因累加误差过大造成焦罐装焦时底闸门被卡住，吊具继续下落而与焦罐底闸门脱钩。

焦罐吊具脱钩后不能再继续生产，应立即组织人员进行处理。将焦罐底闸门用手动葫芦提起，慢慢提起提升机，将吊具托辊重新归入焦罐底闸门凹槽。然后，取下手动葫芦，恢复生产。

(3) 装入装置运行不畅。当干熄炉炉顶装入装置运行不畅时，应检查装入装置有无被卡住、轨道有无变形和走行轮有无破损等现象，并通知焦炉准备采用湿法熄焦生产。

如果是因为装入装置驱动用电动缸发生故障，而焦罐内装有红焦。则将装入装置电动缸的闸松开，用手摇方式将装入装置摇至全开的位置，手动完成装焦动作。如果是因为有少量的焦块、焦粉阻碍了装入装置的正常运行，则应清除焦块、焦粉等障碍物。

如果是装入装置偏离轨道造成不能正常运行，则应将其恢复到正常位置。采用手动方式操作提升机完成装焦过程。若在短时间内不能恢复正常，则应将装有红焦的焦罐退回到焦罐台车上，将电机车开到安全的地方。向焦罐内红焦洒水使之熄灭在处理装入装置的故障时，要根据干熄炉预存段焦炭的料位以及故障恢复时间，采取减少排焦量和减少循环风量等相关措施。

406. 干熄焦排焦系统出现故障时如何操作?

答：干熄焦排焦系统出现故障应做如下操作：

(1) 排焦装置周围循环气体泄漏。由于旋转密封阀的磨损、振动给料器部位密封不良以及干熄炉内压力的波动等原因，从排焦装置周围有可能泄漏循环气体。一旦检测出排焦装置周围大气中 CO 和 O_2 浓度超标，操作人员应携带便携式 CO 和 O_2 检测仪并采取安全措施到现场检查振动给料器部位焊缝或壳体有无裂口以及调节棒安装部位有无泄漏，并根据情况采取安全措施后进行处理。如果判断确认旋转密封阀内部循环气体泄漏量很大，应组织更换旋转密封阀。

(2) 旋转密封阀不能转动。当旋转密封阀因故停转时，如果是自动润滑装置出现故障造成的，则对故障排除后重新启动旋转密封阀。如果是旋转密封阀旋转电机跳闸所引起，不能盲目送电。有可能是排焦量过大或者排出焦炭中有异物，造成旋转密封阀电机过载跳闸。此时应切断旋转密封阀操作电源和动力电源，用手摇的方法进行检查确认。

用手摇的方法检查确认时，如果手摇时正转、反转都有被卡的现象，则可初步判断是排出焦炭中夹杂有异物将旋转密封阀卡住，应打开旋转密封阀上部人孔，将异物取出后再启动旋转密封阀；如果手摇旋转密封阀正转和反转完全不能动作，则可能是旋转密封阀的旋转轴卡住，应想办法将其顶松后再启动。

(3) 振动给料器因线圈过热停机。当振动给料器因线圈温度过高而停机后，如果是排焦量过大或排焦温度过高，则立即进行操作方面的调整。待振动给料器线圈温度降低到正常值后再重新启动振动给料器。如果是吹扫风机供风压力过低，立即将吹扫用风切换为管道动力风或 N_2，待振动给料器入口、出口风压达到正常值后，再重新启动振动给料器。如果确认是振动给料器入口或出口挠性软管破损泄漏空气导致振动给料器线圈温度上升，则处理相对较复杂，需要对破损的挠性软管进行更换。

407. 干熄焦仪表系统出现故障时如何操作?

答: 干熄焦仪表系统出现故障时应采取如下措施:

（1）干熄炉预存段料位故障。安装在干熄炉预存段中部的 γ 射线料位计用来对预存段焦炭料位进行强制校正。当预存段焦炭刚刚下降到 γ 射线料位计以下时，γ 射线料位计将计算机测算的焦炭料位强制校正成实际的焦炭量，以消除测算料位的误差。因此，一旦 γ 射线料位计出现故障不能运行，原则上应停止干熄焦的生产，及时对 γ 射线料位计进行修复。实际上，对上、下料位都设计为 γ 射线料位计的干熄炉，对 γ 射线料位计的正常运行要求更高。

在 γ 射线料位计修复的过程中，为了对锅炉进行保温工作，干熄焦可以采取特殊的方法按最低负荷运行，但干熄焦的发电应停止。此时预存段焦炭料位不能校正，完全靠测算所得。因此要密切注意气体循环系统压力的变化趋势，一旦发现异常立即停止干熄焦的生产，待查明原因后再恢复运行。而且还要在干熄炉炉顶手动半开装入装置，观察干熄炉内焦炭的料位情况，决定是否能继续装焦。

检修 γ 射线料位计时，要采取特殊防辐射的安全措施后进行。检查 γ 射线料位计的电源是否正常，冷却水是否正常、γ 射线检出器是否正常，还要检测 γ 射线料位计的辐射强度是否达到要求。待 γ 射线料位计恢复正常运行后，尽快对预存段焦炭料位强制校正一次，然后恢复干熄焦的正常生产，并通知干熄焦发电机准备发电。

(2) 气体分析仪故障。干熄焦循环气体中所含的 H_2、CO 等可燃成分浓度，必须控制在其爆炸极限下限浓度以下，否则就有爆炸的危险。而控制 H_2、CO 浓度的方法就是根据气体分析仪所测的浓度及其变化趋势来调节导入空气的流量。因此，一旦气体分析仪出现故障而不能正常运行，原则上应停止干熄焦的生产，并尽快对气体分析仪进行修复。

在气体分析仪修复过程中，为了对锅炉保温保压，可采取特殊的方法，将干熄焦控制在较低负荷状态运行。但要通知干熄焦发电机停止发电。如果气体分析仪的 H_2 或 CO 检测器只坏了一个，而另一个能正常运行，则可按正常运行的分析仪测得的 H_2 或 CO 的浓度来指导导入空气量的调节。因为在正常情况下，循环气体中 H_2 和 CO 有相同的变化趋势，但不能长期以 H_2 或 CO 的某一个浓度来指导生产。当 H_2 和 CO 分析仪都有故障而不能正常运行时，可将气体循环系统各 N_2 吹入阀打开往系统里吹入 N_2，以稀释循环气体中 H_2 和 CO 等可燃成分。同时根据平常掌握的经验，将导入空气流量控制在适当水平。

(3) 仪表风压力突然下降。当某种原因造成仪表风压力迅速下降低于下限值时，如事先没有准备，会造成锅炉各气动调节阀关闭，锅炉锅筒、二次过热器安全阀会起跳，锅筒液位瞬间上升；还会造成发电站汽轮机保安动作而紧急停机。

一旦出现上述情况，应立即停止干熄焦生产；通知焦炉采用湿熄焦生产，将循环风量适当降低，如有一罐红焦可装入干熄炉；迅速查找引起仪表风压力下降的原因，尽快恢复风压；同时在现场用手动方式打开主蒸汽压力调节阀、主蒸汽放散阀，将蒸汽放散，降低蒸汽压力使动作的安全阀回座；用手动方式打开预存段压力调节阀的旁通阀，以控制干熄炉预存段压力在正常范围；用手动控制锅炉锅筒液位，防止出现虚假液位；手动控制减温水调节阀以控制二次过热器出口温度不超过 450℃，并将二次过热器疏水阀微开以防积水，等等。

408. 干熄焦系统年修降温如何操作?

答: 干熄焦系统年修之前，要对干熄炉进行降温操作。降温期间以干熄炉预存段温度为主管理温度，整个降温操作过程要使预存段温度从1000℃降至约50℃以下。在降温操作期间，根据干熄炉内焦炭及其温度分布的特点，以及循环气体在干熄炉内的流向，可以适当降低干熄炉内焦炭的料位，调整炉内气流的分布。并且对锅炉采取低温纯水进行套水作业，使干熄炉内的焦炭加快冷却速度，减少干熄炉预存段温度从1000℃降至50℃所需的时间。整个降温过程可分为三个阶段采取不同的方法进行操作。

(1) 预存段温度从1000℃降至450℃。在降温操作的初期，应将干熄炉内的焦炭排到斜道口下沿以下1m左右。这样一是可以减少干熄炉内的红焦量，缩短将干熄炉内红焦全部熄灭所需的时间。二是可以方便年修开始时对斜道区域耐火材料的修补，减少搭脚手架的时间。排焦完毕后，可从冷却段上部测温用热电偶插入孔插入铁棒进行确认，保证干熄炉内焦炭料位在斜道口下沿以下1m左右。

降温操作开始时，应将干熄炉系统的空气导入阀及所有斜道观察孔中栓全部关闭。由于干熄炉内仍然留有一定数量的红焦，为防止循环气体中的H_2、CO等可燃成分浓度上升，要向气体循环系统内导入大量的N_2。这样既可以降低循环气体中H_2、CO等可燃成分的浓度，也可加速干熄炉内红焦窒息和冷却的速度。

降温初期要继续采用大风量运行，将干熄炉预存段降温速度控制在20℃/h左右。采用大风量运行的目的是加强循环气体与红焦之间的对流传热，将干熄炉内红焦的热量更快地传递给锅炉的各受热面，加快红焦的冷却速度。

干熄炉正常生产中干熄炉入口中央风道及周边风道上挡板的开度各为60%，在干熄炉降温操作期间中央风道挡板开度可设定为90%，周边风道挡板开度可设定为30%。这主要是根据干熄炉内红焦及其温度分布的特点而定的，目的是让干熄炉中间部位进入的循环气体更多，使干熄炉内焦炭能更快地冷却。

随着降温操作的进行，循环气体传递给锅炉的热量逐渐减少，锅炉锅筒的压力也逐步下降。当锅筒压力低于除氧器给水泵出口压力时，就可以进行套水作业，即不经过锅炉给水泵，直接由除氧器给水泵给锅炉上水。这样可以降低锅炉系统的温度，从而降低进入干熄炉的循环气体的温度，使循环气体更好地吸收干熄炉内焦炭的热量，加速其冷却。预存段温度从1000℃降至450℃，需要30～35h。

(2) 预存段温度从450℃降到250℃。干熄炉预存段的温度降到450℃时，干熄炉内的焦炭已熄灭，基本没有再次燃烧的可能。此时可停止向气体循环系统内充入N_2，采用导入空气的方法进一步对焦炭进行冷却。在导入空气进行冷却降温操作的1h之内，必须严密注意冷却段及预存段温度的变化，以防止干熄炉内的焦炭再次燃烧。一旦发生焦炭再次燃烧的现象，应立即停止导入空气，迅速打开各N_2充入阀往气体循环系统充入N_2，并保持循环风机的运行。直到将干熄炉内红焦完全熄灭后再关闭各N_2充入阀，转为导入空气对干熄炉内的焦炭进行冷却。为防止在拆除中央风道及周边风道人孔门的过程中产生危险，此时循环风机应停止运转，待风道上的人孔门拆除后循环风机再运行。

从450℃至250℃的降温过程中，在干熄焦系统上应采取如下措施：负压系统上的人孔门全部关闭；装入炉盖全开；预存段压力调节阀全开；炉顶放散阀全开；继续采用大风量进行冷却，其目的是为了增加空气导入量和气体放散量，便于干熄炉内的耐火材料进一步冷却；锅炉继续进纯水进行冷却。

干熄炉预存段温度从450℃降至250℃约需20～25h。

(3) 预存段温度从250℃降至50℃。干熄炉预存段温度从250℃降至50℃这一阶段在整个降温过程中，降温速度较慢。这主要是导入空气的温度与干熄炉内的温度温差较小，此阶段在干熄焦系统上应采取以下措施：装入炉盖全开；一次除尘器上部的紧急放散阀全开；锅炉系统的人孔门全开；二次除尘器人孔门、检查孔全开；中央风道、周边风道人孔门全开；炉顶放散阀全开；预存段压力调节阀全开；预存段压力设定为10Pa左右；继续采用大风量运转。采取以上措施的目的是进一步降低整个干熄炉系统的温度，为进入干熄炉系统检查、检修创造一个安全的环境。

预存段温度从250℃降至50℃左右大约需要30～35h。至此，干熄焦年修降温操作结束，可根据干熄焦系统的设备情况开始进行年修工作。

409. 干熄焦年修后升温如何操作？

干熄焦年修后可采用先温风干燥再装红焦烘炉的升温方式，来代替干熄焦第一次开工时的先温风干燥再煤气烘炉的升温方式。这样可使干熄炉预存段从常温升高到800℃左右的时间大大缩短，而且可以节约大量煤气烘炉所消耗的焦炉煤气。

（1）温风干燥。在升温作业开始之前预先往干熄炉内装入冷焦，应采用干熄焦生产的冷焦，以降低冷焦所含的水分。冷焦的料位一定要在预存段下料位与上料位之间，将干熄炉四周的斜道入口全部盖住，主要是为了保护干熄炉斜道区的耐火材料，使其不至于因高温红焦装入时温度急剧上升而损坏。

温风干燥期间应以干熄炉入口温度为主要管理温度，并严格按干熄炉升温曲线进行操作。温风干燥过程中实际温度与计划温度的偏差应控制在±10℃之内。若升温偏差太大可用增、减循环风量及增、减低压蒸汽量的方法进行调节，以避免损坏干熄炉内耐火材料。

另外，在开始升温作业后，应对逐步启动的设备进行全面的检查。特别是对年修期间检修或更换过的设备，尤其要重视，确认其运行正常。

（2）装红焦烘炉。温风干燥后，红焦装入之前应对整个气体

循环系统进行 N_2 扫线作业，扫线时间为 2h 左右。确认循环气体 O_2 含量在 5%以下，才能往干熄炉内装入红焦。

装红焦烘炉应以锅炉入口温度作为装红焦升温的主管理温度，预存段及冷却段温度为辅管理温度。锅炉的升温升压应严格按升温、升压曲线进行。

红焦装入的原则是 1h 装一炉红焦。红焦装入后不要使锅炉入口温度急剧上升，以免锅炉锅筒的压力和液位发生太大的波动，以及对锅炉炉管及锅炉入口耐火材料造成危害。

红焦装入后锅炉入口温度开始上升，此时循环风量可适当增加。一般情况下每次红焦投入时锅炉入口温度上升的幅度应控制在 25～30℃左右。锅炉锅筒升温升压过程中，要注意锅炉各部位疏水及排污的管理。当锅炉主蒸汽温度达到 420℃时，应启动减温水调节阀。

排焦作业必须在红焦装入 1h 后再进行，开始时的排焦量要小，以后视升温情况逐步加大排焦量。在排焦时要对排焦情况进行确认，以防止干熄炉悬料。尤其是采用连续排焦装置的干熄焦，当发生悬料时应立即进行处理。

装红焦烘炉的升温速度可以通过排焦量、循环风量以及空气导入量的增减来控制，其中应以排焦量、循环风量的调节为主要控制手段。锅炉入口温度在 650℃以下时，应往气体循环系统内充入 N_2，来控制循环气体中 H_2、CO 等可燃成分的浓度。当锅炉入口温度达到 650℃时，可往环形烟道内导入空气以降低循环气体中 H_2、CO 等可燃成分的浓度，以免发生爆炸。

410. 干熄焦常见的故障有哪些，如何预防？

答：干熄焦常见的故障有以下几个方面：

（1）干熄焦在接焦、提升和装焦过程中因操作或设备的原因发生红焦落地；

（2）铁器、杂物造成排焦系统不畅；

（3）干熄焦炉斜道口支撑因结构和耐火砖、火泥材质原因造成损坏；

（4）锅炉换热管炸裂；

（5）循环风机等关键设备故障；

（6）干熄焦排焦区域循环气体泄漏。

为了防止以上故障发生应注意以下几个方面：

（1）干熄焦的各种联锁必须可靠，不许任意解除联锁；

（2）严格控制焦炉操作，严禁铁器、杂物进入焦罐；

（3）干熄焦斜道结构和耐火砖、火泥材质必须符合要求；

（4）锅炉炉管质量和锅炉制造厂家要进行充分认定，在操作过程中要保证锅炉用水水质达到标准要求；

（5）循环风机等关键设备要确保质量；

（6）干熄焦安全监测设施要达到规定要求。

411. 干熄焦开工前为什么要作气密性实验，有何要求？

答： 气体循环系统气密性试验主要是检查干熄炉、锅炉、一次除尘器、二次除尘器、给水预热器及循环气体管路的气密性。并采取措施使整个气体循环系统的泄漏率降至最低，既可节约循环气体的消耗，又可控制空气的漏入。

干熄焦气体循环系统泄漏的危险体现在两个方面：一是气体循环系统正压段气体泄漏带来的危险；二是循环气体可燃成分浓度超标在负压段发生爆炸的危险。

干熄焦气体循环系统正压段和负压段泄漏所带来的危害是不一样的。正压段的泄漏使得大量焦粉、循环气体喷出，污染环境。也减少了焦炭的实际冷却风量，造成排焦温度上升，严重时对干熄焦操作、检修人员造成伤害。负压段泄漏造成大量空气不受控地进入循环系统，发生燃烧后产生大量热量，使各点温度上升，同时烧损焦炭，使锅炉汽化率过大。严重时甚至会发生爆炸，对干熄焦设备及操作、检修人员造成伤害。

气密性实验要求：一般在干熄焦循环风机出口处鼓入压力约7000Pa的空气，当系统压力达到7000Pa时开始保压，停止向气体循环系统内鼓风。经过 20min 后，系统压力不低于 4000Pa 即为气密性实验合格。

412. 干熄炉斜道部位为什么易受损，如何防止受损?

答：斜道区和冷却段耐火砖砌体损坏得较快，造成这些部位耐火砖严重磨损的客观原因主要有：焦炭、循环气体以及耐火材料砌体的温度沿斜道高向连续波动，特别是在斜道下部耐火砖砌体温度梯度大，会造成耐火砖砌体拉裂、剥落；焦炭向下流动时对耐火砖产生的机械力，会导致斜道的突出部位第一块砖至第三块砖边部被磨损、打碎，还会造成冷却段的墙上出现不同深度的孔洞和磨损；循环气体中的焦粉对冷却段和斜道下部耐火砖砌体造成的磨损不大，因为该处的气流速度小。最大的磨损发生在上部环形烟道，尤其发生在环形烟道隔墙以及环形烟道出口处，该处的耐火砖砌体因受循环气体焦粉磨损造成的孔洞较深；由于循环气体中存在 CO，在 300～600℃范围内会发生化学反应 $2CO \rightarrow CO_2 + C$，分离出的游离碳对耐火材料有侵蚀作用，会造成耐火砖砌体破裂或完全损坏。这种损坏主要发生在冷却段的耐火砖砌体上面。耐火砖中所含的铁杂质，会使这一化学反应加强。为了减少这种化学侵蚀，干熄炉耐火砖中的 Fe_2O_3 应严格控制，这是对耐火材料本身提出的要求。

在干熄焦生产过程中，会出现耐火砖砌体不完全冷却的短期停工现象。即干熄焦定修时冷却段的焦炭并不排出，预存段还有红焦，循环风机也不停或者短时间停止运转，干熄炉温度逐渐下降但不完全冷却，因此对耐火砖砌体损坏的程度不大。但当需要在锅炉和干熄炉内部进行检修时，必须将干熄炉内红焦完全降温冷却后进行，待检修完成后再重新对干熄炉进行升温操作，即干熄焦的二次开工。干熄焦的这种完全降温检修和二次开工会导致干熄炉耐火砖砌体膨胀加大，砌体个别部位形成裂缝和剥落，对耐火砖砌体造成较大的损坏。这是干熄焦耐火材料损坏的主要原因，因此应严格控制干熄炉内红焦完全冷却的次数。

干熄焦正常的生产操作，对干熄炉耐火砖砌体的损坏不大，当然一些正常的磨损在所难免。造成干熄炉耐火砖砌体损坏的主要原因还是在于耐火砖本身的材质是否能满足干熄焦工艺的要求，以及干熄炉耐火砖的砌筑质量的好坏。不过，仍然能通过更科学合理的操作来减缓干熄炉耐火砖砌体的损坏速度。控制相对稳定的排焦量，保证焦炭在干熄炉内以相对稳定的速度向下流动，可以减缓焦炭对干熄炉耐火砖砌体的磨损；相对稳定的排焦量还有利于干熄炉内各部位温度分布的相对稳定，这也会减缓耐火砖砌体因温度波动产生裂缝和出现剥落；最重要的，加强干熄焦系统设备的精心维护和谨慎操作，特别是锅炉方面的合理操作。保证干熄焦系统的正常运行，尽量减少干熄炉内红焦完全冷却的次数，对减缓干熄炉耐火砖砌体的损坏速度，延长其使用寿命具有非常大的意义。

413. 干熄焦蒸汽并网前应做什么工作?

答：干熄焦蒸汽并网前应做如下工作：

(1) 蒸汽管道扫线作业。随着干熄炉红焦装入量的增加，干熄焦逐步转入到正常生产。在蒸汽并网使用或向干熄焦汽轮发电机供蒸汽之前管道内的杂质应除去，可采用蒸汽吹扫的方法进行处理。

吹扫作业分两条线路进行，第一条线路蒸汽从锅炉顶部主蒸汽放散阀放散；第二条线路蒸汽从进汽轮机前的管道放散。蒸汽吹扫的频次控制在15～20min/次，以一天吹扫5次为准。蒸汽管道吹扫合格的标志以装在进汽轮机前的蒸汽管道内靶片上的干净度为准。

吹扫作业的条件有：汽包压力达到3.0MPa；汽包液位控制在－50mm；主蒸汽温度420～450℃；锅炉入口温度800～850℃；在吹扫作业实施时，汽包液位与循环风机的联锁解除。

(2) 安全阀的校验。干熄焦锅炉系统设置有三个安全阀，二次过热器出口主蒸汽管道一个，锅炉汽包两个。这三个安全阀如没有经过校验，则锅炉所产蒸汽不能外送。因此，在干熄焦转入连续生产之后，干熄焦汽轮发电机发电或蒸汽并网使用之前，必须对锅炉安全阀进行校验，以确保锅炉系统的安全。

锅炉安全阀的调试校验除在制造厂家进行外，在锅炉现场还要进行实际操作的校验，以确保锅炉安全阀的安全可靠。

锅炉安全阀校验时要解除锅炉汽包液位与循环风机的联锁关系。将锅炉锅筒的液位控制在－100～－50mm，由现场校验人员通知中控室操作人员进行汽包的升压操作，要注意升压速度不能太快，应控制在 0.03MPa/min 左右。先校验锅炉主蒸汽安全阀，再校验锅炉汽包的两个安全阀。当各安全阀处蒸汽压力升到设计起跳压力后，如能正常起跳，应重复操作一次。确认合格后对锅炉安全阀进行铅封。如锅炉安全阀在设计起跳压力内不起跳或早起跳，应将压力降至安全阀起跳压力以下约 0.3MPa。由现场校验人员对安全阀进行调整，再重新升压对锅炉安全阀进行校验，直到安全阀合格为止。

锅炉安全阀校验时要严格监视和控制好锅炉汽包的液位，现场校验人员和中控室操作人员要密切配合，加强信息传递。锅炉安全阀校验合格后将汽包液位恢复正常，并投入汽包液位与风机联锁，恢复干熄焦的正常生产，减温减压器启动后即可进行蒸汽的并网。

414. 排焦局部有红焦是什么原因，应如何处理？

答：干熄焦出现排焦局部有红焦就是排焦温度不均匀现象。影响干熄炉圆周方向焦炭温度分布不均的因素主要有：

（1）干熄炉内焦炭颗粒大小的分布发生变化，产生变化的主要原因，其一，料钟极端磨损，分散红焦的功能下降；其二，焦炉操作条件的改变会影响焦炭粒径的分布，如配煤比的改变、焦炉热工条件的改变及结焦时间的改变等。

（2）干熄炉内焦炭下降速度的分布发生变化。产生变化的主要原因是：其一，调节棒的调节不够或头部磨损；其二，中央风帽严重变形或磨损。

(3) 干熄炉内冷却气体流速的分布发生变化。产生变化的主要原因是焦炭颗粒分布以及焦炭下降速度分布发生变化。

排焦温度的均匀性，主要根据干熄炉冷却段上部及下部圆周方向温度的分布情况进行判断，若圆周方向温度分布较为一致，则基本可以判断排焦温度较均匀。若温度分布相差较大，应查明原因进行处理。处理方法主要是在干熄炉下部温度高的方向即焦炭下降速度快的方向设置调节棒进行调节，以使干熄炉内焦炭按圆周方向下降的速度均匀。调节棒的安装点按圆周方向均匀分布，共 16 个。可根据需要选择调节棒的安装位置，安装时要确保密封。

415. 干熄焦年修包括哪些内容?

答: 干熄焦年修包括以下几个方面。

(1) 干熄焦耐火材料的检修。干熄焦耐火材料的检修包括干熄炉冷却段和预存段耐火材料磨损状况的检查、干熄炉炉口砖的检查、干熄炉斜道及环形烟道耐火材料磨损情况的检查、干熄炉各测温孔磨损情况及测温用热电偶插入深度的检查、一次除尘器进口及出口膨胀节耐火材料的检查、一次除尘器耐火砖砌体及下部锥斗耐火浇注料的检查和一次除尘器挡墙的检查，等等，以及对上述部位耐火材料的缺陷进行的必要的修补。

(2) 锅炉系统的检修。锅炉水系统的检修包括除盐水站和除氧水站的检查和处理；锅炉供水系统沿线各种泵类如锅炉给水泵、除氧器给水泵等的检查和处理；锅炉汽水循环系统设备如锅炉本体、强制循环泵、安全阀、定期排污膨胀器、连续排污膨胀器以及取样冷却器等的检查和处理；蒸汽外送系统沿线各气动调节阀以及电动阀的检查和维护等。

由于干熄焦锅炉属于强检性设备，每年必须由专业部门对其进行全面的检修。

(3) 红焦装入系统的检修。红焦装入系统的检修包括电机车及焦罐台车、APS定位装置、提升机和装入装置等设备的检查和处理，以及提升机钢丝绳和吊具、焦罐磨板和焦罐盖等的更换（根据各设备的使用情况或周期使用寿命而定）。另外还包括整个红焦装入系统电器配线和极限保护装置的检查和处理。

（4）冷焦排出系统的检修。冷焦排出系统的检修包括平板闸门、振动给料器、旋转密封阀、给脂系统、自动吹扫系统和双岔溜槽内部衬板的检查和处理，以及根据实际情况对运焦皮带进行更换。

（5）气体循环系统的检修。气体循环系统的检修包括循环风机、循环风机入口挡板、干熄炉入口挡板、循环气体除尘净化装置、环形烟道空气导入阀、预存段压力调节阀、旁通流量调节阀、紧急放散阀、炉顶放散阀、循环气体流量计和气体分析仪等设备的检查和处理。

（6）除尘系统的检修。除尘系统的检修包括格式排灰阀、灰斗、刮板输送机、斗式提升机、布袋除尘器、管式冷却器、螺旋排灰器、加湿搅拌机和除尘风机及其附属管道等设备的检查和处理。

416. 干熄焦发电系统主要有哪几种形式，各有何特点？

答： 目前干熄焦热、电联产的汽轮发电机组通常采用的汽轮机形式有背压式（B型、CB型）、抽（凝）汽式（C型、CC型）。它们各自的特点如下。

背压式利用排汽直接向外供热，热能利用率高，结构简单，价格便宜。背压机组的运行方式通常是按热负荷运行，即提供稳定的蒸汽排汽压力保证。而电负荷则不能保证，即发电的多少取决于热负荷的变化。背压机组的缺点是：电和热不能独立调节，不能同时满足供热和供电的需要。另外，由于背压存在机组焓降小，因此对工况变化的适应力相对较差，背压波动（即热负荷波动）会导致供电的大幅波动，使电网的补偿容量大幅增加。因此使用背压机组必须确保有稳定可靠的热负荷。CB型抽汽背压式与B型背压式相比多了一路抽汽供热，可以提供两种不同参数的热负荷。

抽汽式的特点是电负荷和热负荷可以独立调节。即当热负荷为零时可按电负荷运行，也可同时保证供热供电，运行方式灵活，适应波动能力强。C型为一次调节抽汽。CC型为两次调节抽汽，可提供两种压力的蒸汽。抽汽式的不足：设备相对复杂，费用稍高，抽汽隔板存在节流损失，机组内效率比非抽汽式的低。

417. 干熄焦发电应该注意什么问题?

答：干熄焦发电系统的主体设备汽轮机，在发电系统中起着将蒸汽的热能转变为转子旋转的机械能的作用。汽轮机是高速旋转的设备，因此在汽轮机正常运行时，应密切注意汽轮机的油系统、主蒸汽温度、径向位移、轴向位移、机体振动和轴承温度等是否正常，以确保发电系统的安全运行。

油系统主要包括管道、阀门、冷油器和油箱等部件。由于安装及检修不良、机组振动及误操作等原因会引起油系统漏油。其主要表现为油箱油位降低、油压下降或者油箱油位和油压同时降低。当油箱油位和油压同时降低时，其原因可能是外部压力油管路破裂、法兰结合面不严密或冷油器铜管泄漏。此时应立即进行以下操作：检查主油泵出口外部的调速和润滑压力油管及法兰，消除漏点，并向油箱补油至正常油位；检查冷油器出口冷却水，若有油花，说明冷油器铜管漏油，应迅速启动备用冷油器，停用漏油的冷油器。当油位不变而油压下降时，其原因可能是主油泵压力管短路、主油泵吸入侧滤网堵塞、轴承箱或油箱内部压力油管漏油造成主油泵工作不正常。经检查如果主油泵正常、油泵进油滤网也未堵塞时，则可能是辅助油泵的逆止阀或安全阀泄漏，使压力油经上述阀门漏回油箱；也可能是前轴承箱内压力油管漏油直接流回油箱。此时应立即启动辅助油箱保持油压的正常，查明漏油原因后及时予以处理。当油压不变而油箱油位降低时，首先查看油箱油位指示器是否失灵。若油位指示器正常，则表明故障原因可能是由油箱及其连接油管以及轴承回油管等处漏油，或误开油箱上的放油门造成的，查明原因后迅速处理并补油至正常油位。

汽轮机正常运行时，必须控制主蒸汽温度在允许范围内。因为主蒸汽温度高于设计上限值时，虽然从经济上看是有利的。但在安全上考虑，主蒸汽温度过高，会造成金属机械性能恶化加快，导致汽轮机各部件寿命缩短，并形成安全隐患，这是不允许的。而主蒸汽温度低于设计下限值时，会导致汽轮机最后几级的蒸汽温度降低，对叶片的侵蚀作用加剧。严重时会发生水冲击，威胁汽轮机的安全。

汽轮机的轴向位移是指汽轮机的动、静部分相对位置发生了变化。造成轴向位移的原因主要是严重的水冲击。当轴向位移数值接近或超过汽轮机的动、静部分允许最大轴向间隙时，将会发生摩擦，致使汽轮机严重损坏。此时应立即停机，否则将使汽轮机的通流部分碰撞，导致事故扩大。

在操作和检修发电系统的所有设备时，都要严格遵守和执行保证设备和人员安全的组织措施和技术措施。在汽轮发电机停运和重新启动的过程中，应严格按操作步骤进行，切忌盲目行事。

418. 锅炉检修要做哪些准备工作?

答：锅炉检修必须进入锅炉做进一步的检查和处理时，原则上应将干熄炉内红焦完全熄灭。此时可将干熄炉预存段焦炭料位排到下限料位以下 20～30t，以缩短红焦熄灭的时间。待干熄炉内红焦完全熄灭，锅炉入口温度降到 300℃以下后，停止循环风机运行。打开锅炉各处人孔门以及一次除尘器放散管通风，必要时可在锅炉底部人孔处用鼓风机强制通风进行气体置换，然后在锅炉各人孔处检查漏点。如要进入锅炉内检查确认炉管损坏部位，必须降低锅炉压力，检测确认锅炉内部 CO 及 O_2 的浓度对人体没有危害，并采取可靠的安全措施后再进行。锅炉炉管破损部位确认后根据情况采取相应的焊补或堵管措施。处理完毕对锅炉进行水压试验合格后，封闭各处人孔，进行锅炉、干熄炉的升温操作直至转入干熄焦的正常生产。

419. 凉焦台作用是什么?

答：熄焦后的焦炭，卸放在凉焦台上，停留约30min，使水分蒸发和焦炭继续冷却。凉焦台处还设有补充熄焦的洒水设施，个别尚未熄灭的红焦炭使用补充熄焦洒水设施洒水熄灭；在供焦系统检修或故障状况，凉焦台可存放一定数量的焦炭，可保证焦炉生产的连续性。

420. 干熄焦为什么会影响单炉产量?

答：在干熄焦过程中，循环气体中由于在负压段有空气漏入而有氧气存在，氧气会造成焦炭烧损，在导入空气燃烧循环气体中的可燃成分时，也会烧损一部分粉焦，烧损量约为焦炭产量的1%，所以采用干熄焦工艺会使单炉产量降低，煤耗增加。

421. 干熄焦循环系统压力控制有何要求?

答：干熄焦系统因设计能力的不同，气体循环系统各部位的压力设计值也不同。同一套干熄焦，因生产能力的不同，气体循环系统各部位的压力控制值也不同。但压力的变化趋势以及被测量部位两点之间的压力差值的变化，都能反映出气体循环系统存在的问题。用以提醒操作人员及时检查出现的故障并采取相应的处理措施，使干熄焦的操作恢复正常。

最主要的原则是控制预存段压力，一般控制在0～－100Pa，预存段压力不能控制太低，否则打开炉盖时大量的空气会吸入干熄炉使焦炭燃烧，过高达到正压时，装焦漏斗处会冒出烟尘，因此预存段压力应保持适当。

第九章 炼焦环保

422. 炼焦炉的污染因素有哪些?

答: 炼焦炉的污染特点是间歇性排放，烟尘温度高，由于这种阵发性，无组织排放的烟尘，对周围环境造成了巨大污染。炼焦生产过程中，在装煤、推焦及熄焦时，要向大气中排放大量烟尘，吨焦烟尘量达 1kg 之多，这个数字对于一个日产 10000t 焦炭的焦炉组，每天就有 10t 多烟尘排放到大气中，造成对人与环境的严重危害。焦炉的污染因素有：

(1) 焦炉装煤过程中产生的烟尘。焦炉装煤过程中，从装煤口向炭化室装煤时，煤料突遇高温产生大量荒煤气和烟气，炭化室内压力突增，喷出大量的烟尘，炭化室装煤时的烟尘主要来自以下几个方面：

1) 炭化室的煤料置换出大量空气，且装煤开始时空气中的氧气和入炉的煤料燃烧生成炭黑而形成黑烟。

2) 装煤时湿煤与高温炉墙接触升温，产生大量水汽和荒煤气。

3) 上述水蒸气和荒煤气同时扬起的细煤粉以及装煤末期平煤时带出的细煤粉。

4) 因炉顶空间瞬时堵塞而逸出的荒煤气。

装煤过程中喷出的烟尘烟气温度高，正常操作时一般在 500～600℃范围；瞬间散发量大，污染物多；烟气成分复杂，危害性较大，气体中含有煤尘及多种化学物质，其主要有害气体组成为硫化物、氰化物、一氧化碳及苯可溶物，微细的煤尘具有吸附苯可溶物的性能，从而增大了这类废气的危害性，烟气具有可燃性和爆炸的可能，由于烟气中含有氢气、一氧化碳等可燃成分，当混入空气后，在一定条件下，可能产生燃烧或爆炸。

（2）焦炉出焦过程中产生的烟尘。焦炉出焦过程中的烟尘主要来自以下方面。

1）炭化室炉门打开后散发出的残余煤气，及由于空气进入使部分焦炭和可燃气体燃烧产生的废气。

2）推焦时炉门处散发的粉尘。

3）推焦时导焦槽散发的粉尘。

4）焦炭从导焦槽落到熄焦车或焦罐车中散发的粉尘。

5）载有焦炭的熄焦车或焦罐车运行过程中散发的粉尘。

（3）其他的烟尘

1）焦炉炉门密封不严散发的烟尘。

2）焦炉炉盖密封不严散发的烟尘。

3）焦炉上升管盖密封不严散发的烟尘。

4）焦炉炉体密封不严散发的烟尘。

5）焦炉炉墙窜漏导致烟囱排放的黑烟。

6）焦炉加热制度缺陷导致烟囱排放的黑烟。

423. 炼焦炉大气污染物的排放标准是什么？

答：炼焦炉大气污染物排放标准适用于水平室式机械化焦炉（顶装、侧装捣固）生产过程中的污染物排放控制和管理。

水平室式机焦炉：指由炭化室、燃烧室和蓄热室组成，采用顶装或捣固侧装煤方式的水平室式常规机械化焦炉。

吨产品污染物排放量：系指各焦炉生产每吨焦（干焦）所排放的有害物质的量。

$$烟气泄漏率（\%）=\frac{烟气泄漏的炉门个数}{运行的炉门个数}\times 100\%$$

装煤孔、上升管烟气泄漏率的计算同上。现有炼焦炉的炉门、小炉门、装煤孔、上升管烟气泄漏率（分别计算）应小于5%，新建焦炉的炉门、小炉门、装煤孔、上升管烟气泄漏率

（分别计算）应小于3%。

大气污染物排放限值按时段划分执行不同大气污染物排放标准。第1时段为现有焦炉执行的排放限值，第2时段为新建、改建和扩建焦炉执行的排放限值。

机焦炉焦炭生产过程中炼焦车间有组织排放源气污染物排放浓度和吨焦排放量执行表9-1限值。

表9-1 机焦炉炼焦大气污染物排放限值

排放源	项目	第1时段				第2时段			
		颗粒物	苯并（α）芘（BaP）	二氧化硫（SO_2）	氮氧化物（以NO_2计）	颗粒物	苯并（α）芘（BaP）	二氧化硫（SO_2）	氮氧化物（以NO_2计）
装煤	排放质量浓度/mg·m^{-3}	100	1.5	40	40	50	1.0	40	40
	单位产品排放量/kg·t焦$^{-1}$	0.05	0.75	0.02	0.02	0.025	0.50	0.02	0.02
出焦	排放质量浓度/mg·m^{-3}	100	0.04	15	40	50	0.02	10	30
	单位产品排放量/kg·t焦$^{-1}$	0.10	0.04	0.015	0.04	0.05	0.02	0.01	0.03
熄焦	排放质量浓度/mg·m^{-3}	50		120		50		120	
	单位产品排放量/kg·t焦$^{-1}$	0.035		0.085		0.035		0.085	
焦炉烟囱	排放质量浓度/mg·m^{-3}	40		40	300	30		16	250
	单位产品排放量/kg·t焦$^{-1}$	0.09		0.088	0.7	0.07		0.035	0.60

注：除苯并芘单位为μg/m^{3}以外，其余各项污染物单位均为mg/m^3，单位产品的排放量苯并芘单位为mg/t焦，筛焦、焦炭转运站、焦仓单位产品排放量为g/t焦，其余污染物单位均为kg/t焦。

焦炉装煤、出焦污染物无组织放散浓度不得超过表 9-2 规定的限值。

表 9-2 焦炉炉顶无组织排放的污染物浓度限值 (mg/m^3)

工 序	第 1 时段			第 2 时段		
	颗粒物	苯并(α)芘(BaP)	苯可溶物(BSO)	颗粒物	苯并(α)芘(BaP)	苯可溶物(BSO)
装煤过程	2.5	0.0025	0.6	1.5	0.0015	0.4
出焦过程	2.5	0.0025	0.6	2.0	0.0020	0.4

424. 高压氨水(蒸气)消烟装煤的原理是什么?

答: 装煤过程中，由于煤与炽热的炉墙接触，产生大量的水蒸气和干馏煤气的混合气体，这些烟气和煤粉从装煤孔逸出。另外，通常集气管保持有一定的压力，打开翻板后，集气管内的低温荒煤气倒流进炭化室，恶化装煤操作。使用高压氨水消烟装煤，高压氨水从桥管喷头急速地往翻板座喷射，强大的喷射力使集气管内的荒煤气无法倒流进炭化室，同时在炭化室内产生负压，炭化室内的烟气被吸进集气管，这样便起到了无烟装煤的作用。高压氨水在喷射过程中容易将煤尘和烟气带入集气管中使焦油中含尘量和游离碳以及煤气中含氧量增加，甚至发生焦油乳化，造成焦油与氨水分离困难，影响化工产品质量及焦油深加工。因此在使用高压氨水时应控制适当压力，同时配合顺序装煤，装煤时严密装煤孔及小炉门的间隙，并在装煤结束后立即关闭高压氨水，以减少喷射时间，减轻喷射高压氨水造成炭化室负压带来的副作用。

425. 焦炉放散点火装置操作注意的事项有哪些?

答: 焦炉荒煤气外泄是炼焦生产过程中的主要污染源。尤其当煤气鼓风机故障、焦炉大停电、荒煤气疏导系统故障而导致集气管压力居高不下时，荒煤气只能直接排入大气，造成很大污染，又导致焦炉上升管、装煤口、炉门等处冒烟冒火，甚至烧坏焦炉铁件。荒煤气点火放散装置主要是为了解决上述问题，将放散的荒煤气点燃，避免其直接排入大气以减少环境污染、维持系统压力稳定、减轻职工劳动强度的一种专用环保装置。

（1）荒煤气的燃烧特点。为了使放散的荒煤气能够充分燃烧，必须了解荒煤气的组成及其燃烧特点。荒煤气有别于供用户使用的净焦炉煤气的主要之处在于，因其未经净化而含有大量的可燃有机物，这些有机物主要是单环、多环乃至稠环芳烃及其衍生物。因其相对分子质量较大，并且C/H较高，故燃烧时须有足够的助燃空气，并应使之与荒煤气充分混合，否则将会产生以含碳微粒为主的飘尘及散佚未经燃烧的荒煤气。

（2）放散点火装置结构。焦炉放散点火装置由混合燃烧器、加固钢结构和电子点火器组成。

混合燃烧器是焦炉放散环保装置的核心，其作用是使放散的荒煤气在氧气过剩的条件下充分燃烧。在每台混合燃烧器上安装有蒸汽喷射支管，喷射的蒸汽强制火焰向上燃烧并产生向上的吸力。管圈由钢管焊接，它与气源相连，由它向支管供应蒸汽。套体是混合燃烧器的主要部分，荒煤气和空气在内部混合后在顶部燃烧。每台装置上还设有引风套和蒸汽喷射支管，与气源相通，气源由蒸汽主管经管圈供给。通过蒸汽喷射产生吸力，使大量空气通过引风套进入混合燃烧器，以确保荒煤气燃烧所需氧气及空气和荒煤气的充分混合。

焦炉放散环保装置需要足够的高度和放散面积，同时还要考虑人工检修等诸多安全因素，所以钢结构部分进行了全面加固。

电子点火器低压输入端接220V交流电源，高压输出端接在2根电极丝上，电极丝顶部尖端相距5mm，利用尖端放电的原理达到点火目的。电子点火器的保护盖和外套起到防雨、防尘及保护电磁片和电极丝作用。

（3）工作原理。在鼓风机停止运转情况下，焦炉压力急剧升高，需将大量的荒煤气放散，此时，升起电子点火器。按动开关，将荒煤气点燃后迅速缩回。混合燃烧器喷射的蒸汽会强制火焰向上燃烧，蒸汽的作用一是为了防止把炉筒烧坏，二是吸入大量的空气助燃。在燃烧过程中，由于套体本身高度、混合气喷射及燃烧热气产生的吸力，使大量空气流入，有利于荒煤气的充分燃烧。停止放散时，首先打开灭火蒸汽熄灭火焰，然后关闭放散阀。电子点火杆是可以旋转的，在点燃荒煤气后，迅速将电子点火杆旋转使点火头避开燃烧中心，以免烧坏。设灭火蒸汽的目的是防止直接关闭放散阀时可能产生回火在放散管内爆鸣。

（4）点火装置操作注意事项。点火装置处于自动状态下，放散阀通过氨水密封，为防止氨水放散阀被焦油粘死，程序中设定了定期开放散阀，当定期内（10 天）未放散点火，自动活动放散阀 1～3 次，多个放散阀的活动时间是错开的。

点火装置操作步骤：上限声光报警→上上限声光报警→开点火阀→开启水封放散阀→开蒸汽阀→关点火阀→关放散阀→关蒸汽阀。

炉压超过预警限 200Pa 时，上限声光报警；炉压超过报警限 250Pa 时，上上限声光报警同时开始自动放散点火。单管放散仍不能使炉压降到报警限以下时，即打开另一放散阀以补充放散。当炉压降到预警限以下时，补充放散的放散管先自动关闭；当炉压降到下限以下时，先开的放散管自动关闭；当炉压突降到下下限以下时，所有打开的放散管立即关闭。

点火装置处于手动状态下，手动开放散阀时须充分考虑放散阀被焦油粘死出现手动打不开放散阀的现象，此时用大锤振动放散阀即可。严禁长时间按手动点火按钮，以免烧坏高压点火电源。手动点火后勿忘开蒸汽或压缩空气，关阀后勿忘关蒸汽或压缩空气。手动点火后要随时注意集气管压力，集气管压力降到下下限时要立即关闭放散阀，以免造成回火。手动开关放散阀注意放散阀的开关限位，防止开关过度造成放散阀损坏。

426. 旋风除尘器的除尘原理是什么？

答：旋风除尘器（见图 9-1）是工业中应用最广泛的烟尘净化设备之一，一般用于从含尘气体中除去较粗的颗粒，可用于高效除尘器的预处理设备，或者作为气力输送系统的分离器。其原理是借助离心力把气流中尘粒分出，含尘的气体沿切线方向呈展开的内旋线进入旋风除尘器，给尘粒以分离力，因离心力作用把尘粒驱赶到旋风除尘器内壁上，而重力的作用又使集聚的尘粒落至锥底出口，一般是将粉尘收集在位于旋风除尘器下部的灰斗中。除去粉尘的气体向上运动到旋风除尘器内壁的顶部经排气管引出。旋风除尘器的主要优点是设备费用低，维修费用低，压降小，但不能用于收集较细的尘粒。旋风除尘器可分离的尘粒的大小及除尘效率主要取决于固体颗粒和输送气体的密度、固相浓度、进口气流速度及旋风除尘器本身的结构尺寸。增加进口气流速度或减小旋风除尘器的直径，都能增加细小颗粒粉尘的除尘效率，颗粒度一般不低于 10μm。灰斗在操作中必须严密，否则在抽入空气时会将灰斗中粉尘吹入除尘器。

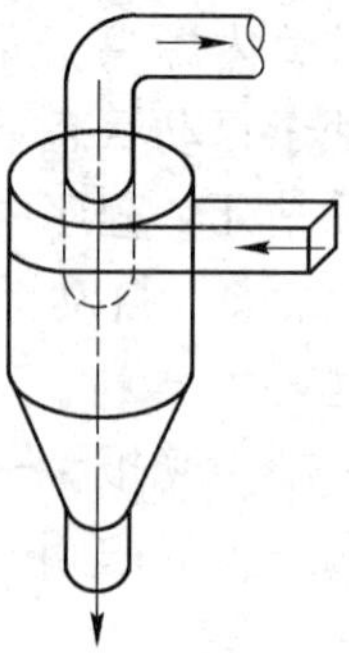

图 9-1　旋风除尘器

427. 湿法熄焦采用何种措施减少熄焦逸散物对大气的污染？

答：湿法熄焦系统主要由熄焦塔、粉焦沉淀池、泵房和粉焦抓斗机等组成。熄焦水喷洒在赤热焦炭上产生大量水蒸气，水蒸气中所含有酚、硫化物、一氧化碳和几十种有机化合物，与熄焦塔两端敞口吸入的大量空气形成混合气流，这种混合气流夹带大量的水滴和焦粉从塔顶部逸出，形成对大气的污染。为防止和减轻污染可采取如下措施：

(1) 尽量使用清水或净化处理过的废水熄焦。

（2）采用结构合理的熄焦塔，并在出口增设抽烟筒和捕尘挡板，采用这种装置的熄焦塔投资少，设置简单，效果显著，除尘效率可达60%以上，有的厂还在靠近出口烟囱处设置二次喷淋，大量的粉焦在熄焦开始后的前20s内逸出，二次喷淋并不增加焦炭的水分，而熄焦放散物的粉尘可减少约2/3。

（3）采用低水分熄焦。与传统湿法熄焦相比该工艺大大缩短了熄焦时间，以6m焦炉为例，传统湿法熄焦需要120～180s时间，采用低水分熄焦50～80s，减少了污染物排放量。

（4）采用稳定熄焦。稳定熄焦的特点是：以定点焦罐车代替普通熄焦车，当焦罐车进入熄焦塔下部时，因为焦罐中焦炭层较厚，约为4m左右，熄焦水从上部喷洒的同时，还从焦罐车侧面引水至底部，再从底部往上喷入焦炭内，熄焦后，焦炭水分为3%～4%，因焦炭层厚，上层焦炭可以阻止底层粉尘向大气逸出，采取这一措施，是一项有效而又经济的防止粉尘散发的办法。

428. 脉冲喷吹袋式除尘器的工作原理是什么？

答：脉冲喷吹袋式除尘器用于过滤后的气体排入大气中，或者从工艺排气系统中回收有用的粉尘。袋滤器的分离原理是让含尘空气通过由纤维织物制成的圆筒形或扁平状的滤袋，空气穿过织物而粉尘则留在滤袋表面形成滤饼。滤饼必须定期清除。脉冲喷吹袋式除尘器的清灰是以压缩空气为动力，当滤袋阻力达到规定值时，通过控制仪和电磁阀（或气动阀）的作用，开启脉冲阀，在喷吹管上开有小孔，小孔正对每条滤袋的中心，压缩空气便在瞬间内以很高的速度通过袋口处的文氏管，同时引射比自身体积大数倍的诱导空气一同吹入滤袋，使滤袋突然膨胀，引起冲击振动，使滤袋表面的粉尘溃散和脱落，落入下面的灰斗中。过滤用的滤布应具备一定的机械强度、透气性、耐腐蚀性、耐热性、固体的滞留性、形状的稳定性和可清洁性。

429. 德国夏尔克无尘装煤车的工作原理是什么?

答: 德国夏尔克无尘装煤车特点是装煤在密封条件下进行，装入煤与空气隔绝，几乎不产生污染，无须设置除尘设备，投资省、操作费用低，其工作原理及基本方法：就是在装煤过程中将炭化室密封，使装入煤与外界空气隔绝，密封程度控制在±200Pa左右，同时，装煤过程始终保持炭化室顶部有一畅通的气道。这样，炭化室内没有空气吸入而造成燃烧，系统的烟气量不会骤然增加，仅依靠相邻炭化室的吸力和少量的氨水压力，就可以将烟气排入荒煤气系统。这与我国普遍采用的高压氨水无烟装煤有明显区别。采用高压氨水法，由于人为造成炉顶过大负压，且未采取有效密封措施，空气大量吸入，将煤粉等带入后步工序，造成焦油质量下降，炭化室顶部煤气通道也不能保持，装煤时冒烟冒火时有发生，不能解决无烟装煤问题。

无烟装煤的具体方法：

(1) 采用机械给料，最好用螺旋法。各装煤孔快速同时给煤，尽量缩短装煤时间，减少冒烟，还可增加堆密度。

(2) 采用密封装煤，将导套、闸板等部位进行密封，使装入煤与外界空气隔绝。

(3) 装煤期间不平煤，或者后期进行平煤，平煤小炉门口密封完好。

(4) 控制螺旋转速，使各孔料位在炉内水平上升，以保持炉顶煤气通道畅通。

通过上述方法，使装煤环节全密封，炭化室顶部通向上升管的通道畅通，故能达到无尘装煤的目的。

430. 文丘里洗涤器的工作原理是什么?

答: 文丘里洗涤器如图 9-2 所示，是一种高效湿式气体洗涤器，常用在高温烟气的降温和除尘上。洗涤器主要是利用水滴来

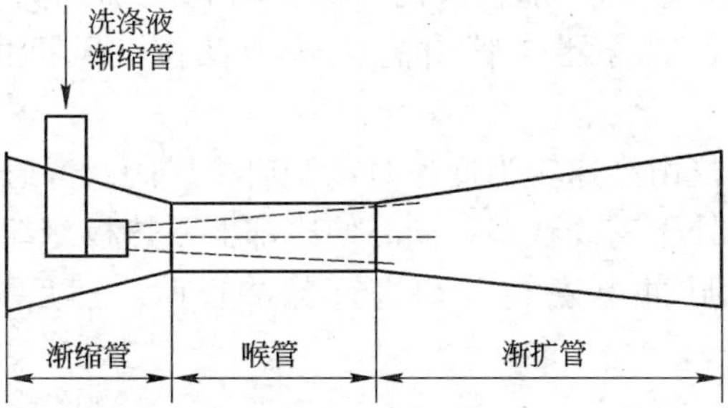

图 9-2 文氏管结构图

除去废气中的颗粒。文丘里洗涤器是由文氏管和脱水装置两部分组成。文氏管由渐缩管、喉管和渐扩管组成。当含尘气流由进气管进入渐缩管后，流速逐渐增大，气流的压能逐渐变为动能，在喉管处风速达到最大，一般为 50～180m/s。洗涤液通过沿喉管周边均匀分布的喷嘴进入，液滴被高速气流雾化和加速，充分雾化是实现高效除尘的基本条件。加速运动的液滴与粒子发生惯性碰撞，液滴附着在粒子上。在喉管下游液滴接近气流的速度。在渐扩管中，风速的减小和压力的回升，使以微尘为凝结核的凝聚作用增强，形成直径较大的含尘液滴，然后被后续的洗涤器或除雾器捕集下来。

431. 地面站推焦除尘的流程是怎样的?

答: 焦炉出焦产生的大量高温含尘烟气，经导焦槽上大型吸气罩捕集后，通过接口翻板阀进入集尘主管，送入蓄热式冷却器冷却，然后进入袋式除尘器净化。净化后的烟气通过通风机、消音器及烟囱排入大气。通过除尘器和冷却器捕集下来的粉尘经气动双层排灰阀进入刮板输送机，再由斗式提升机将粉尘送入粉尘仓，最后由加湿卸灰机定期将粉尘装入汽车运出。工艺流程如图 9-3 所示，为节省电能，在通风机和电机之间配置了调速型液力偶合器，通过摩电道将信号传输到除尘站地面控制系统，通风机由低速转为高速时产生较大的吸力，将粉尘抽到除尘站进行处理，推焦后，偶合器勺管由高位转为低位，风机由高速变为低速。

在通风机由高速转为低速时，开启冷风阀及旁通阀，使除尘器在清灰时处于离线状态，同时使冷却器蓄热板冷却，为下次出焦做准备。脉冲电磁阀自动进行脉冲反吹，然后振动器振打排灰。

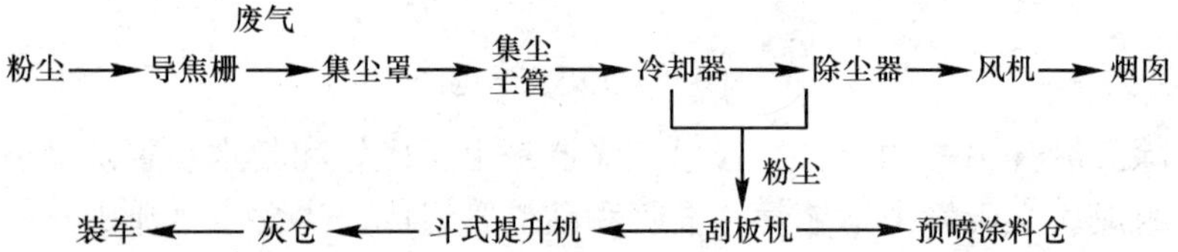

图 9-3　推焦除尘工艺简图

432. 地面站装煤除尘的流程是怎样的?

答: 装煤除尘工艺流程如图 9-4 所示。在装煤过程中产生的烟气由接口翻板进入除尘主管，然后和预喷涂料仓来的预喷涂料

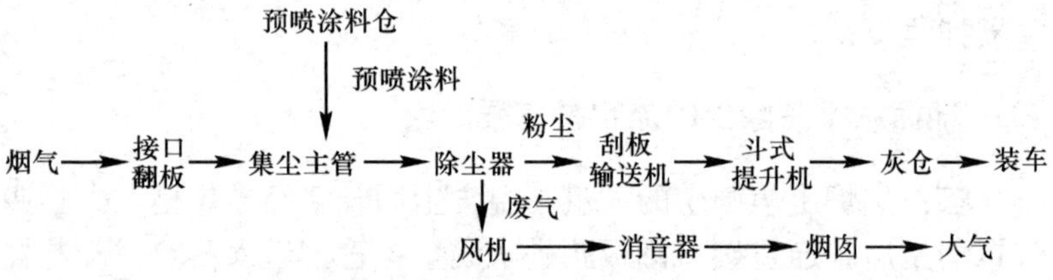

图 9-4　装煤除尘系统简图

混合进入脉冲袋式除尘器净化，净化后的烟气经除尘器集合管道排入大气。在除尘器中被捕集下来的粉尘经气动双层排灰阀排入刮板运输机，由斗式提升机将粉尘送入粉尘仓，最后由加湿卸灰机定期将粉尘装入汽车运出。煤车打开接口盖时自动将信号送到

地面站使风机高速运转，装煤后风机自动转为低速，脉冲控制仪启动进行脉冲反吹，然后进行振打、排灰。

433. 导烟管装煤消烟除尘如何进行?

答: 导烟管装煤消烟除尘是在装煤车煤斗闸套处接一连接管，将闸套中逸出的荒煤气导入下一箋号炭化室炉顶空间，装煤炭化室（如 1 号箋）及下一箋号炭化室（3 号箋）的上升管同时开启高压氨水，使两个炭化室呈负压状态，来消除荒煤气外逸。此法与单一高压氨水消烟除尘相比，装煤孔同时抽吸荒煤气，效果明显变好，另外，下一箋号炭化室处于结焦末期，荒煤气中煤尘颗粒会沉降相当一部分，对焦油质量的提高有一定的好处。当采用机械升关炉盖在套筒下落后进行时，消烟效果明显。但由于导烟管需导入下一箋号，因此焦炉炉组的一端需增设两个排烟道和两个上升管。

434. 热浮力罩除尘的流程是怎样的?

答: 热浮力罩是利用推焦过程中排出的高温热烟气，其密度小，具有上升浮力这一原理设计。由于利用烟气自身热浮力驱动，故具有节能的优点。工作原理为导焦槽顶逸出热烟气经过集气、通风管借助于风机抽至喷雾除尘，旋风脱水设施后排放。而置于熄焦车顶上的热浮力罩中热烟气借助浮力上升，并经除尘及喷水装置喷淋净化后外排。工作过程为从熄焦车上排出的烟气进入罩内，依靠热浮力上升至顶部的除尘装置，先脱出大颗粒物，然后进入水洗涤室进一步除尘，再经过罩顶排入大气。拦焦机导焦槽顶部排放的烟气则由吸气机抽吸，经吸气管进入设在焦台外侧轨道的烟罩操作台上的另一台水洗涤器除尘，洗涤后的烟气再经过离心分离器脱水，由抽气机经排气筒排入大气。洗涤用水泵和给排水管道系统也设在操作台上。

热浮力罩除尘车除尘流程如图 9-5 所示。

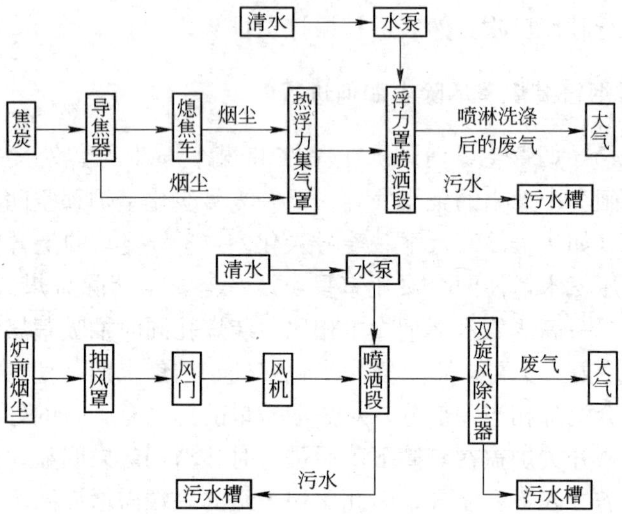

图 9-5　热浮力罩除尘车除尘流程图

435. 燃烧法和不燃烧法除尘的优缺点是什么?

答: 要解决烟气收集中的可爆炸性和有效收集烟气中的有害物质，采用的方法有两种：燃烧法和不燃烧法。燃烧法即把烟气中的可燃成分燃烧掉；不燃烧法是提高烟气的惰性程度，使可燃气体的比例降到爆炸极限以下。

采用燃烧法的优点是可以在整个过程中烧掉大部分可燃成分，减少有害气体的排放，缺点是为了把烟气中的可燃组分燃烧掉，装煤车的导烟装置要求有一定的空气混合比，形成稳定的连续燃烧条件，并设有可靠的连续点火装置，从而增加了装煤车的重量和投资，且增加了操作控制的难度。燃烧后的烟气中还是存有焦油、煤粉，而且不能解决烟气可能形成爆炸危险性的隐患，所以必须采取使气体惰性化的措施。最初采用在装煤车上设喷淋除尘装置，使烟气降温，气体达到饱和状态，可以解决一部分问题，但不能达到国家的排放标准。因此还需设法把气体进一步引到地面进行净化。由于湿法除尘系统能耗高，还有水的二次污染，必须增加水处理设施，因此正逐步被干法除尘系统即布袋除尘器净化烟气的方法所取代。

采用不燃烧法即装煤地面除尘站可以克服燃烧法存在的问题，通过滤料的预涂层设施或推焦和装煤除尘合二为一设施，推焦与装煤交换进行，利用推焦时收集在布袋上的焦粉，来吸附装煤过程中烟气中的煤粉、烟尘、焦油。缺点是不能除去烟气中的有机可燃组分。

436. 重力沉降室的除尘原理是什么？

答：重力沉降室是机械式除尘器的一种，它是利用质量力（重力）的作用使粉尘的颗粒物与气流分离，并将粉尘捕集的装置。在这种设备中含尘气体的速度减慢，停留时间增加，固体颗粒受重力作用后从悬浮状态中沉降下来。重力沉降室的效率与流速、沉降室高度、长度、宽度有关。重力沉降室式除尘器的分离效率在很大程度上取决于粉尘颗粒的沉降速度。沉降速度与尘粒的质量、粒度、密度等有关。一般沉降室可用作旋风除尘器或袋式除尘器的预处理设备，用于能靠其自身重力从气体中分离出来的较大的尘粒（大于 150μm 的粒子还取决于其密度）。大于 300μm 的颗粒其收尘效率可超过 95%。重力沉降室的优点是结构简单，造价低、运行费用少、阻力低、可耐较高温度、无磨损、可回收干灰。

437. 炼焦生产污染物的控制有哪些措施？

答：焦炉在装煤、推焦、熄焦等过程中，伴有大量烟尘外逸。另外，焦炉炉门、装煤孔盖、上升管、桥管等不严密处形成的泄漏点散发大量烟尘。焦炉烟尘控制除加强设备的严密性措施外，主要采取装煤、推焦、熄焦时的烟尘治理。

（1）装煤烟尘控制。焦炉装煤时，外逸烟尘主要特点表现为烟气成分复杂、危害性大。目前，焦化厂已普遍采用了装煤除尘地面站或干式除尘装煤车，可实现达标排放。但仍有厂家采用高压氨水或蒸汽喷射消烟，虽然可减少烟尘的外排量，但不能实现达标排放。高压氨水消烟除尘是将高压氨水喷嘴安装在桥管部位，使上升管和炉顶空间形成较大吸力，把装煤时发生的煤气和烟尘导入集气管中，使逸出炉外的烟尘量大为减少。实际操作中选高压氨水的工作压力一般为2～2.5MPa，在上升管根部实测炉内吸力为300～500Pa。双集气管焦炉应用高压氨水喷射并结合顺序装煤，烟尘控制效果较好。在单集气管焦炉上使用也起到一定程度消烟效果，但比双集气管焦炉效果要差一些。在操作时，装煤开始即应打开高压氨水或蒸汽阀门，平煤完毕后，立即关闭阀门，并将装煤孔四周用煤泥浆密封。

装煤时采用高压氨水喷射消烟，仍然会有部分烟尘外逸，尤其是单集气管焦炉，外逸烟尘仍较多。所以再配备装煤烟尘净化系统，就进一步增加了消烟效果。现主要采用的装煤烟尘净化技术有：燃烧法干式地面烟尘净化技术；非燃烧法干式地面烟尘净化技术；车载式非燃烧法干式烟尘净化技术；夏尔克烟尘净化技术。

（2）推焦烟尘控制。推焦时产生的烟尘约占总烟尘的20%～40%，其特点是散发面积大、时间长。推焦烟尘控制途径，一是增加焦炭结焦程度，形成完全成熟的焦炭，既可降低粉尘散发量又可降低有害散发量；二是安装移动除尘装置。

（3）熄焦烟尘控制。目前，国内主要采用湿法熄焦。湿法熄焦时，大量含有酚等有毒物质和粉尘的熄焦蒸汽排放到大气中造成环境污染。为减少污染，增加熄焦塔高度，塔内安装集尘板，减少焦粉和水滴的带出量，使带出粉尘减少70%，也减少了有毒物的排出量。排放高度增加后，使有毒物、粉尘浓度也得到稀释。近几年来采用的干法熄焦的焦炉越来越多，干法熄焦可以减少污染物的外逸，避免含酚、氰蒸气对环境的污染。

（4）加强密封及清扫、减少污染物外逸

1）炉区的清扫。炉顶及炉周围常有装煤时散落的余煤和推焦时沉降的粉尘。目前，大部分焦化厂采用人工清扫炉顶，这种做法又造成粉尘的第二次污染。因此，改进设备构造，减少在炉口残积余煤，并采用炉顶吸尘装置代替人工清扫，效果较好。炉顶清扫装置安装在装煤车上，由装煤车司机操作，风机产生的负压通过吸头将炉顶煤粉吸除。

2）炉体及设备密封。焦炉泄漏污染物的部位主要有烟囱、炉门、上升管、炉顶、小炉头及地下室等。因此要保持相应设备的完好，清扫干净，调整严密并保持其有效地工作。

（5）PROVN 技术消除装煤烟尘。

（6）应该改善焦炉加热煤气质量，减少烟气排放的硫化物。

（7）炭化室采用分段加热减少氮氧化物排放量。

438. 地面除尘仓的清灰方式有哪些？

答：地面除尘仓的清灰方式有简易清灰、机械清灰、逆气流反吹清灰、气环反吹清灰、脉冲喷吹清灰、机械振动清灰与反气流联合清灰及声波清灰等。机械清灰和逆气流反吹清灰属于间歇式清灰方式。即将除尘器分为若干个过滤室，逐室切断气路，依次清灰。这种清灰方式由于没有粉尘外逸现象，因此除尘效率较高。气流反吹清灰和脉冲喷吹清灰方式属于连续清灰方式。清灰时可以不切断气路，连续不断地对滤袋的一部分进行清灰。这种清灰方式压力损失稳定，适于处理高浓度含尘气体。根据结构特点将袋式除尘器分为四种形式：即上进风式和下进风式、圆袋式和扁袋式、吸入式和压入式、内滤式和外滤式。目前国内外一般都采用清灰方法来区分袋式除尘器。根据清灰方法的不同，将袋式除尘器分为五类：机械振动类、分室反吹类、喷嘴反吹类、振动与反吹并用类和脉冲喷吹类。袋式除尘器的命名原则是以清灰方法分类与最有代表性的结构特征相结合来命名。将风机和袋式除尘器组成一个整机的形式，称为袋式除尘机组，其命名原则不变。一般将命名格式分为分室结构、非分室机构和袋式除尘机组三种。

439. 如何启动地面站的除尘风机？

答：启动地面站的除尘风机方法如下。

（1）开机操作：除尘系统采用集中控制，联动运转时，采用PC程序集中控制。将各个机旁选择开关打到自动位，脉冲控制仪各选择开关打到自动位。将集中操作台上出焦（装煤）选择开关打到自动位。启动主电机时，首先用鼠标点取除尘系统启动条件，确认各条件OK灯亮，等主电机允许送电信号灯亮时和高压柜送出允许机旁启动主电机合闸信号灯亮时，确认允许机旁启动电机信号灯亮。若主电机允许启动信号灯NO，查看故障指示灯处理完相应故障后，按操作台上复归按钮。等允许机旁启动主电机工作灯亮时，经确认无问题后，到机旁操作箱手动启动主电机。主电机启动后，检查风机入口阀是否全开，如果没有，用手动方法打开。检查出焦（装煤）除尘信号未来之前，勺管是否在低速位，信号来后，勺管是否自动到高速位。检查各项运行参数、温度、压力、流量、转速是否正常。

（2）停机操作：将液力偶合器勺管推至低速位，关闭风机入口阀门，然后从机旁按停机按钮。

440. 装煤燃烧法除尘的工艺流程是什么？

答：装煤时，从装煤车煤斗烟罩处抽吸装煤孔周围的逸散物和粗煤气，然后引入装有丙烷烧嘴的燃烧室进行燃烧，燃烧废气再经洗涤器除尘、脱水，然后经吸气机、排气筒排入大气。这几道工序均是在装煤车上完成的，在装煤车回煤塔装煤时，排出洗涤器内的污水并向水箱注入净水。洗涤装置由燃烧器、洗涤器和吸气机三部分组成，燃烧器一般多在外套筒内壁装设一对电火花塞，点燃的煤气在燃烧筒内燃烧。燃烧可以消除通道内的爆炸危险和堵塞现象，还能破坏逸散物中致癌的多环芳香烃，有洗涤器全部煤斗合用一套的，也有煤斗单独设置一套的。洗涤器有四种形式：百叶窗塞筛板式、低压力降的旋转筛板式、离心捕尘器式和压力降较高的文氏管式。洗涤器后设有脱水器或离心式水雾分离器，吸气机受装煤车负荷的限制，不允许在车上装设大流量、高压力的吸气机，因此使装煤时的逸散物难以达到理想的控制。

441. 离线阀的原理与作用是什么?

答：烟尘气体通过袋式除尘器过滤，在滤袋表面形成粉尘初尘，在以后的除尘过程中，粉尘初尘便成为了滤袋的主要过滤层。随着粉尘在滤布上的积累，烟尘阻力相应增加，当滤袋两侧的压差增加到一定时，会将已附在滤袋层上的细粉尘挤走，使除尘效率明显下降。因此，当除尘器阻力达到一定值后要及时清灰。布袋除尘器的清灰工作主要通过离线阀和脉冲阀来实现，离线阀通常被安装在各除尘室清洁气体出口，为翻板式结构，其开闭动作通过连杆机构由外置气缸来实现。当除尘室内布袋除尘器阻力大于1500Pa时，程序控制电磁换向阀，利用压缩空气推动气缸、关闭离线翻板，降低除尘室的抽吸力，使滤袋两侧压力相等，除尘室由负压区变为常压区，以便于脉冲阀按程序进行反吹，达到滤袋清灰的目的。当清灰工作完毕后，离线阀开启，除尘室重新投入正常工作状态。

442. 如何加强装煤车的操作，减少排入大气中的荒煤气量?

答：加强装煤操作，因各个焦化厂及各个不同的焦炉炉顶的装备水平不一样，而有具体的操作方法、步骤。但其共同点是严格执行各厂制定的装煤操作规程，就其上升管、装煤车为减少泄漏荒煤气而设置的各种设施要加强维护、不断完善，开工使用率要达98%以上，对装煤操作提出基本的要求，一是装满煤。按炭化室设计的有效容积装满煤，若不能装满，则造成炉顶空间增大，空间温度上升，煤气停留时间过长，化学产品分解，使炭化室及上升管内易结石墨，堵塞煤气导出通道，乃至往大气中泄漏；二是平好煤。炭化室内煤料顶部是用推焦车上的平煤杆来进行平整的，经过平整的煤料顶部不堆积、不缺角，这样就可以避免因炉顶问题造成的推焦困难，乃至影响荒煤气的导出。同时因为不缺角，可以防止发生炉墙的局部高温而引起的烧坏炉墙，也是防止炉门上部冒烟冒火的重要措施之一；三是装煤均匀。要保证装煤系数在0.9以上。

443. 防止推焦逸散物对大气的污染有哪些措施？

答： 推焦操作时，焦炭已经成熟，荒煤气中的多环芳烃的含量已很少，以1t装炉煤计算，推焦逸散物种苯并（a）芘的含量与装煤逸散物中苯并（a）芘的含量比较要少的多，降低推焦逸散物中致癌物质的关键是保证焦炭充分而均匀的成熟。常用的控制推焦逸散物的措施有以下几种：

（1）采用移动烟罩捕尘和地面净化相结合的方法。移动烟罩可把整个熄焦车盖住，烟罩上部设有冷却装置，以降低烟气温度。冷却后的烟气通过烟罩顶部可移动的小车式连接罩，进入水平烟气管道。烟气经水平烟气管道送至地面除尘站，在湿式除尘器中进行净化，尾气经过吸气机和排气筒排入大气，除尘效率可大于95%，尾气含尘量可小于90mg/m^3。

（2）移动烟罩捕尘和地面系统。这种除尘方式其地面处理系统设有高效的袋式除尘器，当入口烟气含尘量为5～12g/m^{3}时，出口尾气含尘量可降至50mg/m^3，该系统的总压力降较大，耗电量较高。

（3）焦罐车除尘系统。这套系统的移动烟罩设在拦焦车上，采用一点接焦的焦罐可以减少烟罩下部断面，减轻烟罩重量。推焦时，移动烟罩上的连接管和焦罐车上洗涤装置的连接装置的连接管对接，导焦槽和焦罐排放的烟尘被吸至湿式洗涤装置净化并降温，然后经吸气机和排气筒排入大气。车上设有水泵和水箱，推焦后，焦罐运行至熄焦塔时，将污水排出。

（4）采用热浮力罩。推焦排出的烟气温度高，密度小，具有浮力。热浮力罩就是根据这一原理设计的。从熄焦车上排出的烟尘进入罩内，依靠浮力上升至顶部的除尘装置，先脱除大颗粒物，然后进入洗涤室进一步除尘，再经罩顶排入大气。导焦槽和拦焦车排放的烟气则由吸气机抽吸，经吸气管进入另一台水洗涤器除尘。热浮力罩除尘设备少，投资和操作费用最低，但除尘效率不够高，一般为80%～93%。

（5）焦侧大棚。沿焦炉焦侧全长设置大棚，用以收集焦炉焦侧炉门和推焦时排放的烟尘，大棚顶部设有吸气管道，通向地面站的湿式除尘器，用吸气机抽吸大棚内的烟气，经地面站净化后排入大气，除尘效率约为95%。

444. 炉顶有哪些冒烟点，如何控制？

答： 焦炉炉顶冒烟特点是点多量少，冒烟点有炉顶表面、装煤孔、看火眼盖、上升管根、上升管盖、桥管清扫孔、翻板轴头、焦油盒、集气管清扫孔等，焦炉炉顶冒烟治理有以下措施。装煤孔盖采用泥料密封，取代传统的煤泥密封，密封效果好，泥料调拌要均匀，不能过稀或过稠，泥料过稀影响炉盖和炉圈的寿命，泥料过稠影响密封效果。上升管根部要定期维护，方法是将上升管根部彻底清干净直到见上升管的底座，然后重新灌浆抹平，上升管根部冒烟的主要原因是维护不及时，高压氨水使用不规范及上升管清扫不当造成。看火眼盖冒烟主要是炉墙串漏，水平烟道串漏造成，处理方法是找出串漏点及时喷补。翻板轴头冒烟是因为轴头填料松弛造成，重新更换填料即可，翻板轴头应定期加油，保证灵活，严禁为清扫翻板反而烧毁翻板。上升管、桥管应定期清扫保证煤气畅通，若清扫不及时将导致煤气不畅会造成上升管盖冒烟冒火，堵塞严重时会导致该炭化室放散。焦油盒靠氨水密封，要定期清扫，保证集气管正常的氨水水位。

445. 炼焦炉烟囱尾气有哪些成分，对大气有何影响？

答： 烟囱排出的废气含有大量的氮氧化物和二氧化硫，会造成周围大气环境污染，必须采取措施。目前采用焦炉煤气脱硫后的煤气用于焦炉加热，可以减少对周围大气环境污染。焦炉加热采用废气循环，采用贫煤气加热都可以降低氮氧化物的排放量。焦炉加热燃烧 $1m^3$ 焦炉煤气所需空气为 $5.5m^3$，产生废气约 $6m^3$，燃烧 $1m^3$ 高炉煤气所需空气为 $0.9m^3$，产生废气约 $1.7m^3$，燃烧产生的废气全部排入大气。如果按年产 100 万 t 全焦的炼焦炉一座，排入大气的废气约为 11 万 m^3/h，其中二氧化碳排出量为 $7000m^3/h$。

446. 干法熄焦有哪些除尘措施?

答： 干熄焦的优点之一就是环保，减少了原有的湿熄焦产生的水汽、酚、氰等有害成分对大气的污染，对其在生产过程中产生的颗粒污染物进行净化，干熄焦系统设置了专门的除尘系统，即干熄焦循环气体除尘系统和干熄焦环境除尘系统（地面除尘站）。干熄焦在生产过程中会产生大量的颗粒污染物（主要是焦粉），为了减少扬尘以及符合大气污染物的排放标准，必须对含尘气体进行净化处理。干熄焦环境除尘站用于控制并收集干熄焦在装、排焦过程及焦炭在转运过程中散发的大量焦粉尘。干熄焦环境除尘站的尘源主要有干熄炉顶装入装置处、干熄炉炉顶常用放散口、干熄炉预存段压力调节放散口、干熄炉底部排焦处、炉前焦库、转运站及皮带机转运点。环境除尘系统主要包括除尘风机、风机入口调节挡板、脉冲布袋除尘器、百叶式预除尘器、高温烟气冷却器、振动器、脉冲控制仪、离线阀、储气罐和烟囱等。

干熄焦地面除尘站的工作原理是：利用除尘风机产生吸力，在管式冷却器内对高温烟气进行冷却，利用百叶式预除尘器将整个排焦系统的低温烟气进行预除尘；上述两种烟气在低压脉冲布袋除尘器内汇合，对粉尘进行过滤，向大气排放，回收颗粒粉尘。

干熄焦循环气体除尘系统包括一、二次除尘，一次除尘采用的是重力除尘原理，主要是除去循环气体中的大颗粒焦粉保护锅炉炉管；二次除尘采用的是多管旋风分离器，主要是除去循环气体中的小颗粒焦粉保护循环风机。

447. 供焦系统可采取哪些环保措施？

答： 筛焦、运焦操作过程中有大量粉尘产生，恶化操作条件并造成周围大气的粉尘污染，必须采取措施。运焦的胶带输送机的机头部卸料点和辊筛卸料点应设防尘罩，采取自然通风或抽风点进行机械除尘。筛分设备应设密封罩和抽风点，并安装机械除尘装置。各楼层均应铺设水冲地坪设施。用上述通风除尘设施，其除尘效率还要在90％以上，才能达到国家标准要求，使外排气体的含尘浓度小于150mg/m^3。

448. 供煤系统可采取哪些环保措施？

答： 焦化原料场煤堆表面易形成煤尘飞扬，尤其是在刮风季节，这种煤尘的逸出造成周围环境污染。防止煤尘飞扬的主要措施是：

（1）喷水：在煤堆表面喷水，煤堆湿润到一定深度，表面形成一层硬壳，可以起到防尘作用。喷水设施有固定管道式，即沿煤堆长度方向的两侧设置水管，在水管上每隔一定距离安装一个喷头；半固定管道式，即沿煤堆长度方向设置钢制水槽，而喷头和泵安装在堆取机上，可以随机移动喷洒；移动式喷洒机组，即喷洒车。

（2）喷覆盖剂：在煤堆表面喷洒覆盖剂，不仅能有效防止煤尘的逸出，同时还可以防止雨水的冲刷，而造成洗精煤的流失，还能起到防止煤的氧化和自燃。作为煤料覆盖剂的物质种类很多，有无机盐类、有机物类。如沥青、焦油、石油树脂、醋酸乙烯树脂、聚乙烯醇等。在炼焦用煤的粉碎过程中，配煤槽及煤塔顶部的布料过程中将产生大量粉尘，不仅污染周围大气环境，损害职工身体健康，而且在一定条件下会引起煤尘爆炸，导致事故的发生，使人身和设备遭受不应有的损失。当煤的水分较低时，这种危险性较大，为此，必须对备煤过程中产生的煤尘采取治理措施。

对于粉碎机室的集尘。采取在煤粉碎机上部的带式输送机头部和出料带式输送机的落料点附近安装吸尘罩的方式，当采用电动给料器给料时，从电动给料器至粉碎机入料口需全部密封。为控制尘源，在带式输送机导料板出口处安装双层遮尘帘，适当扩大粉碎机下部溜槽断面，以降低出口风压，吸风管道尽量避免水平布置，确需安置的水平管道必须设置清扫孔。将收集后的含尘气体送袋式除尘器中进行除尘，经除尘后的气体排至大气，回收下来的煤尘返回粉碎机后的运输带上与配合煤一起进入煤塔。

贮煤塔顶部集尘。一般采用旋风除尘或袋式除尘，捕集的粉尘用管道返回煤塔内从装煤车再入炉炼焦。

配煤槽顶部密封防尘措施：采用自动开启的密封盖板，即在槽顶部料口全长方向，安装两排铁盖板，其一端相互搭接密封，另一端用胶链与土建基础固定成“人”字形，使用时钢盖板借助卸料车或移动式带式输送溜槽的犁头自动开启，犁头移动后，两块盖板自动复位闭合密封。胶带密封，是将配煤槽开口大部分用可移动的宽胶带覆盖，仅留出卸料口，胶带随着可逆皮带的移动而改变卸料口的位置。

449. 粉碎机系统如何除尘？

答：粉碎机除尘主要通过除尘器和皮带机抑尘两者相结合来实现。除尘器主要使用布袋除尘，主要注意事项有：

（1）粉碎机机体密封性要好。

（2）除尘点选择位置要适当，一般选择进料皮带机头、粉碎机顶部、出料皮带机尾。

（3）每个除尘点风量要足够。

（4）风管管径合适、布局合理。

对于皮带机抑尘装置，主要采取措施有：

（1）在出料口喷洒水雾。

（2）半密封机头、机尾溜罩。

（3）出料口皮带加密封罩

450. 湿法熄焦对大气环境有何危害？

答：所谓湿法熄焦是将常温的工业水喷在赤热的焦炭上，焦炭温度为950～1050℃左右，当水遇到赤热的焦炭后立即汽化蒸发带走焦炭大量的热量，使焦炭冷却，产生的水蒸气经熄焦塔顶而排入大气，未蒸发的水流入粉焦沉淀池，澄清后的熄焦水流入清水池循环使用。一座年产45万t的焦炉，每天就有700m^3的水被蒸发掉，其中含有二氧化硫、残余氨、氰化物、酚等有害或有毒物质，粉焦也被带入大气，污染周围环境。倘若使用酚水熄焦，不仅严重腐蚀熄焦设备，对环境的污染程度将更为加剧。根据有关资料统计，一座年产45万t焦炭的焦炉，用处理后含酚废水熄焦，每天排至大气中的污染物有酚200kg，硫化氢100kg，氨200kg。熄焦逸出物受熄焦水性质以及熄焦塔类型、断面尺寸和高度等因素的影响。

451. 干熄焦系统有哪些污染源？

答：干熄焦系统污染源主要有：装入装置和循环气体放散的烟尘、排焦装置和皮带运输机的焦炭粉尘，一次除尘器、二次除尘器的粉焦排出和运输的扬尘以及锅炉系统的排污水。

第十章　焦炉自动控制

452. 什么是人机接口？

答：人机接口由操作员站和工程师站组成。操作员站用来完成各种操作命令，并在标准画面或用户组态画面上汇集和显示有关运行信息，供操作人员对机组的运行工况进行监视和控制。工程师站用于程序开发，系统诊断、控制系统组态，数据库和画面的编译修改。

453. 软启动器采用何种技术限制电动机启动电流？

答：异步电动机全压启动时的启动电流约为其额定电流的 4～7 倍，过大的启动电流将引起电网电压的波动，影响接在同一电网上其他电机和电气设备的正常运行，对电动机本身而言，启动电流将使电机本身受到过大电磁力的冲击，经常启动的电机还易烧坏。异步电动机的启动，关键在于限制其启动电流，有多种电动机启动方式，目前使用较为广泛的是采用软启动器启动电机。软启动器每相电路中串接了两只反并联的可控硅元件，改变可控硅的导通角就能改变加在电机定子绕组上电压的大小，从而可调节电机的启动电流，保护了电机、减小对电网的冲击。

454. 焦炉炼焦过程管理系统由哪些系统构成？

答：焦炉炼焦过程管理系统由五个系统构成：

（1）现场检测仪表：直行温度、横墙温度、荒煤气温度、焦饼温度、热值仪、废气氧含量检测仪表等。

(2) 基础自动化系统：仪控 DCS 系统、交换机 PLC 控制系统、三车联锁定位系统、车上 PLC 控制系统。

(3) 过程计算机系统。

(4) 数据通讯系统。

(5) 应用软件：手动计划模型、动态计划模型、温度评估模型、加热控制模型、人机界面。

455. 焦炉炼焦过程管理系统的原理是什么？

答： 焦炉炼焦过程管理系统（简称 CPMS）借助通讯技术与三车联锁系统、仪控 DCS 系统、交换机 PLC 控制系统等基础自动化系统进行数据通讯，采集焦炉生产过程数据，经数据预处理程序处理成系统所需的数据。应用软件（包括工艺模型）对炼焦过程数据进行实时分析处理和报告；其加热控制模型每个交换周期计算出下次交换的“停止加热时间”，适时传送到焦炉交换机 PLC 控制系统并闭环控制焦炉加热；同时将炼焦过程情况以趋势图等形式显示在人机接口画面上，供操作人员进行过程监控。

456. 焦炉炼焦过程管理系统现场主要一次检测仪表检测的焦炉生产工艺参数有哪些？

答： 焦炉炼焦过程管理系统现场主要一次检测参数有 11 种：

(1) 焦饼温度；

(2) 火道温度；

(3) 装煤重量；

(4) 煤的湿度；

(5) 机、焦侧加热煤气的热值；

(6) 机、焦侧废气氧含量；

(7) 焦炉荒煤气温度；

(8) 加热煤气温度；

(9) 机、焦侧废气温度；

（10）机、焦侧加热煤气流量；

（11）环境温度。

457. 焦炉炼焦过程管理系统的维护应该注意什么问题？

答：焦炉炼焦过程管理系统维护应该注意三个方面的问题。

（1）计算机部分。定期做好数据备份，要求每周做一次备份工作；计算机冷却风机除尘过滤网每月要清扫一次；通讯网络要保持畅通，发生中断时，要有报警方式及故障点检测工具；做好计控、车辆定位等子系统分析检查工作，发现数据不正常时，及时通知相关维护单位。

（2）检测仪表部分。国内钢铁行业自动化仪表专业大部分实行的是专业化管理，焦炉过程管理系统检测仪表也由相关专业单位管理。这就要求计控专业加强管理，及时发现检测仪表缺陷并按时整改；重视各类仪表的完好率与计控维护费用挂钩。焦炉生产单位应与仪表维护单位加强联系，当数据异常时，应与计控部门共同分析及研究数据，找出故障原因，特别是当工艺条件发生较大变化时，更应如此。

（3）交换机部分。该系统煤气交换机由 PLC 控制，工艺要求每次交换时刻及交换周期固定，由于 PLC 时钟精度原因，交换时刻存在或推迟或提前问题，这要求每年校准 PLC 时钟一次；交换机交换位置限位开关关系到焦炉安全生产，应精心维护，确保完好。

458. 无线感应四车联锁的测址原理是什么？

答：无线感应四车联锁的核心技术是快速精确的测量出移动设备的位置，下面以地上测址为例解释无线感应四车联锁测址原理，如图 10-1 所示。

例中编码电缆共有四对线，每一对线内的竖线代表此对线在该处绕线的交叉点。当移动设备的车上局天线 ANT 在编码电缆的三号位置发射载波信号时，在编码电缆的始端，R 线与 G2、

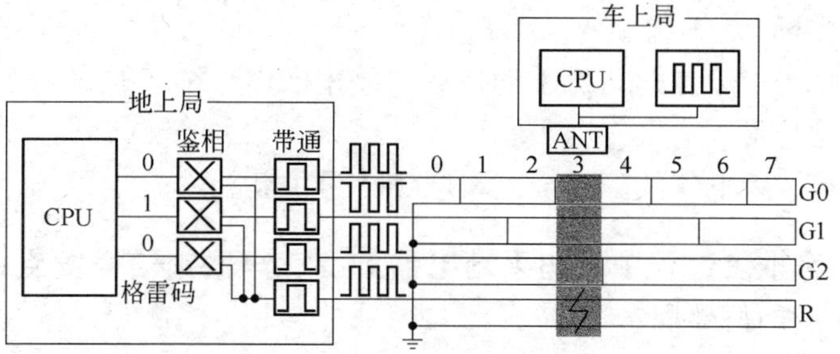

图 10-1　地面检测地址示意图

G0 对线收到的信号相位相同，而 R 线与 G1 对线收到的信号相位相反。

电缆的端口信号分别经过地上局的带通滤波后，各路 G 线信号分别是与 R 线信号进行比较鉴相，同相为 0，反相为 1，鉴相后鉴相器得到格雷码为 010，计算机将格雷码译为二进制码 011，即十进制数 3，数字 3 即为移动设备地址。

459. 继电器类型三车联锁的工作原理信号流程图。

答：继电器类型三车联锁的工作原理，如图 10-2 所示。

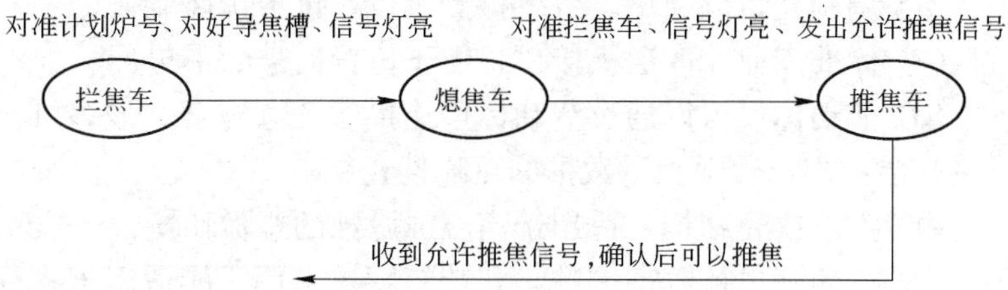

图 10-2　继电器类型三车联锁的信号流程图

460. 哪些原因可造成继电器类型三车联锁信号中断？

答：主要有三种原因影响继电器类型三车联锁信号。

（1）当熄焦车与拦焦车的对位发生偏移时，三车联锁信号会自动中断。

（2）当熄焦车司机手动按下“停止推焦”按钮时，三车联锁信号会中断。

（3）因电气故障造成三车联锁信号中断。

461. 在推焦过程中，如果继电器类型三车联锁信号发生中断，应如何处理？

答：因电气故障造成三车联锁信号中断时，应检查熄焦车的信号电源开关是否跳闸、磁对位开关是否损坏，熄焦车和推焦车的信号摩电刷与摩电道之间接触是否良好、控制线路是否松动、继电器工作是否正常等方面。查出控制回路接地或短路点，送上信号电源开关、更换磁对位开关、调整处理摩电刷与摩电道使之接触良好、紧固松动线路、更换继电器等。

462. 连续位置检测器有何特点，连续位置检测器如何安装？

答：连续位置检测器是比较成熟可靠的位置检测设备。该检测器可用于工业现场各种沿指定轨道行驶的设备，它定位速度快（约10ms上传一次数据）、测量精度高（精度高达1cm）、抗干扰性能强（光编码通讯），它有以下几个突出特点：

（1）调制光编码通讯、数字检测定位，抗干扰性能强；

（2）标准工业485通讯接口，便于位置信号的采集；

（3）活动标尺可以通过活动标尺连接器任意组合，最多可构成三冗余结构，确保测量数据的可靠性；

（4）方形铁壳结构，适用于高温强腐蚀的恶劣环境；

（5）活动标尺接收范围广，安装精度要求低，能适用于各种轨道不平的现场；

（6）全电子产品设计，非接触动态测量移动车辆或物体的位置，整机无磨损机械部件；

（7）全数字方式工作，整机无调试元件；

(8) 低压供电，安全可靠。

连续位置检测器的安装包括固定标尺和活动标尺的安装，固定标尺要求与车辆或物体移动轨迹平行安装，每米安装一根。活动标尺要求与固定标尺平行，且两标尺的窗口相对如图 10-3 所示。

安装精度整体相对要求较低，推荐安装尺寸如下：

两标尺窗口相对距离：150mm±50mm。

两标尺窗口上下尺寸：

两标尺窗口距离为 100mm 时，±30mm

两标尺窗口距离为 150mm 时，±40mm

两标尺窗口距离为 200mm 时，±50mm

活动标尺之间的间距：1250mm（最好是 50 的整数倍，并且大于 1000mm）

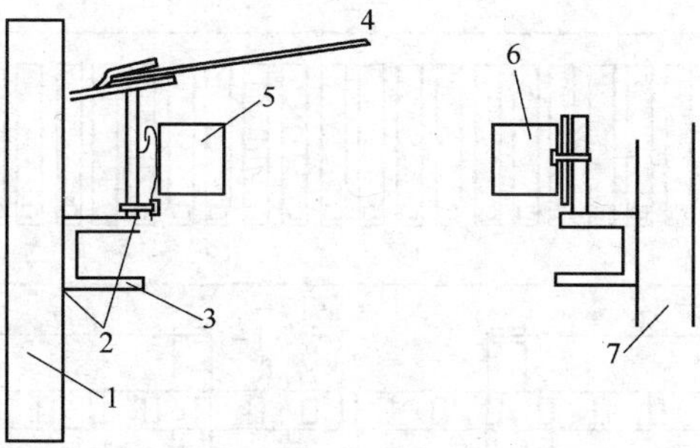

图 10-3　位置检测器安装图

1—支架（原结构件）；2—焊接；3—槽钢；
4—防护罩；5—固定标尺（150mm±50mm）；
6—活动标尺；7—机车

固定标尺一般要求接线插座向下安装，起始端由现场需要决定（如焦炉中炉号的顺序见图 10-4）。活动标尺起始端（接线插座端为小号方向）由固定标尺决定，应与固定标尺的小号方向一致。如图 10-5 所示，现场炉号从右到左依次增大，则固定标尺和活动标尺如图 10-5 安装，此时固定标尺不需要加短路块，否则固定标尺需要加短路块，活动标尺则需上下旋转 180°。

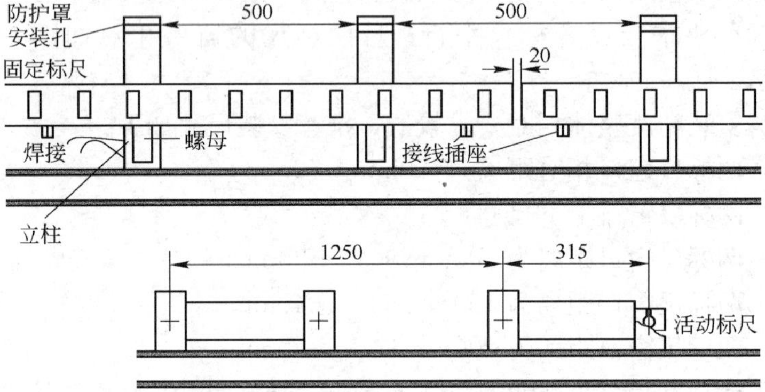

图 10-4　安装图（单位为 mm）

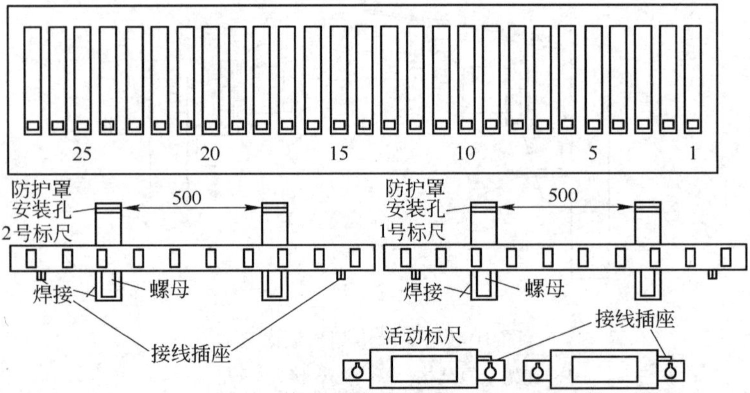

图 10-5　标尺与焦炉相对位置示意图

463. 变频器主回路由哪些电路组成？

答： 变频器主回路电路由四部分组成。

（1）整流回路，整流回路将变频器外部的正弦波三相交流电源转换成变频器内部的直流电源。

（2）储能滤波回路，储能滤波回路根据变频器容量大小由数个大电容构成，它是整流回路、逆变回路、制动单元和制动电阻回路互相连接的通道，主要作用是储能。

（3）逆变回路，逆变回路将储能滤波回路的直流电源转换成电压为脉冲波形的三相交流电源供给负载，或将负载的机械能反馈回储能滤波回路。

（4）制动单元和制动电阻回路，制动单元和制动电阻回路将储能滤波回路多余的电能以热能的形式消耗掉。

464. 变频器制动单元和制动电阻起何作用？

答：变频器制动单元又称为斩波器。当变频器和拖动的电机处于电动状态时变频器制动单元和制动电阻不工作；当变频器和拖动的电机处于制动状态时，变频器采用将负载的机械能通过逆变器转换为电能并储存在储能滤波回路的方法进行制动，变频器制动单元实时监控储能滤波回路的电压值，当其电压值升高到电容器耐压峰值时，说明储能滤波回路再不能储存更多的电能，为保护变频器和确保制动效果，此时变频器制动单元和制动电阻开始工作，将储能滤波回路储存的电能以热能的形式消耗掉一部分，直至储能滤波回路的电压值降到安全水平。

465. 变频器的工作频率从何处来，变频器多段速指令是何含义？

答：当变频器启动后，电机的转速取决于变频器的工作频率，变频器一般具有数种频率指令的输入方法。

（1）来自数字式控制盘的频率指令，多用于手动或调试。

（2）来自变频器控制端子的频率指令，控制端子的频率指令又分成开关量和模拟量两种形式，工程中大部分实例采用开关量作为变频器的频率指令。

（3）来自变频器通讯卡或通讯端口的频率指令，主要用于具备网络通讯功能的自动化系统中。

（4）脉冲形式的频率指令，使用较少。

变频器控制端子输入开关量点不同的排列组合可定义16个以上的频率指令，这就是所谓的多段速指令。

466. 变频器加速时间、减速时间是何含义？

答： 变频器加速时间是指变频器输出给电机的频率从0%～100%所用的时间，变频器减速时间是指变频器输出给电机的频率从当前频率降至0时所用时间。功能较强的变频器一般配置四组以上的加、减速时间参数供用户使用，在电机的启动或停止阶段到底是哪一组加、减速时间参数起作用，取决于控制端子的状态。加、减速时间最长可设置为600s，最短可设置为0s。

在一些变频器应用场合，加速时间、减速时间的正确设置具有关键作用。比如，起重设备的升降传动系统，变频器减速时间比加速时间一般要小；控制系统如果处于紧急或手动状态，变频器加速时间和减速时间就比正常状态的值要小。

467. 变频器控制器可以监视哪些参数？

答： 所有的变频器控制器均由两部分构成：液晶显示屏、操作键。液晶显示屏可以显示正常运行状态：变频器处于本地控制或远程控制、变频器运行或停止状态、电机是正转或反转、给定转速或频率、变频器当前实际输出频率和电流、变频器当前实际输出功率。液晶显示屏也可以显示报警和故障：如过电流、直流过电压、直流欠电压、变频器过热、短路、电源缺相、内部故障。操作键可以完成的功能有：显示状态行、切换本地远程控制、停机、正向运转、反向运转、设定或修改给定值。

468. 变频器有几种停止方法？

答： 变频器主要有三种停止方法：

（1）减速停止，电机按照所选减速时间确定的斜率逐次减小变频器输出给电机的频率。

（2）自由滑行停止，变频器接到停止指令的同时，变频器的输出电压被切断，电机按照负载惯性减速度进行自由滑行停车。

（3）直流制动停止，变频器接到停止指令后经过短时延时，将直流制动电流注入电机，使电机尽快停车。

469. 变频器点检及维护主要包含哪些项目?

答：（1）变频器日常点检包括以下项目：

1）变频器和电机发热状况；

2）变频器周围温度正常状况；

3）变频器冷却风扇正常运转状况；

4）变频器输出电流状况。

（2）变频器维护包括以下项目：

1）检查散热器表面积尘状况，如积尘较厚则用干燥的压缩空气吹扫。

2）检查印刷基板积尘状况，如有导电灰尘和油腻吸附则用干燥的压缩空气吹扫。

3）检查功率元件表面积尘，如积尘过多则用干燥的压缩空气吹扫。

4）检查储能滤波电容，如有变色或异味则需更换电容或变频器。

5）冷却风扇累计运行时间超过20000h或发出异常噪声或异常振动，则更换冷却风扇。

470. 干熄焦气体循环风机运转有哪些主要联锁条件?

答：干熄焦气体循环风机主要联锁条件有：油泵运转、风机入口挡板开启、油泵的冷却水量正常、风机轴承温度正常、风机轴承振动正常、电机机体温度正常、电机轴承温度正常、除氧器液位正常、锅炉给水泵运转中、锅筒液位正常、锅炉循环泵运行中、锅炉循环水流量正常、主蒸汽温度正常、仪表风流量正常。

471. 干熄焦提升机往行、复行总共接触哪些极限?

答: APS锁死、有焦罐、钩开、离床、待机位、走行可、卷塔过卷上、卷塔卷上超限、卷塔定位、冷却塔减速、冷却塔定位、冷却塔走行超限、着床、焦罐开。

472. 干熄焦的计算机控制系统分为哪些子系统?

答: 根据工艺的要求，整个干熄焦的计算机控制系统分为15个子系统:

(1) 焦罐车、APS系统;
(2) 提升、走行系统;
(3) 装入系统;
(4) 预存段料位控制系统;
(5) 排焦系统;
(6) 运焦及称量系统;
(7) 除尘系统;
(8) 焦粉排出回收系统;
(9) 气体循环系统;
(10) 锅炉控制及保安系统;
(11) 供水系统;
(12) 汽轮发电机系统;
(13) 能源介质辅助系统;
(14) 生产报表管理系统;
(15) 控制过程报警、诊断系统。

473. 干熄焦装焦系统的控制过程是怎样的?

答: 装焦系统由焦罐车、APS、提升机、走行装置、装入装置和除尘风机等子系统共同组成。从焦炉推出的红焦由装在电机车上的旋转焦罐接收，旋转焦罐由变频器控制，在接焦的过程中恒速旋转，使红焦均匀地落入焦罐。再由电机车牵引到提升机井架下，由 APS 完成锁闸、定位、接空焦罐、解锁、移位、再锁闸和向提升机发出提升红焦罐指令等一系列动作。提升机变频装置在 PLC 的控制下将红焦罐按预定的速度曲线，完成挂钩、焦罐离床和焦罐盖离床等一系列加减速动作，将红焦罐提升到井架的顶部并准确定位。走行变频装置在 PLC 的控制下再将红焦罐按预定的速度控制曲线，将红焦罐运送到干熄炉的顶部并再次准确定位。在红焦罐向干熄炉顶部移动的同时，装入装置将干熄炉盖自动打开，同时，炉顶的除尘阀门自动打开。除尘风机的变频装置自动将风机速度提升到满负荷，使干熄炉炉口的压力为负压，防止红焦装入时粉尘外逸。待干熄炉盖完全打开后，提升机再将红焦罐按预定的速度曲线，落放在干熄炉顶部。焦罐到位后，其底门自动打开，向干熄炉内装入红焦。装料完毕后，提升机和走行装置再按预定的速度曲线，将空焦罐回送到正在电机车上等待的台车上，干熄炉炉盖和炉顶除尘阀门关闭，除尘风机将速度减到预定值，从而完成一个装焦过程的循环。提升机和走行装置的卷上、卷下、走行控制，由现场设备上安装的传感器检测其移动的距离，同时发给对应的变频装置和计算机，经过计算机的计算后，再向对应的变频装置发出一系列加减速和定位的指令。

474. 干熄焦锅炉锅筒液位三冲量调节的原理是什么?

答: 由于串级（或称为双环）调节系统具有更好的调节品质，且调节器比例增益及积分增益也易整定，因此在干熄焦项目中，锅筒液位给水调节系统采用的是串级三冲量给水调节系统。

串级三冲量给水调节系统由双环构成，外环和内环的调节器均采用 PI 调节器。外环调节器为主调节器，其给定信号操作者希望锅筒液位稳定在某一处的确切值。内环调节器为副调节，其输入端接收减温器注水量、排污水量、主蒸汽流量及给水量，前三个量是内环的前馈量，后一个量是内环的反馈量。

在这个系统中，外环、内环调节器的分工明确。内环调节器着重解决给水压力不稳造成给水流量扰动进而影响锅筒液位的问题，它兼顾处理减温器注水量，排污水量，主蒸汽流量波动造成的汽包液位变化。外环调节器的任务是校正水位偏差。

为使给水流量快速跟踪减温器注水量，排污水量，特别是快速消除主蒸汽流量的波动和回路内扰，内环副调节器的比例增益应大于外环主调节器的放大倍数，而积分增益应小于主调节的积分增益，这使得内环回路的工作频率高于外环回路的工作频率，内环成为外环近似为比例特性的快速随动系统。

475. 焦炉煤气交换机有哪几种工作方式?

答：焦炉煤气交换机有四种工作方式：

（1）点动正、反向交换工作方式，当操作人员闭合操作台上点动正向或反向按钮后，交换机可点动行走至任一位置，点动正、反向交换工作方式优先级别最高。

（2）紧急正、反向交换工作方式，当操作人员触动操作台上补交换按钮或控制系统监测到焦炉加热煤气压力不足时，紧急正、反向交换工作方式启动，交换机自动行走至中间位置停下。

（3）手动正、反向交换工作方式，当操作台上手、自动转换开关处于手动位置时，如操作人员按下正向或反向按钮，交换机可自动行走至起点位置或终点位置。

（4）自动正、反向交换工作方式，当操作台上手、自动转换开关处于自动位置时，不需人为干预，控制系统按时钟的固定时刻自动进行正、反向交换，正、反向交换工作方式优先级别最低，但系统长期工作于此方式。

476. 焦炉煤气交换机控制系统如何实现定时交换?

答：当操作台上手、自动转换开关处于自动位置时，煤气交换机自动程序开始执行。程序检测控制系统实时时钟，当时钟走到某一规定时刻时，煤气交换机开始预报警；报警过后，交换机油缸从起点（终点）走至中间位置停下；在中间位置停下的时间取决于焦炉加热状态（如果焦炉建有过程管理系统，煤气交换机在中间位置停止时间由过程管理系统自动推导出）；然后，交换机油缸从中间位置自动走至终点（起点）。焦炉煤气交换机控制系统正常情况下处于自动工作状态。

477. 焦炉煤气交换机中间位置起何作用？

答：当焦炉煤气交换机处于中间位置时，暂停向焦炉供应煤气，焦炉停止加热，达到节能目的。

478. 放散点火的工作原理是什么，手动如何操作？

答：焦炉荒煤气自动放散系统以集气管内煤气压力为检测信号，该信号以 4～20mA 的电流信号进入智能仪表，经与设定值比较后，输出无源接点信号给 PLC 系统输入模块。当 PLC 检测到该接点信号时，意味着集气管内煤气压力已超出规定上限，系统发出报警信号，PLC 按预先设置的程序指令执行开煤气阀、点火、开放散阀、开蒸汽阀。当集气管内煤气压力下降到正常值时，PLC 执行关放散阀、关蒸汽阀等。

手动操作步骤

点火：上限声光报警→上上限声光报警→间歇按点火按钮→开放散阀→开蒸汽阀；熄灭：下限声光报警→下下限声光报警→关放散阀→关蒸汽阀。

479. 集气管压力调节机有哪几种类型，调节原理是什么？

答：集气管压力调节机有两种类型，即气动调节阀和电动调节阀，气动调节阀用压缩空气作为动力源，电动调节阀采用 380VAC 电源作为动力源，两种调节阀均靠改变管道的截面积达到调节介质流量的目的。调节阀在控制回路中不能单独使用，必须与调节器配合使用，调节器输出低功率的电流信号给调节阀，调节阀放大该信号后控制阀的开度或行程，从而改变管道的截面积。如果控制回路中仅有调节阀和调节器，该回路称为开环回路，开环回路的控制精度差；如果控制回路中不仅有调节阀、调节器，还有反馈或前馈电路，则该回路称为闭环回路，闭环回路的控制精度高。焦炉集气管压力调节系统为闭环回路，采用荒煤气输出管道上的吸力测点作为反馈量，调节器是闭环回路的核心，控制策略在调节器中实现，常规的控制策略为 PID 算法，调节阀只是一个单纯的执行机构。

480. 红外测温仪的原理是什么，焦炉生产过程中在哪些测量点运用红外测温仪？

答： 红外测温技术的原理是基于自然界中一切温度高于绝对零度的物体，每时每刻都辐射出红外线，同时这种红外线辐射都载有物体的特征信息温度。红外测温仪由光学系统、光电探测器、信号放大器及信号处理、显示输出等部分组成。光学系统汇集其视场内的目标红外辐射能量，视场的大小由测温仪的光学零件以及位置决定。红外能量聚焦在光电探测仪上并转变为相应的电信号。该信号经过放大器和信号处理电路按照仪器内部的算法计算和目标发射率校正后转变为被测目标的温度值。除此之外，红外测温仪还应考虑目标和自身所在的环境条件，如温度、气氛、污染和干扰等因素对温度测量的影响。

第十一章 煤焦系统安全

481. 翻车机区域生产作业在安全方面应注意哪些问题？

答： 翻车机系统的主要任务是完成取采样、计量、卸车任务，其主要设施有翻车机、皮带、铁道等附属设备，在作业安全方面应该注意以下六个问题：

（1）在铁道沿线行走或穿越轨道时要确认前、后、左、右的设备和车皮的移动情况。

（2）要注意配车、取样、计量和拉车的联系确认，尽量做到程序化和自动化。

（3）在翻车机内和溜下线清扫残煤时，一定要做好翻车和拉车的联系确认。

（4）在清扫结冻煤车和卸煤泥车时，要防止煤块碰伤作业人员。

（5）在皮带区域作业要防止皮带运动造成作业人绞伤。

（6）在处理皮带堵溜时，要严禁人下溜子捅煤和防止溜子突然下煤造成人员压伤。

482. 皮带机运行应具备哪些安全条件？

答： 皮带机运行应具备下列条件：

（1）皮带系统的初始端应设有除铁和除杂物的设施。

（2）皮带机头的溜子应设防堵溜设施。

（3）皮带上应装自动纠偏和清扫装置。机头、机尾和拉紧装置要有防护设施，联轴节要有防护罩，无罩皮带机架两侧作业区应设钢制挡板。

（4）皮带上应安装紧急停机装置，有坡度的皮带应有防逆转装置。

（5）皮带系统应设手动和自动联锁控制。

（6）皮带系统相应的操作巡检人员必须培训合格后上岗。

483. 皮带清扫及故障处理在安全方面应注意哪些问题？

答：皮带清扫及故障处理主要是防止皮带绞伤事故的发生，因此要注意如下问题：

皮带系统的清扫原则上执行停机清扫，若在非停机状况下清扫，首先要检查紧急停止装置的可靠性，其次是要有人监护进行。

皮带检修时必须在停机状态下进行，并防止皮带突然启动伤人，为此要做到以下几点：其一，严格执行检修挂牌制度，确保电源被切断；其二，检修人员一定要向操作人员咨询故障原因和环境条件，检修后试车方式要获得操作人员认可；其三，较为复杂的检修一定要制订检修方案，并安排专职安全旁站负责人；其四，涉及到吊装、动火作业，要满足特种作业条件。

484. 翻车机检修及更换铁牛钢绳在安全方面应注意哪些问题？

答：翻车机检修及更换铁牛钢绳要防止联系确认不到位发生撞车造成意外伤害，吊装作业造成起重伤害和物体击打，试车时造成机械伤害，高处作业或在箅子上作业造成高处坠落，误操作或确认不到位造成卷扬机绞伤、工具使用不当、用力过猛和站位不当造成意外伤害等事故的发生，因此要注意如下问题：

要搞好联系确认、索取工作牌和停电挂牌工作。检修作业期间严禁配车作业，动态检修必须由岗位人员将选择开关打在手动状态，在机旁操作，检修人员与转动设备必须间隔 1m 以上的距离，同时禁止闲杂人员进入检修作业区域。

较为复杂的检修一定要制订检修方案，并安排专职旁站负责人进行监护，例如，翻车机下部箅子上严禁进人，检修需要进人时，必须铺设跳板、系好安全带，并设专人监护；旧钢绳拆除前必须释放拉力，以防绳头崩弹伤人；新钢绳头在卷筒固定时，所有人员必须站在安全区域，经确认后方能进行卷钢绳作业和试车。

涉及到吊装、动火作业要满足特种作业条件，例如，翻车机行吊必须由持特种作业操作证的人员进行操作；翻车机内动火作业，下方必须设专人监护，并准备好消防水带和灭火器材，要根据作业性质，确认现场粉尘环境是否符合动火条件。

检修完毕后，必须清理现场、清除火种及所有废旧物件；试车前，必须事先确认翻车机上下、周围、铁牛、坑道和其他危险部位是否有人。

485. 更换皮带及大辊在安全方面应注意哪些问题？

答：更换皮带及大辊要注意防止因联系确认不到位或站位不当造成作业人员挤伤、压伤和因起吊点选择不当或绳扣和吊具等有缺陷造成作业人员砸伤等事故的发生，因此要注意如下问题：

作业前要有针对性的施工方案，对所有检修人员进行方案交底，并明确现场专人指挥和旁站监护；检修人员要充分了解生产现场情况，指定专人进行停电挂牌作业；作业前，分别核实确认吊具等工具是否安全可靠、规格型号是否吻合；确认工作面的承重、走台、护栏是否安全可靠；高空平台作业时要佩挂安全带，工具和杂物要归堆放置，防止坠落伤人。

涉及到吊装、动火作业，要满足特种作业条件，吊物下禁止站人；上下吊物时，必须事先选好点，指定专人监护并做好瞭望，加强联络确认；要根据作业性质，确认现场粉尘环境是否符合动火条件，现场要准备消防器材。

检修完毕送电启动设备前，必须检查确认皮带等危险部位是否有人，是否有遗留的工具、零部件等，周围环境是否安全。

486. 更换溜子应采取哪些安全措施?

答: 更换溜子要注意防止由于联系确认不到位，误启动皮带造成人员绞伤和高空坠落或高空掉物砸伤等事故的发生，因此要采取如下措施：

检修作业必须要有切实可行的施工方案，对所有检修人员进行方案交底，主要检修人员必须要有一定的工作经验，要明确现场专人指挥和旁站监护。

作业前与操作岗位联系，相关皮带停电并挂“停电牌”，拉下事故开关，设专人监护；要确认工作面的承重、走台、护栏是否安全可靠；高空平台作业时要佩挂安全带，防止高空坠落；工具和杂物要归堆放置，防止坠落伤人；必须将溜子内的残煤清除干净。

涉及到吊装、动火作业，要满足特种作业条件，作业前，核实并确认吊具是否安全可靠；吊物下禁止站人；上下吊物时，必须事先选好点，定专人监护并做好瞭望，加强联络确认；根据作业性质，确认现场粉尘环境是否符合动火条件，现场要准备消防器材。

检修完毕送电启动设备前，必须检查确认皮带等危险部位是否有人，是否有遗留的工具、零部件等，周围环境是否安全；作业完后，必须清理现场，清除火种及所有废旧物件。

487. 更换电机和减速机应采取哪些安全措施?

答: 更换电机和减速机要注意防止带电作业引起触电，防止车辆违章移动伤人和起重过程坠物伤人等事故的发生，因此要采取如下安全措施：

检修作业前要有详尽的施工方案，组织全体作业人员进行方案交底，要明确现场作业负责人和安全监护人，主要检修人员要有一定的工作经验，起重人员必须具有有效的特种作业资格，非起重人员不得从事专业起重工作。作业人员必须了解现场作业环境，严格检修停电挂牌制度。

根据实际情况，确认工作面的承重、走台、护栏是否安全可靠；高空平台无护栏作业时要佩挂安全带，防止高空坠落。吊物要捆绑牢靠，防止坠落伤人；吊物下禁止站人；上下吊物时，必须事先选好点，定专人监护并做好瞭望，加强联络确认。道路两侧设备检修应设警戒区，并挂警示牌，临时封道。

488. 处理堵溜在安全方面应注意哪些问题?

答：处理堵溜要注意防止垮煤将人压埋窒息和异物垮落击伤等事故的发生，因此要注意如下问题：

必须要有针对性的作业方案，对所有作业人员进行方案交底，主要作业人员，必须有实际工作经验，要明确作业指挥和监护人员；严禁进入溜槽内处理堵溜，防止突然垮煤造成煤埋事故的发生。

作业人员要充分分析现场环境状况，指定专人进行停送电作业，防止车辆和皮带突然启动伤人。捅溜时，必须要有可靠的防护栏作隔离，用力幅度应均衡，防止失重坠入溜斗，从侧下方捅料时，钎子后方不许站人。溜子较高时，在溜槽上方作业时，必须佩戴安全带；防止坠入溜子中，在溜子下方作业时要防止物料突然下落造成压伤。

动火作业确认现场粉尘环境是否符合动火条件，切割溜子时，气焊工要站在检修平台上，切割到最后时不得正对割面，防止溜子坠落伤人；现场要准备消防水带。

489. 处理车辆掉道应该采取哪些安全措施?

答：处理车辆掉道要注意防止起重伤害、压伤、砸伤等事故的发生。作业前，必须要制订有针对性的作业方案，作业人员必须有起重作业资格，应对吊钩、吊环、钢绳、链条、绳索、走跳、卷扬机、千斤顶等必用工具、设施进行检查，确保完好；钢绳有下列情况之一，禁止使用：1）有被烧伤、轧伤或受过死角拧扭，部分受压变形；2）断丝在一个捻距大于10%，吊危险品的大于5%；3）表面钢丝磨损、腐蚀达到钢丝直径的30%以上；4）整股钢绳拆断；5）在遭受突然停车等猛烈冲击下有损坏或长度超过5%时。吊钩、吊环有下列情况之一时禁止使用：1）表面有裂纹、破口；2）钩颈有永久性变形；3）挂绳处断面磨损超过原直径的10%；4）焊补过的吊钩吊环。

使用油压千斤顶，必须先试顶，有把握后再顶，严防千斤顶倾斜而倒塌。

使用绞盘起重时，后坐拉绳应拴在可靠的建筑物或其他固定物上，中途需停止时，绞盘应插上钢管卡住，作业期间设专人监护。

禁止把煤气管道或其附属设备的支撑架以及生产设备作为支点及起重装置使用。

在处理掉道作业时，要确认掉道作业线处于停止作业状态，并防止相邻线路的作业车辆移动伤人。

490. 堆取料机作业在安全方面应注意哪些问题？

答：堆取料机属于大型机械设备，正常作业时，始终处于相对平衡状态，如果因某一原因，失去平衡而倾翻，就可能会造成机毁人亡的事故。而造成其失去平衡的原因很多，如设备故障、垮煤造成的冲击等，所以，堆取料机司机作业时必须注意如下问题：

必须分层取料，不允许在料堆较高的条件下始终在最底层位置取料，避免物料的塌方；取料和堆料时严禁出现悬臂下部刮料堆现象；斗轮取料时严禁非取料斗部分的斗轮体推料堆；设备不允许过载运行。

不得用紧急停止开关作为正常停车手段；不得利用限位开关停车，其中包括走行装置、俯仰机构、回转机构；在某一机构没停稳之前不可采用立即打倒车的方式运行，其中包括走行装置、俯仰装置、回转装置和悬臂皮带机等；不允许用堆取料机悬臂起吊重物，不得用堆取料机作牵引动力牵引其他设备或重物；悬臂下严禁人员通过或停留。

斗轮机和推土机同时作业时，推土机与取料机悬臂水平距不得少于10m；当斗轮被塌方物料埋没时，俯仰机构和回转机构不得动作，只能由行走退出料堆后才可投入正常运转。

遇到紧急情况应随时切断总电源；当结构或零部件有影响安全工作的缺陷或损伤时，如制动器或安全装置失灵、钢丝绳及卷筒、滑轮的损伤达到报废标准、主体钢结构的焊缝以及高强度螺栓出现问题时，重要机构的螺母防松装置损坏时，不得投入运行；当风速大于20.7m/s（5级）时，应停止工作并将堆取料机固定住。

司机进行维护保养时，应切断主电源并挂标志牌或加锁。如有未消除的故障，应通知接班司机；在维修时以及维修后再次启动设备时必须有两人以上在现场监视设备情况和安全情况，在未真正确定安全和故障排除结束前不可启动设备，以避免人员和设备事故的发生。

长期离开堆取料机时，应切断机上总电源开关，并夹紧夹轨器和锚定器，所有开关和操作手柄都要复位至零位。

491. 推土机铲车作业在安全方面应注意哪些问题?

答: 推土机属于厂内行驶的移动车辆，必须严格遵守机动车的各项安全规定，另外，煤场内作业的推土机、铲车还必须注意防止煤堆的突然垮煤，埋压推土机、铲车造成事故，因此必须注意如下问题：

驾驶前要进行检查，转向、喇叭、照明灯及安全设施不齐全，严禁行驶和作业；在准备驾驶推土机时，应提醒其他所有人员躲开，确信机上、机下或靠近推土机工作的地方无人，并清除掉推土机要走道路上的全部障碍物，才能行驶上路。

只能在坐到座椅上时才能驾驶推土机，在开阔的地方应慢慢地开动推土机，以检查所有操作杆和保护装置工作是否正常；行车、作业时应对四周瞭望，作业时严禁在升降臂下行走和停留，回转最大范围内不得有人及障碍物；停车前动臂回零位；行驶时，禁止人员上下车。

推土机行走坡度不得大于最大爬坡度，尽量保持两履带平行；在推土机工作遇下坡地形时，不要把变速箱杆或方向控制杆扳到空挡让推土机滑行，在开始下坡之前要选择适当的挡位，下坡时不要让发动机超速，可用脚刹车踏板减小发动机超速。

推土机停车时要用脚刹车停住推土机，将变速箱变速杆和方向控制杆扳到空挡位置，刹住手刹车；要使推土机停在平坦的地面上，如果有必要将推土机停在坡上，要垫住推土机，防止移动；熄灭发动机后，将启动开关钥匙扳到“关”的位置，要拔出钥匙。如果停放时间较长，应锁上驾驶室。

铲斗升高不得大于规定的高度，行走还得大于最大爬坡度，作业时周围严禁站人、停留；当铲斗未离开煤堆时，严禁行走和回转动作；打道作业时必须要求推土机配合，小臂不得反向推煤。

车上严禁吸烟，发生起火应使用干粉灭火器灭火，严禁用水；在加油或加油区严禁带入火种。

492. 煤塔顶小车更换应采取哪些安全措施？

答：煤塔顶小车更换要注意防止联系不到位、误操作造成机械挤伤和高空坠落和高空掉物砸伤等事故的发生，因此必须采取如下安全措施：

（1）必须要有针对性的施工方案，对所有检修人员进行方案交底；主要检修人员必须有实际工作经验；要指定专人进行停送电作业，严格执行停送电制度。

（2）多工种作业，按专业分别检查确认各自的电器、备件、钢绳、吊具等的型号、规格是否相符、是否安全可靠。

（3）上下吊物时，必须根据环境事先选好点，定专人监护并做好瞭望，加强联络确认；必要时还必须划定警戒区，悬挂警示牌。

(4) 检查人员在2m以上无防护措施的高空作业时，须佩戴安全带。

(5) 工具和杂物应归堆有序放置，防止坠落伤人。

(6) 作业完毕，必须清理现场、清除火种及所有废旧物件。

493. 卸料小车旁作业在安全方面应注意哪些问题?

答: 卸料小车主要在斗槽、煤塔等高空岗位，实际生产过程中发生的事故主要是小车移动过程中轧伤。皮带运行中进行清扫，皮带突然变向，造成手被绞伤等。所以，卸料小车的作业要注意如下问题:

(1) 严禁带负荷移动小车；移动小车时前方严禁站人，手、脚严禁接触轨道。

(2) 严格执行停机清扫制度，严格执行检修停送电制度。

(3) 捅溜子时应站在溜子侧面，防止杂物抛出伤人；严禁用木块垫车轮。

494. 炼焦系统煤气在安全方面应注意哪些问题?

答: 炼焦系统煤气主要有高炉煤气、焦炉煤气、荒煤气等，高炉煤气主要是防止中毒事故的发生，焦炉煤气和荒煤气主要是防止爆炸事故的发生，三种煤气同时要防止煤气着火事故的发生，在炼焦系统的有关危险作业和日常工作中主要应注意以下问题:

在地下室检查作业、烘炉开工及停送煤气时，注意防止高炉煤气中毒和焦炉煤气爆炸事故；严禁在地下室、集气管压力小房、计控一次仪表室等煤气区域睡觉休息。

更换上升管翻板座、集气管压力调节翻板、焊补集气管、煤气管道和煤气设施设备、更换Л形管、抽堵煤气盲板等危险作业，注意防止焦炉煤气爆炸和煤气起火烧伤事故；涉及煤气的危险作业，注意在一定的范围内禁止火源，防止静电和铁器碰撞产生的火花；动电焊时，要搞好接地，测接地电阻，煤气管道支架不能作为接地线；部分涉及煤气的危险作业（如吹扫、置换煤气等），必须做爆发试验，爆发试验合格后才能作业；带压焊补煤气管道，要通蒸汽，准备黄泥、湿麻袋、灭火器材，控制煤气含氧量小于1%，保证煤气处于流动状态，焊机电流要调好，不要正对焊补点；所有危险作业均应按规定办理有关手续，如危险作业证、动火证等，处理煤气泄漏等危险作业要戴防毒面具。

生产和作业时，注意防止爆炸混合物的产生，清楚所用煤气的爆炸极限；煤气系统，特别是负压系统，要防止吸入空气，造成煤气含氧量升高，而达到爆炸极限；要防止煤气泄漏，而导致室内、容器内等有限空间内达到爆炸极限；对高炉煤气管道设备、蓄热室封墙单叉等要检查是否有煤气泄漏，发现泄漏及时处理；煤气水封要经常检查，保证满流；高炉煤气翻板轴头要经常检查，发现泄漏及时处理；检修煤气设施时，管道法兰要堵盲板。

495. 进入焦炉地下室检查作业在安全方面应注意哪些问题？

答：焦炉地下室是煤气区域，也是重点防火防爆部位，主要是防止煤气中毒和爆炸事故的发生，因此进入焦炉地下室检查作业应注意如下问题：

进入焦炉地下室检查作业必须两人以上，一前一后，保证一定距离，并携带CO报警器，必要时戴氧气呼吸器。

禁止带火种进入地下室；禁止穿带铁钉的鞋进入地下室；防止铁器碰撞产生火花；保证通风良好，必要时设置防爆排风扇强制通风；夏季高温作业防止中暑；防止铁器穿过防护网碰到摩电道；扒蓄热室封墙、处理煤气设备故障等作业，要准确关好煤气考克。

检查发生煤气泄漏要及时撤离，然后按照煤气泄漏预案进行处理；动火作业必须按规定办理动火证；煤气泄漏处理完毕后，要进行试漏。

496. 焦炉地下室内高炉煤气管道严重泄漏的处理应采取哪些安全措施?

答: 焦炉地下室内高炉煤气管道严重泄漏的处理要防止因煤气严重泄漏,作业人员防护措施不当致人中毒、因煤气遇火(热)源燃烧发生火灾、煤气与空气混合形成爆炸性混合物发生爆炸等事故的发生,因此应采取如下安全措施:

(1) 动火、堵漏作业前要制订详尽的施工方案,对所有检修人员进行方案交底。

(2) 现场明确指定作业负责人、安全监护人、堵漏作业人、管道压力调节人、中毒事故现场抢救等人员。

(3) 主要从事动火、堵漏作业人员必须具有一定的工作经验,并能正确、熟练使用一氧化碳报警器、氧气呼吸器或空气呼吸器。

(4) 禁止单独作业;作业人员必须正确佩戴空气呼吸器并站在上风侧;应使用铜制工具,否则应在工具上涂抹黄油,避免摩擦起火。

(5) 在高炉煤气管道上动火、补漏时,煤气管道压力必须调节保持 200Pa 的正压状态,绝对禁止出现负压。

(6) 作业前要测试现场空气中煤气含量,确认煤气含量在30%~75%的爆炸浓度极限范围之外,方可动火、补漏作业。

(7) 对煤气管道上的电焊作业,必须安装防静电接地装置。(要求:接线处污迹铲净,地线与设备本体连接紧固可靠,使用不小于 $16mm^2$ 的单股橡胶套铜线,$R \leqslant 10\Omega$)。

(8) 在上风侧用防爆风机向作业点鼓风,以稀释空气中煤气含量;要确保作业现场无其他可燃物、火源等;下风处严禁有其他人员或动火作业。

(9) 应急人员须熟练掌握现场急救基本技能,保持应急状态,预备好担架等设施;并确认医疗急救人员和车辆已经到位。

(10) 现场准备灭火器、消防水带、湿泥等。

497. 焦炉烘炉开工在安全方面应注意哪些问题？

答：焦炉烘炉开工是一项较为复杂的工作，涉及到抽堵盲板、停送煤气、煤气点火、扒封墙、推炉底、送氨水、皮带及四大车等试车、装煤及荒煤气导出等一系列比较危险的作业，重点要防止煤气中毒及着火爆炸，机械及车辆伤害，皮带机事故，高处坠落及高空坠物砸伤，火焰及氨水等烧烫伤等事故的发生，因此重点应注意如下问题：

要讨论制订详细的开工方案，制定合理的工作程序（含确认和反馈程序）和周密的安全措施，统一指挥，明确每项工作的具体指挥负责人，并对全体参与开工的人员进行安全教育。

涉及到煤气的危险作业，要制定工作程序和具体的安全措施，防止煤气中毒及着火爆炸事故的发生，尤其要注意联系确认工作，特别要注意作业前的安全条件检查确认、煤气设备设施和管道的严密性和泄漏的检查确认和反馈、各种阀门及其开闭的检查确认和反馈、爆发试验结果的确认和反馈及各种安全技术参数的随时检查和调整，应对所有阀门进行编号并挂牌，应设计一定格式的确认反馈表，使反馈信息集中到这项工作的具体指挥负责人；对各放散口的安全工作也要有具体措施，一定距离内要杜绝一切火源，防止相邻管道电焊产生静电火花和电器产生的火花。

送氨水作业要防止被氨水烫伤，同时要注意防止引起煤气安全问题。各系统试车及扒封墙、推炉底等作业要注意联系确认，严格执行停送电及挂牌制度。要严格按照作业计划进行作业，防止联系确认不到位引起车辆伤害、皮带机等机械伤害事故的发生。涉及到高处作业要系安全带，行走时手要扶栏杆，炉顶行走、作业不踩炉盖，要防止炉火烧伤或掉入炭化室内。在二层平台行走、作业要注意防止掉下炉台。

498. 焦炉燃烧室揭顶翻修应采取哪些安全措施？

答：焦炉燃烧室揭顶翻修要防止车辆撞伤、挤伤、炉火灼烫、烧伤以及多层交叉作业造成落物伤人等事故的发生，因此应该采取如下安全措施：

检修作业前要有详尽的施工方案，组织全体作业人员进行方案交底，主要检修人员要有一定的工作经验。要在钢柱醒目位置提示并用油漆标注缓冲号、焖炉号和修炉号，同时用钢丝将焖炉号及修炉号上下横铁捆绑在炉钩上。吊上升管要检查钢绳、葫芦等吊具是否安全可靠，作业时起吊重物下严禁人员行走和停留。

关闭煤气旋塞要确认到位后，才能扒开蓄热室封墙和拆除旧墙。拆除旧墙 2m 左右高度时，应及时在保护板和未拆墙体之间打支撑。修炉期间，如无法避开生产，车间要对操作人员进行危险预知交底，避免各车辆撞伤作业人员。多工种交叉作业，车间应在炉顶、二层台及推焦车、消火车行走的机、焦两侧各设专人监护，炉顶作业人员严禁往下乱抛砖头等杂物。

封墙要砌直、严密，防止砸伤以及炉火灼伤施工人员。进入地下室处理温度时，应防止封墙不严和铊杆泄漏煤气而造成人员中毒。施工人员离开现场，应在拆除的炉顶部位盖上防护网罩，并设置必要的安全警示牌。

499. 交换机在停止交换需要人工交换作业时应采取哪些安全措施?

答: 交换机在停止自动交换进行人工交换作业时要防止设备密封不严引起煤气泄漏造成煤气中毒、动火造成火灾、爆炸、机械伤害和机具使用不当伤人等事故的发生，因此要采取如下安全措施：

(1) 作业前要有详尽的施工方案，组织全体作业人员进行方案交底。

(2) 作业前要确认检修所用机具完好。

(3) 交换机室，必须进行煤气监测。

(4) 根据现场煤气含量，使用铜制工具或在工具上涂抹黄油，以避免摩擦起火。

(5) 多工种交叉作业，必须设专人指挥、专人监护。

(6) 作业前检修人员应与操作人员及调火班联系，确认条件具备时，由电工停电挂牌并验电。

(7) 作业现场禁止火源，进入交换机室，必须进行煤气监测。

(8) 起吊减速机箱体、齿体时需专业人员作业，起吊物放平垫稳，严禁在起吊物下作业。

(9) 临时性需要的电器、灯具等，必须具备防火防爆性能。

(10) 现场各工具、器具必须放置在安全地点。

(11) 现场配备消防器材。

500. 焦炉集气管调节翻板等煤气区域重大检修在安全方面应注意哪些问题?

答： 焦炉集气管调节翻板等煤气区域重大检修要防止煤气严重泄漏作业人员防护措施不当致人中毒、煤气严重泄漏遇火引起火灾、煤气与空气混合形成爆炸性气体遇火（热）源发生爆炸等事故的发生，因此要注意如下问题：

作业前制订合理的施工方案，对所有检修人员进行方案交底，主要从事检修作业人员必须要有一定的工作经验，并能正确熟练使用一氧化碳报警器、氧气呼吸器或空气呼吸器。要与回收车间取得联系（注意监控煤气含氧量，必要时电捕焦油器停电），要尽量确保初冷器前吸力稳定；所有现场人员严禁吸烟，检修区域附近不得有动火作业或火源，检修区域附近炉顶、炉门要及时堵烟灭火。

检修人员应站在上风侧，抽、插翻板时，打开放散管放散降压，如果集气管压力过大，打开新装煤号的上升管放散，严禁起火；为防止煤气管过量吸入空气，翻板抽出后要立即用“安全堵板”或湿麻袋封堵；通过开关吸气管上大开闭器，用斜形表或U形表调节吸气管压力，使调节翻板处压力保持在0～5Pa范围内；清扫法兰盘时要用铜制工具或在工具上涂抹黄油，以避免摩擦起火，现场要备有灭火器、消防水、湿泥等。

501. 煤气上升管翻板座更换应采取哪些安全措施？

答： 煤气上升管翻板座更换要防止荒煤气与空气混合产生着火、爆炸、吊装伤人等事故的发生，因此要采取如下安全措施：

（1）检修作业前要制订有效的施工方案，组织全体作业人员进行方案交底；

（2）明确现场作业负责人和安全监护人，主要检修人员要有一定的工作经验；

（3）与回收车间取得联系（注意监控煤气含氧量，必要时电捕焦油器停电）；尽量确保初冷器前吸力稳定；

（4）用斜形压力表和U形表监测集气管和吸气管压力并及时调节压力，集气管压力保持微小正压（0～5Pa）；

（5）作业前，炉盖全部用湿泥封严，严禁炉门冒火；更换上升管翻板座过程中严禁动火；

（6）为防止煤气管过量吸入空气，翻板座取出后要立即用“安全堵板”或湿麻袋封堵；

（7）清扫法兰盘时要用铜制工具，或在工具上涂抹黄油，以避免摩擦起火；

（8）严禁检修人员站在法兰正面；

（9）吊装时钢绳要锁牢，拆下旧溜斗、吊新溜斗时防止溜子挤伤人；

（10）安装时，焊接要牢固，螺丝要拧紧；

（11）现场准备干粉灭火器、湿麻袋、黄泥、水管、蒸汽管等消防器材。

502. 焦炉炉框及保护板更换在安全方面应注意哪些问题？

答： 焦炉炉框及保护板更换要防止炉框、保护板未固定好或交叉作业缺乏协调配合、物件垮落伤人、烫伤、挤伤等事故的发生，因此要注意如下问题：

检修作业前要制订有效的施工方案，组织全体作业人员进行方案交底，主要检修人员要有一定的实际工作经验。

吊物半径内禁止站（行）人，设定警戒区，禁止无关人员入内，并专人监护。扒炉时炉门口禁止正面站人，防止焦饼突然倒塌红焦伤人。要检查确认假封墙固定牢靠，防止封墙倒塌伤人。摘、对炉框时，要有专人指挥，确认周围环境，防止挤伤人。拆、上螺丝时，禁止上下层同时作业。更换保护板时，另一侧钢柱要检查固定可靠。卸拉杆螺丝时要防止弹簧突然崩出伤人。

根据机、焦侧更换部位，与岗位人员联系，索取操作牌，停火架车、消火车或大车道摩电道的电，要挂停电牌。现场要准备能覆盖作业区的消防水带（枪）。

503. 装煤车料斗更换应该采取哪些安全措施?

答：装煤车料斗更换要防止停送电制度未落实、设备误启动引起触电和机械伤害及因起重过程违章作业造成料斗坠落伤人等事故的发生，因此要采取如下安全措施：

（1）检修作业前要制订详尽的施工方案，组织全体作业人员进行方案交底；

（2）明确现场作业负责人和安全监护人，主要检修人员要有一定的工作经验；

（3）起重人员必须具有有效的特种作业资格，非起重人员不得从事专业起重工作；

（4）根据实际情况，确认工作面的承重、走台、护栏是否安全可靠；高空平台无护栏作业时要佩挂安全带；

（5）煤车停合适地点，确认检修地点无其他不安全因素；

（6）同操作人员联系，索取设备操作牌，专人负责推焦车、装煤车摩电道的停电和挂停电牌工作；

（7）在检修时吊车占位影响交通时要临时封道；

（8）禁止在吊物半径内行走和停留；

（9）电气焊等工具放置在安全地点，禁止将氧气、乙炔瓶放在吊物下。

504. 如何防止煤车装煤过程中出现爆鸣？

答：炼焦炉炉顶采用干式除尘装置，煤车装煤过程中操作不当极易造成煤车内高温烟尘出现爆炸，损坏煤车设备。如何防止煤车装煤过程中出现爆鸣是煤车司机应该掌握的技能。

（1）地面站风机吸力足够大，确认炉顶集尘管道末端吸力在900～1200Pa范围，吸力过小煤车烟尘及大颗粒粉尘不能及时抽到地面站集聚在煤车内易发生爆炸，吸力过大易将煤车内高温烟尘快速抽入地面站造成除尘布袋烧损。

（2）精确对位。煤车对位偏差较大，下煤斗内套不能伸入炉口内，导致吸入大量空气与高温煤气混合极易引起爆炸。

（3）煤车安全阀密封严密。

（4）尽量缩短煤车装煤时间，煤料装匀、装满、装平，减少大车平煤次数。

（5）定期清扫煤车集尘烟道内的粉尘，保证集尘烟道畅通，定期清扫煤车下煤通道，保证最大下煤量及各斗均匀下煤。

505. 装煤除尘地面站有哪些防爆措施？

答：要保证焦炉装煤除尘系统安全运行，需要从以下几方面采取措施：

（1）保证装煤过程中兑入稳定的空气量。在装煤过程中，风机突然从高速到低速，兑入空气量骤减，造成混合可爆炸性气体进入布袋除尘器，易发生爆炸。装煤期间采取必要的通讯控制手段，如设专用的通讯滑线，保证信号的稳定可靠，使焦炉装煤期间风机高速运行是十分必要的。要保证装煤口和兑空气阀兑入空气量，就要保证除尘车连接地面除尘的翻板处有一定的负压，这个负压力可根据实际情况调节在900～1200Pa之间，如装煤期间风压不足，装煤车设有报警。

（2）控制炉内烟气散发。一般炉口敞开是逸烟量最多的时候。装煤摘炉盖时，由于摘盖时炉内没有装煤，安全是有保证的。整个装煤期间由于下煤内套与炉口密封，散发的烟气受到限制，低于允许炉内排烟量。但是当装完煤后，在提内套、盖炉盖的几秒钟内，虽然炉壁温度下降，荒煤气发生量有所减少，但烟气中可燃成分含量高：如果此时炉内压力偏高，可能在这期间排烟量超过允许的安全炉内排烟气量，所以盖炉盖操作时间越短越好，此时高压喷氨水能起到很好的作用。如果一旦发生装煤机械故障，应立即打开安全阀，兑入空气，以减少排烟收集量，甚至必要时需采取脱离地面除尘系统的紧急措施。

（3）增设泄压阀。除尘器是除尘系统安全最薄弱的环节，在除尘装置上增设泄压阀，可以减少可能造成爆炸的危害性。

（4）推焦除尘与装煤除尘合二为一。将推焦除尘与装煤除尘巧妙地合为一个系统，不仅能解决装煤过程中烟气容易粘布袋的问题，而且能够有效防止爆炸：其原因有三个，首先两个除尘系统合二为一后，除尘系统的容积比单台装煤除尘系统大了3～4倍，这样相同量的可燃气体进入系统后的体积含量比减少，减少了爆炸形成的可能性和产生爆炸的破坏压力；其次由于装煤与推焦除尘是交替使用，推焦除尘比装煤除尘风量大3～4倍，所以在装煤过程中系统残存的可燃气体可以被有效清除；最后单一装煤除尘系统控制风机运行在高速（装煤）、低速（不装煤）间循环工作，若受误信号的干扰，风机突然由高速变为低速会造成事故发生。而合二为一的系统风机高速（推焦）中速（装煤）循环工作，即使有误信号使风机突然由高速变为低速或由低速变为高速，系统运行也是安全的。因此，推焦除尘与装煤除尘合二为一的系统是安全可靠的系统。

506. 如何防止粉尘爆炸？

答：各种粉尘的自燃温度相差很大。根据不同的自燃温度可将可燃性粉尘分为两类。第一类粉尘的自燃温度高于环境温度，因而只能在加热时才能引起自燃。第二类粉尘的自燃温度低于环境温度，甚至在不加热的时候都可能自燃。这种粉尘造成火灾的危险性最大。在封闭空间内可燃性悬浮粉尘的燃烧会导致化学爆炸。引起可燃性粉尘爆炸必须具备两个条件：一是可燃性粉尘的浓度在爆炸限内；二是存在具有一定温度的火源。能引起爆炸的最低浓度称为爆炸下限，最高浓度称为爆炸上限。可燃混合物的浓度低于爆炸下限或高于爆炸上限时，均无爆炸危险。

粉尘只有在同时满足以下条件时才会发生爆炸：（1）粉尘具有可燃性。在含有足够氧气的气体中呈悬浮状态，有一定的粒度分布；（2）悬浮粉尘的浓度在爆炸限范围内，与具有足够能量的引燃源相接触；（3）粉尘的含尘量及空气的湿度低于一定的限度。粉尘的爆炸下限浓度是衡量粉尘是否易爆的重要指标。一般粉尘的爆炸下限位于10～500g/m^3 之间。对于多数可燃性粉尘，从应用的角度出发，可设定其爆炸下限值为 20g/m^3。由于粉尘燃烧、爆炸过程受粒径分布、气体温度、湿度等多种因素的影响，在某种实验条件下测得的爆炸下限很难以准确表示实际生产中的情况。

通常使粉尘浓度控制在爆炸下限是很难做到的，原因是在除尘设备当中，如收尘表面附近、灰斗中，其浓度远远超过爆炸下限，从而给防爆带来一定的难度。为预防粉尘爆炸，必须掌握其爆炸剧烈程度。其中，最大爆炸压力和爆炸压力上升速度是衡量爆炸强度的重要指标。

除尘系统的防爆措施包括禁爆和限爆。禁爆就是采取各种必要措施消除粉尘发生爆炸的可能性；限爆则是有条件地降低粉尘爆炸的可能性，或一旦爆炸发生，通过合理设计、安装、布置除尘设备使之能够承受爆炸破坏力，从而限制对周围设备、建筑物的破坏和人员的伤害。由于各种已知和未知的原因，试图彻底消除可燃性粉尘的爆炸危险性是困难的，有时似乎是不可能的。于是应采取有效的限爆技术以最大限度地减轻爆炸可能导致的损失。限爆措施主要有四个方面：燃烧源控制、粉尘浓度控制、氧气浓度控制和爆炸压力控制。

对于除尘设备来说，值得重视的燃烧源有：沉积在热表面上的粉尘、明火、摩擦热和静电放电火花等。

在除尘器中，控制粉尘浓度是不实际的。如在清灰过程中，在灰斗上部，粉尘浓度可能大大超过粉尘爆炸浓度下限。甚至有时所处理的烟气本身已超过爆炸下限浓度。

氧气浓度控制是防爆的有效方法。在通风除尘系统中添加惰性气体（如氮气、二氧化碳等），可使氧气含量难以达到引爆状态。

爆炸压力控制主要从提高设备机械强度和设计泄压装置两方面考虑。提高机械强度，意味着设备费用提高。实验表明，粉尘爆炸的最大压力可达1MPa以上，这是任何除尘设备所无法承受的，因此提高设备机械强度并不是理想的防爆措施。更为积极的办法是采取泄压限爆。

507. 推焦杆平煤杆更换应采取哪些安全措施?

答： 推焦杆平煤杆更换要防止停送电制度未落实吊物或钢绳碰及摩电道致人触电、起重过程违章作业造成机械伤害或推焦杆、平煤杆坠落伤人等事故的发生，因此要采取如下安全措施：

（1）检修作业前要制订详尽的施工方案，组织全体作业人员进行方案交底；

（2）明确现场作业负责人和安全监护人，主要检修人员要有一定的工作经验；

（3）起重人员必须具有有效的特种作业资格，非起重人员不得从事专业起重工作；

（4）推焦车指定停放在安全地带，作业区域内有碍交通的要专人负责推焦车摩电道停电和挂停电牌工作；

（5）作业区域内有碍交通的要临时封道；

（6）禁止在吊物半径内行走和停留；

（7）电气焊等工具放置在安全地点，禁止将氧气、乙炔瓶放在吊物下；

（8）吊装推焦杆时钢绳应紧固可靠，防止打滑伤人。

508. 手拉葫芦使用在安全方面应注意哪些问题？

答： 手拉葫芦使用不当会造成物体击打等事故的发生，因此使用时应注意如下问题：

（1）不得超载；

（2）起重前要认真检查吊钩、链条、制动器、墙板等主要受力件，不得有损坏，并进行润滑；

（3）作业前先试吊，检验制动器是否可靠，方可进行正常作业；

（4）超重链条要垂直悬挂，不得有错扭的链环，以免影响正常作业；

（5）操作者应站在与手拉链条同一平面内拽动手拉链条；

（6）在起吊过程中，无论重物提升或下降，拽动手拉链条时，用力应均匀和缓，不可用力过猛，以免手拉链条跳动；

（7）操作者如发现拉不动时，不可硬拉，更不能增加拽拉人员，而应立刻停止使用，并对下列各项进行检查：一是重物是否与其他物体牵挂；二是葫芦机件有无损坏；三是重物是否超过额定起重量。

509. 单斗机料斗更换应该采取哪些安全措施？

答： 单斗机料斗更换要防止停送电制度未落实设备误起动伤人、因起重过程违章作业造成机械伤害或料斗坠落伤人等事故的发生，因此要采取如下安全措施：

（1）检修作业前要制订详尽的施工方案，组织全体作业人员进行方案交底；

（2）明确现场作业负责人和安全监护人，主要检修人员要有一定的工作经验；

（3）起重人员必须具有有效的特种作业资格，非起重人员不得从事专业起重工作；

(4) 根据实际情况，与关联操作岗位联系，按规定进行停送电作业；

(5) 现场负责人要确认检修地点无其他不安全因素，单斗地坑内作业场地狭窄，避免上下交叉同时作业；

(6) 动火作业，要确认煤尘环境，防止煤尘爆炸；

(7) 作业前，核实并确认吊具是否安全可靠；

(8) 非检修时间要设专业监护，防止推焦车碰压气电焊工具、氧气（乙炔）管，并严禁往单斗里卸余煤；

(9) 根据实际情况，确认工作面的承重、走台、护栏是否安全可靠；高空平台无护栏作业时要佩挂安全带，并高挂低用，防止高空坠落。

510. 焦侧工作在安全方面应注意哪些安全问题？

答：在焦侧工作要防止下列事故的发生：一是拦焦车车辆撞伤、挤伤；二是启门机启门、对门时挤伤手；三是清扫时后退或工具被移动车辆挂住，从车上和焦侧平台上摔下来；四是雾气大时，行走不注意掉下炉台；五是在梯子上作业摔伤；六是摩电道触电；七是安全针没有插好炉门倒下砸伤人；八是上机头滑落砸伤人；九是熄焦车湿熄焦带来的蒸汽伤人。因此要注意如下问题：

(1) 与焦侧无关人员禁止进入焦侧平台，雾气大时摸着炉门走路，禁止从拦焦车上下炉顶；禁止在拦焦车行驶中上下车，禁止跨越导焦栅，禁止坐在拦焦车上或靠在炉门、炉柱上休息。

(2) 在焦侧工作要加强联系，检修作业严格执行停送电制度和联系制度，设专人监护；在炉间台清扫、检修等作业要与邻炉拦焦车司机取得联系，并设专人监护；拦焦车司机要保证导焦栅在出焦时准确对位，开车要坚持瞭望、检查鸣笛警告，非运转状态的操纵机构必须在零位（空挡），车辆行使中禁止探身车外。

(3) 不要在导焦栅外侧进行尾焦清扫、堵烟、灭火等作业；清尾焦时应面向拦焦车，不要背向拦焦车；尾焦清扫完毕后方可开车或对门，不要图快、图省事；铁锹、钎子等工具要按规定放置，不要立在炉门旁或横放在拦焦车上。

511. 在炉顶工作时，在安全方面应注意哪些问题？

答：在炉顶工作要防止车辆伤害、烧伤、烫伤、高空坠物伤人、滑线或明电道触电等事故的发生，因此要注意如下问题：

(1) 行走、站位得当。注意煤车的行驶和鸣笛，禁止在煤车行驶时上下车，严禁坐在铁轨上，防止车辆伤害；行走、站位注意脚不能踩炉盖和火眼圈，开闭炉盖、扫炉盖和捅煤作业，站在上风侧，防止被火烧伤、烫伤；开闭上升管盖，要侧身站位，动作得当，防止水封内的热水飞溅烫伤；“三通一活”检查、清扫时，站位得当，面部不要正对孔口，防止火焰烧伤和煤气爆燃喷出伤人。

(2) 炉顶检修作业，严格执行停送电制度，联系确认制度，吊装作业严格执行起重作业制度。

(3) 炉顶作业，禁止向下扔物品，钎子等工具要拿稳、放好，炉盖、炉圈、砖头等放置得当，防止高空坠物伤人。

(4) 取煤作业和处理煤车故障要防止滑线或明电道触电。

512. 如何保证熄焦车作业线的安全？

答：熄焦车作业线要防止熄焦车车辆伤害和熄焦塔内熄焦热水烫伤等事故的发生，因此采取如下措施保证熄焦车作业线的安全：

(1) 禁止与工作无关的人进熄焦车道区域，严禁非司机开车。

(2) 清扫熄焦车道（拣道）应在检修时间进行，特殊情况执行拣道牌制度和联系制度，面向熄焦车并及时到安全位置躲避车辆，熄焦车慢行鸣笛，并设专人监护。

(3) 熄焦车摩电道上的遮雨板（雨搭）和下面的防护网必须完好；不要用铁器碰摩电道；熄焦车检修严格执行停送电制度；

明电道、摩电刷检修要停电短接；换闸皮防止夹手；

(4) 熄焦塔区域水沟旁行走不要踩盖板，脚不要滑入水沟中。

513. 用手摇装置摇推焦杆或平煤杆时在安全方面应注意哪些问题？

答：推焦杆或平煤杆的手摇装置是在推焦杆或平煤杆在作业时发生了停电或电器故障时，将推焦杆或平煤杆紧急收回的紧急安全装置。在使用该装置时应注意以下问题：

推焦杆或平煤杆的操作旋钮回零位，切断操作台的控制电源和推焦杆或平煤杆动力电源，并挂停电牌，将手摇装置的切换手柄切到手动位并用定位螺栓定位，用人工将推焦杆或平煤杆的抱闸打开。检查推焦杆或平煤杆具备手摇条件后，由专人指挥转动手摇扳把，将推焦杆或平煤杆收回（手摇推焦杆需要 4 人同时作业，应加强配合）。

推焦杆或平煤杆回位后，恢复抱闸，将手摇装置切换到自动位并用定位螺栓定位。

514. 在处理红焦落地事故时，在安全方面应注意哪些问题？

答： 由于推焦车和拦焦车、熄焦车各在焦炉一侧，彼此联系只能靠对讲机和三车联锁控制，如果解除联锁作业，在没有联络到位和搞好确认的情况下，容易发生推焦车将红焦推到拦焦走台、拦焦车、消火车道上，甚至推翻拦焦车的事故。这样的事故通称红焦落地。处理红焦落地事故要防止红焦烧伤、烫伤、车辆伤害、蒸汽伤人、摩电道触电和设备烧坏等事故的发生；当发生红焦落地事故后应该注意如下问题：

处理时统一指挥，联系准确，防止误操作伤人。

立即通知推焦车停止推焦，将拦焦车（消火车）移至安全地点，清除车上的红焦，然后停消火车摩电道的电源，防止摩电道触电；用消防水将落地红焦熄灭，然后用人工将焦炭运到凉焦台，清理焦炭时，做好自身防护，防止红焦烫伤，避免被铁锹等碰伤；事故处理过程中，要严格执行停送电制度。

如果红焦落地的时候，推焦作业未完成，应该抓紧清理轨道上的红焦，拦焦车和消火车到位后，将剩余的焦炭推完。

515. 在处理二次焦时，在安全方面应注意哪些问题?

答: 二次焦事故又称困难推焦，是指推焦过程中，推焦阻力过大，超过推焦电机的能力，推焦杆不能继续前行的事故，处理二次焦事故时要防止烧伤、烫伤、车辆伤害、蒸汽伤人、摩电道触电、煤气中毒等事故的发生，因此要注意如下问题:

处理时统一指挥，联系准确，防止误操作伤人，防止推翻导焦栅；注意拦焦车移动方向，防止掉道。

扒焦炭时，防止垮红焦烧伤、烫伤，防止铁锹把和钎子尾部伤人，防止从炉台上摔下来；用水熄灭红焦时，防止蒸汽伤人；处理过程中，不要钻跨导焦栅，防止车辆伤害。

炉顶观察处理，防止炉火烧伤；地下室处理，防止煤气中毒；启对炉门等作业，防止夹手，防止推焦杆伤人；铁器不要碰摩电道防止触电。

516. 焦炉日常热修在安全方面应注意哪些问题?

答: 焦炉日常热修要防止车辆伤害、烧伤、烫伤、摩电道触电、煤气中毒等事故的发生，因此要注意如下问题:

行走、站位得当，注意焦炉车辆的行驶和鸣笛，严禁坐在铁轨上，禁止在车辆行驶时上下车，防止车辆伤害；在车辆、炉台等高处作业要站稳，防止高空坠落摔伤。

需要车辆配合和停送电时，要与司机和电工联系好，要有专人监护，严格执行停送电制度，联系确认制度，吊装作业严格执行起重作业制度。

炉顶检查作业，行走、站位得当，脚不能踩炉盖和火眼圈，换炉圈、看火眼圈等作业，站在上风侧，防止被火烧伤、烫伤；

机焦侧修补炉墙、处理小炉头作业要与司机联系好，设专人指挥监护；开闭上升管盖，要侧身站位，动作得当，防止水封内的热水飞溅烫伤；更换上升管、处理桥管接头等作业时，站位要得当，面部不要正对孔口，防止火焰烧伤和煤气爆燃喷出伤人。

高处作业，禁止向下扔物品，钎子等工具要拿稳、放好，炉盖、炉圈、砖头等放置得当，防止高空坠物伤人；铁钎、铁铲等金属工具不要碰明电道（线）；作业时防止钎子尾部伤人；地下室检查作业要与调火人员联系，必须两人以上，携带 CO 报警器。

517. 干熄焦锅炉运行在安全方面应注意哪些问题？

答：干熄焦锅炉是干熄焦系统的重要组成部分。干熄焦锅炉是利用吸收了红焦显热的高温循环气体与除盐除氧纯水热交换，产生额定参数（温度、压力）和品质的蒸汽，并输送给热用户的一种受压、受热的设备。干熄焦锅炉是一种特殊的余热锅炉。干熄焦锅炉运行要防止锅炉爆炸和循环气体爆炸事故的发生，因此在干熄炉锅炉运行中要注意如下问题：

（1）保持锅炉的蒸发量稳定，并在额定值内。

（2）保持正常的汽温和汽压，过热蒸汽温度、压力控制在规定的范围内。

（3）均衡给水，并保持正常水位。锅炉给水要均匀，保持锅炉水位在允许的变化范围内。在正常运行中，严禁中断锅炉给水。锅炉给水应根据汽包水位计指示进行调整，并应保证锅炉汽包水位三充量自动调节装置处于良好状态。当汽包水位处于自动调节状态时，仍需监视汽包水位的变化，并经常对照给水及蒸汽流量是否吻合。在运行中要保持汽包水位计完整可靠，指示正确、清晰、易见、照明充足，当班校对、冲洗水位计一次。运行中发现指示异常应及时冲洗水位计。

（4）保持循环风量的稳定，提高锅炉效率。严格控制运行中要保证循环气体锅炉入口温度在 700～960℃之间；干熄炉入口温度在115～130℃之间。

（5）保持锅炉机组安全、稳定运行。为保持系统内各气体成分的稳定，使系统内的可燃成分完全燃烧，避免发生意外事故，应随时调整空气的导入量及调整向系统内充入的氮气量。要及时调整循环气体中O_2、CO、H_2的含量，CO6％～8％，$O_2 \leqslant 1\%$，$H_2$2％～4％，使其符合工艺要求。

518. 进入干熄焦排焦、运焦系统检查作业应采取哪些安全措施？

答：干熄焦的排焦和运焦装置主要包括检修用的平板闸门、电磁振动给料器、旋转密封阀、吹扫风机、排焦溜槽、运焦皮带等设备。它的作用是将冷却后的焦炭由电磁振动给料器定量排出，送入旋转密封阀，通过旋转密封阀的旋转在封住循环气体不向炉外泄漏的情况下，把焦炭连续地排出，连续定量排出的焦炭通过排焦溜槽送到运焦皮带上输出。

干熄焦循环气体的主要成分是N_2，还有CO_2、CO、H_2等成分，当循环气体泄漏时，排焦运焦系统的CO浓度会超出安全范围，O_2浓度会低于空气中正常的O_2浓度，另外在干熄焦粉尘浓度较高的区域，O_2的浓度也会低于正常浓度。针对干熄焦排焦运焦系统循环气体容易泄漏、通风条件差等缺点，现场必须安装固定式的CO、O_2在线检测仪，用于连续检测CO、O_2的浓度，CO、O_2在线检测仪所测得的现场环境中CO、O_2的浓度在现场和中控室同步显示，当CO、O_2在线检测仪所测得的现场环境中CO、O_2的浓度超出安全范围时，中控室应同时报警，以提醒作业人员注意安全，防止盲目进入造成CO中毒或窒息，发生事故。

因此，进入干熄焦排焦、运焦系统检查作业应先通知中控室，了解将要进入区域的CO、O_2的浓度，确认CO、O_2的浓度在安全范围内，携带便携式CO、O_2检测仪和对讲机，进入该区域必须两人以上，要保证该区域的通风照明良好，点检作业时要防止被皮带绞伤。

519. 干熄焦年修应采取哪些安全措施？

答： 干熄焦年修一般每年都要组织一次，年修的时间长短以检修计划为准，通常为 20～25 天。年修的主要项目有：干熄焦耐火材料的检修、锅炉系统的检修、红焦装入系统的检修、冷焦排出系统的检修、气体循环系统的检修、汽轮发电系统的检修、除尘系统的检修等，针对以上的检修项目和干熄焦的安全特点，施工检修应采取如下安全措施：

（1）执行停送电签票申请制：所有停送电作业必须由专人填写停送电申请表，由专人负责停送电。

（2）执行开闭人孔及抽堵盲板申请确认制：干熄炉、锅炉、循环气体管道、除尘管道等部位开闭人孔或抽堵盲板必须由专人找干熄焦施工负责人填写人孔开闭申请票或抽堵盲板申请票。

（3）执行射源检测和 CO、O_2 随时检测监控制：对射源要关闭，请有资质的单位检测合格；干熄炉、锅炉、除尘管道、地下皮带通廊等特殊部位必须有气体置换安全方案，必须有 CO、O_2 的检测和监控手段。

（4）执行动火办证制度：所有施工动火必须填写动火证，严格做到一火一证，确保每一处动火都受控。

（5）执行设备内部进人出人确认制：进入设备内部检查或检修必须注明进口出口及进入时间，进出人员必须进行确认。

520. 干熄焦烘炉开工在安全方面应注意哪些问题？

答： 干熄焦烘炉开工要防止机械伤害、物体击打、高空坠落、N_2 窒息、煤气或循环气体爆炸和锅炉爆炸等事故的发生，因此应注意如下问题：

（1）干熄焦烘炉开工前，单机、联动试车阶段要防止机械伤害、物体击打和高空坠落等事故的发生，各系统单机、联动试车完毕，达到烘炉开工条件后才能开始进行烘炉开工。

（2）干熄焦烘炉阶段，送煤气前，应全面检查煤气管道的安全条件，煤气管道、压力表等设施要保证密封好，应用氮气将管道内的空气吹扫干净，然后用煤气赶氮气，送煤气应先送总管后送支管，最后到烧嘴。经足够放散时间后，做爆发实验，连续三次合格后停止放散。在点火烘炉前要将火焰监视器安装到位，便于在烘炉过程中监控煤气的燃烧情况，防止煤气熄火。确认煤气压力稳定并在正常范围内。点火应由末端烧嘴开始，先点燃点火器，然后再开启烧嘴阀门，如第一次点火不成功或点着后熄灭，应立即关闭烧嘴阀门，查明原因，并向干熄炉内通风直到将干熄炉内混合气体彻底排除后方可重新点火。点火现场必须配置灭火器具和 CO 报警装置，40m 范围内严禁吸烟和其他动火作业。

（3）干熄焦烘炉开工投红焦阶段拆除煤气烧嘴前，要关门烘炉煤气管道阀门，扫气后做爆发试验，合格后堵上盲板，并用 CO 报警器进行检漏检验。拆煤气烧嘴时要停循环风机、打开炉顶放散阀，注意防止热气流伤人；拆煤气烧嘴封砌烘炉口过程中，要随时用 CO 和 O_2 报警器检测烘炉口周围 CO 和 O_2 含量，保证空气中 CO 含量小于 0.005%，O_2 含量大于 18%；N_2 置换过程中，放散口周围尽量不要站人，取样时有人监护，防止 N_2 窒息事故的发生；炉顶放散口取样，循环气体中 O_2 含量小于 5%后，才能准备投红焦；投红焦前，要确认气体分析仪投用，投红焦过程中，密切关注循环气体中的 CO 和氢气含量、锅炉锅筒液位，及时调节，保证在规定范围内；进入排焦系统检查要 2 人以上，并携带 CO 和 O_2 报警器；进行蒸汽并网发电前，锅炉等安全阀必须校验合格后才行。

521. 发生人员中毒窒息时如何进行救护？

答：焦炉煤气、高炉煤气都能使人中毒。因为焦炉煤气中含有一氧化碳 5%～8%，高炉煤气中含有一氧化碳 25%～30%。一氧化碳是毒性气体，当空气中一氧化碳含量达到 0.06%时便有害于人体，含量 0.4%时，可使人中毒死亡，一氧化碳夺去了人体血液中血红素所必须要的氧，这样人体基本组织就要失掉工作的活力。人在8s钟内得不到氧，就会失去知觉。其症状见表11-1。

表11-1 CO中毒症状表

空气中的CO/%	经过时间	症 状
0.01	在8h工作内	没有显著后果
0.05	在1h以内 在1h以上	没有显著后果 头痛、恶心
0.1	在1h以内	头痛、恶心、周身不适
0.5	在20～30min	中毒晕倒致死
0.1	吸入几次 1～2min	昏迷不醒 中毒致死

煤气中毒或一般症状为头晕目眩，四肢无力，呕吐，筋骨疼痛，抽风吐沫等现象，发现以上症状应速采取以下措施急救：

轻微中毒应送到新鲜空气地方去休息。

中毒较重，但中毒者还有知觉，可用5%的醋酸或氨水嗅之。

中毒严重如口吐白沫，立即抬至门诊部注射强心剂并给氧气补助呼吸。

中毒特别严重如已停止呼吸，要立即进行人工呼吸并注射强心剂或补血。在进行人工呼吸的同时，应迅速解开中毒者的衣服，打开腰带必须使中毒者的脸往侧方转动，并使口腔及鼻孔无阻塞。要用缠上纱布和毛巾的手指探插入口腔与咽喉，掏出其中的淤泥，为了防止舌头向后陷入，可将舌头拉出，或用舌钳子固定，或用缠上纱布或手布的手指牵住。

在抢救煤气中毒事故要防止自己中毒，必须带好煤气救护工具。

522. 煤焦系统在哪些地方、在什么情况下容易发生高处坠落事故？

答：煤焦系统高处坠落事故主要发生在焦炉二层平台以及皮

带系统的吊装孔洞等处，此外，高处作业不系安全带也容易造成高处坠落事故，具体情况如下：

（1）吊装孔等孔洞无栏杆无盖板，行走不慎掉入孔内高处坠落。

（2）下雪天，楼梯结冰，上下楼梯滑跌高处坠落。

（3）2m 以上且没有栏杆的高处检修作业，未系安全带，高处坠落。

（4）焦炉炉台行走、作业时滑跌高处坠落。

（5）焦炉车辆上修补炉墙、处理小炉头、调弹簧等作业时动车未站稳高处坠落。

523. 煤焦系统的电气应采取哪些安全措施?

答： 煤焦系统要防止明电道、滑线、线路破损裸露、误送电、变压器高压、电焊机等触电事故的发生，应采取如下措施：

（1）防止钎子、铲子等铁器接触明电道或滑线，要注意保持与明电线的安全距离，以下是母线对地距离要求的最低值：380V 为 15mm，3kV 为 75mm，6kV 为 100mm，10kV 为 125mm，35kV 为 290mm，110kV 为 800mm。

（2）线路破损裸露要及时处理，恢复绝缘后方可使用；凡开关电器的可动部分不能用绝缘材料包裹严密的，必须有可靠的屏护；凡电器的屏护部分损坏时，必须立即修理或更换；

（3）检修作业时必须按规定停电挂牌、拿操作牌，并与操作人员联系好后方可作业。坚持“谁停电、谁送电”原则，作业完毕后谁停电、谁送电，并与操作人员联系好后方可离开作业现场。

（4）变压器停电检修时，变压器必须短接接地后，才能进行检修作业。

（5）雨天等潮湿情况下，禁止使用电焊机，如确实需要使用，必须做好绝缘防护措施，防止触电。

（6）地下室、油库等防火防爆区域，必须使用防爆器具，此区域内检修手持照明，必须使用安全电压灯具；安全电压等级：

42V、36V、24V、12V、6V。

(7) 电线经过电气设备的金属外壳时，电线的进线孔应该有保护橡胶圈或塑料圈。

(8) 一切电器设备的保护接地或保护接零必须完好。

524. 多大电流对人生命有危险，触电急救应该注意哪些事项?

答: 电能否对人造成伤害，要看流过人体的电流值的大小。如医学方面对人体进行电疗、绘制心电图等都有电流在人体内流动，而人只有某些轻微的感觉，甚至连一点感觉也没有。可见，触电与电流大小有关。以常用 50Hz 交流电为例，流过人体的电流值及所产生的伤害为：

5～10mA 时麻木；10～20mA 时轻度昏迷；20～50mA 时休克；50～100mA 时死亡；（以上是利用动物进行间接试验的数据，只供参考)。

触电的急救方法：

发现有人触电，切不可惊慌失措，束手无策。应按：“迅速、就地、准确、坚持”八字急救原则，根据触电者的具体情况，进行相应的救治。

(1) 脱离电源：人触电以后，可能有由于痉挛或失去知觉等原因而紧抓带电体，不能自行摆脱电源。这时，使触电者尽快脱离电源是救活触电者的首要因素。

(2) 现场急救方法：当触电者脱离电源后，应根据触电者的具体情况，迅速对症救护。现场应用的主要救护方法是人工呼吸法和胸外心脏挤压法。

触电急救应该注意的事项：要尽快地断开电源，或采取安全紧急措施，使触电者脱离电源。当触电者未脱离电源之前，救护者不得直接接触。若触电者在高处，断开电源之前要做好防止摔伤的措施。要就地立即进行人工呼吸，将触电者抬至空气流通场所，解开衣扣，清除口中唾液，拉出舌头，若有假牙，应予取掉；立即连续进行人工呼吸，呼吸次数平均每分钟 15 次；用力不宜过猛，以防造成内伤；若触电者呈现出自行呼吸的苗头时，应稍停一下人工呼吸，进行观察。只有医生在场，才能做出“无救”的结论，否则，应继续进行。

525. 气瓶使用在安全方面应注意哪些问题？

答：气瓶使用要防止爆炸、着火或中毒的发生，因此在安全方面要注意如下问题：

在使用前要检查，有下列情况之一者，不得接收，要在气瓶上用粉笔简要注明，并向充气储存单位交代清楚，以免被他人领用：

（1）气瓶上没有粘贴气瓶充装后检验合格证；

（2）气瓶的颜色标记与所需的气体不符，或者颜色标记模糊不清，或者表面漆色覆盖在另一种漆色之上。

（3）瓶体上有不能保证气瓶安全使用的缺陷，如严重的机械损伤、变形、腐蚀等。

（4）瓶阀漏气、阀杆受损、侧接嘴螺纹旋向与所需的气体性质不符或螺纹受损的。

（5）在氧气或氧化性气体气瓶上或瓶阀上有油脂物的。

（6）气瓶不能直立、底座松动、倾斜的。

（7）气瓶上未装瓶帽和防震圈，或瓶帽和防震圈尺寸不符合要求或损坏的。

气瓶应合理使用，正确操作，专瓶专用，不得擅自更改气瓶的钢印和颜色；在使用过程中，一般应立放，并应有防止倾倒措施；近距离移动气瓶，应手盘瓶肩转动瓶底，移动距离较远时，可用轻便小车运送，严禁抛、滚、滑、翻；气瓶在工地使用时，应将其放在专用车辆上或将其固定使用。

使用氧气瓶或氧化性气体气瓶时，应仔细检查自己的双手、手套、工具、减压器、瓶阀等有无沾染油脂，凡有油脂的，必须脱脂干净后方能操作；氧气瓶或氧化性气体气瓶与减压器或汇流排连接处的密封垫，不得采用可燃性材料。

在安装减压阀器或汇流排导管时，应检查卡箍或连接螺帽的螺纹完好情况，以免工作时脱开引起事故；用于连接气瓶的减压阀、接头、导管和压力表，都应涂以标记，专门一类气瓶上，严防混用。

开启或关闭瓶阀时，只能用手或专用扳手，不准使用锤子、管钳、长柄螺纹扳手，以防损坏阀件；开启或关闭阀的速度应缓慢，防止产生摩擦热或静电火花，对盛装可燃气体的气瓶尤应注意。

发现瓶阀漏气，或放不出来，或存在其他缺陷时，将瓶阀关闭，并将发现的缺陷标在瓶体上，送交气瓶充装单位处理。瓶内气体不得用尽，必须留有剩余压力，以防混入其他气体或杂质；永久性气体气瓶的剩余压力，应不小于 0.05MPa；液化气体气瓶应留有不少于 0.5%～1.0%规定充装量的剩余气体。

在可能造成回流的使用场合，使用设备上必须配置防止倒灌的装置，如单项阀、止回阀、缓冲器等。

液化石油气瓶用户，不得将气瓶内的液化石油气向其他气瓶倒装；不得自行处理气瓶内的残液。

气瓶投入使用后，不得对瓶体进行挖补、焊接修理。使用完毕后，要送回瓶库或妥善保管；用过的空瓶标上“空瓶”字样；已用部分气体的气瓶，应把剩余压力写在瓶身上；向瓶库退回未使用的气瓶，应标上“满瓶”字样。氧气瓶与乙炔瓶使用存放间距大于 10m。

防止气瓶受热，不得将气瓶靠近热源；安放气瓶的地点周围 10m 范围内，不应进行明火或可能产生火花的工作。气瓶在夏季使用时，应防止曝晒。冬天瓶阀冻结时，应把气瓶移到较温暖的地方，用温水解冻，严禁用温度超过 40℃的热源对气瓶加热。盛装易于自行聚合反应或分解的气体的气瓶，应避开放射性射线源。

加强维护各类气瓶的工作，经常保持气瓶上油漆完好，漆色脱落或模糊不清时，应按规定重新漆色。严禁敲击、碰撞气瓶，严禁在气瓶上进行点焊引弧，不准用气瓶做支架。氧气瓶与乙炔瓶要隔开存放，不要存放在一间房内，要有专人负责管理。

526. 核源岗位应采取哪些安全措施?

答：核源岗位工作人员要进行专业的岗位培训，合格后方能上岗，要熟悉射源参数及其危害性，防止被盗和丢失，防止泄漏。为了减少射线的照射，达到辐射防护的目的，在技术上，对内照射的防护措施是减少放射性核素进入人体和加快排出。因此，为防止辐射伤害事故，主要采取以下三种措施：

(1) 时间防护，即减少接受照射的时间。

(2) 距离防护，因直接照射剂量随着与辐射源的距离增加而迅速减少，故与辐射源保持一定距离。

(3) 物质屏蔽防护。对于 γ 射线和 X 射线，用铅一类原子序数高的物质作屏蔽；对 β 射线则先用有机玻璃一类低原子序数的材料作屏蔽，再在其后用高原子序数的物质阻挡激发的 X 射线；对中子的屏蔽用水和石蜡一类富含氢原子的材料；对 α 射线屏蔽很容易，在体外，它基本上不会对人体造成危害，但它的内照射危害特别严重。

除了以上三项措施以外，在满足需要的情况下，尽量选择活度小、能量低、容易防护辐射源。

527. 常用灭火器有哪几种，各适用灭哪些火灾?

答：目前国内生产的常用灭火器有：

(1) 水型灭火器（酸碱灭火器和清水灭火器)；适用于灭 A 类火灾（含碳固体火灾)。

(2) 泡沫灭火器；适用于灭 A 类火灾（含碳固体火灾)、B 类火灾（可燃液体火灾）中的油类火灾（不适用于极性溶剂火灾)。

(3) 干粉灭火器（钠盐干粉和磷酸盐干粉)；适用于灭 B 类火灾（可燃液体火灾)、C 类火灾（可燃气体火灾)、E 类火灾（带电燃烧的火灾)、磷酸盐干粉灭火器适用于灭 A 类火灾（含碳固体火灾)。

（4）卤代烷型灭火器（卤代烷 1211、1301）；适用于灭 A 类火灾（含碳固体火灾）、B 类火灾（可燃液体火灾）、C 类火灾（可燃气体火灾）、E 类火灾（带电燃烧的火灾）。

（5）二氧化碳型灭火器。适用于灭 B 类火灾（可燃液体火灾）、C 类火灾（可燃气体火灾）、E 类火灾（带电燃烧的火灾）。

注：目前 D 类火灾（金属火灾）尚无有效灭火器。

528. 高炉煤气、焦炉煤气爆炸极限各是多少，如何做煤气爆发试验？

答： 当可燃气体、可燃粉尘、可燃液体蒸汽与空气（或氧气）混合达到一定浓度时，遇到火源就会发生爆炸，这个遇火源能够发生爆炸的浓度范围称作爆炸极限。爆炸极限通常用可燃气体、可燃粉尘、可燃液体蒸汽在空气中的体积分数（%）来表示。空气中含有可燃气体、可燃粉尘、可燃液体蒸汽在一定浓度范围内遇火源就会发生爆炸，其最低浓度称为爆炸下限，最高浓度称为爆炸上限。煤气爆炸通常需要具备三个条件：（1）有助燃剂（空气或氧气）和煤气混合，浓度达到极限范围内；（2）要有明火、电火或达到煤气燃点以上的高温；（3）是在一个有限空间或容积中，焦炉煤气的爆炸下限是 5.5%，爆炸上限是 30%；高炉煤气的爆炸下限是 30%，爆炸上限是 75%。

做爆发实验需要的器具有气体分析量具气管和爆炸筒，用气体分析量具气管取所需分析现场空气样品 100mL，通入爆炸筒，通电，观察是否出现爆炸，如不爆炸也没有火花，则可以动火，如出现爆炸且伴有火花，则不能进行动火。也可以直接用爆炸筒取气体样品，点明火做实验的，观察方法同上。取样时要打开筒阀放散，保证取样筒内空气排净；取样及点火作业时，注意爆炸筒口的方向，对高炉煤气，筒口斜朝上；对焦炉煤气，筒口斜朝下。取样后将爆炸筒拿到安全处，打开爆炸筒盖进行点火，当火焰由筒口平静地燃烧到筒底且不发生爆鸣时，说明煤气可以送加热系统。

参 考 文 献

1 向英温，李静安．炼焦炉的特殊操作．北京：冶金工业出版社，2001
2 周师庸，赵俊国．炼焦煤性质与高炉焦炭质量．北京：冶金工业出版社，2005
3 H．泽林斯基等著．炼焦化工．赵树昌等译．中国金属学会，1993
4 潘立慧，魏松波等．炼焦新技术．北京：冶金工业出版社，2006
5 潘立慧，魏松波等．干熄焦技术．北京：冶金工业出版社，2005
6 向英温，杨先林．煤的综合利用基本知识问答．北京：冶金工业出版社，2002
7 许晓海．炼焦化工实用手册．北京：冶金工业出版社，1999
8 姚昭章．炼焦学（第2版）．北京：冶金工业出版社，1995
9 严文福，郑明东．焦炉热工测试与调节．北京：冶金工业出版社，1994
10 王晓琴．炼焦工艺．北京：化学工业出版社，2005
11 马秉瑞，朱长光．炼焦与化工．北京：兵器工业出版社，2001
12 李哲浩．炼焦生产问答．北京：冶金工业出版社，1982
13 盛军波，罗先喜，辜幼川．6m焦炉移动设备故障分析及处理．武钢技术，2002
14 郑中．炼焦工艺．北京：兵器工业出版社，2003
15 鞍山焦耐设计研究院．焦炉技术管理规程参考资料．1993
16 穆天齐、焦化职工安全培训教材，1994
17 全国注册安全工程师执业资格考试辅导教材编审委员会．全国注册安全工程师执业资格考试辅导教材 安全生产技术．煤炭工业出版社，2005
18 焦化安全规程》编写组．GB 12710—1991

冶金工业出版社部分图书推荐

书　　名	作　者
煤化学产品工艺学	肖瑞华　白金峰　主编
炭素工艺学	钱湛芬　主编
炭素材料生产问答	童芳森　等编
燃气工程	吕佐周　王光辉　主编
煤化学	虞继舜　主编
炼焦学（第2版）	姚昭章　主编
有机化学（第2版）	朱建光　成本诚　主编
炼焦生产问答	李哲浩　编
煤的综合利用基本知识问答	向英温　等编著
焦化厂化产生产问答（第2版）	范伯云　等编
炼焦化学产品生产技术问答	肖瑞华　编
炼焦新技术	潘立慧　魏松波　等编著
干熄焦技术	潘立慧　魏松波　等编著
焦化废水无害化处理与回用技术	王绍文　钱　雷　等编著
炭材料生产技术600问	许　斌　王金铎　编著
英汉焦化炭素技术词汇	钱湛芬　等编著
煤焦油化工学	肖瑞华　编著
高浓度有机废水处理技术与工程应用	王绍文　等编著
二氧化硫减排技术与烟气脱硫工程	杨　飏　编著
工业除尘设备——设计　制作　安装与管理	姜凤友　等编著
除尘技术手册	张殿印　等编著
环保知识400问（第3版）	张殿印　主编
现代除尘理论与技术	向晓东　著
材料环境学	潘应君　等编著
新型实用过滤技术（第2版）	丁启圣　王维一　等编著
复吹转炉溅渣护炉实用技术	武钢第二炼钢厂　编著
环境污染控制工程	王守信　郭亚兵　编著
环境保护及其法规（第2版）	任效乾　王荣祥　等编著
耐火材料新工艺技术	徐平坤　魏国钊　编著
特种耐火材料实用技术手册	胡宝玉　等编著
蓝晶石　红柱石　硅线石	林彬荫　等编著
炉窑衬砖尺寸设计与辐射形砌砖计算手册	薛启文　万小平　编著